Inbetriebnahme verfahrenstechnischer Anlagen

Springer

Berlin
Heidelberg
New York
Barcelona
Budapest
Hongkong
London
Mailand
Paris
Santa Clara
Singapur
Tokio

Klaus H. Weber

Inbetriebnahme verfahrenstechnischer Anlagen

Vorbereitung und Durchführung

1., unveränderter Nachdruck
mit 68 Abbildungen

 Springer

Dr.-Ing. habil. Klaus H. Weber
Damaschkestraße 11
06231 Bad Dürrenberg

ISBN 3-540-62291-8 Springer-Verlag Berlin Heidelberg New York

Die Deutsche Bibliothek – Cip-Einheitsaufnahme
Weber, Klaus H.:
Inbetriebnahme verfahrenstechnischer Anlagen : Vorbereitung und Durchführung /
Klaus H. Weber. - 1. Aufl., unveränd. Nachdr. - Berlin ; Heidelberg ; New York ; Barcelona ;
Budapest ; Hongkong ; London ; Mailand ; Paris ; Santa Clara ; Singapur ; Tokio : Springer, 1997
    ISBN 3-540-62291-8

Herstellung: ProduServ GmbH Verlagsservice, Berlin
Datenkonvertierung: Fotosatz-Service Köhler OHG, Würzburg
SPIN:10631049   68/3020 - 5 4 3 2 1 - Gedruckt auf säurefreiem Papier

Meiner lieben Frau gewidmet

Vorwort

Die *Inbetriebnahme* einer verfahrenstechnischen Anlage beinhaltet allgemein ihre Überführung aus dem Ruhezustand in den Dauerbetriebszustand. In Abhängigkeit von ihrer zeitlichen Einordnung in den Lebenszyklus der Anlage wird zwischen der *Erstinbetriebnahme* nach dem Montageende bis zur Anlagenübergabe/-nahme und der *Wiederinbetriebnahme* während des Betriebszeitraumes unterschieden.

Das vorliegende Buch betrachtet schwerpunktmäßig die Erstinbetriebnahme in Verbindung mit der vorausgegangenen Anlagenplanung und -montage. Dabei wird vereinbarungsgemäß der Begriff Inbetriebnahme auch dann benutzt, wenn strenggenommen eine Erstinbetriebnahme gemeint ist.

Obwohl der Inbetriebnahmezeitraum im „Leben" einer verfahrenstechnischen Anlage nur 1 bis 3 Prozent ausmacht, so kommt ihm doch eine Schlüsselrolle zu.

Mit der Inbetriebnahme beginnt die „Stunde der Wahrheit" für alle Beteiligten. Sie müssen insgesamt und speziell während des Garantieversuches nachweisen, daß die in den Vorphasen erbrachten Leistungen solide und erfolgreich waren.

Zusammenfassend läßt sich sagen:

„Die Inbetriebnahme ist zugleich die letzte Phase der Projektabwicklung, wie auch die erste Phase des Betreibens der Anlage. Sie ist eben die Übergangsphase vom stationären Zustand nach dem Montageende in den stationären Zustand des Dauerbetriebes.
Genau darin liegt ihre Spezifik und Schwierigkeit."

Die Kosten für die Inbetriebnahme neu errichteter verfahrenstechnischer Anlagen betragen 5 bis 20 Prozent der Gesamtinvestitionskosten.

Nicht wenige Führungskräfte und Spezialisten, die mit der Vorbereitung und Abwicklung von Anlageninvestitionen nicht unmittelbar befaßt sind, überrascht dieser hohe Anteil. Aber auch dem beteiligten Projektingenieur sind die erheblichen Inbetriebnahmekosten mitunter nicht voll bewußt.

Im Vergleich zur Anlagenplanung und -montage, bei denen die Fragen der Kostenminimierung, z.B. durch Anwendung komplizierter mathematischer Modelle und Rechenprogramme bzw. durch Nutzung effizienter Montagetechnologien, im Mittelpunkt stehen, werden die Probleme und Kosten bei der Anlageninbetriebnahme häufig unterschätzt. Nicht selten werden somit Finanzmittel, die während der Planung und Montage mühsam gespart wurden, durch Störungen oder Verzögerungen bei der Inbetriebnahme wieder aufgebraucht.

Obwohl nahezu jede verfahrenstechnische Anlage ein Unikat darstellt und somit verfahrens- und anlagenspezifische Merkmale aufweist, sind ein Großteil der Aufgaben und Erfahrungen bei der Inbetriebnahme allgemeingültig. In dieser Beziehung unterscheidet sich die Inbetriebnahme nicht grundsätzlich von der Planung oder Montage, die im Unterschied zur Inbetriebnahme aber wesentlich umfassender in der Fachliteratur abgehandelt wurden. Das vorliegende Buch will helfen, diese Lücke zu schließen.

Ein Hauptanliegen dieses Buches ist es, die wiederkehrenden Tätigkeiten in Vorbereitung und Durchführung von Inbetriebnahmen methodisch und inhaltlich zu systematisieren und zu diskutieren. Dabei wird die Inbetriebnahme nicht losgelöst sondern eingebettet in den Gesamtprozeß der Anlagenplanung und -realisierung verstanden. Im Einzelnen soll nachgewiesen werden, daß der Schlüssel für eine erfolgreiche Inbetriebnahme bereits in ihrer Beachtung bzw. Vorbereitung während der Entwicklung, Planung und Montage liegt.

Mit Hilfe zahlreicher Checklisten und Praxisbeispiele werden Erfahrungen vermittelt und praktische Hinweise gegeben. Dem Verfasser geht es dabei stets um die beispielhafte Erläuterung seiner Aussagen. Ein Anspruch auf Allgemeingültigkeit und Vollständigkeit soll und kann nicht erhoben werden.

Nicht zuletzt werden mit dem vorliegenden Buch auch Anregungen zur Anwendung moderner Arbeitsmittel, beispielsweise von Experten- bzw. Beratungssystemen, in Verbindung mit Inbetriebnahmen gegeben. Dies trifft gleichfalls auf die gezielte Nutzung der Inbetriebnahme für den Know-how-Gewinn zu.

Die im Text halbfett hervorgehobenen Begriffe sind im Glossar definiert und sollen mithelfen, das noch anzutreffende uneinheitliche Begriffsverständnis auf dem behandelten Fachgebiet einzugrenzen und somit das Sprachverständnis zwischen den beteiligten Fachleuten zu verbessern.

Das Manuskript zu diesem Buch ist aus meinen Vorträgen im Seminar „Inbetriebnahme verfahrenstechnischer Anlagen" des VDI-Bildungswerkes sowie in meiner Vorlesung „Montage und Inbetriebnahme von Anlagen" an der Martin-Luther-Universität Halle-Wittenberg entstanden. Für die zahlreichen Anregungen bin ich den Fachkollegen, aber auch den Studenten dankbar.

Mein Dank gilt gleichfalls Fräulein Dipl.-Ing. *K. Kohnke*, Frau Dipl.-Ing. *S. Hüttich*, Herrn Dipl.-Ing. *J. Butzkies* und Herrn Dipl.-Ing. *F. Schatz* für die Unterstützung bei der redaktionellen Fertigstellung sowie meinem langjährigen Kollegen Herrn Dipl.-Ing. *W.-D. Stockmann* für die kritische Durchsicht des Manuskriptes.

Beim VDI Verlag bedanke ich mich für die angenehme Zusammenarbeit.

Bad Dürrenberg, Januar 1996 *Klaus H. Weber*

Inhalt

1 Aufgaben und Spezifik der Inbetriebnahme

1.1 Definitionen der Inbetriebnahme und des Anfahrens

Der Begriff **Inbetriebnahme** wird sowohl in der Fachliteratur als auch in der Praxis unterschiedlich gebraucht. Eine allgemein anerkannte und praktikable Begriffsdefinition ist nicht bekannt. Neben dem Begriff Inbetriebnahme werden zahlreiche andere Ausdrücke, wie Anfahren, Probebetrieb, Inbetriebsetzung, Warmstart als Synonyme verwandt.

Die Ursache für diesen unbefriedigenden Zustand wird insbesondere darin gesehen, daß die Inbetriebnahmethematik vergleichsweise zu anderen Fachgebieten des Maschinen- und Anlagenbaues nur wenig wissenschaftlich betrachtet wurde.

Ferner sind die konkreten Aufgaben, die während der Inbetriebnahme erfolgreich zu lösen sind, wesentlich vom in Betrieb zu nehmenden Gegenstand bzw. System abhängig. Dementsprechend wurden auch die Begriffsdefinitionen mehr oder weniger spezifisch formuliert.

Zur Veranschaulichung sei nachfolgend eine Definition aus dem Bereich des Maschinenbaus nach [1–1] angeführt.

„In der betrieblichen Praxis fällt der Inbetriebnahme die Aufgabe zu, die montierten Produkte termingerecht in Funktionsbereitschaft zu versetzen, ihre Funktionsbereitschaft zu überprüfen und, soweit sie nicht vorliegt oder nicht gesichert ist, diese herzustellen.

Zur Inbetriebnahme zählen alle Tätigkeiten beim Hersteller und Anwender von Werkzeugmaschinen, die zum Ingangsetzen und zur korrekten Funktion von zuvor montierten und auf vorschriftsmäßige Montage kontrollierten Baugruppen, Maschinen und komplexen Anlagen zu zählen sind.

Die Überprüfung des korrekten Zustandes, der ordnungsgemäßen Montage und der Funktionstüchtigkeit von Einzelteilen zählt nicht zur Inbetriebnahme, sondern ist Bestandteil der Qualitätssicherung."

Diese Definition wurde in Zusammenhang mit der Inbetriebnahme komplexer Maschinen und Anlagen der Einzel- und Kleinserienfertigung, d.h. einem Prozeß der stoffverarbeitenden Industrie, benutzt.

Abweichend dazu wird im vorliegenden Buch der Begriff Inbetriebnahme stets auf verfahrenstechnische Systeme als Gesamtheit des verfahrenstechnischen Prozesses und der verfahrenstechnischen Anlage bezogen.

Die Wesensmerkmale der verfahrenstechnischen Anlagen, die zugleich die Inbetriebnahme gravierend beeinflussen, sind insbesondere:

– die Durchführung von Stoffänderungen und Stoffumwandlungen in diesen Anlagen mit Hilfe zweckgerichteter physikalischer, chemischer und biologischer Wirkungsabläufe [1–2],

– eine große Komplexität und Kompliziertheit der Anlagen; dies trifft sowohl die stoffliche und energetische Verflechtung und Kopplung als auch die konstruktive Gestaltung der einzelnen Komponenten,

– der häufig anzutreffende unikate Charakter,

– die Notwendigkeit zur Anwendung von verschiedenartigem, integrativem Fachwissen während des Lebenszyklus der Anlagen,

– das Vorhandensein eines umfangreichen Rohrleitungssystems zum Transport der Stoffe innerhalb der Anlage sowie über die Anlagengrenzen hinweg,

– der große Umfang und die Ganzheitlichkeit der Informationsverarbeitung während des Anlagenbetriebes; typisch ist die Anwendung einer hierarchisch aufgebauten Leittechnik zur Gewährleistung eines effizienten Produktionsprozesses aus der Sicht des Unternehmens,

– die Größenordnung derartiger Anlagen und ihrer Komponenten; zu nennen sind in diesem Zusammenhang u. a. die oftmals erheblichen territorialen Ausdehnungen sowie die Größe der Ausrüstungen,

– die erheblichen Auswirkungen der verfahrenstechnischen Anlagen auf die Menschen, die Wirtschaft und die Umwelt, auch über die Anlagengrenze hinaus.

Für derartige verfahrenstechnische Anlagen seien stellvertretend für die Vielfalt an Inbetriebnahme-Definitionen in der Fachliteratur nur zwei genannt.

In [1–3] wird formuliert:

„Inbetriebnahme ist die Überführung einer Anlage von dem mit Abschluß der Montage erreichten Zustand in den vom Projekt her vorgesehenen Betriebszustand."

Diese Definition legt den Beginn der Inbetriebnahme klar fest, nicht aber das Ende. Nach Erreichen des vorgesehenen Betriebszustandes, wenn ein solcher in verfahrenstechnischen Anlagen überhaupt formuliert werden kann, und der Anlagenübergabe vergeht im allgemeinen ein längerer Zeitraum, der begrifflich unklar erscheint.

Ähnlich unbefriedigend ist die Definition nach [1–4], wonach unter „Inbetriebnahme das stufenweise Anfahren einer Anlage nach Abschluß der Montage" verstanden wird. Interessant erscheint bei dieser Formulierung der Hinweis auf ein „stufenweises" Vorgehen; jedoch die Inbetriebnahme als spezifische Art des Anfahrens zu charakterisieren, ist nicht richtig.

In diesem Buch sollen deshalb zum Zwecke eines einheitlichen Begriffverständnisses sowie als Basis für eine ganzheitliche und systematische Problemanalyse und -lösung die folgenden Arbeitsdefinitionen bezüglich der Inbetriebnahme verfahrenstechnischer Anlagen formuliert und benutzt werden:

„**Inbetriebnahme** *ist die Überführung der Anlage aus dem Ruhezustand in den Dauerbetriebszustand.*"

„**Erstinbetriebnahme** *ist die Überführung der Anlage aus dem Ruhezustand nach Montageende in den Dauerbetriebszustand nach der Anlagenübergabe/-übernahme.*"

„**Wiederinbetriebnahme** *ist die Überführung der Anlage aus dem Ruhezustand nach Abstellung in den Dauerbetriebszustand.*"

Für die weiteren Ausführungen sind dabei folgende Aspekte bedeutungsvoll.

– Die allgemeine Definition der Inbetriebnahme in der o. g. Form ist für die konkrete Problemlösung bei der Inbetriebnahmevorbereitung und -durchführung wenig hilfreich. Im Zusammenhang mit einer Anlageninvestition geht es vorrangig um eine effiziente Erstinbetriebnahme, während beim Anlagenbetrieb eine reibungslose Wiederinbetriebnahme wichtig ist.

– Die Erstinbetriebnahme einer verfahrenstechnischen Anlage ist im allgemeinen wesentlich komplizierter als ihre Wiederinbetriebnahme. Sie schließt die letztere weitgehend mit ein und steht im Mittelpunkt dieses Buches.
Auf einige Besonderheiten der Wiederinbetriebnahme wird im Abschnitt 5.6 eingegangen.

– Als Gegenstand bzw. Objekt der Inbetriebnahme wird die **verfahrenstechnische Anlage** angesehen, wobei darunter im weitesten Sinne ein **verfahrenstechnisches System** verstanden werden soll. Das heißt, die Inbetriebnahme der Anlage schließt den **verfahrenstechnischen Prozeß** mit ein.

– Die Inbetriebnahme umfaßt gleichermaßen den **Probebetrieb** und den **Garantieversuch** als die beiden Hauptetappen (s. Bild 5–2). Sie ist nach diesem Verständnis erst mit der Abnahme der Anlage durch den Kunden beendet.

– Das Erreichen der vom Projekt (Planung) vorgesehenen Betriebszustände ist nur eine Etappe der Inbetriebnahme.

In Abgrenzung zur Inbetriebnahme wird für das **Anfahren** folgende Arbeitsdefinition gebraucht:

„**Anfahren** ist die Überführung der Anlage aus dem Ruhezustand nach Montageende in einen stationären Betriebszustand, bei dem alle Anlagenteile/Verfahrensstufen funktionsgerecht arbeiten."

Das Wort „funktionsgerecht" bezieht sich dabei auf die Funktionen im Dauerbetrieb.

Das Anfahren bezeichnet nach diesem Verständnis die Startphase der Inbetriebnahme, d. h. im wahrsten Sinne des Wortes „das Anfahren der Anlage".

Gleichzeitig wird damit verdeutlicht, daß das Ziel des Anfahrens nicht das Erreichen der Nennlastbedingungen ist. Es geht vielmehr um die Einstellung einer stabilen Teillastfahrweise der Anlage, die eine gewissenhafte Beobachtung und Prüfung aller Ausrüstungen gestattet sowie eine umfassende Auswertung aller Informationen zur Anlage im Hinblick der nächsten Inbetriebnahmehandlungen ermöglicht.

Eine solche Zwischenstufe (Haltepunkt) bei der Inbetriebnahme verfahrenstechnischer Anlagen ist in der Praxis allgemein üblich und hat sich bewährt.

Zu den weiteren Etappen der Inbetriebnahme, die sich im allgemeinen an das Anfahren anschließen, wird in den Abschnitten 5.3 und folgenden Näheres gesagt. Zunächst sollen die Aufgaben der Inbetriebnahme konkreter analysiert werden.

1.2 Aufgaben und Zielstellungen der Inbetriebnahme

Vereinbarungsgemäß wird in diesem Buch vereinfachend der Begriff Inbetriebnahme benutzt, obwohl strenggenommen eine Erstinbetriebnahme gemeint ist.

Prinzipiell ist dem erfahrenen Inbetriebnahmeingenieur zuzustimmen, der schon vor langer Zeit prägnant formulierte [1–5]:

„Das wirkliche Ziel eines Inbetriebnahmeteams besteht darin, das Geld so bald wie möglich wieder auf die Bank zu bekommen."

Die Investitionssummen sind bei verfahrenstechnischen Anlagen im allgemeinen relativ hoch und die Zinsen auf dem Kapitalmarkt auch. Deshalb muß die Anlage durch eine schnelle und möglichst reibungslose Inbetrieb-

Bild 1–1. Aufgaben und Zielstellungen der Inbetriebnahme verfahrenstechnischer Anlagen.

nahme in einen stabilen Dauerbetrieb überführt werden, so daß sie Produkte in hoher Qualität und Menge erzeugt, deren Verkauf letztlich zu dem kalkulierten Gewinn für den Betreiber führt.

Trotzdem reicht diese grundsätzliche Feststellung nicht aus, um die Frage nach den Aufgaben und Zielen der Inbetriebnahme konkret und erschöpfend zu beantworten.

Im Bild 1–1 wurde deshalb versucht, die allgemeingültigen Einzelaufgaben und -ziele zusammenzufassen. Sicherlich ist deren Wirkung von Fall zu Fall unterschiedlich und u. U. können auch einzelne entfallen bzw. weitere hinzukommen.

Die angeführten Schwerpunkte resultieren aus langjährigen Inbetriebnahmeerfahrungen und sollen an dieser Stelle nur kurz erläutert werden. Eine vertiefte Betrachtung erfolgt in späteren Abschnitten.

Die *Überführung der Anlage in einen vertragsmäßigen Dauerbetrieb* ist die Hauptaufgabe der Inbetriebnahme.

Dabei sind möglichst *kurze Inbetriebnahmezeiten* verbunden mit geringen Kosten zu erreichen.

Die *Herstellung der Funktionstüchtigkeit* bezieht sich auf die funktionsgerechte Arbeitsweise der Maschinen und Apparate einschließlich EMR-Technik. Sie ist häufig in Verbindung mit einer Gewährleistung bzw. mechanischen Garantie für Ausrüstungen nachzuweisen.

Die Inbetriebnahme ist für alle Beteiligten eine außerordentlich „lehrreiche" Phase. Trotz umfangreicher Unterweisungen, Training an Simulatoren, Aufenthalten in ähnlichen Anlagen u.a. Maßnahmen in Vorbereitung der Inbetriebnahme, stellt die „heiße" Inbetriebnahme die intensivste und praktisch relevante Phase der *Ausbildung und Einarbeitung des Betriebspersonals* dar.

Verfahrenstechnische Prozesse beinhalten nicht selten ein erhebliches Gefahrenpotential für den Menschen und die Umwelt. Mit der Anlagenplanung und insbesondere im Genehmigungsverfahren ist nachzuweisen, daß in der vorgesehenen Anlage derartige Gefahren nicht bestehen bzw. durch geeignete technische, organisatorische u.a. Sicherheitsmaßnahmen zuverlässig vermieden bzw. beherrscht werden. Während der Inbetriebnahme muß der *Nachweis der Betriebssicherheit* gegenüber dem Kunden praktisch bestätigt werden.

Die außergewöhnlichen Bedingungen und Zustände bei der Inbetriebnahme, das notwendige Reagieren auf Störungen, die hohe Belastung der Ausrüstungen und der beteiligten Personen sind ein echter Härtetest für die Betriebssicherheit.

Insbesondere sollte in verfahrenstechnischen Anlagen die Inbetriebnahme gezielt zur Testung der Betriebssicherheit, z.B. der Stabilität und Sensibilität der Anlage und einzelner Elemente, außerhalb des Nennzustandes genutzt werden. Ferner sind die Auswirkungen wichtiger Störgrößen auf den sicheren und vertragsgerechten Anlagenbetrieb nach Möglichkeit zu erproben. Dies schließt auch die Fragen der Qualitätssicherung ein.

Nicht zuletzt müssen während der Inbetriebnahme die Sicherheitssyteme, wie die Notabschalt-, Entspannungs- und Entleerungssysteme oder die Sicherheitssteuerungen, aktiv überprüft werden. Dies betrifft auch das Testen bzw. Trainieren vorgesehener Schutz- und Bekämpfungsmaßnahmen.

Störungen und Schäden während der Inbetriebnahme verfahrenstechnischer Anlagen liegen zu über 85 % in *Fehlern und Mängeln aus den Vorphasen* begründet [1–5, 1–6, 1–7]. Die Ursachen sind verschieden und teils subjektiver, aber auch objektiver Art.

– Bei der Planung und dem Bau einer verfahrenstechnischen Anlage muß ein Kompromiß zwischen dem Wunsch nach einer fehlerfreien „idealen Anlage" und den zulässigen Kosten gefunden werden. Der Qualitäts- und Zuverlässigkeitsstandard, wie er bei der Raumfahrt oder der Kernenergietechnik anzutreffen ist, würde die Investkosten vervielfachen und ist nicht realisierbar. Das heißt, der Anlagenplaner und -bauer muß wegen der Markt- und Wettbewerbssituation ein Risiko eingehen, dessen negative Auswirkungen sich häufig während der Inbetriebnahme zeigen.

– Viele Trends im Anlagenbau, wie

- der vorrangige Bau von Einstranganlagen, d.h. die Verringerung von Redundanz in der Anlage,
- die zunehmende Komplexität und insbesondere die Rückkopplungen bei der Anlagenplanung,
- die Minimierung der Auslegungzuschläge bei der verfahrenstechnischen Dimensionierung der Ausrüstungen,
- der Einsatz sowie die Herstellung von Rohstoffen bzw. Produkten mit immer höheren Qualitätsanforderungen,
- der Verzicht bzw. zumindest die deutliche Reduzierung von „Puffervolumina" zwischen einzelnen Verfahrensstufen bzw. Ausrüstungen, so daß sich Störungen unverzögert fortpflanzen können,

sind in vielen Fällen *neue Ursachen* für Fehler und Mängel.

Natürlich versuchen die Engineering- und Montagefirmen durch ein ausgereiftes Qualitätsmanagement, durch vertiefte theoretische Durchdringung der Verfahren und Konstruktionen oder durch eine umfassende Qualifizierung der beteiligten Kräfte u.a. derartige Fehler möglichst zu beseitigen. Trotzdem zwingt der wirtschaftlich begründete Fortschritt stets zu neuen Entwicklungen und damit auch zu neuen Risiken. Daß beispielsweise renommierte Firmen, nachdem sie viele Anlagen nach dem gleichen Verfahren erfolgreich realisiert haben, plötzlich bei der Inbetriebnahme einer weiteren Anlage Probleme bekommen, belegt eine solche Einschätzung. Sie verdeutlicht auch, daß im Prinzip jede verfahrenstechnische Anlage, trotz zahlreicher Referenzen, als Unikat zu betrachten ist.

Der Inbetriebnehmer muß sich auf diese Situation möglichst vorbeugend und weniger operativ einstellen und damit leben. Die Erfahrung zeigt, daß die meisten Störungen nicht problematisch sind und bei einem guten Inbetriebnahmemanagement auf der Baustelle gelöst werden können.

Schwieriger ist es bei gravierenden Mängeln im Verfahren, wenn

– Nebenproduktbildungen übersehen wurden,

– sich unerwartete Anreicherungen in Produkten und Kreislaufströmen einstellen,

– Ablagerungen/Verkrustungen an Behälterwänden, Rührkesseln, Wärmeübertragern auftreten,

– Verunreinigungen u. ä. zu geringen Standzeiten der Katalysatoren bzw. Adsorbentien führen,

oder auch bei Mängeln in der Funktion von Hauptausrüstungen, wenn

– durch falsche Werkstoffwahl erhebliche Korrosion auftritt oder
– beim Probelauf von Maschinen unzulässig hohe Schwingungen beobachtet werden.

In solchen Fällen sind lange Inbetriebnahmezeiten und überhöhte Kosten die Folge. Es sind auch Anlagen bekannt, die wegen derart gravierender Mängel überhaupt nicht in Betrieb gingen.

Die Aufgabe der Optimierung des technologischen und technischen Regimes ist als eine Ermittlung und Einstellung eines vorteilhaften Betriebsregimes im Sinne der vertraglichen Zusagen und nicht als mathematisch bestimmtes Optimum zu verstehen.

Diese Teilaufgabe ist insbesondere dann bedeutend, wenn der technologische und/oder technische Neuheitsgrad des Verfahrens und/oder der Anlage hoch sind. Durch systematische Auswertung der Meßwerte während des Probebetriebes sind z. B. Maßnahmen zur Erzielung hoher Produktqualitäten bzw. -ausbeuten, geringer Material- und Energieverbräuche, stabiler Arbeitsweisen der Verdichter, Kolonnen u. a. abzuleiten.

Eng verbunden mit der Optimierung des Betriebsregimes ist der *gezielte Know-how-Gewinn* während der Inbetriebnahmezeit.

Natürlich muß jederzeit die vertragsgemäße Inbetriebnahme im Mittelpunkt aller Aktivitäten auf der Baustelle stehen. Trotzdem gestatten die meisten Inbetriebnahmen, integriert in diese vorrangigen Bemühungen und ohne nennenswerte zusätzliche Kosten, viele Möglichkeiten für gezielte experimentelle Untersuchungen. Dies kann beispielsweise die verfahrenstechnische Funktion von Ausrüstungen im Anfangszustand oder die Meßwerterfassung bei notwendigen Sonderfahrweisen betreffen. Man könnte sagen, die Inbetriebnahme ermöglicht de facto „Großversuche".

Wichtig ist, daß derartige wissenschaftlich-technische Untersuchungen bereits in der Planungsphase konzipiert und vorbereitet werden. Die angespannte und teils hektische Situation auf der Baustelle läßt später für die inhaltliche Vorbereitung und gedanklich vorausschauende Auswertung von Versuchen, Meßfahrten u. ä. wenig Zeit und Raum.

Abschluß und Höhepunkt der Inbetriebnahme ist der rechtsverbindliche *Nachweis der vertraglich vereinbarten Leistungsparameter.* Die Mehrzahl der Leistungsparameter wird während einer Leistungsfahrt bzw. eines Garantieversuches vom Verkäufer „vorgefahren" und bildet die Grundlage für die juristische Übergabe/Übernahme der Anlage.

Obwohl damit die definierten Aufgaben und Zielstellungen der Inbetriebnahme erbracht sind, wirken bei verfahrenstechnischen Anlagen im allgemeinen noch bestimmte Garantien fort. Das kann z.B. die Gewährleistung der Funktionstüchtigkeit von Ausrüstungen oder Standzeitgarantien für Katalysatoren betreffen. Letztlich bedeutet dies, daß einige Garantieversprechen und somit vertraglich-juristische Verpflichtungen des Verkäufers auch nach der Inbetriebnahme fortbestehen.

1.3 Einordnung der Inbetriebnahme in den Lebenszyklus der Anlage

Der **Lebenszyklus** einer Anlage umfaßt den Zeitraum von der Auftragserteilung zur Errichtung einer Anlage bis zur Demontage und Entsorgung derselben nach Beendigung der Produktion. Dabei läßt sich der Zyklus in folgende Phasen unterteilen:

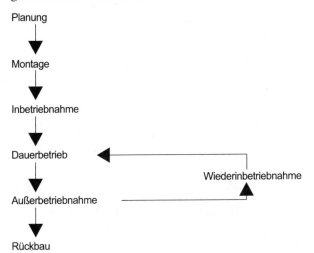

Die Phase des Dauerbetriebes ist zweifellos für den Betreiber die ausschlaggebende, da zu diesem Zeitpunkt der Gewinn erzielt wird und die investierten Mittel zurückfließen. Trotzdem baut diese jedoch auf die vorangegangenen Etappen der Planung, Montage und Inbetriebnahme auf.

Obwohl der Inbetriebnahmezeitraum im „Leben" einer verfahrenstechnischen Anlage nur 1–3 % ausmacht, so kommt ihm doch eine Schlüsselrolle zu, denn hier müssen die Arbeitsergebnisse der Vorphasen umgesetzt werden in eine hohe Effektivität der Dauerbetriebsphase. Im Grunde stellt die Inbetriebnahme das Bindeglied zwischen der Vorbereitung und Nutzung einer Anlage dar.

Einige wichtige Wechselwirkungen der Inbetriebnahme mit den anderen Phasen des Lebenszyklus einer Anlage sollen in der Tabelle 1–1 kurz verdeutlicht werden.

Die tabellarischen Angaben sollen gleichzeitig belegen, daß eine ganzheitliche Problemstellung und -lösung zum Gegenstand *verfahrenstechnische Anlage* erforderlich ist. In der Praxis, wie in einem Großteil der Fachliteratur, ist dies leider oft nicht der Fall. Während man die Inbetriebnahme häufig unterschätzt, wird der Rückbau teilweise ganz vernachlässigt. Die Folgen sind dann erhöhte Kosten, die beispielsweise bezogen auf den Rückbau einzelner Großanlagen noch die nächsten Generationen belasten werden.

Der Begriff „Lebenszyklus" einer Anlage erscheint in diesem Zusammenhang gut geeignet, die notwendige Wiederherstellung des ursprünglichen Zustandes am Standort zu charakterisieren.

1.4 Besonderheiten der Inbetriebnahme

Die Inbetriebnahme ist die letzte Phase der Projektabwicklung. Die Anlage liegt vergegenständlicht vor, d.h. sie wurde sozusagen vom „Papier in Stahl und Eisen" verwirklicht.

Mit der Inbetriebnahme kommt die „Stunde der Wahrheit" für alle Beteiligten. Sie müssen nachweisen, daß die in den Vorphasen geleistete Arbeit solide und erfolgreich war. Man kann auch sagen, das gesamte in die Anlagenplanung und den Bau hineingelegte Wissen wird während der Inbetriebnahme praktisch überprüft.

Im einzelnen ist vor Beginn der Inbetriebnahme folgende Situation typisch:

– Die Anlage ist bis auf wenige Restpunkte fertig montiert, und 90–95% des Investkapitals (ohne Inbetriebnahmekosten) ist verbraucht.
– Nachdem das Unternehmens- und Projektmanagement sich bei der Auftragsabwicklung vorrangig auf die qualitäts- und termingerechte Montage konzentriert hat, verlagern sich nun die Aufmerksamkeit und die Anstrengungen des Managements auf die Inbetriebnahme.
  Zum Teil ist das Management sogar bestrebt, bei der Montage eingetretene Verzögerungen durch eine verkürzte Inbetriebnahme auszugleichen. Dies ist um so problematischer, da die Inbetriebnahmezeiträume ohnehin relativ kurz sind.

Tabelle 1–1. Wechselwirkungen zwischen Inbetriebnahme und anderen Phasen des Lebenszyklus einer Anlage.

	Ziel	Wirkung auf Inbetriebnahme	Wirkung durch Inbetriebnahme
Planung	– Lösungsfindung zum Erreichen des Investitionsziele – Erarbeitung der Grundlagen und Betrieb der Anlage	– weitgehende Festlegung des Inbetriebnahmeablaufes – bestimmt die Effizienz der Inbetriebnahme sehr wesentlich – Planungsfehler sind meistens signifikant und aufwendig zu beseitigen	– Erfordernis der inbetriebnahmegerechten Planung – Korrekturmöglichkeiten von Planungsfehlern – Erfahrungsrückfluß zur Planung – praktische Bestätigung wesentlicher Planungsergebnisse
Montage	– Errichtung der Anlage	– bestimmend für Beginn der Inbetriebnahme – Montagequalität beeinflußt wesentlich Inbetriebnahme – schließt Arbeiten zur Inbetriebnahmevorbereitung ein	– Erfordernis der inbetriebnahmegerechten Montage – Handlungen zur Inbetriebnahmevorbereitung werden durchgeführt – Inbetriebnahmepersonal unterstützt Montagepersonal bei Abnahmeprüfungen – Erfahrungsrückfluß zur Montage
Dauerbetrieb	– Gewinnerwirtschaftung – Rückfluß der Investitionsmittel	– Termindruck – fixiert den Endzustand der Inbetriebnahme – beeinflußt Untersuchungen während Inbetriebnahme – setzt sicherheitstechnische u.ä. Anforderungen – ermöglicht z. T. die Verarbeitung von nichtqualitätsgerechten Produkten und Abprodukten	– beeinflußt Zeitpunkt und Höhe der Gewinnerwirtschaftung (Einlaufkurve) – beeinflußt Funktionstüchtigkeit der Ausrüstungen und Anlage – Optimierung des Betriebsregimes – Ermittlung von Engpässen und Störquellen – Erkenntnisgewinn für spätere Außer-/Wiederinbetriebnahme
Rückbau	– Demontage und Entsorgung der Anlage – Bereitstellung des Standortes	– Durchführung der Inbetriebnahme ohne bleibende Umweltbeeinflussung	– Erfahrungen aus der Inbetriebnahme nutzbar

– Mit dem Montageende verändern sich nicht unwesentlich die Struktur sowie der Personenkreis in der Projektführung. Nicht selten wechselt auch die Verantwortung zu einer anderen Firma sowie einem anderen Projektleiter. Man sagt mitunter:

„Das Inbetriebnahmeprojekt stellt ein eigenes Projekt im Projekt dar."

Insgesamt stellt der Übergang von der Montage zur Inbetriebnahme, auch bei einer ganzheitlichen Betrachtung der Projektabwicklung, eine deutliche und wesentliche Schnittstelle dar.

– Die Anlage und teils auch das Verfahren sind neu.
Ihre Auslegung und Gestaltung erfolgte eingeschränkt, zum Beispiel auf Basis theoretischer bzw. versuchstechnischer Ergebnisse. Funktionsüberprüfungen waren gleichfalls nur partiell möglich. Die Kopplung zwischen den Anlagenelementen sind weitgehend unerprobt.

– Trotz intensiver Vorbereitung verfügt das beteiligte Personal über keine Betriebserfahrungen mit der konkreten Anlage sowie mit den zugehörigen Systemen der Produktionsführung und -steuerung. Dies betrifft sowohl das Leit- und Bedienungspersonal als auch das Servicepersonal.

– Die mitwirkenden Personen kennen sich zum Teil erst kurze Zeit. Ausgeprägte Bindungen gibt es wenige.

Ausgehend von diesen erschwerten Bedingungen sowie den Zielen und Aufgaben der Inbetriebnahme ergeben sich die folgenden wesentlichen Besonderheiten bei der Inbetriebnahme verfahrenstechnischer Anlagen.

– Unwägbarkeit,
– hohes Ausfallrisiko,
– relative Einmaligkeit der Handlungen,
– hoher Organisationsaufwand,
– hohe Dynamik der Handlungsabläufe,
– Notwendigkeit von Echtzeitmaßnahmen,
– Fahrweise außerhalb des normalen Betriebspunktes,
– erhöhte Belastung des Personals.

Die *Unwägbarkeiten,* die bei der Inbetriebnahme eine Rolle spielen, entstehen in erster Linie dadurch, daß nicht alle Teilprozesse während der Planung vollständig modelliert werden können. Einerseits wäre der Aufwand zu hoch und andererseits existieren Modelle, besonders bei neuartigen Verfahren, oftmals noch nicht.

Überdies ist jede Näherungslösung fehlerhaft, da es eben „nur" ein Modell ist und sich in bestimmten Eigenschaften vom Original unterscheidet.

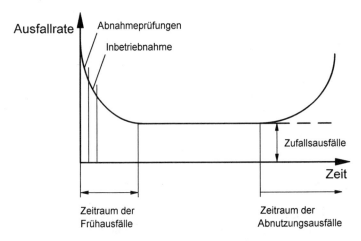

Bild 1–2. Zeitlicher Verlauf der Ausfallrate von Bauteilen.

Das bewußt eingegangene Entwicklungsrisiko sowie subjektive Fehler, die trotz eines umfassenden Qualitätssicherungssystems auftreten können, bewirken gleichfalls sogenannte Unwägbarkeiten.

Ein *hohes Ausfallrisiko* ergibt sich aus der Verlaufskurve der Ausfallrate für Bauteile.

Bild 1–2 zeigt die Ausfallrate von Bauteilen mit zufallsartigem Ausfallverhalten in Abhängigkeit von der Nutzungsdauer. Man spricht von der sog. Badewannenkurve. Während die hohe Ausfallwahrscheinlichkeit zu Beginn auf die Frühausfälle zurückzuführen ist, ergibt sich der Wiederanstieg nach längerer Nutzung durch die Abnutzungsausfälle (Synonym: Verschleißausfälle).

Der Inbetriebnahmezeitraum erfolgt unmittelbar nach den Probeläufen und Funktionsprüfungen zu Beginn des Nutzungszeitraumes, d.h. bei besonders hohen Ausfallwahrscheinlichkeiten.

Wenn man bedenkt, daß in verfahrenstechnischen Anlagen mehrere zehntausende Bauteile eingesetzt werden und auch deren Zusammenbau, Funktion und Bedienung diesem Ausfallverhalten statistisch unterworfen sind, wäre es sehr verwunderlich, wenn keine Frühausfälle („Kinderkrankheiten") auftreten. Da die Anlagen großteils Einstranganlagen mit wenig Redundanz ihrer Elemente sind, führen vergleichsweise viele Einzelfälle zu Störungen in der Gesamtanlage.

Gründe für die Frühausfälle während der Inbetriebnahme können beispielsweise Material- oder Herstellungsfehler bzw. eine Fehldimensionierung von Bauteilen sein. Das Ausfallrisiko läßt sich theoretisch durch ausführliches Testen aller Bauteile fast bis zum Niveau des Dauerbetriebszustandes senken. Eine solches Vorgehen würde jedoch nicht nur kostenintensiv sein, es wäre auch zu langwierig, so daß es meist günstiger ist, das erhöhte Ausfallrisiko in die Inbetriebnahmeplanung mit aufzunehmen.

Die *relative Einmaligkeit der Handlungen* resultiert daher, daß nahezu jede verfahrenstechnische Anlage ein Unikat darstellt und die Erstinbetriebnahme eben nur einmal stattfindet.

Während der Berufspraxis des Verfassers zeigte sich selbst bei Erdölverarbeitungsanlagen, die in großer Stückzahl nach einem einheitlichen Typenprojekt errichtet wurden, eine erstaunlich hohe Vielfalt der Inbetriebnahmehandlungen zwischen den einzelnen Anlagen. Die Ursachen waren überwiegend die unterschiedlichen Standortbedingungen, wie die Rohstoffqualität, die Infrastruktur und Logistik, das Klima, der Erfahrungsschatz des Betreibers u. v. a.

Der *hohe Organisationsaufwand* ist wegen der Komplexität des Problemlösungsprozesses a priori gegeben.

Zum Zeitpunkt der Inbetriebnahme bestehen im allgemeinen noch keine eingespielten organisatorischen Beziehungen zwischen den Partnern (Zulieferer, Abnehmer u. a.), bzw. es müssen Sonderlösungen (Absatz nichtqualitätsgerechter Produkte) gefunden werden.

Teils spielen auch ungeklärte Zuständigkeiten und Rechtslagen eine negative Rolle bei der Inbetriebnahme und erhöhen zusätzlich den Organisationsaufwand.

Die Inbetriebnahme ist durch eine *hohe Dynamik der Handlungsabläufe* gekennzeichnet, was zum einen durch den bereits erwähnten Termindruck als Bedingung für die Wettbewerbsfähigkeit, zum anderen aber auch durch die Eigendynamik der Prozesse selbst bedingt ist.

So lassen sich bestimmte Zustände nur kurzfristig halten, bzw. es erfordern anfallende Zwischenprodukte eine rasche Weiterverarbeitung in den folgenden technologischen Abschnitten, wodurch diese wiederum kurzfristig in Betrieb zu nehmen sind.

In Wechselwirkung mit der relativen Einmaligkeit der Handlungen entsteht so eine besondere Dynamik der Inbetriebnahme, bei der gleichzeitig und in komplexer Weise Einzelmaßnahmen vorzubereiten, durchzuführen, abzuschließen und auszuwerten sind.

Ein besonderes Merkmal der Inbetriebnahme verfahrenstechnischer Anlagen ist die Tatsache, daß viele Entscheidungen und Handlungen in *Echtzeit* vorzunehmen sind.

Die Ursachen dafür sind sowohl in der Vielzahl der Unwägbarkeiten als auch in der relativen Einmaligkeit der Handlungen begründet. So kann es zu unvorhergesehenen Situationen kommen, die ein sofortiges zielgerichtetes Handeln nötig machen. Von der Schnelligkeit und der Richtigkeit der getroffenen Entscheidungen und der eingeleiteten Maßnahmen kann unter Umständen nicht nur der Erfolg der Inbetriebnahme selbst, sondern auch die Verfügbarkeit der Anlage überhaupt entscheidend abhängen.

Die Fähigkeit zum schnellen Erkennen, Analysieren, Bewerten, Entscheiden und Handeln kennzeichnet deshalb nicht unwesentlich den erfahrenen und erfolgreichen Inbetriebnehmer.

Durch die Notwendigkeit solcher Echtzeitaktivitäten ist es bei größeren Anlagen erforderlich, einen gewissen Teil der Aufwendungen zur Inbetriebnahme so zu planen, daß er operativ zur Verfügung steht (operatives Fachpersonal, Berater, „Was wäre wenn"-Analysen, Beratungssysteme, Situationstraining).

Während der Inbetriebnahme der Anlage werden einzelne *Anlagenteile häufig außerhalb des normalen Betriebspunktes gefahren.* Das heißt, sie werden unter Bedingungen betrieben, für die sie nicht primär ausgelegt wurden.

So kann es auf Grund der Randbedingungen der Teilanlage nötig sein, diese im Teillastbereich zu fahren, oder zum Nachweis der Sicherheit bzw. zur kurzfristigen Bereitstellung benötigter Zwischenprodukte die Teilanlage im Überlastbereich zu betreiben. Dies kann zum Teil extreme Situationen hervorrufen. Stellenweise müssen auf Grund dieser Anforderungen zusätzliche technische Elemente und Sicherheitseinrichtungen zum Einsatz gebracht werden.

Die Inbetriebnahme bringt eine *erhöhte Belastung des Personals* sowohl in physischer als auch in psychischer Hinsicht mit sich.

Das Personal des Verkäufers aber auch das Personal des Käufers stehen unter erheblichem Erfolgsdruck. Auf alle Beteiligten wirkt u. U. belastend, ständig unvorhergesehene Schwierigkeiten sowie neue Arbeiten bewältigen zu müssen. Ferner ist der Arbeitstag sehr lang.

Für das Anlagen- und Wartungspersonal des Betreibers ist die Inbetriebnahme zugleich eine Bewährungsphase und eine Lernphase, d. h. das Personal selbst ist auch einer dynamischen Belastung ausgesetzt.

Erschwerend kommt hinzu, daß manche Arbeitsteams noch in der Konstituierungsphase sind.

Zusammenfassend zu den Besonderheiten der Inbetriebnahme läßt sich sagen:

„Die Inbetriebnahme ist zugleich die letzte Phase der Projektabwicklung, wie auch die erste Phase des Betreibens der Anlage. Sie ist eben die Übergangsphase vom stationären Zustand nach dem Montageende in den stationären Zustand des Dauerbetriebes. Genau darin liegt ihre Spezifik und Schwierigkeit."

2 Beachtung der Inbetriebnahme bei der Entwicklung und Planung

Die statistische Auswertung im nationalen und internationalen Anlagenbau besagt, daß Schwierigkeiten bei der Inbetriebnahme zu über 60% in der Entwicklungs- bzw. Planungsphase, z.B. durch chemisch-technologische Mängel im Verfahren oder durch fehlerhafte Auslegung bzw. Konstruktion, verursacht werden. Der Schlüssel für eine erfolgreiche Inbetriebnahme liegt somit vorrangig in ihrer Beachtung während der Verfahrens- und Anlagenentwicklung sowie der anschließenden Planung.

Einige wesentliche Einflußfaktoren auf die Inbetriebnahme verfahrenstechnischer Anlagen sind in Bild 2–1 zusammengestellt. In den weiteren Ausführungen sollen diese Aussagen weiter vertieft werden.

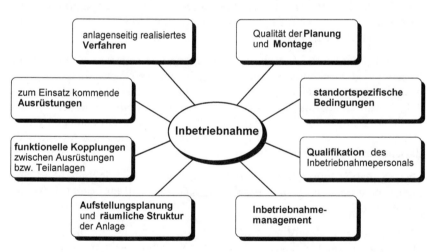

Bild 2–1. Wesentliche Einflußfaktoren auf die Inbetriebnahme verfahrenstechnischer Anlagen.

2.1 Beachtung der Inbetriebnahme bei der Entwicklung

Die **Entwicklung** umfaßt in der Verfahrenstechnik und insbesondere im Chemieingenieurwesen die Erarbeitung von Verfahrensunterlagen, die als Grundlage für die Planung einer großtechnischen Anlage nach diesem Verfahren geeignet sind.

Sie schafft die Grundlage für die Maßstabsübertragung und ist mit der Erarbeitung des **Process Design** verbunden.

Damit wird die Entwicklung zugleich von der **Forschung,** die vorrangig die prinzipielle Lösungssuche/Problemlösung im Labormaßstab sowie unter Modellbedingungen zum Ziel hat, sowie von der **Planung,** die sehr stark auf die unmittelbare Ausführung/Realisierung der großtechnischen Anlage ausgerichtet ist, abgegrenzt.

Entsprechend dem vereinbarten Begriffsverständnis beinhaltet das Process Design das Know-how zum gesamten Verfahren und nicht nur zur Reaktionsstufe. Es ist im Unterschied zum Basic Design nicht projektspezifisch und umfaßt vorwiegend grundlegendes Wissen zur Technologie, zu den Produkten, zur Prozeßmodellierung, zur Stoffdatenberechnung u. ä. Im Rahmen von Verfahrenslizenzen wird das Process Design oftmals verkauft und dient dem Käufer (z. B. einem Engineering-Unternehmen) als Grundlage für die verfahrenstechnische Planung einer konkreten Anlage.

Natürlich steht bei der Verfahrensentwicklung und dem Process Design die Gestaltung der Technologie einschließlich günstiger Verfahrens- und Betriebsparameter für den Dauerbetrieb (Nennlastzustand) im Mittelpunkt. Es geht vor allem um das Auffinden einer effizienten grundsätzlichen Verfahrenslösung sowie von Know-how zur Auslegung von Großanlagen unterschiedlichster Kapazität. Die Inbetriebnahme einer konkreten Anlage nach diesem Verfahren ist noch in relativ weiter Ferne.

Diese Situation führt häufig dazu, daß während der Entwicklung überhaupt nicht an die notwendige Inbetriebnahme gedacht wird und sich u.U. später Probleme ergeben.

Ein im Dauerbetrieb sehr wirtschaftliches Verfahren kann beispielsweise mit erheblichen Kosten bei der Inbetriebnahme verbunden sein, bzw. im Extremfall kann die Inbetriebnahme sogar zusätzliche Verfahrensstufen erfordern.

Werden andererseits die eventuellen Inbetriebnahmeschwierigkeiten rechtzeitig während der Verfahrensentwicklung erkannt, so können nicht selten noch alternative Lösungen mit einer vergleichbar guten Wirtschaftlichkeit gefunden werden.

Wie bei allen ganzheitlichen Problemlösungen kommt es auch hier auf die rechtzeitige und angemessene Berücksichtigung aller Teilaufgaben an.

Zur Beachtung der Inbetriebnahme bei der Entwicklung enthält Tabelle 2–1 eine Checkliste mit Fragen zu Verfahrensmerkmalen, die für die Inbetriebnahme gravierend sein können.

Tabelle 2–1. Checkliste zur Prüfung des Verfahrens aus Sicht der Inbetriebnahme.

1. Neigt das Verfahren (z. B. die chemische Reaktion) zur Instabilität?

2. Gibt es im Verfahren bzw. in einzelnen Stufen eine hohe parametrische Empfindlichkeit?

3. Entsteht das gewünschte Zielprodukt über eine selektive Folge- oder Parallelreaktion?

4. Werden bei der Inbetriebnahme im Vergleich zum Dauerbetrieb zusätzliche Betriebsmittel gebraucht?

5. Werden bei der Inbetriebnahme externe Energien/Hilfsstoffe benötigt, die im Dauerbetrieb durch das Verfahren selbst erzeugt werden (z. B. exotherme Reaktionen)?

6. Können sich beim Anfahren gefährliche bzw. unerwünschte Verfahrensbedingungen (höhere Verweilzeiten, veränderte Drücke, Temperaturen usw.) einstellen?

7. Bedingt das Verfahren (z. B. wegen Regeneration oder Wechsel des Katalysators) relativ oft die Außerbetrieb-/Wiederinbetriebnahme der Anlage?

8. Treten bei der Inbetriebnahme erhöhte Schadstoffemissionen auf?

9. Gestattet das Verfahren, nichtqualitätsgerechte Produkte zurückzuführen bzw. aufzuarbeiten?

10. Erfordert das Verfahren eine extreme Reinigung der Anlage (z. B. chemisch und bakteriologisch rein) in Vorbereitung der Inbetriebnahme?

11 Können beim Anfahren verstärkte bzw. veränderte Korrosionsbeanspruchungen auftreten?

12. Kommen im Verfahren größere Mengen staubhaltiger bzw. staubbildender Schütt-
· güter zum Einsatz?

Werden eine oder mehrere dieser Fragen bejaht, so ist im allgemeinen ein signifikanter Einfluß des Verfahrens auf die Inbetriebnahme gegeben. Dementsprechend sollte eine vertiefende Analyse und Diskussion stattfinden.

Wenn beispielsweise in Beantwortung der Frage – Nr. 6 höhere Verweilzeiten im Reaktor gefährlich bzw. unerwünscht sind, so muß u. U. die Teillastfahrweise während der Inbetriebnahme minimiert werden. Dies kann die ganze Inbetriebnahmestrategie oder die Größe der Zwischenproduktlagerung erheblich beeinflussen.

Oder ist im anderen Fall eine häufige Regeneration des Katalysators zu erwarten bzw. nicht auszuschließen (s. Frage – Nr. 7), so muß dies technologisch, z. B. durch einen redundanten, zweiten Reaktor, berücksichtigt werden. Die gegebenenfalls notwendige Regeneration in situ wiederum kann erhebliche Auswirkungen auf die sicherheitstechnische und rohrleitungsseitige Gestaltung der Anlage haben.

Abschließend noch einige Hinweise zur 11. und 12. Frage.

Während der Vorbereitung und Durchführung der Inbetriebnahme treten mitunter spezifische Korrosionsbedingungen auf, die im Normalbetrieb auszuschließen sind und die man deshalb leicht vergißt. Einige Besonderheiten sind beispielsweise:

– Nach dem Spülen der Anlage bzw. nach den Druckprüfungen verbleiben oftmals geringe Mengen Wasser in der Anlage. Diese wässrige Phase wirkt als Elektrolyt und bewirkt in Verbindung mit gelösten Ionen nicht selten örtliche Korrosion.
  Im Bemühen, durch Trocknen mit Luft oder Stickstoff das Wasser zu entfernen, passiert zum Teil ein Eindampfen der wässrigen Phase und somit eine Aufkonzentration eventuell vorhandener, dissoziierter Salze. Damit wird die Gefahr der örtlichen Korrosion, z. B. in Form von Lochfraßkorrosion, weiter erhöht.

– Auch nach dem Inertisieren verbleibt eine endliche Menge an Sauerstoff in der Anlage. Beim späteren Anfahren können sich daraus u. U. unerwünschte Nebenprodukte bilden. Andere Fremdstoffe, die sich zu Beginn der Inbetriebnahme noch in Spuren in der Anlage befinden, können ähnliche Auswirkungen haben.
  Hier ist beispielsweise näher zu prüfen, ob derartige Nebenprodukte im Spurenbereich sich anfahrbedingt (Kreislauffahrweise) anreichern können oder auf sensible Materialien schädigend wirken. Zu beachten ist in diesem Zusammenhang auch die mögliche Vergiftung von Katalysatoren oder die Initiierung einer Spannungsrißkorrosion.

– Die relativ geringen Betriebstemperaturen zu Beginn des Anfahrens sowie die Teillastfahrweise von Wärmeübertragern bewirken eine erhöhte Gefahr der Taupunktsunterschreitung in Gasen. Eventuelle Restfeuchte (Mauerwerk) wirkt in die gleiche Richtung.

Die Beachtung dieser und anderer Besonderheiten während der Inbetriebnahme, die nicht selten mit chemischen Vorgängen in Verbindung stehen, kann auf die Verfahrensentwicklung rückwirken und spätere unangenehme Überraschungen vermeiden.

Dies gilt auch für den Hinweis lt. Frage – Nr. 12. Wenn im Verfahren größere Mengen an Schüttgütern vorgesehen sind, so ist auch Staub zu erwarten. Während der Inbetriebnahmevorbereitung muß versucht werden, diesen Staub weitgehend aus der Schüttung und der Anlage zu entfernen. Andererseits ist die Wirksamkeit der vorbereitenden Maßnahmen aber begrenzt, und oftmals bildet sich während des Betriebes von neuem Abrieb bzw. Staub. Es steht somit die Frage, wie wird die Staubmenge durch Produkt- und Technologieentwicklung minimiert. Ist eine merkliche Staubbildung nicht zu vermeiden, so müssen technische Maßnahmen zur örtlich gezielten Abscheidung und Ausschleusung getroffen werden. Ansonsten scheidet sich der Staub erfahrungsgemäß an den hydraulischen Engpässen der Anlage ab, und dies ist sehr oft am ungünstigsten.

In besonderen Fällen können sich, abgeleitet aus der Inbetriebnahmevorbereitung und -durchführung, sogar wesentliche Vorgaben für die Verfahrensentwicklung ergeben. Dies betrifft beispielsweise die Anlagen zur Herstellung pharmazeutischer Produkte [2–1, 2–2], bei denen die Reinigungstechnologie in Vorbereitung der Inbetriebnahme einen wesentlichen Entwicklungs- und Kostenfaktor darstellt.

Um den Belangen der Inbetriebnahme bereits während der Entwicklung mehr Nachdruck zu verleihen, hat es sich in der Praxis als zweckmäßig erwiesen, wenn im Ergebnis der Verfahrensentwicklung auch eine sogenannte **Inbetriebnahmekonzeption** erarbeitet wird.

Die Inbetriebnahmekonzeption sollte ein Bestandteil des Process Design sein und skizziert auf nur ein bis zwei Seiten die technologischen Hauptschritte der Inbetriebnahme. Damit wird entweder nachgewiesen, daß die stationären Verfahrensparameter des Dauerbetriebes mit der vorgeschlagenen Basistechnologie prinzipiell erreichbar sind oder erkannt, welche Sondermaßnahmen für die Inbetriebnahme/Außerbetriebnahme zusätzlich erforderlich sind.

Beispiel 2–1: Inbetriebnahmekonzeption für ein Verfahren zur Reinigung eines wasserstoffreichen Raffineriegases

Das betrachtete Verfahren (s. Bild 2–2) dient zur weitgehenden Entfernung der unerwünschten Anteile an

– leichten ungesättigten Kohlenwasserstoffen C1–C4,
– Schwefelwasserstoff,
– Kohlenmonoxid und Kohlendioxid,

aus einem vorwiegend wasserstoffhaltigen Raffineriegas.

Zu diesem Zweck wird das ungereinigte Raffineriegas zunächst in der Absorptionskolonne K101 bei einem Druck von ca. 2,5 MPa und einer Temperatur von ca. 40 °C mit einer Dieselkraftstofffraktion gewaschen

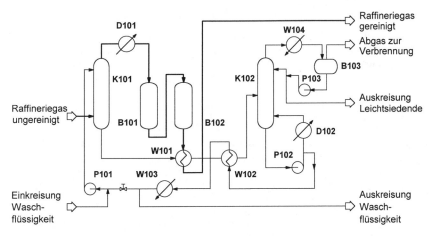

Bild 2–2. Verfahrensfließbild zur Reinigung eines wasserstoffreichen Raffineriegases.

und dadurch die Anteile an leichten ungesättigten Kohlenwasserstoffen auf unter 0,2 Vol-% und an Schwefelwasserstoff auf unter 10 ppm Volumengehalt verringert. ·

Das vorgereinigte Gas wird anschließend im Ofen D101 auf 180–300 °C aufgeheizt und dem Reaktor B101 zugeführt. Im Reaktor B101 ist als Festbett ein zinkoxid-/kupferoxidhaltiger Katalysator angeordnet, der zur H_2S-Entfernung bis auf Restgehalte unter 1 ppm Volumengehalt dient.

Die Erwärmung des Reaktors B102 einschließlich des sogenannten Entschwefelungskatalysators auf die Arbeitstemperatur von über 180 °C muß mit Stickstoff erfolgen. Die Verwendung des Raffineriegases ist wegen der möglichen Zinkkarbonat-Bildung bei niedrigen Temperaturen nicht zulässig.

Als letzte Stufe der Raffineriegasreinigung dient der Reaktor B102, der mit einem Nickelkatalysator gefüllt ist. Der als Festbett angeordnete sog. Methanisierungskatalysator beschleunigt die Umsetzung von Kohlenmonoxid und -dioxid zu Methan bis auf summarisch weniger als 10 ppm Volumengehalt. Er muß während der Inbetriebnahme zunächst vorsichtig mit Stickstoff bei 80 °C getrocknet und danach bei ca. 180 °C unter Zusatz von Wasserstoff aktiviert werden.

Die beladene Waschflüssigkeit wird zur Regeneration aus dem Sumpf der Kolonne K101 in die Desorptionskolonne K102 entspannt. Die Desorption der gelösten Gase findet bei ca. 0,3 MPa und ca. 250 °C Sumpftemperatur statt. Zur Aufheizung dient neben den Wärmeübertragern W101 und W102 insbesondere der Ofen D102.

Die desorbierten Restgase werden aus dem Rücklaufbehälter B103 abgeführt. Um die Qualität der Waschflüssigkeit zu gewährleisten, werden ferner ein kleiner Anteil der Leichtsiedenden sowie der Waschflüssigkeit ausgekreist und durch frisches Waschprodukt ersetzt.

Die Rückführung der regenerierten Waschflüssigkeit zur Absorption erfolgt letztlich mit Hilfe der Sumpfpumpe P102 und der Einspritzpumpe P101.

Die Inbetriebnahmekonzeption, wie sie für das beschriebene Verfahren als Teil des Process Design erarbeitet wurde, ist im Bild 2–3 dargestellt.

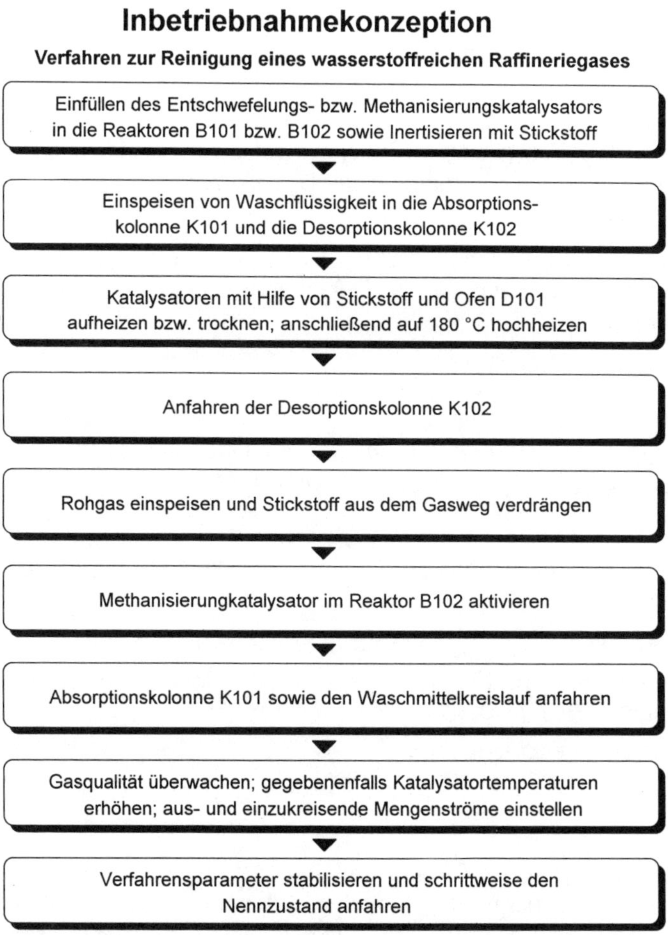

Inbetriebnahmekonzeption

Verfahren zur Reinigung eines wasserstoffreichen Raffineriegases

> Einfüllen des Entschwefelungs- bzw. Methanisierungskatalysators in die Reaktoren B101 bzw. B102 sowie Inertisieren mit Stickstoff

▼

> Einspeisen von Waschflüssigkeit in die Absorptionskolonne K101 und die Desorptionskolonne K102

▼

> Katalysatoren mit Hilfe von Stickstoff und Ofen D101 aufheizen bzw. trocknen; anschließend auf 180 °C hochheizen

▼

> Anfahren der Desorptionskolonne K102

▼

> Rohgas einspeisen und Stickstoff aus dem Gasweg verdrängen

▼

> Methanisierungkatalysator im Reaktor B102 aktivieren

▼

> Absorptionskolonne K101 sowie den Waschmittelkreislauf anfahren

▼

> Gasqualität überwachen; gegebenenfalls Katalysatortemperaturen erhöhen; aus- und einzukreisende Mengenströme einstellen

▼

> Verfahrensparameter stabilisieren und schrittweise den Nennzustand anfahren

Bild 2–3. Beispiel einer Inbetriebnahmekonzeption als Teil des Process Design.

2.2 Beachtung der Inbetriebnahme bei der Planung

Die Planung verfahrenstechnischer Anlagen unterteilt sich im allgemeinen in die Phasen:

Im einzelnen bedeuten und umfassen diese Phasen die folgenden Aufgaben und Dokumente:

Basic Design

Basic Design ist die Erarbeitung projektspezifischer, insbesondere kapazitäts- und standortbezogener Verfahrensunterlagen, d. h. es bezieht sich auf eine konkrete Anlage.

Das Basic Design ist die verfahrenstechnische Planung einer Anlage. Die Ergebnisse werden in der Basic Design-Dokumentation (sog. basic design package) niedergelegt.

Diese Dokumentation beinhaltet im allgemeinen:

– Grundlagen und Entwurfsdaten,
– Verfahrensbeschreibung mit Grund- und Verfahrensfließbild [2–3],
– Angaben zur Produktspezifikation,
– Stoff- und Energiebilanzen,
– Ausrüstungslisten und Datenblätter für Hauptausrüstungen,
– Werkstoffempfehlungen,
– Wesentliche Hinweise und Vorgaben zur In-/Außerbetriebnahme,
– Besondere Bedingungen, Empfehlungen, Informationen, Vorschriften u.ä. für die weitere Planung,
– Hinweise auf besondere Gefahren.

Basic Engineering

Das Basic Engineering ist ein Gesamtentwurf der Anlage. Es basiert auf dem Basic Design und liefert die Aufgabenstellungen/Vorgaben für die Fachplanung (Detail Engineering). Im Rahmen eines erweiterten Basic Engineering wird mitunter das sog. Behörden-Engineering eingeordnet.

Das Basic Engineering wird bei annähernd gleichem inhaltlichen Verständnis z.T. auch als Vorplanung bezeichnet. Wesentliche Bestandteile der entsprechenden Dokumentation sind:

– Entwurfsdaten für die detaillierte Auslegung und Bilanzierung,
– Verfahrensbeschreibung mit Rohrleitungs- und Instrumentierungsschemata [2–3],
– Ausführliche Spezifikation der Produkte, Energien und Betriebsmittel,
– Stoff- und Energiebilanzen,
– Datenblätter für Ausrüstungen mit Skizzen,
– Aufstellungskonzept,
– Auflistung der Meß-, Steuer- und Regeleinrichtungen,
– Auflistung der elektrischen Verbraucher,
– Hinweise und Vorgaben zur In-/Außerbetriebnahme,
– Besondere Bedingungen, Empfehlungen, Informationen, Vorschriften u.ä. für die Ausführungsplanung.

Detail Engineering

Detail Engineering ist die Erledigung aller ingenieutechnischen Fachplanungsfunktionen mit Ausnahme der verfahrenstechnischen Planung [2–4]. Es liefert die Grundlagen für die Anlagenrealisierung.

An Stelle von Detail Engineering wird auch der Begriff „Ausführungsplanung" verwendet. Das Detail Engineering erarbeitet, getrennt nach Fachgebieten (Gewerken), die konkreten Ausführungsunterlagen, die später zur Anlagendokumentation (s. Abschnitt 2.3.1) zusammengefaßt werden.

Die Phase des Detail Engineering ist erst mit der Anlagenübergabe beendet. Zu diesem Zeitpunkt hat der Anlagenbauer an den Betreiber eine Anlagendokumentation „as built" zu übergeben, in der alle Änderungen zur ursprünglichen Planungsausführung eingearbeitet wurden.

Die Inbetriebnahme muß in allen drei Planungsphasen der Anlage ihren gebührenden Platz einnehmen.

Waren die zu betrachtenden Inbetriebnahmegesichtspunkte während der Entwicklung mehr grundsätzlicher, qualitativer Art, so sind sie bei der Planung in Übereinstimmung mit dem sonstigen Detailliertheitsgrad auszugestalten.

Man spricht in diesem Zusammenhang von der Notwendigkeit einer **inbetriebnahmegerechten Anlagenplanung**.

Darunter ist zu verstehen, daß bei Einhaltung des Investkostenbudgets die Anlage so geplant wird, daß die Aufgaben und Ziele der Inbetriebnahme umfassend erreicht werden.

Natürlich bleibt ein vertragsgemäßer Dauerbetrieb das Hauptziel der Anlagenplanung. Aber bis dies möglich ist, muß vorher auf Grundlage der Planungsdokumente eine effektive Anlageninbetriebnahme stattfinden. Es geht bei der inbetriebnahmegerechten Anlagenplanung also um die angemessene Berücksichtigung der Inbetriebnahme, sowohl bei der verfahrenstechnischen als auch bei allen anderen Fachplanungen (s. Tabelle 2–2).

Tabelle 2–2. Wesentliche Forderungen an eine inbetriebnahmegerechte Planung.

1. Gewährleistung eines effizienten technologischen Ablaufes der Inbetriebnahme
2. Beachtung besonderer Fahrweisen vor und während der Inbetriebnahme bei der Auslegung und Konstruktion der Ausrüstungen sowie bei der Anlagenplanung
3. Berücksichtigung besonderer Inbetriebnahmeeinheiten bzw. -ausrüstungen
4. Berücksichtigung zusätzlicher Stoffe und Energien, die während der Inbetriebnahme benötigt werden bzw. anfallen
5. Bedienungs- und instandhaltungsgerechte Layout- und Anlagengestaltung
6. Gewährleistung einer inbetriebnahmefreundlichen Feld- und Wartentechnik sowie Anlagenkommunikation
7. Beachtung der Inbetriebnahmevorbereitung bei der Montageplanung
8. Gewährleistungen der Sicherheit von Personal, Anlage und Umwelt für den vergleichsweise gefahrvollen Inbetriebnahmezustand
9. Erarbeitung einer anwendergerechten Inbetriebnahmedokumentation einschließlich der Voraussetzung für den Inbetriebnahmebeginn
10. Beachtung standort- und kundenspezifischer Bedingungen bei der Inbetriebnahme
11. Erarbeitung der Qualifikationsanforderungen und des Schulungsprogrammes für das Inbetriebnahmepersonal
12. Gewährleistung eines effizienten Inbetriebnahmemanagements bei der Projektplanung
13. Beachtung der Inbetriebnahme bei der Genehmigungsplanung/Behördenengineering

Auf diese Forderungen an eine inbetriebnahmegerechte Anlagenplanung wird in den folgenden Abschnitten näher eingegangen. Dabei werden die verschiedenen Aspekte aus methodischen Gründen weitgehend getrennt betrachtet; wohlwissend, daß sie sich in der Praxis durchdringen bzw. beeinflussen und während der Planung ganzheitlich betrachtet werden müssen.

2.2.1 Gewährleistung einer effizienten Inbetriebnahmetechnologie

Unter **Inbetriebnahmetechnologie** (Synonym: Inbetriebnahmestrategie) werden die grundlegenden Schritte zur inhaltlichen und chronologischen Vorgehensweise während der Inbetriebnahme verstanden.

Ihre Erarbeitung stellt eine Präzisierung der Inbetriebnahmekonzeption dar und ist eingebettet in die technologischen Arbeiten zur Erstellung des Verfahrensfließbildes sowie des R&I-Fließbildes.

Im einzelnen sind bei der Erarbeitung der Inbetriebnahmetechnologie z.B. folgende Fragen zu beantworten:

a) In welcher Folge sind die Anlagenteile (Objekte, Betriebseinheiten) und die Hauptausrüstungen sicher und kostengünstig in Betrieb zu nehmen?

(Trotz gegebener technologischer Zwänge hat der Planer dabei noch erhebliche Handlungsspielräume.)

b) Wie kann verhindert werden, daß sich die Inbetriebnahme der neuen Anlage störend auf den Betrieb vor- bzw. nachgeschalteter Anlagen auswirkt?

(Die Antwort kann in der zusätzlichen Schaffung technologischer Zwischenspeicher oder in der technisch-technologischen Realisierung eines, zumindest befristeten, Inselbetriebes der Neuanlage liegen.)

c) Wie kann das Risiko verringert werden, daß wichtige und sensible Anlagenkomponenten durch Fehler bzw. Störungen bei der Inbetriebnahme zerstört bzw. geschädigt werden?

(Maßnahmen können beispielsweise Bypaß-Leitungen um die Reaktoren zum Schutz des Katalysators oder die funktionelle Entkopplung schwieriger Inbetriebnahmehandlungen sein.)

d) Wie können Betriebszustände, die die Umwelt belasten, vermieden bzw. zumindest schnell durchfahren werden?

e) Wie können instabile Betriebszustände von Ausrüstungen und der Anlage (z.B. bei Wärmerückkopplung oder bei Kreislauffahrweise mit Gefahr der Nebenproduktanreicherung) vermieden bzw. zumindest schnell durchfahren oder gut beherrschbar gemacht werden?

f) Wie können möglichst schnell verkaufsfähige Produkte erzeugt werden?

(Die Beantwortung ist in der Regel signifikant für die Inbetriebnahmekosten.)

g) Wie sind das Verfahrensrisiko sowie das technische Risiko zu bewerten und durch welche Inbetriebnahmemaßnahmen können sie lokalisiert, analysiert und minimiert werden?

(Ein bekanntes und bewußt eingegangenes Risiko kann durch eine systematische Inbetriebnahmevorbereitung und -durchführung wesentlich verringert werden.)

h) Wie kann eine kritische Überforderung des Bedienungs- und Wartungspersonals vermieden werden?

i) Wie können bekannte bzw. vermutete technische Probleme und Risiken im Vorfeld der Inbetriebnahme (z. B. durch gezielte Funktionsprüfungen und Probeläufe) ausgeschlossen werden?

Ein Großteil dieser Fragen betrifft das Verfahren und muß bei der Erarbeitung des Basic Design beantwortet werden.

Analog zur Entwicklungsphase hat es sich in der eigenen Praxis bewährt, in der Basic Design-Dokumentation einen Punkt „Inbetriebnahme" aufzunehmen und in diesem kurz die wesentlichsten Inbetriebnahmehandlungen und -voraussetzungen für die betrachtete, konkrete Anlage aufzunehmen.

Im Verlauf der Planungsabwicklung muß der Verfahrenstechniker kontrollieren, daß die nachfolgenden Fachplanungen sog. *technologische Disziplin* wahren, d. h. ob die technologische Funktion der Anlage im Dauerbetrieb, aber auch während der Inbetriebnahme, gesichert ist.

Dies bedeutet konkret, daß der Fachplaner die ihm in der Aufgabenstellung übergebenen technologischen Vorgaben, die gleichfalls Überlegungen zur effizienten Inbetriebnahmetechnologie berücksichtigen sollten, gewissenhaft beachten muß. Dabei ist nicht ausgeschlossen, daß in Sonderfällen auch moderne und wirtschaftliche fachspezifische Teillösungen rückkoppeln und technologische Änderungen bewirken können.

Zum Beispiel können Ausrüstungen, die wegen Auslegungsunsicherheiten bewußt größer gewählt wurden, zu Problemen beim Anfahren im Teillastbereich führen.

Die gravierende Rückwirkung der technischen Detailausführung auf die technologische Funktion der Anlage während der Inbetriebnahme ist u. a. auch bei der Antriebsgestaltung (elektrisch, hydraulisch, Gas- oder Dampfturbinenantrieb) oder bei der Wahl der Betriebsdrehzahl eines Kreiselverdichters in Relation zur kritischen Drehzahl gegeben.

Eine enge, kooperative Zusammenarbeit zwischen den Technologen und den verschiedenen Fachspezialisten ist an der Nahtstelle zwischen Verfahren und Ausrüstungen stets besonders angeraten.

2.2.2 Beachtung besonderer Fahrweisen vor und während der Inbetriebnahme bei der Planung und Konstruktion

Bei der verfahrenstechnischen Planung sind Stoff- und Energiebilanzen für den Nennfall zu ermitteln. Sie bilden die wichtigste Grundlage für die Auslegung und verfahrenstechnische Spezifikation der Ausrüstungen einschließlich der Prozeßleittechnik.

Gleichzeitig werden im Basic Design gegebenenfalls auch Angaben gemacht über

– zulässige Lastschwankungen (Minimal-/Maximallast) und/oder Qualitätsschwankungen der Roh- und/oder Hilfsstoffe u. ä., bei denen das Verfahren/die Anlage noch funktionsgerecht arbeiten müssen,

– verfahrensbedingte Sonderfahrweisen, wie z. B. das Aktivieren und Regenerieren der Katalysatoren, das Vortrocknen von Trockenmitteln, das Einstellen verschiedener Rezepturen.

Der Verfahrenstechniker muß, entweder bereits mit dem Basic Design oder spätestens beim Basic Engineering, aus all diesen Varianten den Arbeitsbereich der Ausrüstungen ermitteln und in den Aufgabenstellungen an die Fachspezialisten vorgeben.

Nicht selten resultieren aus den verschiedenen Varianten derart breite Arbeitsbereiche, daß geeignete Ausrüstungen nicht beschaffbar sind. Dann setzen notgedrungen die Rückkopplung zum Verfahrenstechniker und die Kompromißsuche ein.

Bei der Inbetriebnahme können ebenfalls anormale Festigkeitsbeanspruchungen an Ausrüstungen auftreten, die die Anforderungen des späteren Dauerbetriebes bei weitem übersteigen. Der Konstrukteur muß sie kennen und beachten.

Idealerweise wäre es zweckmäßig, wenn zu dem o. g. frühen Zeitpunkt auch die den spezifischen Inbetriebnahmefahrweisen entsprechenden Belastungsbedingungen für die einzelnen Ausrüstungen vorlägen und in den Aufgabenstellungen berücksichtigt werden könnten. Leider sind in den meisten Fällen konkrete Aussagen dazu erst in einer späteren Planungsphase bekannt, z. B. nachdem die Inbetriebnahmedokumentationen erarbeitet wurden.

Für den Planungsingenieur ist eine solche Situation nicht fremd. Er muß ohnehin während der frühen Planungsphasen häufig mit Annahmen, Schätzungen, Näherungslösungen auskommen, da Basisunterlagen zu genauen Berechnungen nicht vorliegen. Dies gilt auch für die Vorausschau bezüglich spezifischer Inbetriebnahmelastfälle bzw. -erfordernisse. Die Tabelle 2–3 enthält einige qualitative Hinweise und Erfahrungen, die in Verbindung mit der Auslegung und Konstruktion der Ausrüstungen überprüft werden sollten.

Tabelle 2–3.   Inbetriebnahmespezifische Fahrweisen und zugehörige Hinweise für die Fachplanung.

1. Ausblasen der Ausrüstungen/Anlage mit Luft, Dampf o. ä.
   – Prüfung der Nutzungsmöglichkeit eines zur Anlage gehörenden Verdichters (wäre für Verdichter eine Nebenfahrweise)
   – Vorsehen einer einfachen Ausbaumöglichkeit für schmutzempfindliche Teile
   – Schmutzeintrag auf Kolonnenböden und andere hydraulische Engpässe verhindern
   – Schmutzabscheidung in vorhandenen Behältern bzw. gezielte Ausblaseöffnungen vorsehen

2. Spülen der Ausrüstungen/Anlage
   – Prüfung der Beständigkeit des Werkstoffes gegenüber dem Spülmedium unter Spülbedingungen
   – Bei Spülung mit Wasser muß im allgemeinen anschließend getrocknet werden (Toträume, „Säcke" in Leitungen u. ä. vermeiden)
   – ausreichende Füll- und Entleerungsmöglichkeiten vorsehen
   – gezielte Schmutzauskreisung vorsehen (z.B. Behälter mit durchgestrecktem Abgangsstutzen zur Pumpe und separater Bodenentleerung)
   – Möglichkeit zum Vorwärmen des Spülmediums (40–80 °C) vorsehen
   – Bypaß-Leitungen zum Umfahren schmutzempfindlicher Ausrüstungen vorsehen

3. Inertisieren der Anlage
   – Prüfung der zweckmäßigsten Inertisierungsvariante, insbesondere, wenn die Stickstoffmengen begrenzt sind
   – bei vorhandenem Verdichter ist häufig ein Kreislaufbetrieb über die Anlage zweckmäßig (wäre für Verdichter eine Nebenfahrweise)
   – Anschlußstutzen für Inertgas und Probenahme zwecks Überprüfung vorsehen

4. Sonderfahrweisen zur Behandlung von Katalysatoren und Adsorbentien
   – Die Behandlung erfordert meistens vom Normalbetrieb (Nennzustand) abweichende Verfahrensbedingungen (Produkte, Betriebsmittel, Temperaturen), die z.T. für die Ausrüstungen (Öfen, Reaktoren, Wärmeübertrager, Meßgeräte) die Auslegung bestimmen
   – Die Behandlung (z.B. oxidative Regeneration) erfordert im allgemeinen sicherheitstechnisch eine 100%ige Absperrung zur restlichen Anlage (Blindscheiben o. a. sichere Trennungen vorsehen)

Tabelle 2–3 (Fortsetzung)

---

5. Anfahren der Anlage in einem stabilen Teillastzustand von 60 bis 70 % der Nennlast.
   - Vorsehen von Rückführleitungen (ggf. produktseitig vom Ausgang auf den Eingang), um kleinere und größere Kreisläufe fahren zu können
   - Prüfung der Arbeitsweise wesentlicher Ausrüstungen, Regelventile, Blenden unter Teillast
   - Beachtung der Versetzungsgefahr (Kolonnenböden, Demister, Filter) durch erneuten Schmutzaustrag unter Betriebsbedingungen (höhere Temperatur, höhere Strömungsgeschwindigkeiten)
   - vorsehen zusätzlicher Meß- bzw. Probenahmemöglichkeiten, z.B. wenn in der Anlage große Zeitverzögerungen auftreten und Zwischenwerte vorteilhaft sind
   - Beachtung der Wärmeverluste an die Umgebung (ihr relativer Anstieg steigt)
   - Beachtung der Temperatur- und Druckgradienten während des Anfahrens bei der Bauteilbemessung
   - Berücksichtigung der überhöhten Anfahrströme bei Elektromotoren, insbesondere beim Drehstrom-Asynchronmotor
   - Vermeiden von Taupunktunterschreitung beim Teillastbetrieb von Rauchgaswärmeübertragern

---

Erfahrungsgemäß werden diese inbetriebnahmespezifischen Fahrweisen bei der verfahrenstechnischen Auslegung und/oder bei der Bauteilkonstruktion bzw. -bemessung nicht selten vergessen bzw. unterschätzt. Die Folge sind Störungen und Verzögerungen bei der Inbetriebnahme, verbunden mit teils erheblichen Kostenerhöhungen.

Typisch sind Sonder- bzw. Nebenfahrweisen, die mitunter Auswirkungen auf die Gesamtanlage haben, bei Prozessen mit Schüttgütern. Diese speziellen Hilfsmittel werden im allgemeinen zunächst in situ vorbehandelt, um sie einerseits in einen definierten Ausgangszustand zu versetzen und andererseits vor einer chemischen Anfangsschädigung zu schützen. Zu diesem Zweck erfolgt häufig eine reduzierende Vorbehandlung metalloxidischer Katalysatoren mit Wasserstoff bzw. eine Vortrocknung mit Stickstoff oder Luft.

Damit ergeben sich bezüglich Medium, Druck, Temperatur, Dichte, Druckverlust u.v.a. teils völlig andere Anforderungscharakteristika als im Dauerbetrieb.

Die Anlage und insbesondere die Apparate und Maschinen inklusive der Antriebsaggregate, aber auch die Feld- und Analysentechnik müssen für derartige Fahrweisen geplant und dimensioniert sein.

Das folgende Beispiel aus der Energie- und Kraftwerkstechnik soll die Beachtung spezifischer Anfahrzustände durch den Konstrukteur veranschaulichen.

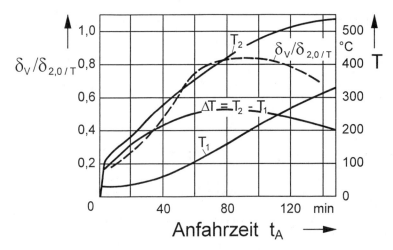

Bild 2–4. Läufertemperaturen und relative Spannungen einer Dampfturbine während des Anfahrens (nach [2–6]).

Beispiel 2–2: Spannungsüberhöhungen in einem Turbinenläufer beim Anfahren (s. Bild 2–4)

Beim Anfahren (sog. Kaltstart) eines Dampfkraftwerkes [2–5] mit Blockschaltung eines Kessels und einer Turbine wird im allgemeinen zunächst der Kessel in Betrieb genommen. Die Rohrleitung zur Turbine bleibt abgesperrt.

Sobald die erzeugte Dampfmenge und die Dampfparameter die vorgegebenen Werte erreichen, wird die Leitung zur Turbine „gestellt" und der Läufer „angestoßen". Die einerseits sehr schnell stattfindende Erwärmung der Turbine und insbesondere der Läuferoberfläche (Temperatur T_1) und die andererseits verzögerte Erwärmung der Läuferachse (Temperatur T_2) bewirken zusätzliche Wärmespannungen im Werkstoff. Man erkennt, daß die Vergleichsspannung δ_v an der Läuferoberfläche in Abhängigkeit vom Temperaturgradienten ein Maximum durchläuft. Die für die Bemessung des Läufers maßgebliche Maximalbeanspruchung liegt somit deutlich über der Normalbeanspruchung im stationären Betriebszustand. Ähnliche Aussagen gelten für die Trommeln und die Heißdampfrohrleitungen in Kraftwerken.

Der Konstrukteur muß diesen Anfahrlastfall bei der Bemessung und Konstruktion (z. B. durch dünnwandige oder rotationssymmetrische Bauteile) unbedingt berücksichtigen. Wenn nicht, kann die Bauteilüberbeanspruchung beim Anfahren schon zu Beginn der Nutzungsdauer zur Bauteilschädigung (z. B. durch örtliche Rißbildung mit anschließender Rißausbreitung) bzw. zur vorschnellen Bauteilermüdung führen [2–7].

Der Inbetriebnehmer wiederum muß beim Anfahren die in der Inbetriebnahmedokumentation sowie im Betriebshandbuch vorgegebenen maximalen Temperaturgradienten an den kritischen Bauteilen unbedingt einhalten. Er kann ferner durch eine schonende Anfahrtechnologie, indem beispielsweise die Turbine nach dem Gleitdruck-Gleittemperatur-Verfahren [2–8] angefahren wird, grundlegend die Bauteilbeanspruchung verringern.

2.2.3 Berücksichtigung besonderer Inbetriebnahmeeinheiten sowie zusätzlicher Stoffe und Energien

Im allgemeinen sind die dynamischen Übergangsprozesse komplizierter und anspruchsvoller als Prozesse bei stationären Bedingungen. Man denke beispielsweise daran, wieviel schwieriger es ist, ein Raumschiff auf seine Umlaufbahn zu bringen, als es auf dieser zu halten.

Auch bei verfahrenstechnischen Anlagen stellt die Inbetriebnahme meistens höhere Anforderungen als der Dauerbetrieb. Der Anlagenbauer muß diese erhöhten Anforderungen, wobei in diesem Abschnitt nur die technisch-technologischen betrachtet werden, vorausdenken und durch planerische Maßnahmen erfüllen. Im einzelnen können dies zum Beispiel sein:

a) für die Inbetriebnahme sind im Vergleich zum Dauerbetrieb zusätzliche Ausrüstungen bzw. Anlagenkomponenten nötig oder zweckmäßig.

– Bei Verfahren mit exothermen chemischen Reaktionen bei höheren Temperaturen wird im allgemeinen mittels Wärmeübertrager das Reaktionsgemisch durch das Reaktionsprodukt aufgeheizt. Schon bei Temperaturerhöhungen im Reaktor von 10 bis 20 K, kann mittels Wärmeübertrager allein die Aufheizung auf Reaktoreintrittstemperatur erfolgen. Ein zusätzlicher Aufheizer ist nicht nötig.
Bei der Inbetriebnahme fehlt jedoch zunächst die Reaktionswärme. Das Gemisch und der Reaktor müssen durch externe Energiezufuhr auf Zündtemperatur erhitzt werden. Eine Aufheizung mittels Dampf ist häufig nicht wirtschaftlich, da viele Zündtemperaturen oberhalb der Sattdampftemperatur des 16 bar-Dampfes liegen. Das heißt, zur Inbetriebnahme ist in solchen Fällen ein zusätzlicher Anfahrofen bzw. elektrischer Spitzenvorheizer nötig.
– Bei Inbetriebnahmen, bei denen Stickstoff für die Inertisierung nicht in ausreichender Menge/Qualität anliegt, werden z. T. separate Kleinstanlagen zur Stickstoffgewinnung aus Luft (ggf. als mobile Anlage) vorgesehen.

– In Dampfkesselanlagen mit nachgeschalteter Gasturbine werden Anfahr-motoren für die Turbine benötigt, um beim Kesselstart die Brenner mit Luft zu versorgen. Erst wenn der Kessel genügend Abgas zum Antrieb der Turbine bereitstellt, kann diese ohne Anfahrmotor die Förderung der Verbrennungsluft übernehmen.

– In den meisten verfahrenstechnischen Anlagen sind eine Vielzahl von sog. Anfahrleitungen vorgesehen, die im allgemeinen im Verfahrensfließ-bild bzw. RI-Fließbild als strichpunktierte Linien dargestellt werden. Derartige Anfahrleitungen können u. a. dienen

- als Fülleitungen für Ausrüstungen, um beispielsweise Schmutzeintrag über den normalen Leitungsweg zu vermeiden,
- als Spül- und Entleerungsleitungen,
- zur Umfahrung sensibler Anlagenteile,
- als Kreislaufleitung zur Rückführung von nichtqualitätsgerechten Zwischenprodukten,
- als Einspeiseleitungen für Spezialprodukte und Starthilfsmittel; zum Beispiel für extern zugeführten Klärschlamm, um einen neuen Biotank-reaktor oder Biofilter zu impfen und den mikrobiellen Wachstumspro-zeß zu beginnen.

b) für die Inbetriebnahme sind *zusätzliche Betriebsmittel* in Menge und Qualität erforderlich oder günstig.

– Die Inbetriebnahme einer Benzin-Reformierungsanlage benötigt wasser-stoffreiches Gas, obwohl später im Nennzustand Wasserstoff gebildet und aus der Anlage als Überschußgas abgeführt wird. An Standorten, wo eine Wasserstofferzeugung noch nicht existiert, muß dieser Anfahr-wasserstoff beispielsweise in Gasflaschencontainern antransportiert werden.

– In vielen Anlagen wird die Prozeßwärme zur Eigendampferzeugung ge-nutzt. Da während der Inbetriebnahme die Prozeßwärme noch nicht voll anliegt, aber schon Dampf benötigt wird, ist eine zusätzliche Dampfbe-reitstellung nötig.

– In Ethylenanlagen erfolgt die Gasaufbereitung durch Tieftemperatur-destillation unter Nutzung von Ethylen-/Propylen-Kältekreisläufen. Da die Kältemittel aber von der Anlage erst erzeugt werden müssen, ist an-fangs die Fremderzeugung von Kälte bzw. die Zufuhr von Kältemitteln erforderlich.

– Kraftwerksrohrleitungen bzw. die Ölleitungen größerer Hydraulik-systeme (für Antriebe, Getriebeschmierung, Abdichtungen) werden häu-fig vor der Inbetriebnahme metallisch blank gebeizt. Dazu benötigt man als Beizmittel spezielle Chemikalien, wie verdünnte Phosphorsäure, Schwefelsäure oder Zitronensäure.

c) In Vorbereitung und Durchführung der Inbetriebnahme fallen *nichtqualitätsgerechte Produkte, Abprodukte u.a. Nebenprodukte* an.

– Die Erzeugung von Produkten bzw. Energien mit Minderqualität ist bei nahezu allen Inbetriebnahmen a priori der Fall.

– Die Ursachen liegen insbesondere in den vom Normalfall abweichenden Betriebsbedingungen und im Schmutzanfall, aber auch in eventuellen Fehlern und Störungen begründet. Andererseits erfordert beispielsweise das Einfahren einer Endproduktreinheit von größer als 99,9 % Massengehalt in Großanlagen einen längeren Zeitraum.
Die Minimierung der nichtqualitätsgerechten Produkte ist ein wesentlicher Kostenfaktor und eine Hauptaufgabe bei der Planung sowie bei der Vorbereitung und Durchführung der Inbetriebnahme. Die Lösungsversuche, z.B. bei der Erarbeitung der Inbetriebnahmedokumentation, sollten in der Reihenfolge:

„vermeiden – verwerten/recyceln – entsorgen"

erfolgen.

Bei der Dimensionierung von Tanklagern sollte neben den logistischen und absatzwirtschaftlichen Gesichtspunkten auch den Fragen der Zwischenlagerung derartiger, unerwünschter Produkte und ihrer späteren innerbetrieblichen Aufarbeitung eine besondere Aufmerksamkeit gewidmet werden. Das, was der Inbetriebnahme nutzt, ist meistens auch bei späteren Betriebsstörungen vorteilhaft.

– In Zusammenhang mit dem Beizen, dem Passivieren oder der Gewährleistung einer bakteriologisch sauberen Anlage fallen verdünnte Abfallsäuren u.a. Nebenprodukte an, die zu entsorgen sind.

Insgesamt sind die geschilderten Inbetriebnahmespezifika bei verfahrenstechnischen Anlagen relativ häufig anzutreffen. Sie bewirken im allgemeinen erhebliche technologische und investive Maßnahmen. Um so dringender ist, daß derartige inbetriebnahmespezifische Besonderheiten bereits während der Planung umfassend vorgedacht und beachtet werden.

Der Entwicklungstrend zu immer „ausgereizteren" Verfahren sowie zu immer stärker vermaschten Anlagen wird diese Forderung weiter verstärken.

2.2.4 Bedienungs- und instandhaltungsgerechte Layout- und Anlagengestaltung

Für eine effiziente Inbetriebnahme ist eine bedienungs- und instandhaltungsgerechte Layout- und Anlagengestaltung [2–9, 2–10, 2–11] besonders wichtig, da in diesem Zeitraum

– Bedienhandlungen verstärkt und insbesondere vor Ort durchzuführen sind,

– gehäuft mit technischen Störungen und nachfolgenden Instandsetzungsarbeiten zu rechnen ist und

– die Gefahr von Unfällen, Bränden, Explosionen u. ä. besonders akut ist. Zwecks einer schnellen und reibungslosen Versorgung bzw. Schadensbekämpfung ist deshalb eine gute Zugänglichkeit zur Anlage und innerhalb der Anlage zu gewährleisten.

Gleichzeitig bewirkt die zukünftige Inbetriebnahme eine Vielzahl spezifischer Hinweise und Forderungen an die Layout- und Anlagengestaltung (s. Tabelle 2–4).

Tabelle 2–4. Empfehlungen zur inbetriebnahmegerechten Layout- und Anlagengestaltung.

1. Bei der gemeinschaftlichen Erörterung des Anlagen-Layout sollte unbedingt ein erfahrener Inbetriebnahmeingenieur beteiligt sein.

2. Der Aufstellungsplan und das 3D-Plastikmodell bzw. CAD-Modell sollten von einem erfahrenen Inbetriebnahmeingenieur auf inbetriebnahmefreundliche Anlagengestaltung/planung geprüft werden.

3. Bei Vorhandensein eines 3D-CAD-Anlagenmodelles sind sog. weiche Kollisionsprüfungen (Kollision zwischen Anlagenkomponenten und vorgegebenen Bedienungs-/Instandsetzungsfreiräumen) durchzuführen.

4. Anlagenteile, die verstärkt Inbetriebnahmehandlungen vor Ort notwendig machen (z. B. Maschinenhaus, Syntheseteil), sollten nicht zu weit vom Leitstand entfernt sein.

5. Es ist aus der Sicht schnell durchzuführender Wartungsarbeiten, die insbesondere während der Inbetriebnahme zu erwarten sind, zu prüfen, wo Treppen an Stelle von Leitern vorteilhaft sind.

6. Apparatebühnen sind so zu gestalten, daß von ihnen aus die Flanschverbindungen sowie Meß- und Analyseeinrichtungen am Apparat und den angrenzenden Rohrleitungen gut erreichbar sind.

7. Um das häufige Ab- und Aufsteigen zu verringern, sollten an ausgewählten Stellen Übergänge zwischen Bühnen, Podesten, Rohrbrücken, Laufstegen u. ä. vorgesehen werden.

8. Inbetriebnahmebedingte Blindscheiben müssen ohne großen Aufwand gesteckt und gezogen werden können. Es ist für jeden Anwendungsfall zu prüfen, ob eine Blindscheibe oder eine Doppelabsperrung mit Zwischenentleerung insgesamt vorteilhafter ist.

Tabelle 2–4 (Fortsetzung)

9. Die Zweckmäßigkeit der Realisierung von Bypass-Leitungen für Hauptausrüstungen (Reaktoren, Kolonnen, Wärmeübertrager) ist aus der Sicht der Inbetriebnahme (Schutz der Ausrüstungen bei Störungen, Reparatur der Ausrüstung während des Betriebes u. a.) im Kreis von Fachspezialisten zu beraten und zu beschließen.

10. Zum intensiven Spülen (z. B. in Verbindung mit Probeläufen von Pumpen) oder zum Inselbetrieb der Anlagenteile sind notwendige Kreislaufleitungen vorzusehen.

11. Spülstutzen (Ein-/Austritt) sowie Drainage- und Entlüftungsstutzen sind in ausreichender Anzahl/Durchmesser und an der richtigen Stelle anzuordnen.

12. Es ist zu verhindern, daß sich Anfahrleitungen, Rohrleitungen für Nebenfahrweisen bzw. zum Inertisieren u. ä. mit nichtbestimmungsgemäßen Produkten/Hilfsstoffen füllen können.

13. Die Probenahmestellen müssen gut zugänglich sein.

14. Das Analysenlabor sollte möglichst in der Nähe sein.

Die Inbetriebnahmeaspekte sollten, angefangen von der Lageplanung des Betriebes/Werkes über die Aufstellungsplanung der Ausrüstungen bis hin zur 2D- und 3D-Anlagenplanung im Detail Engineering, eine kontinuierliche, angemessene Beachtung finden. Oftmals ist es schon außerordentlich hilfreich, wenn in das Bearbeiterteam bzw. zu den entsprechenden Fachbesprechungen ein erfahrener Inbetriebnahmeingenieur hinzugezogen wird.

2.2.5 Gewährleistung einer inbetriebnahmefreundlichen Prozeßleittechnik

Im weiteren soll unter **Prozeßleittechnik** die Gesamtheit der Hard- und Software für die Leittechnik (Prozeß-, Betriebs-, Unternehmensebene) und die Meß-, Steuerungs- und Regelungstechnik verstanden werden. Die Feld- und Wartentechnik ist somit gleichfalls ein Bestandteil davon.

Zu den Besonderheiten der Inbetriebnahme im Hinblick auf die Prozeßleittechnik gehören u. a.:

– Zahlreiche Informationen fallen zum Großteil erstmalig an und müssen schnell vom Personal wahrgenommen und verarbeitet werden.

– Bedienhandlungen sind wesentlich mehr als im Normalbetrieb von Hand und/oder vor Ort auszuführen.

– Die Werte vieler Meß-, Regel-, Stellgrößen liegen im unteren Teil bzw. sogar außerhalb der Arbeitsbereiche der Meß- und Regelorgane sowie der Anzeigebereiche.

– Die Regelstrecke ist vergleichsweise kompliziert und ihr Übertragungs-verhalten (z.B. Zeitverzögerungen, Druckverlust der Strecke im Verhält-nis zum Druckverlust am Regelorgan, Einfluß von Störungen und Rück-kopplungen auf das Stabilitätsverhalten des Regelkreises) im allgemeinen nur näherungsweise bekannt.

– Praxisnahe Funktionsprüfungen zur Prozeßleittechnik, die u.a. Original-punkte und die wirklichen Betriebsbedingungen erfordern, sind oftmals erst während der Inbetriebnahme möglich. Als Beispiel sei nur eine pro-zeßgeführte Ablaufsteuerung in einem Chargenprozeß genannt.

– Die Inbetriebnahme selbst ist ein dynamischer Übergangsvorgang, der durch schrittweises Verstellen der Sollwerte (bei Regler auf Automatik) bzw. der Stellwerte (bei Regler auf Hand) in den Sollbereich gefahren wird. Das heißt, der Mensch realisiert während der Inbetriebnahme bewußt Regelabweichungen durch Sollwertveränderungen. Im Prinzip steuert er die Anlage in den Dauerbetriebszustand.

Der Fachplaner muß diesen Besonderheiten Rechnung tragen, wobei in Ta-belle 2–5 einige Hinweise zur Feldtechnik angeführt sind.

Tabelle 2–5. Möglichkeiten zur inbetriebnahmegerechten Planung/Anpassung der Feld-technik.

---

1. Vor-Ort-Anzeige (u.U. redundant zur Warte) von Meßwerten (z.B. mittels Manome-ter, Glasthermometer, Amperemeter), die mit Bedienhandlung vor Ort in Verbindung stehen.

2. Wechsel der Ventil-Sitz-Paarung von Regelventilen, um deren Arbeitsbereich den In-betriebnahmebedingungen anzupassen. In Extremfällen ist während der Inbetrieb-nahme auch der Einbau eines sog. Anfahrregelventils möglich.

3. Nutzung der Umgänge und/oder der Blockarmaturen am Regelventil bzw. Einbau von Drosselscheiben, um das Regelventil in seinen stabilen Arbeitsbereich zu bringen.

4. Nutzung mobiler Meßtechnik vor Ort.

5. Häufigere Durchführung von Laboranalysen, wenn beispielsweise die tatsächlichen Konzentrationen nicht im Meßbereich des Prozeßanalysators liegen.

Weitere konkrete Erfahrungen und Empfehlungen für eine inbetriebnahme-freundliche Prozeßleittechnik sind:

a) Die Übersicht und Schnelligkeit bei der Informationsdarstellung bzw. -verarbeitung erfordern eine „selektive Information". Das heißt, die Pro-grammierung von Bildern, Gruppen- und Übersichtsdarstellungen am Bedienrechner des Prozeßleitsystems, die für die Inbetriebnahmeerfor-dernisse „maßgeschneidert" sind, kann bei großen und komplizierten

Anlagen günstig sein. Interessant sind in diesem Zusammenhang die neuen Möglichkeiten zur Darstellung sog. verfahrenstechnischer Bilder (z.B. Arbeitspunktbedingungen in Kennlinienfeldern) durch die Leit- und Anlagentechnik.

b) Aus Kostengründen werden selten benötigte Armaturen (und die „Inbetriebnahmearmaturen" sind meistens solche) als manuell bedienbar (sog. Handarmaturen) ausgeführt. Dabei sind z.T. erhebliche Kräfte zu überwinden, die man beachten muß. Zum Beispiel ist das Schließen/Öffnen größerer gasdichter Klappen ohne Hebelverlängerung kaum zumutbar. In anderen Fällen, wo Handschieber in Leitungen größeren Nenndurchmessers vorgesehen sind, muß beachtet werden, daß der Schließ-/Öffnungsvorgang eine Zeit dauert.

c) Die Bedienhandlungen vor Ort müssen mit denen in der Warte koordiniert werden. Dies kann zweckmäßig über mobile Funkanlagen bzw. einen stationären Sprechfunk, der im allgemeinen aus Sicherheitsgründen vorgesehen wird, erfolgen. Der Geräuschpegel der Anlage ist dabei zu beachten.

d) Entsprechend dem gegenwärtigen Stand der Technik werden die meisten verfahrenstechnischen Anlagen im Off-line-Betrieb und von Hand angefahren. Die Zielstellung einer automatischen Inbetriebnahme, wie sie u.a. für Industrieöfen, Turbinen- bzw. Verdichteranlagen besteht, ist für derart komplexe Anlagen oft noch nicht realistisch. Das heißt, der Mensch steht insbesondere während der Inbetriebnahme im Mittelpunkt des Geschehens, und die Prozeßleittechnik muß ihn dabei möglichst wirkungsvoll unterstützen.

e) Eines der Hauptziele der Wartentechnik ist die Bereitstellung eines geschützten Prozeßführungszentrums, welches alle äußeren Störungseinflüsse vom Wartenpersonal fernhält [2–12]. Die Bedingungen während der In- und Außerbetriebnahme sollten dabei unbedingt Beachtung finden. Große Warten, die während der Inbetriebnahme zum Teil „Marktplätzen" ähneln, sind dafür schlechte Beispiele.

In Verbindung mit der zunehmenden Entwicklung der Meßwarten verfahrenstechnischer Anlagen zu „Computerstationen" sei jedoch auch vor der folgenden Unterschätzung gewarnt.

In dem Maße, wie Anzeige-, Steuerungs- und Regelfunktionen u.v.a. in der Prozeßleittechnik per Computer realisiert werden, d.h. keine konventionellen Geräte mehr eingesetzt werden, ist die Anpassung dieser o.g. Funktionen an die Bedingungen der Inbetriebnahme einfacher möglich. Der Inbetriebnahmeingenieur kann mit Hilfe der Software des Prozeßleitsystems vergleichsweise schnell Änderungen vornehmen.

Andererseits darf diese höhere Flexibilität der Prozeßleittechnik nicht dazu führen, daß man die Spezifika und Anforderungen der Inbetriebnahme bei der EMR-Fachplanung unterschätzt. Dies bewirkt dann nicht selten eine große operative Hektik während der Inbetriebnahme. Fehler und Störungen sowie Zeitverzögerungen und Mehrkosten sind nicht selten die Folge.

2.2.6 Beachtung standort- und kundenspezifischer Bedingungen bei der Inbetriebnahme

Die standort- und kundenspezifischen Bedingungen sind für die Planung insgesamt wie auch für die Inbetriebnahme von wesentlicher Bedeutung. Im weiteren werden einige Einflußfaktoren, die nur zum Teil im Vertrag einschließlich seiner Beilagen fixiert sind, kurz angeführt und aus der Sicht der Inbetriebnahme diskutiert.

Klima

Das Klima und insbesondere die Temperaturverhältnisse am Standort haben nicht nur Einfluß auf die physische Beanspruchung des Inbetriebnahmepersonals, sie beeinflussen insbesondere auch

– die Qualität der Betriebsmittel (z.B. Kühlwasser-/Lufttemperaturen),

– die Festigkeitskennwerte der Werkstoffe und damit u.U. die zulässigen Inbetriebnahmeparameter von Ausrüstungen,

– den Ablauf der Inbetriebnahme (z.B. zusätzliche Maßnahmen, um ein Einfrieren bei Winterinbetriebnahmen zu verhindern),

– die Dauer der Inbetriebnahme (z.B. ist die Ausfallrate der meisten technischen Teile temperaturabhängig),

– die Wärmeverluste, die nicht nur gravierend sondern auch zeitlich sehr unterschiedlich sein können und bei temperaturempfindlichen Prozessen erhebliche Schwankungen bzw. Instabilitäten bewirken können,

– die Stoffeigenschaften der Produkte (z.B. Fließ- und Förderfähigkeit von Flüssigkeiten),

– das Gefährdungspotential für Mensch, Anlage und Umwelt (z.B. durch Änderung des Dampfdruckes toxischer Stoffe bzw. durch Erhöhung der Zündwilligkeit lagernder brennbarer Produkte),

– den Feuchtegehalt der Umgebungsluft (z.B. bei „Behälterbeatmungen" an der Umgebung) oder den Sättigungszustand der Druckluft (z.B. während des Gasspülprogrammes bzw. beim Trocknen der Anlage nach der Wasserdruckprüfung),

– die äußere Beanspruchung der Anlage und ihrer Elemente durch extreme Witterungseinflüsse (z. B. Gewitter mit sintflutartigen Regenfällen, Hagel, lange Trockenperioden).

Der Planer wird im allgemeinen diese klimatischen Bedingungen bei der Bilanzierung und Dimensionierung für den Nennzustand soweit wie möglich beachten. Ihre Wirkung auf den instationären Übergangszustand der Inbetriebnahme wird jedoch häufig unterschätzt.

Andererseits lassen sich nicht alle klimatischen und metereologischen Bedingungen voraussagen, und trotzdem muß die Anlage erfolgreich in Betrieb gehen und ihren erfolgreichen Leistungsnachweis erbringen.

Kurzzeitige Vor-Ort-Inspektionen, die dem Planer die Wettersituation am Standort nahe bringen, können in besonders relevanten Fällen sehr nützlich sein.

In der Praxis wird zur Kennzeichnung des erheblichen klimatischen Einflusses häufig von „Sommer- bzw. Winterinbetriebnahme" gesprochen.

Infrastruktur

Die Infrastruktur sowie weitere Randbedingungen am Standort können, noch stärker als das Klima, den Ablauf der Inbetriebnahme beeinflussen. Letztlich betreffen sie die Schnittstelle zwischen Verkäufer und Käufer und stellen wesentliche Stör- bzw. Stabilitätsfaktoren bei der Auftragsabwicklung dar.

Zu derartigen Rahmenbedingungen gehören:

– die Versorgungssicherheit mit Roh- und Hilfsstoffen sowie mit Energien,

– die Entsorgungssicherheit der anfallenden Produkte bzw. Abprodukte,

– der Erfahrungsschatz des Managements und Personals des Betreibers,

– die Leistungsfähigkeit der Werkstätten u.a. technischer Bereiche des Betreibers,

– das Vorhandensein und ggf. die Leistungsfähigkeit eines zentralen Analysenlabors,

– die Arbeitszeit und der Schichtrhythmus des Betriebes,

– die öffentliche Meinung und Akzeptanz zur betreffenden Anlageninvestition,

– die Stabilität der sozialen Verhältnisse,

– die genehmigungs-, überwachungs- und umweltrechtliche Situation im Zusammenhang mit dem Betrieb der betreffenden Anlage.

Die Praxis hat gezeigt, daß der Anlagenplaner diese Rahmenbedingungen für seine Arbeit sehr sorgfältig analysieren sowie nach Möglichkeit überprüfen sollte. Auch hier gilt der Grundsatz:

„Die Gefahr rechtzeitig erkannt, ist schon die halbe Lösung!"

Das Gesagte trifft insbesondere dann zu, wenn die geplante Anlageninvestition in eine vorhandene Infrastruktur eingebunden wird.

Sprache, Gewohnheiten u. ä.

Diese Faktoren sind vor allem bei Anlageninvestitionen im Ausland bedeutend. Ihre Kenntnis ermöglicht nicht nur eine intensive Kommunikation, sie schafft auch Vertrauen und trägt zur konstruktiven Zusammenarbeit zwischen den Partnern bei.

2.2.7 Gewährleistung der Sicherheit von Personal und Anlage in Vorbereitung und Durchführung der Inbetriebnahme

Vom ersten bis zum letzten Tag im „Leben" einer verfahrenstechnischen Anlage ist deren **Sicherheit** wesentlich und notwendig. Dies gilt sowohl für die *Anlagensicherheit* als auch für die *Arbeitssicherheit.*

Die im Bild 2–5 dargestellte Ordnungsstruktur systematisiert die Problemstellung und die Wechselbeziehung der Elemente und macht zugleich nochmals die Kompliziertheit und Komplexität der gesamten Sicherheitsproblematik verfahrenstechnischer Anlagen deutlich. Sie soll zugleich die ganzheitliche Vorgehensweise bei der Problemanalyse und -lösung [1–2, 2–14] in der Verfahrens- und Anlagentechnik begründen.

Dies gilt grundsätzlich auch für die Beachtung der Inbetriebnahme bei der Konzipierung, Planung und Gewährleistung der Sicherheit, wobei einleitend gilt:

Die Inbetriebnahme stellt eine Betriebsphase mit erhöhtem sicherheitstechnischem Risiko dar. Fehler und Mängel aus den Vorphasen sowie Unwägbarkeiten, die insbesondere bei neuen Verfahren, Ausrüstungen und Anlagen auftreten können, sind dafür die wesentlichen Ursachen.

Der Planer muß dem entsprechen, indem er bei allen Fachplanungsfunktionen diese Sicherheitsrisiken/Gefahrenquellen bewußt betrachtet und möglichst deren Ursachen beseitigt.

Ist dies nicht bzw. nicht vollständig möglich, so sind geeignete technische, organisatorische, verhaltensseitige u. a. Gegenmaßnahmen zum Schutz von Mensch, Anlage und Umwelt zu ergreifen.

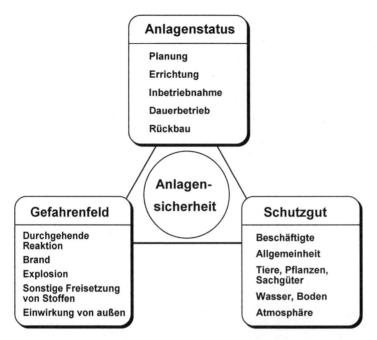

Bild 2–5. Ordnungsstruktur zur Sicherheitsproblematik während des Lebenszyklus von Anlagen (nach [2–13]).

Die zunehmende Sensibilisierung der öffentlichen Meinung sowie die Internationalisierung der Wirtschaft lassen erwarten, daß die Anforderungen sowie die notwendigen Aufwendungen für die Sicherheit im Maschinen- und Anlagenbau zunehmen werden.

In den folgenden Unterabschnitten wie auch in den Abschnitten 2.3 und 2.4 werden aus diesem Grund einige fachspezifische Grundlagen angeführt.

2.2.7.1 Dokumente zur Anlagensicherheit

Sicherheitstechnische Betrachtungen und Dokumente sind fest integriert in die Entwicklung, die Planung [2–15] und den Betrieb [2–16] verfahrenstechnischer Anlagen. Bild 2–6 enthält dazu eine Gesamtübersicht, die insbesondere den übergreifenden Charakter und die ständige Auseinandersetzung mit der Sicherheit veranschaulicht. Die Inbetriebnahme ist als erste Betriebsphase dabei umfassend einbezogen.

In [2–17] sind die Inhalte der einzelnen Dokumente sowie die Methoden und Mittel für ihre Erstellung näher ausgeführt und diskutiert. Für die The-

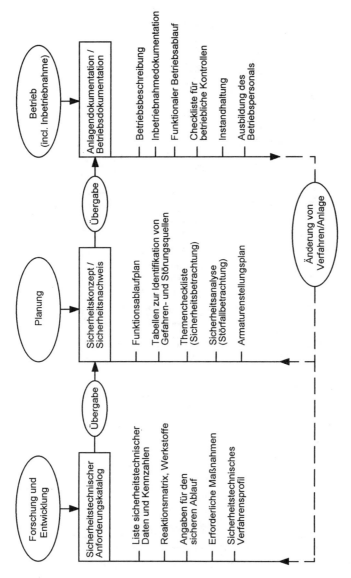

Bild 2–6. Dokumente und Daten zur Anlagensicherheit (nach [2–17]).

matik des vorliegenden Buches erscheinen dabei die folgenden Gesichtspunkte wesentlich:

– Die sicherheitsrechnischen Überlegungen müssen in jeder Phase *alle* Gefahrenfelder und *alle* Schutzgüter einschließen.

– Der Begriff *Sicherheitstechnischer Anforderungskatalog* während der Forschung und Entwicklung soll nicht darüber hinwegtäuschen, daß zu diesem Zeitpunkt bereits sicherheitstechnische Maßnahmen zu diskutieren und zu erarbeiten sind. Hier gilt es vor allem, das Verfahren möglichst sicher zu machen. Dies trifft auch auf die Technologie und die Verfahrensparameter während der Inbetriebnahme zu.

– Während der Planung gewinnt neben der Verfahrens-(Prozeß-)sicherheit zunehmend die Anlagensicherheit an Bedeutung. Dabei geht es einerseits um die Sicherheit der Technik selbst, sowie andererseits darum, wie mit den Mitteln der Technik die Verfahrenssicherheit gewährleistet werden kann. Ferner sind zunehmend die sicherheitsrelevanten Einflüsse des Standortes u. a. kundenspezifische Bedingungen zu bedenken.
Große Bedeutung kommt in dieser Phase den Sicherheitsbetrachtungen und -nachweis im Genehmigungsverfahren zu.

– Die Anlagen- bzw. Betriebsdokumentationen enthalten alle notwendigen Informationen zu technischen Ausführungen (as built) bzw. zum Betrieb der betreffenden Anlage (s. Abschnitt 2.3). Die Qualität dieser Dokumentationen erlangt nicht nur aus Gründen der Wirtschaftlichkeit und Sicherheit sondern auch wegen der neuen Vorschriften zur Produkt- und Umwelthaftung (s. Abschnitt 3.6) zunehmend größere Bedeutung.

– Die Sicherheitstechnik ist eng mit dem Umweltschutz verbunden und umgekehrt. Störungen und Schäden verfahrenstechnischer Anlagen sind im allgemeinen mit erhöhten Emissionen und Umweltbelastungen verbunden. Der Schutz der Umwelt und insbesondere die Verhinderung größerer Umweltschäden wird zunehmend als 3. Schutzziel der Sicherheitstechnik (neben Personen- und Sachschäden) betrachtet.

2.2.7.2 Anlagensicherung mit Mitteln der Prozeßleittechnik

Die Prozeßleittechnik (PLT) liefert einen wichtigen und zunehmenden Beitrag zur Anlagensicherung und zum Umweltschutz in verfahrenstechnischen Anlagen. Die Basis sind einerseits gesetzliche Auflagen, wie z. B. die Störfallverordnung [2–18] und das Umwelthaftungsgesetz [2–19], zum anderen aber auch firmeninterne Sicherheitsbemühungen. Die schnelle Entwicklung der Hard- und Software für die Prozeßleittechnik wirken gleichfalls begünstigend.

Grundlage für die Systematisierung, Ausführung und Prüfung von PLT-Sicherungseinrichtungen ist die VDI/VDE-Richtlinie 2180 [2–20]. Die Wirkungsweise von Sicherungseinrichtungen wird an Hand von Bild 2–7 verdeutlicht.

Beim Kurvenverlauf 1 kann die Prozeßgröße verfahrensbedingt den unzulässigen Fehlbereich nicht erreichen. Eine Überwachungseinrichtung ist ausreichend. Durch selbsttätigen oder – nach einer Meldung – manuellen Eingriff wird die Prozeßgröße in den Gutbereich gebracht.

Beim Kurvenverlauf 2 kann die Prozeßgröße die Grenze zum unzulässigen Fehlbereich überschreiten. Da eine andere Sicherungseinrichtung (wie Sicherheitsventil, Berstscheibe, Schnellöffnungsventil, Schnellschlußventil) vorhanden ist, ist eine vorgeschaltete PLT-Einrichtung, die das Ansteigen der Prozeßgröße meldet oder begrenzt, als Überwachungseinrichtung klassifiziert. Im Kurvenverlauf 3 verhindert die PLT-Einrichtung, daß die Prozeßgröße den unzulässigen Fehlbereich erreicht. Sie ist deshalb Schutzeinrichtung zur Vermeidung von Personenschäden oder von Sachschäden oder von Umweltschäden.

Leider ist festzustellen, daß die Terminologie zu den verschiedenen PLT-Sicherungseinrichtungen nicht einheitlich ist. Zum Beispiel benutzt die Störfallverordnung und die 2. allgemeine Verwaltungsvorschrift zur Störfallverordnung [2–21] teils andere Begriffe als die VDI/VDE 2180. Dem Ziel einer Vereinheitlichung sollen die im NAMUR-Arbeitskreis erarbeiteten NAMUR-Empfehlungen [2–22] dienen. Sie unterteilen die PLT-Einrichtungen in 4 Klassen mit folgendem Verständnis:

(1) PLT-Betriebseinrichtungen dienen dem bestimmungsgemäßen Betrieb der Anlage in ihrem Gutbereich. Hierin sind die zur Produktion erforderlichen Automatisierungsfunktionen realisiert.

(2) PLT-Überwachungseinrichtungen melden solche Zustände der Anlage, die einer Fortführung des Betriebes aus Gründen der Sicherheit nicht entgegenstehen, jedoch erhöhte Aufmerksamkeit erfordern. Sie sprechen an der Grenze zwischen Gutbereich und zulässigem Fehlbereich der Prozeßgröße an.

(3) PLT-Schutzeinrichtungen werden zur Vermeidung von nicht bestimmungsgemäßen Betriebszuständen eingesetzt. Schutzziele sind insbesondere die Vermeidung von Umwelt- und Personenschäden.
    PLT-Schutzeinrichtungen werden nur dann eingesetzt, wenn unmittelbar wirksame Schutzeinrichtungen, wie Sicherheitsventile, Berstscheiben, Auffangräume, Abmauerungen etc., aus verfahrenstechnischen

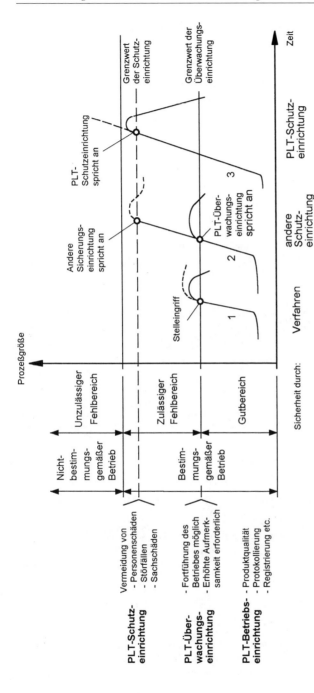

Bild 2–7. Schematische Darstellung der Wirkungsweise von PLT-Sicherungseinrichtungen nach VDI/VDE 2180, Bl. 3 [2–20].

Gründen nicht anwendbar oder allein nicht ausreichend sind. Typische Funktionen sind:

– die automatische Einleitung von Schaltvorgängen oder

– die Alarmierung des ständig anwesenden Betriebspersonals zur Durchführung notwendiger Maßnahmen.

(4) PLT-Schadensbegrenzungseinrichtungen wirken im nicht bestimmungsgemäßen Betrieb und verringern beim Eintritt des unerwünschten Ereignisses die Auswirkungen auf Personen oder Umwelt. In diesen äußerst seltenen Fällen halten sie dadurch das Ausmaß des Schadens in Grenzen.

PLT-Schadensbegrenzungseinrichtungen sind oft mit Nicht-PLT-Schadensbegrenzungseinrichtungen und organisatorischen Maßnahmen gekoppelt.

Die PLT-Schadensbegrenzungseinrichtung reagiert auf Signale außerhalb des Prozesses (z.B. Schadstoffgehalt an einem definierten Umgebungspunkt) und greift auch außerhalb des Prozesses ein (z.B. Auslösung eines Wasservorhanges oder von Smog-Alarm).

Über den zweckmäßigen Einsatz von PLT-Einrichtungen zur Anlagensicherung wird im allgemeinen durch das Projektteam in einer sog. Sicherheitsbetrachtung (auch: Sicherheitsgespräch oder Sicherheittechnische Besprechung) beraten und entschieden. Teilnehmer des Gespräches sollten interdisziplinäre Fachkräfte aus Verfahrenstechnik, Chemie, MSR-Technik, E-Technik u. a. sein.

Grundlage für die Sicherheitsbetrachtungen sind insbesondere die Dokumente entsprechend Bild 2–6. Als Algorithmus für die Vorgehensweise wird empfohlen:

Schritt 1: Abschätzung des von der verfahrenstechnischen Anlage ausgehenden und abzudeckenden Risikos.

Schritt 2: Festlegung von Anforderungen und Maßnahmen zur Vermeidung des unzulässigen Fehlzustandes.

Schritt 3: Zuordnung technischer und organisatorischer Maßnahmen zum Erreichen der formulierten Anforderungen. Die Verfügbarkeit der PLT-Einrichtungen sowie die Möglichkeit eines ungewollten Auslösens der PLT-Schutzfunktion sind zu beachten.

Nähere Ausführungen zu den einzelnen Schritten sind in [2–16] und [2–23] bis [2–26] enthalten.

Als systematische Methode zur Durchführung der Sicherheitsbetrachtungen werden in komplizierten Fällen, analog zur Sicherheitsanalyse nach Störfallverordnung, das PAAG-Verfahren [2–27], die Fehlerbaumanalyse [2–28], die Ereignisablaufanalyse [2–29] und die Ausfalleffektanalyse [2–30] genutzt.

Die Sicherheitsbetrachtungen müssen alle Betriebszustände, d. h. auch die während der Abnahmeprüfungen sowie während der Inbetriebnahme, einschließen und sollten unbedingt zu folgenden Erkenntnissen führen:

– Identifizieren der Anlagenelemente, an denen mit unzulässigen Zuständen zu rechnen ist,

– Ermittlung der Ursachen für diese unzulässigen Zustände,

– Quantifizierung des Risikos und

– Auswahl der unmittelbar wirksamen Schutzeinrichtungen und der PLT-Schutzeinrichtungen sowie Absprache über organisatorische Maßnahmen.

2.2.7.3 Schwerpunkte der Arbeitssicherheit

Die *Arbeitssicherheit* betrifft die Gesamtheit aller Maßnahmen zur Abwendung von Gefahren in Verbindung mit der Tätigkeit von Personen. Der Umfang an Vorschriften u. ä., der für das Geschehen auf Baustellen in Vorbereitung und Durchführung der Inbetriebnahme gilt, ist nahezu unüberschaubar und im Rahmen dieses Buches auch nicht annähernd vollständig anzugeben. Hier sei auf wesentlich umfangreichere Ausführungen in [2–4, 2–31] bis [2–33] verwiesen.

Im weiteren seien lediglich die für die Inbetriebnahme besonders wichtigen Gesetze, Verordnungen, Richtlinien und DIN angeführt.

– Bürgerliches Gesetzbuch (BGB),
– Gewerbeordnung (GewO) [2–34],
– Reichsversicherungsordnung (Rvo) [2–35],
– Gerätesicherheitsgesetz (GSG) [2–36],
– Arbeitssicherheitsgesetz (ASiG) [2–37],
– Betriebsverfassungsgesetz (BetrVG) [2–38],
– Strafgesetzbuch (StGB) [2–39],
– Ordnungswidrigkeitengesetz (OWiG) [2–40],
– Unfallverhütungsvorschriften „Allgemeine Vorschriften" (UVV1) [2–41],
– Chemikaliengesetz (ChemG) [2–42],
– Gefahrstoffverordnung (GefStoffV) [2–43],
– Bundesimmissionsschutzgesetz (BImSchG) [20–44],
– Produkthaftungsgesetz (ProdHaftG) [2–45],
– EG-Richtlinien „Maschinen" [2–46],

– DIN EN 292: Sicherheit von Maschinen, Geräten und Anlagen [2–47],
– EN 60204: Sicherheit von Maschinen ... [2–48].

In Vorbereitung der Inbetriebnahme sind diese grundlegenden Dokumente zur Arbeitssicherheit insbesondere durch anlagen- und prozeßspezifische Betriebsanleitungen, Betriebsanweisungen, Unterweisungen sowie andere administrative Formen (s. Abschnitt 2.3) weiter zu ergänzen.

Abschließend zur Thematik über die Gewährleistung der Sicherheit in Vorbereitung und Durchführung der Inbetriebnahme wird zusammengefaßt:

Die Beachtung der Sicherheit muß immanenter Bestandteil aller technologischen und Fachplanungen sein. Dies gilt insbesondere auch für die sicherheitstechnisch anspruchsvollen Tätigkeiten während der Endmontage und Inbetriebnahme.

Eine ausführliche Sicherheitsbetrachtung erfolgt gegebenenfalls innerhalb der Unterlagen zum Genehmigungsantrag sowie zu den anschließenden Genehmigungsverfahren. Auf erhöhte Gefahren und Sondermaßnahmen (z. B. Stationierung der Feuerwehr im Umfeld kritischer Ausrüstungen) während der Inbetriebnahme ist getrennt zu verweisen.

Erfahrungsgemäß gibt es bei Inbetriebnahmen verfahrenstechnischer Anlagen nicht selten unvorhergesehene Störungen mit sicherheitstechnischem Risiko. Der Inbetriebnahmeleiter steht dann vor der schwierigen Entscheidung von großer Tragweite, die Anlage abzufahren und die Gefährdung (z. B. Flanschundichte) zu beseitigen, oder zu versuchen, bei laufender Anlage unter besonderen Schutzvorkehrungen die Störung zu beheben.

Trotz des erhöhten Gefährdungspotentials während der Inbetriebnahme neuer Anlagen sind Havarien, Brände u. a. größere Schäden in dieser Phase erfahrungsgemäß relativ selten. Vermutlich führt das Bewußtsein der Gefahr zu besonderer Aufmerksamkeit, Vorsicht sowie effizienten Gegenmaßnahmen seitens der Inbetriebnahmemannschaft. Bei späteren Wiederinbetriebnahmen ist dies teils anders.

2.2.8 Nutzung von Experten-/Beratungssystemen bei der inbetriebnahmegerechten Planung und Qualitätssicherung

Traditionelle Einsatzgebiete für den Computer im Zusammenhang mit der Inbetriebnahme verfahrenstechnischer Anlagen sind:

a) Die *Berechnung inbetriebnahmespezifischer Lastzustände* der Anlage (z. B. Mengen- und Energiebilanzen bei Teillast) sowie von Ausrüstungen (z. B. Nachrechnung der Rohrwandtemperaturen von Öfen oder Berechnung großer Turboverdichter bei Teillast).

Zur Anwendung kommen dafür vorwiegend stationäre Bilanzierungs- bzw. Auslegungsmodelle.

b) Die Nutzung des Computers als *Basiseinheit für Prozeßleitsysteme* und insbesondere zur rechnerseitigen Realisierung von Anzeige-, Steue- rungs- und Regelungsfunktionen.
In den letzten Jahren zunehmend zur Datenverdichtung und -verarbei- tung, z. B. zur Berechnung von Wirkungsgraden, zur Durchführung von Wirtschaftlichkeitsberechnungen, für logistische Optimierung u. v. a.

c) Der Computereinsatz im *Projektmanagement* einschließlich der Inbe- triebnahme, z. B. bei der Terminplanung und -kontrolle mit Hilfe der Netzplantechnik.

d) Die teilweise *dynamische Simulation* des Betriebsverhaltens ausgewähl- ter Ausrüstungen oder Teilanlagen, z. B. als Grundlage für Anfahrsimu- lationen bei der Ausbildung des Inbetriebnahmepersonals (s. Abschnitt 4.2) oder für Stabilitätsbetrachtungen.

In all den vorgenannten Einsatzfällen wird der Computer konventionell als Rechner im wahrsten Sinne, d. h. zur Verarbeitung von numerischem Wissen genutzt.

Neue Möglichkeiten der Computeranwendung in der Anlagenplanung und -realisierung, speziell auch bei der Inbetriebnahme, eröffnet die Ent- wicklung und Nutzung von wissensbasierten Systemen (meistens verein- fachend als Experten- bzw. Beratungssysteme bezeichnet) [2–49 bis 2–53].

Derartige Softwareprodukte, die ein praxisrelevantes Teilgebiet der künst- lichen Intelligenz darstellen, sind inzwischen aus dem Prototyp-Stadium heraus und finden zunehmend praktische Nutzung.

Bevor eine Anwendungssoftware zur Unterstützung der inbetriebnahmege- rechten Planung vorgestellt wird, seien kurz nochmals einige allgemeine Wesensmerkmale der Expertensysteme angeführt.

Ein **Expertensystem** ist ein Softwareprodukt, das das Problemlösungsver- halten eines Experten (Fachmannes) zumindest teilweise nachbildet. Die Begriffe *Experte* und *Fachmann* werden wie folgt verstanden:

„Ein *Experte* ist ein Mensch, der weithin als fähig anerkannt ist, eine be- stimmte Art von Problemen zu lösen, die die meisten anderen Menschen nicht annähernd so effizient oder effektiv lösen können."

„Ein *Fachmann* ist ein Mensch, welcher auf einem Fachgebiet schwierige Probleme mit einer allgemein erwarteten Effizienz zu lösen vermag."

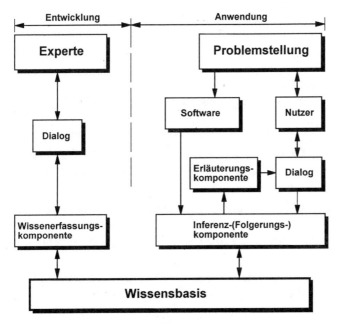

Bild 2–8. Allgemeine Struktur eines Expertensystems.

Das Expertensystem soll in keiner Weise den Fachmann/Experten ersetzen, sondern ihm als Arbeitsmittel helfend zur Seite stehen, zum Beispiel, indem es ihn von Routinearbeiten entlastet oder im Sinne von Checklisten erinnert bzw. berät.

Bild 2–8 zeigt die allgemeine Struktur eines Expertensystems und in Tabelle 2–6 sind Eigenschaften/Unterschiede dieser Software zu konventionellen Programmen zusammengestellt.

Tabelle 2–6. Unterschiede zwischen Expertensystemen und konventionellen Programmen.

Expertensytem	konventionelle Programme
Strenge Trennung der Wissens-erarbeitungs- und Wissensverarbeitungs-komponenten	Beide Komponenten sind im Programm eng verbunden
Heuristiken sind typisch	Algorithmen sind typisch
Vorhandensein einer expliziten Wissensbasis	Wissen im Programmcode „versteckt"

Tabelle 2–6 (Fortsetzung)

symbolisch strukturelle Wissensbank in einem globalen Arbeitsspeicher	Numerisch adressierte Datenbank
Orientierung nach Strukturverarbeitung	Orientierung nach Zahlenverarbeitung
äußerst interaktive Verarbeitung	Sequentielle, stapelweise Verarbeitung
Erklärungen während des Ablaufes einfach	Erklärungen während des Ablaufes unmöglich
inkrementelle Fortentwicklung (dynamischer Zustand)	Realisierung einer einmal geplanten Lösung (statischer Zustand)
Änderungen leicht	Änderungen aufwendig
Wissensingenieur und/oder Fachmann/Experte transferiert Wissen in die Wissensbasis	Systementwickler schreibt Programme
Wartung durch Wissensingenieur und/oder Fachmann/Experte	Wartung durch Programmierer

Als besonders wichtig und vorteilhaft soll nochmals die Trennung von Wissensbasis und Wissensverarbeitung (sog. Inferenzkomponente) hervorgehoben werden. Dies ermöglicht, daß eine Aktualisierung des Wissens nur in der Wissensbasis vorgenommen wird. Der Lösungsalgorithmus bleibt unverändert. Bei klassischen Programmen ist bekanntlich das Wissen mit dem Algorithmus verknüpft, so daß häufig „kleine Änderungen große Wirkungen und Kosten" verursachen. Dieser Vorteil von Expertensystemen ist bei der Verarbeitung von unsicherem, vagen Wissen, welches einer schnellen Änderung unterliegt, sehr wesentlich.

Hat bisher der Computer den Spezialisten vorrangig von langwierigen Rechenoperationen bzw. Faktenrecherchen (Datenbanken) entlastet, so möchten die Expertensysteme ihn bei der Verarbeitung von nichtnumerischem, verbalem Wissen (Erfahrungswissen) unterstützen.

Den entscheidenden Teil des Expertensystems stellt die *Wissensbasis* (WB) dar. In ihr ist vorwiegend *deklaratives Wissen* in Form von Fakten, Regeln, Listen, Tabellen, Bildern und weniger *prozedurales Wissen* in Form von Algorithmen (Funktionen, Gleichungen, Ablaufvorschriften u. ä.) enthalten. Typisch für den Charakter des Wissens einer Wissensbasis ist, daß das Wissen nicht wie bei der numerischen Programmierung vorwiegend durch Zahlen dargestellt wird und untereinander determiniert ist, sondern meistens durch Symbole (Wörter, Sätze, Grafik u. ä.) beschrieben und durch *Heuristiken* miteinander verknüpft wird.

Das fachspezifische Wissen, was letztlich die Effizienz der Expertensystemanwendung ausmacht, wird oftmals in sog. Wenn-Dann-Regeln dargestellt. Diese Regeln sind zunächst vom Experten/Fachmann natürlichsprachlich zu formulieren und anschließend (z. B. durch einen Wissensingenieur) in das System zu übertragen.

Beispiel 2–3: Beratungssystem PROHIN zur Unterstützung einer inbetriebnahmegerechten Planung

Mit dem Ziel, dem Fachplaner umfangreiche Erfahrungen aus der Inbetriebnahme verschiedenartiger Raffinerieanlagen zu vermitteln, wurde unter Nutzung einer Expertensystem-Shell ein Beratungssystem PROHIN (PROjektierungsHINweise) entwickelt [2–54].

Die Wissensdarstellung erfolgte durch Wenn-Dann-Regeln entsprechend Tabelle 2–7.

Tabelle 2–7. Regelbeispiele aus dem Beratungssystem PROHIN.

Regel-Nr.	Schlüsselwort	Text
R(a)033	WENN	in einer Kolonne Ventilböden eingesetzt werden
	DANN	ist vor Inbetriebnahme der Kolonne die Leichtgängigkeit der Ventile zu prüfen und zu gewährleisten
R(a)035	WENN	der Einsatz einer Pumpe vorgesehen ist
	DANN	ist das Amperemeter vor Ort so zu installieren, daß es vom Schieber auf der Druckseite der Pumpe aus ablesbar ist
R(a)036	WENN	der Einsatz einer Pumpe vorgesehen ist
	UND	das Fördermedium heiß ist
	UND	das Fördermedium stockend ist (speziell unter Winterbedingungen)
	DANN	ist die Rücksschlagklappe auf der Druckseite der Pumpe mit einer Umfahrung (mindestens DN 25) auszustatten
R(a)040	WENN	das Produkt feststoffhaltig ist
	UND	zur Bildung von Verkrustungen (festhaftender Beläge) führt
	UND	mantelraumseitig fließt
	DANN	sind Wärmeübertrager mit quadratischer Teilung des Rohrbündels einzusetzen
R(a)203	WENN	eine Doppelabsperrung mit Zwischenentspannung realisiert wird
	DANN	sollte die Zwischenentspannung grundsätzlich mit einem Flansch DN 25 ausgeführt werden

Tabelle 2–7 (Fortsetzung)

Regel-Nr.	Schlüsselwort	Text
		Regelerläuterung: Diese Maßnahme hat die Zielstellung, die Möglichkeit zu besitzen, einen Druckschlauch zur Stickstoff- oder Dampfeinspeisung anzuschließen.
R(a)210	WENN	gasführende Rohrleitungen (insbesondere technologische) an flüssigkeitsbeaufschlagte Apparate (Kolonnen, Behälter usw.) eingebunden werden
	DANN	muß die Einbindung dieser Rohrleitungen so erfolgen, daß auch bei abweichenden Betriebszuständen, Abstellungen und Inbetriebnahmen ein Vollaufen dieser Leitungen mit Flüssigkeit ausgeschlossen ist
R(a)212	WENN	Fülleitungen an Kolonnen und Behälter einzubinden sind
	DANN	sind diese mit Doppelabsperrungen und Zwischenentspannung auszuführen

Diese u.v.a. solcher Regeln entsprechen dem Erfahrungswissen vieler Inbetriebnahmeingenieure und Anlagenplaner. Da diese Regeln die Wissensbausteine darstellen und auch die Qualität und Akzeptanz des Beratungssystems ausmachen, wurde für ihre Erfassung, Dokumentation und Erläuterung ein spezielles Regelformblatt (s. Bild 2–9) entwickelt und für jede der weit über 100 Regeln ausgefüllt.

Mit Hilfe eines dBASE-Programmes wurde das Erstellen und Verwalten dieser Regelformblätter rechentechnisch unterstützt. Jede Regel entsprach einem Datensatz einer dBASE-Datenbank. Die in den Feldern abgelegten Fakten hatten im einzelnen folgende Bedeutung:

MODUL: Angabe, zu welchem Modul des Expertensystems die Regel gehört.
Es wurde unterschieden zwischen den Modulen: PLANUNG und KONTROLLE.

REGEL-NR.: Nummer der Regel

REGEL-syntaktisch: Formulierung der Regel in der Form, wie sie später in die Wissensbasis des Rahmenexpertensystems eingegeben und von der Inferenzkomponente verarbeitet wird.

REGEL-verbal: Die natürlichsprachliche Formulierung der Regel, wie sie vom Experten vorgegeben wurde.

Beratungssystem

* Qualitätssicherung *

Regelformblatt

MODUL: **PLANUNG**   REGEL - NR.:   **17**

REGEL - syntaktisch:

	KATEGORIE	:	P oder K
und	VERFAHREN	:	VO
und	AUSRÜSTUNG	:	MTA
und	APPARAT	:	0 oder 1 oder 2 oder 7 oder 8

REGEL - verbal:

Bei Gefahr von Feststoffeintrag (z.B. Rost, Katalysatorabrieb) ist der Produktaustritts-
stutzen an Behälterböden, Kolonnensümpfen u.ä. um ca. 100 mm nach innen durchzu-
stecken.
Ein separater Stutzen zur Restentleerung der Ausrüstung ist vorzusehen.

LEGENDE:

Erfahrung aus den PAREX - Anlagen, wo insbesondere durch Feststoff den Apparaten
nachgeschaltete Armaturen (vor allem Regelventile) verschmutzten.

BEGRÜNDUNG:

Das Durchstecken des entsprechenden Stutzens schafft ein Absetzvolumen für den
Feststoff und verhindert bzw. verringert somit das Austragen des Feststoffes.

BESTIMMTHEITSMASS:

Experte	Drechsel	Weber	Stockmann
Bestimmtheitsmaß	100	90	80

mittleres Bestimmtheitsmaß: 90

Bild 2–9. Muster eines Regelformblattes.

LEGENDE:	Angabe zum Ursprung des Wissens. Wo wurde die Erfahrung gemacht bzw. das Wissen erworben?
BEGRÜNDUNG:	Kurze fachliche Begründung des Regelwissens durch den Experten.
BESTIMMTHEITS-MASS:	Angabe zur Treffsicherheit der Regel. Mit welcher Wahrscheinlichkeit ist das Regelwissen wahr?

Es konnten 3 Experten befragt werden, so daß die Wissensaussage (mittleres Bestimmtheitsmaß der Regel) sicherer wird.

Die beschriebene Methodik zur Wissensaufbereitung, -dokumentation und -überprüfung war einerseits für eine einfache, dynamische Pflege des Wissens und andererseits auch zur Klärung von Rückfragen oder Meinungsverschiedenheiten des Nutzers gut geeignet.

Zur rechentechnischen Implementierung und Verarbeitung des regelbasierten Wissens wurde das Rahmen-Expertensystem (sog. Shell) Xi PLUS [2-55] genutzt.

Im Zusammenhang mit der Inbetriebnahmevorbereitung wurden mit PROHIN konkret zwei Ziele verfolgt.

a) Beratung und Unterstützung der Fachplaner, indem ihnen inbetriebnahme-spezifisches Fach- und Erfahrungswissen verfügbar gemacht wird.
Damit dient es der vorausschauenden Qualitätserhöhung während der Planung.

b) Unterstützung der Projektingenieure bei der Qualitätskontrolle während der Auftragsabwicklung, indem ihnen inbetriebnahmespezifische Kontrollschwerpunkte mitgeteilt wurden.
Dies betraf sowohl die Prüfungen der Planungsdokumente als auch die Kontrollen und Inspektionen während der Montage.

Die Strukturierung der Wissensbasis erfolgte zu diesem Zweck in einem Basismodul PLANUNG, der relevantes Wissen für beide Teilziele beinhaltete, und einem Ergänzungsmodul KONTROLLE, der zusätzliches Erfahrungswissen zur Qualitätssicherung umfaßte. Damit wurde dem Grundsatz entsprochen:

„Vorgabe soviel wie nötig, Kontrolle soviel wie möglich!"

In beiden Nutzungsfällen kann der Planer/Inbetriebnehmer den Computer „konsultieren". Er bleibt dabei immer der Spezialist, aber der Computer wird ihn an manches erinnern, woran er im Moment nicht gedacht hätte. Die ihm relevant erscheinenden Hinweise kann er sich bei Bedarf als Ergebnisdatei ausdrucken (s. Tabelle 2–8).

Tabelle 2–8. Auszug einer Ergebnisdatei von PROHIN.

fa1 (Sicherheit der Aussage: 90%)
Der Produktaustrittsstutzen an Behälterböden, Kolonnensümpfen u. ä. sollte bei Gefahr von Feststoffeintrag (z. B. Rost, Katalysatorabrieb) um ca. 100 mm nach innen durchgesteckt werden.
Ein Extrastutzen zur Restentleerung ist vorzusehen.

fa2 (Sicherheit der Aussage: 70%)
Bei der Gefahr von Feststoffeintrag (z. B. Katalysatorabrieb) bzw. -bildung (z. B. Polymerenbildung) in Kolonnen sollten keine Performkontakt- oder Turbogridböden gewählt werden. Empfohlen werden Ventilböden und im Extremfall Siebböden.

fa3 (Sicherheit der Aussage: 90%)
Die Restentleerungsstutzen und Öleitungen großer Kolonnen sind mindestens mit DN 80 auszuführen.

fa6 (Sicherheit der Aussage: 90%)
Stickstoffleitungen sind an Kolonnen so einzubinden, daß keine flüssigen Produkte in die Leitung dringen können und daß die Sümpfe der Kolonnen beim Begasen mit Stickstoff nicht entleert werden müssen.

fa7 (Sicherheit der Aussage: 100%)
Das Sumpfvolumen von Kolonnen sowie die Leitungseinbindung sind so zu projektieren, daß im Sumpf das gesamte Flüssigkeits-Hold-up aufgenommen werden kann (z. B. beim Leerlaufen der Böden), ohne daß unerwünscht andere Leitungen geflutet werden.

Bedenken gab es anfänglich bezüglich der Allgemeingültigkeit des Wissens. Diese erwiesen sich als nicht begründet. Sicherlich ist ein Teil des Wissens verfahrensspezifisch. Der weitaus größte Teil ist aber für die meisten verfahrenstechnischen Anlagen generell gültig. Dies liegt daran, daß vielerorts gleichartige Ausrüstungen, Grundoperationen sowie Stoffe und Energien eingesetzt werden. Zum anderen ermöglichen die WENN-DANN-Regeln eine selektive Wissensverarbeitung.

2.3 Inbetriebnahmedokumente

Dokumente und *Dokumentationen* sind für den Bau und Betrieb verfahrenstechnischer Anlagen, und besonders für die Inbetriebnahme als Übergangsphase, von zentraler Bedeutung (s. Tabelle 2–9). Ihr Umfang ist riesig und die Kosten für die Erstellung und Pflege erheblich.

Wie die Zusammenstellung in Tabelle 2–9 verdeutlicht, ist neben dem Umfang auch die begriffliche Vielfalt sehr groß. Erschwerend kommt hinzu, daß mehrere Begriffe im Schrifttum nicht einheitlich verstanden und gebraucht werden.

Tabelle 2–9. Zusammenstellung von Begriffen und Definitionen zur Dokumentation verfahrenstechnischer Anlagen.

Begriff	Definition
Dokumentation	Gesamtheit aller Dokumente für ein Projekt (im anderen Sinne: auch ein Sammelbegriff für eine Tätigkeit – das Dokumentieren).
Dokument	Schriftliche Unterlage/Beleg mit Aufzeichnungen über ein Projekt.
Projektdokumentation	Gesamtheit aller Dokumente, die für die organisatorisch-administrative Abwicklung (Management) eines Projektes nötig sind.
Anlagendokumentation	Gesamtheit aller Dokumente, die zur technisch-technologischen Beschreibung der Anlage dienen.
Betriebsdokumentation	Gesamtheit aller Dokumente, die für – den bestimmungsgemäßen Betrieb sowie – den gestörten, nicht-bestimmungsgemäßen Betrieb und – die Instandhaltung der Anlage nötig sind sowie als Nachweis dienen.
Betriebshandbuch	Zusammenstellung betriebsrelevanter technischer Informationen sowie aller betriebs- und sicherheitstechnischer Anweisungen an das Betriebspersonal.
Inbetriebnahme-dokumentation	Teildokument der Anlagendokumentation, in dem das notwendige Wissen (Leitlinien) für eine vertragsgemäße Inbetriebnahme zusammengefaßt ist.
Instandhaltungshandbuch	Zusammenfassung aller relevanten technisch-organisatorischen Informationen, Regeln, Anweisungen u. ä. für die Anlageninstandhaltung.
Betriebsanleitung	Produktbegleitende Hinweise des Herstellers oder Lieferanten mit dem Ziel, dem Benutzer den Gebrauch zu erleichtern und ihn vor Unbill beim Umgang mit dem Produkt zu bewahren [2–56].
Betriebsanweisungen	Arbeitsplatz- und tätigkeitsbezogene, verbindliche schriftliche Anordnungen und Verhaltensregeln des Arbeitgebers an weisungsgebundene Arbeitnehmer zum Schutz vor Unfall- und Gesundheitsgefahren sowie zum Schutz der Umwelt beim Umgang mit Gefahrstoffen [2–57].
Gebrauchsanleitung	Produktbegleitende Warnungen und Hinweise des Herstellers oder Lieferanten zur Verhütung von Gefahren bei der Verwendung, Ergänzung oder Instandhaltung eines technischen Arbeitsmittels [2–58].
Gebrauchsanweisung	Verhaltensanweisung des Herstellers, Einführers oder Lieferers eines technischen Erzeugnisses für den Benutzer.

Tabelle 2–9 (Fortsetzung)

Begriff	Definition
Unterweisungen	Arbeitsplatz- und tätigkeitsbezogene mündliche Informationen über Gefahrstoffe, Unterrichtungen über Schutzmaßnahmen sowie Belehrungen über das richtige Verhalten und den sicheren Umgang mit Gefahrstoffen [2–57].

Im Sinne eines klaren Begriffsverständnisses werden für das vorliegende Buch über die Angaben in Tabelle 2–9 hinaus die folgenden Abreden getroffen:

– Ein Synonym für Projektdokumentation ist Abwicklungsdokumentation.

– Das Vorwort „Bedienung-", welches in den Begriffen Bedienungsanleitung/Bedienungsanweisung/Bedienungsvorschrift gebraucht wird, wird generell durch das Vorwort *„Betrieb-"* ersetzt.
Damit soll ausgedrückt werden, daß es sich um die Inbetriebnahme einer verfahrenstechnischen Anlage und nicht einer einzelnen Komponente handelt.

– Das Nachwort „-vorschrift" wird weitgehend als Synonym von *„-anweisung"* verstanden und in Verbindung mit der Betriebs-/Inbetriebnahmedokumentation nicht gebraucht.

– Die Vorworte „Anfahr- und Inbetriebsetzung-" werden in Verbindung mit Dokumentationen vermieden, und es wird generell der Begriff *Inbetriebnahmedokumentation* verwandt.

2.3.1 Berücksichtigung der Inbetriebnahme in der Anlagendokumentation

Die **Anlagendokumentation** umfaßt alle Dokumente, die

– die Grundlagen und Ziele des Verfahrens und der Anlage,
– die Spezifikation der Produkte und Betriebsmittel,
– die Wirkungsweise des Verfahrens und der Anlage,
– den Aufbau und die Gestaltung der Anlage sowie der Anlagenkomponenten,
– die Sicherheit der Anlage,
– die Prozeßdaten, Leistungsgarantien, Produktkennwerte u. ä. Daten

enthalten, beschreiben und erläutern. Sie wird während der Planungsphase, vorwiegend beim Detail Engineering, schrittweise erarbeitet und bildet die Grundlage für die Realisierung der konkreten verfahrenstechnischen Anlage. Die Anlagendokumentation ist aus diesem Grund vorrangig nach Gewerken strukturiert (s. Tabelle 2–10).

Tabelle 2–10. Dokumentationsteile und Dokumente der Anlagendokumentation.

1. Dokumentationsteil	VERFAHRENSTECHNIK – Grundlagen und Erläuterungen – Produkt- und Energiespezifikationen – Stofflisten – Stoffdatenblätter – Sicherheitsdatenblätter – Fließbilder und zugehörige Beschreibungen – Mengen-/Stoffbilanzen, Mengenflußbilder(-diagramme) – Energiebilanzen, Energieflußbilder(-diagramme) – Ausrüstungslisten – Ausrüstungsdatenblätter einschließlich Apparateskizzen – Lagepläne – 3D- CAD- Anlagenmodell bzw. Plastikmodelle – Aufstellungspläne – Analysenpläne – Meß-, Probenahme- und Analysenvorschriften – Übersichten über Auslegungsdaten – Übersichten über Verbrauchs- und Leistungsdaten

2. Dokumentationsteil	GENEHMIGUNG
	– Unterlagen zum Genehmigungsantrag, ggf. einschließlich
	  • Sicherheitsanalyse n. 12. BImSchV (falls nötig)
	  • Gefahrenzonenpläne
	  • Alarm- und Gefahrenabwehrpläne
	  • Katastrophenschutz- und Sonderschutzpläne
	  • Feuerwehrpläne
	– Unterlagen zur Umweltverträglichkeitsprüfung (falls nötig)
	– Gutachten, Stellungnahmen.
	– Protokolle u.a. Belege zum Genehmigungsverfahren
	– Genehmigungsbescheide

3. Dokumentationsteil	BAU/STAHLBAU – Übersichtspläne für Gebäude, Bauwerke, Stahlgerüste usw. – Detailzeichnungen für Gerüstteile, Bühnen, Treppen, Leitern – Fundamentpläne – Schalungs- und Bewehrungspläne für Betonbauwerke und Fundamente – Statik- und Festigkeitsnachweis – Abnahmedokumente – Pläne für Straßen, Gleisanlagen, Brücken, Unterführungen usw. – Material- und Massenauszüge – Kanalisations- und Entwässerungspläne – Ausschachtungspläne (Erdarbeiten)

Tabelle 2–10 (Fortsetzung)

4. Dokumentationsteil	MASCHINEN und APPARATE – Konstruktionszeichnungen für Fertigung und Montage – Stücklisten und Materialauszüge – Schweißtechnische Vorgaben – Werkstoffzeugnisse (-atteste), Zertifikate – Angaben zu Isolierung, Anstrich, Konservierung, Korrosionsschutz – Montagebeschreibung/-anleitung – Betriebsanleitungen von Maschinen – Fundamentebelastungspläne – Statik- und Festigkeitsnachweise (für die Genehmigungsbehörde) – Technische Abnahme- und Prüfvorschriften, Abnahmedokumente/-protokolle
5. Dokumentationsteil	ROHRLEITUNGEN – Lage- bzw. Übersichtspläne mit Hauptrohrbrücken einschließlich Rohrtrassen, Portalen, technologischem Stahlbau – Übersichtspläne zu kanal- bzw. erdverlegten Leitungen (Unterflurleitungen) – 3D- CAD- Rohrleitungsmodelle – Rohrpläne – Rohrleitungsverzeichnisse einschließlich Kennzeichnungsübersicht – Rohrleitungsisometrien – Rohrleitungsstücklisten – Angaben zur schweißtechnischen Ausführung – Rohrklassen mit Materialauszügen – Festigkeitsnachweise – Angaben zu Reinigung, Isolierung, Anstrich, Korrosionsschutz, Konservierung, Erdung – Technische Abnahme- und Prüfvorschriften, Abnahmedokumente/-protokolle
6. Dokumentationsteil	PROZESSLEITTECHNIK – Strukturpläne – Beschreibung der Leittechnik (Hard- und Software) – Vorschriften zur Programmierung, Betriebsanleitungen – Programmierparameter im Nennzustand – Schaltpläne mit Beschreibungen – Funktionspläne für Steuerungen und Verriegelungen – Aufstellungspläne und Ausführungszeichnungen, Meßtafeln, Meldeanlagen, MSR-Stromversorgung – Datenblätter Loop's einschließlich Klemmplänen – MSR-Gerätelisten – Übersichten für Kennzeichnungen, Gerätebeschreibungen und Betriebsanleitungen

Tabelle 2–10 (Fortsetzung)

	– Kabel-/Trassenpläne – Signallisten – Kabellisten mit Materialauszügen – Betriebsanleitungen u. ä. – Dokumente zur Nachrichtentechnik – Abnahmedokumente
7. Dokumentationsteil	ELEKTROTECHNIK – Elektrische Schaltpläne mit Beschreibungen, Stromlaufpläne – Aufstellungspläne und Ausführungszeichnungen für elektrische Anlagen und Einrichtungen – Beleuchtungspläne – Kabelpläne – Klemmpläne – Erdungspläne einschließlich Blitzschutz – Lastverteilungspläne – Listen über Verbraucher, Motoren, Kabel, Installationsmaterial – Materialauszüge – Datenblätter, Meßprotokolle – Übersichten für Kennzeichnungen, Gerätebeschreibungen und Betriebsanleitungen – Abnahmedokumente
8. Dokumentationsteil	HEIZUNG/SANITÄR/KLIMA/LÜFTUNG – Übersichten über Auslegungs- und Verbrauchsdaten – Strangschemata, Kanalpläne u. ä. mit Beschreibungen – Etagenpläne – Montagebeschreibungen – Abnahmedokumente
9. Dokumentationsteil	INBETRIEBNAHME – Ablaufplan zur Inbetriebnahme – Plan der Montagekontrollen und Inspektionen – Ausbildungs-/Schulungsprogramm – Spülprogramm zum Reinigen der Anlage – Programm der Probeläufe, Funktionsproben und Abnahmeversuche – Inbetriebnahmeanleitungen spezieller Maschinen, Teilanlagen u. a. Spezialausrüstungen – Inertisierungsvorschrift – Probebetriebsprogramm einschließlich Termin- und Ressourcenplan – Unterlagen zum Checken der Anlage – Anfahrprogramm – Angaben zum Hoch- und Einfahren

Tabelle 2–10 (Fortsetzung)

	– Verhalten bei technologischen Abweichungen
	– Programm zur Außerbetriebnahme
	– Programm des Garantieversuches
10. Dokumentationsteil	ALLGEMEINES/SONSTIGES
	– Zeichnungslisten
	– Verzeichnis der Reserveausrüstungen sowie Ersatzteillisten
	– Allgemeine Abnahme- und Prüfvorschriften, Abnahmedokumente zur Gesamtanlage
	– Zusammenstellung relevanter Gesetze, Verordnungen, Regelwerke, DIN
	– 3D-CAD-Anlagenmodell bzw. Plastikmodell (sofern nicht im Teil 1)

Die Anlagendokumentation wird zunächst vom Anlagenbauer und Inbetriebnehmer genutzt. Nach Abschluß der Inbetriebnahme wird sie vom Verkäufer entsprechend der tatsächlichen Anlagenausführung revidiert (sog. As-built-Aufnahme) und dient anschließend dem Betreiber als technisch-technologische Grundlage für einen effizienten Dauerbetrieb.

Der Begriff Anlagendokumentation wurde bewußt im Unterschied zum Begriff Technische Dokumentation [2–59] gewählt, da

– in ihr neben technischen auch zahlreiche technologische Sachverhalte (exakter: physikalische, chemische, biologische Wirkungsabläufe) dokumentiert werden. Dies ist ein Wesensunterschied der verfahrenstechnischen Anlagen gegenüber anderen Anlagentypen (z.B. fertigungstechnischen oder maschinentechnischen Anlagen).

– der Begriff Technische Dokumentation sich vorrangig in Verbindung mit dem Produkthaftungsgesetz [2–45] bzw. den Vorschriften zur Maschinen-Sicherheit [2–46 bis 2–48] auf Produkte bzw. Maschinen bezieht und somit im engeren Sinne verstanden wird.

Für die Inbetriebnahme sind die Technischen Dokumentationen von Produkten, Maschinen u.ä. insofern wichtig, als sie die **Betriebsanleitungen** inklusive von Anleitungen zur In- und Außerbetriebnahme dieser Anlagenkomponenten enthalten. Aus diesem Grund wird im weiteren kurz auf die Rechtsgrundlagen sowie auf den Inhalt und die Gestaltung von Betriebsanleitungen eingegangen.

In der bedeutsamen EG-Richtlinie für Maschinen, die mit der Maschinenverordnung (9. GSGV) v. 12.05.1993 in deutsches Recht überführt wurde, wird beispielsweise formuliert:

„Die **Betriebsanleitung** beinhaltet die für die Inbetriebnahme, Wartung, Inspektion, Überprüfung der Funktionsfähigkeit und gegebenenfalls Reparatur der Maschine notwendigen Pläne und Schemata sowie alle zweckdienlichen Angaben, insbesondere im Hinblick auf die Sicherheit."

Mindestangaben, die nach dieser Richtlinie eine Betriebsanleitung enthalten muß, sind in Tabelle 2–11 angeführt.

Tabelle 2–11. Mindestangaben in einer Betriebsanleitung für Maschinen (nach [2–46]).

1. Angaben zur Maschinenkennzeichnung und wartungsrelevante Hinweise (z.B. Anschrift des Importeurs, Anschriften von Servicewerkstätten usw.)
2. Angaben zur bestimmungsgemäßen Verwendung
3. Angaben der Arbeitsplätze, die vom Bedienungspersonal eingenommen werden können
4. Angaben, damit
   – die Inbetriebnahme
   – die Verwendung
   – die Handhabung (mit Angabe des Gewichtes der Maschine sowie ihrer verschiedenen Bauteile, falls sie regelmäßig getrennt transportiert werden müssen)
   – die Installation
   – die Montage und Demontage
   – das Rüsten
   – die Instandhaltung einschließlich der Wartung und der Beseitigung von Störungen im Arbeitsablauf
   gefahrlos durchgeführt werden können
5. Angaben von erforderlichen Einarbeitungshinweisen
6. Warnung vor sachwidriger Verwendung

Vertiefende Angaben zum Inhalt und zur Gestaltung von Betriebsanleitungen sind in [2–47] enthalten.

Die Betriebsanleitungen sind wesentliche Dokumente für die Durchführung von Probeläufen und Funktionsproben gegen Ende der Montage. Zu diesem Zweck müssen sie in die gewerkespezifischen Teile der Anlagendokumentation (insbesondere der Teile 4, 6, 7, 8 lt. Tabelle 2–10) integriert werden.

Darüber hinaus werden sie auch in die übergreifenden, ganzheitlichen Maßnahmen zur Inbetriebnahme der Gesamtanlage (s. Teil 9) eingearbeitet bzw. wird auf sie Bezug genommen.

Der Dokumentationsteil 9 bildet im allgemeinen die sogenannte **Inbetrieb-nahmedokumentation,** die für das Inbetriebnahmeteam die technisch-organisatorische Grundlage (Leitlinien) für eine vertragsgemäße Inbetrieb-nahme enthält.

Mitunter wird in der praktischen Arbeit die Notwendigkeit einer eigenstän-digen Inbetriebnahmedokumentation angezweifelt. Es wird auf die Berück-sichtigung der Inbetriebnahmebelange innerhalb der Fachdokumentations-teile und im Betriebshandbuch verwiesen. Dieser Ansicht wird aus folgen-den Gründen widersprochen:

- Die Beachtung der Inbetriebnahme bei dem jeweiligen Gewerk bzw. der betreffenden Anlagenkomponente ist nötig, aber nicht ausreichend. Sie dient vorrangig der erfolgreichen Abnahmeprüfung von Einzelkompo-nenten nach deren Montage. Es geht letztlich um eine eng begrenzte In-betriebnahme kleinerer „Inseln".
  Die Inbetriebnahme der verfahrenstechnischen Anlage unterscheidet sich davon in Qualität und Quantität erheblich. Ein stark gekoppeltes Gesamt-system in Betrieb zu nehmen ist etwas ganz anderes, als die schrittweise oder entkoppelte Inbetriebnahme der Teilsysteme.
  Für diesen komplizierten Problemlösungsprozeß bedarf es einer komple-xen planerischen Grundlage, und diese ist die Inbetriebnahmedokumen-tation.
- Die Erarbeitung der Inbetriebnahmedokumentation, die gegen Ende der Ausführungsplanung erfolgt, ist eine wichtige Qualitätsprüfung der einzel-nen Planungsdokumente. Es wird an Hand der vorliegenden Anlagendoku-mente nochmals grundsätzlich kontrolliert, ob die geplante Anlage effizient in Betrieb genommen sowie bestimmungsgemäß genutzt werden kann.
  Analysiert man den Planungsprozeß methodisch, so findet anfänglich während der verfahrenstechnischen Planung eine ganzheitliche Problem-bearbeitung statt. Danach erfolgt eine Dekompensation des Problems in Form der Fachplanungsfunktionen. Mit dem Erstellen der Inbetriebnah-medokumentation findet abschließend wieder eine komplexe System-betrachtung und -überprüfung statt.
- Die Betriebsanweisungen sind sehr konkrete, schriftliche Anordnungen. Sie untersetzen die Leitlinien aus der Inbetriebnahmedokumentation, können diese aber nicht ersetzen. Letztlich erleichtert die vorliegende In-betriebnahmedokumentation wesentlich die Ausarbeitung der Betriebs-anweisungen und des Betriebshandbuches.

In der Berufspraxis des Verfassers hat es sich stets als sehr vorteilhaft er-wiesen, wenn für die Inbetriebnahme verfahrenstechnischer Anlagen eine eigenständige Inbetriebnahmedokumentation vorlag. Tabelle 2–12 enthält

Tabelle 2–12. Hauptpunkte einer Inbetriebnahmedokumentation (Praxisbeispiel).

1.   Erläuterungen zu verwendeten Abkürzungen, Begriffen und Sinnbildern
2.   Voraussetzungen zum Anfahren der Anlage
3.   Übernahme von Energien und Hilfsstoffen
4.–7. Inbetriebnahme der Teilanlagen 1–4 mit jeweils
      – Voraussetzungen für die Inbetriebnahme der Teilanlage
      – Hauptetappen
8.   Technologische Karten und Maßnahmen bei Abweichungen vom techologischen Regime
9.   Außerbetriebnahme der Anlage bzw. von Anlagenteilen
      – normale Außerbetriebnahme
      – havariemäßige Außerbetriebnahme
10.   Behandlung der Katalysatoren u. a. sensibler Stoffe
11.   Maßnahmen nach der Auslösung von Alarmen und Verriegelungen
12.   Verhalten bei Störungen und Havarien
13.   Arbeitsschutz
14.   Maßnahmen bei Inbetriebnahme, Betrieb und Außerbetriebnahme der Anlage im Winter

Beilagen
1:    Inertisierungsprogramm
2:    Funktionsprobenprogramm
3:    Analysenprogramm
4:    Betriebsvorschrift Ofenteil
5:    Beschreibung der Inbetriebnahme der Energie- und Hilfsstoffsysteme
6:    Ablaufplan für den Probebetrieb
7:    Programm des Leistungsnachweises
8:    Ausbildungsprogramme für das Leit- und Anlagenpersonal des Käufers

eine bewährte Gliederung. Umgekehrt waren in solchen Fällen, wo es Schwierigkeiten und Mehrkosten bei der Inbetriebnahme gab, fast immer die zugehörigen Unterlagen mangelhaft bzw. nicht vorhanden.

Entsprechend dem primären Zweck der Inbetriebnahmedokumentation, vorrangig dem erfahrenen ingenieurtechnischen Personal des Verkäufers zu dienen, ist sie nur auf das Wesentliche beschränkt. Detailhandlungen im Sinne eines „exakten Kochrezeptes" werden nicht fixiert.

Weitere Erfahrungen, die bezüglich einzelner Hauptpunkte beachtet werden sollten, sind:

a) Unter Punkt 2 ist konkret der *Anlagen-Sollzustand zu Beginn der Inbetriebnahme* zu fixieren.

In der Praxis wird der Inbetriebnahmeleiter nicht selten gedrängt, trotz erheblicher Montagerestpunkte mit der Inbetriebnahme zu beginnen. Die klare Formulierung der Startvoraussetzungen in der Inbetriebnahmedokumentation ist für ihn, wie für das gesamte Management, eine fundierte Basis für eine sachliche, fachbezogene Diskussion und Entscheidung über den Beginn der „heißen" Inbetriebnahme.

b) Analog zu Punkt 2 beinhaltet der Punkt 8 den *Anlagen-Sollzustand im Nennzustand/Normalbetrieb* nach dem Einfahren (s. Abschnitt 5.4). Der Begriff **„Technologische Karten"** beinhaltet eine Zusammenstellung aller Betriebsparameter mit den zulässigen Minimal- und Maximalwerten im Normalbetrieb. Somit wird die Frage beantwortet: *„Wann befindet sich die Anlage im Nennzustand bzw. Normalbetrieb?"*
Der 2. Teil von Punkt 8 weist auf Maßnahmen hin, die bei Nichterreichen dieses Sollzustandes empfohlen werden. Dabei geht es um die Korrektur von technologischen und nicht von sicherheitsrelevanten Abweichungen. Im Abschnitt 5.4 wird an einem Beispiel gezeigt, wie Expertensysteme dabei helfen können.

c) Wichtige Bestandteile der Inbetriebnahmedokumentation sind die Beilagen. Sie beinhalten Dokumente, die für eine systematische sowie fachlich fundierte Vorbereitung und Durchführung der Inbetriebnahme wichtig sind. Dabei geht es nicht um viel Papier oder um eine Perfektionierung der Planung, die auf der Baustelle dann ohnehin nicht eintritt, sondern darum, daß die einzelnen Vorgänge/Handlungen prinzipiell durchdacht und kurz dokumentiert werden.

Die Inbetriebnahmedokumentation dient im allgemeinen auch als Grundlage für die Erstellung des **Betriebshandbuches** einschließlich der **Betriebsanweisungen,** worauf im folgenden Abschnitt eingegangen wird.

Beim Anlagenexport in Länder mit wenig geschultem Personal werden vom Verkäufer mitunter noch zusätzlich *Anlagenlehrbücher* erarbeitet, die auf leicht verständliche Weise im Sinne von Lehrbüchern dem Personal das Verfahren und die Anlage nahebringen.

2.3.2 Berücksichtigung der Inbetriebnahme in der Betriebsdokumentation

Die **Betriebsdokumentation** umfaßt alle Dokumente, die für den bestimmungsgemäßen Betrieb sowie den gestörten, nicht-bestimmungsgemäßen Betrieb und die Instandhaltung der Anlage erforderlich sind bzw. zugehörige Daten speichern (s. Tabelle 2–13).

Während die Anlagendokumentation einen vorwiegend passiven Charakter hat, indem die Funktion und der Aufbau der Anlage beschrieben und erläu-

Tabelle 2–13. Dokumentationsteile und Dokumente der Betriebsdokumentation.

1. Betriebsrelevante technische Informationen
   - Lagepläne
   - Aufstellungsplan
   - Summenplan Untergrund
   - Alarm- und Gefahrenabwehrpläne
   - Katastrophenschutzpläne
   - Entwurfs-/Auslegungsgrundlagen
   - Fließbilder mit Beschreibungen
   - Probenahme- und Analysenvorschriften
   - Pläne und Beschreibungen zur Prozeßleittechnik
   - Pläne und Beschreibungen zur Feldtechnik usw.

2. Betriebsanweisungen
   - Allgemeine Sicherheitsvorschriften (Hinweise auf UVV und andere einschlägige Bestimmungen; Rauchverbot, persönliche Sicherheitsausrüstungen, Unterweisungen usw.)
   - Anweisungen für Inbetriebnahmevorbereitung (Reinigen, Funktions- und Abnahmeprüfungen)
   - Anweisungen für die Erst- und Wiederinbetriebnahme, darunter
     - Anweisungen für Aktivieren, Vorbehandeln u. ä.
     - Anweisungen für Anfahren (bis Nennlast)
     - Anweisungen für Einfahren und Optimieren (bei Nennlast)
     - Anweisungen für Abfahren
     - Anweisungen für Notabschaltung
     - Anweisungen für Außerbetriebnahme einschließlich Konservieren
     - Anweisungen für Probenahmen und Analysen
     - Anweisungen für Sonderfälle (Störungen einschließlich Störfälle, Winterbetrieb)
   - Anweisungen für Dauer-/Normalbetrieb (soweit zuvor nicht enthalten)
   - Anweisungen für Leistungsänderungen

3. Instandhaltungsanweisungen
   - Sicherheitstechnische Hinweise zu Inspektions-, Wartungs- und Instandhaltungsarbeiten
   - Inspektionspläne; Pläne für zustandsorientierte Instandhaltung
   - Wartungs- und Schmierpläne
   - Abnahme- und Genehmigungsdokumente für genehmigungs- und überwachungspflichtige Komponenten
   - Anweisungen zur wiederkehrenden Prüfung
   - Anweisungen zum Auswechseln von Verschleißteilen nebst zugehörigen Zeichnungen
   - Pläne für vorbeugende Instandhaltung

4. Rückstellmuster von Rohstoffen, Zwischen- und Endprodukten, Betriebsmitteln (z. B. Katalysatoren) u. ä.

5. Dokumentation zum Dauerbetrieb
   - Unterlagen zum Nachweis des bestimmungsgemäßen Betriebs

Tabelle 2–13 (Fortsetzung)

- Protokolle bzw. Registrierunterlagen von signifikanten Prozeßgrößen
- Analysenprotokolle und Registrierstreifen von Prozeßanalysengeräten
- Emissionserklärungen n. 11. BImSchV
- Betriebstagebuch (z. B. zum Nachweis der Einleitwerte n. WHG)
- Alarm- und Störprotokolle
- Nachweise im Sinne des UmweltHG bzw. des ProdHaftG
- Unterlagen zur Erfassung, Registrierung, Auswertung u. ä. nicht-bestimmungs-
  gemäßer Betriebszustände
- Unterlagen zur nachweislichen Einhaltung gesetzlicher, behördlicher u. a. verbind-
  licher Auflagen

---

tert werden, bezieht sich die Betriebsdokumentation verstärkt auf das aktive Handeln, auf das Produzieren mit der Anlage.

Die Betriebsdokumentation wird als Teil der Gesamtdokumentation über die verfahrenstechnische Anlage ebenfalls vom Anlagenplaner erarbeitet. Es ist vorteilhaft, wenn bei der Formulierung der Betriebs- und Instandhaltungsanweisungen der Betreiber inklusive der technischen Abteilung aktiv mitwirkt. Er kennt sein Personal, für das die Anweisung bestimmt ist, am besten.

Die Betriebsdokumentation sollte auch die betriebs-, umwelt- und sicherheitsrelevanten Daten über den Dauerbetrieb (s. Punkt 5 in Tabelle 2–13) speichern und verwalten. Damit kann der Forderung nach ganzheitlicher und aktueller Dokumentation des Anlagenbetriebes, von der Inbetriebnahme bis zum Rückbau, besser entsprochen werden.

Das umfassende Verständnis der Betriebsdokumentation schließt andererseits nicht aus, daß einzelne Kapitel zu relativ eigenständigen Teildokumenten zusammengefaßt und als solche genutzt werden.

Derartige herausgelöste Teile sind z. B. das **Betriebshandbuch** und das **Instandhaltungshandbuch**.

Das Betriebshandbuch faßt im wesentlichen die Teile 1 und 2 und das Instandhaltungshandbuch den Teil 3 der Betriebsdokumentation entsprechend Tabelle 2–13 zusammen. Wichtige technisch-technologische Grundinformationen aus der Anlagendokumentation werden zum besseren Verständnis auch in beiden Handbüchern nochmals kurz vorangestellt. Detaillierte Angaben zum Inhalt des Betriebs- bzw. Instandhaltungshandbuches sind in [2–4] bzw. [2–60] enthalten.

Die Trennung von Betriebs- und Instandhaltungshandbuch ist sinnvoll, da sie nicht nur verschiedene Tätigkeiten widerspiegeln, sondern auch unterschiedlichen Personengruppen und Strukturbereichen als Arbeitsgrundlage dienen.

Wichtigste Bestandteile beider Handbücher sind die *Anweisungen*. Der Gesetzgeber versteht darunter arbeitsplatz- und tätigkeitsbezogene, verbindliche *schriftliche* Anordnungen und Verhaltensregeln des Arbeitgebers an weisungsgebundene Arbeitnehmer.

Vereinfachend für die Erstellung von Anweisungen im Vergleich zu den behandelten *Anleitungen* ist, daß die konkrete Einsatz-Situation bekannt und vom Anweisenden aktiv zu beeinflussen ist. Zum Beispiel durch geeignete Personenwahl oder durch eine klar definierte Aufgabenstellung.

Trotzdem bleibt die Erarbeitung der Betriebs- und Instandhaltungsanweisungen in Vorbereitung der Inbetriebnahme eine umfangreiche Aufgabe [2–61], die ein hohes Maß an Fleiß und Gründlichkeit erfordert.

Hinweise zur Erstellung von Betriebsanweisungen werden in [2–56 bis 2–58] gegeben. Tabelle 2–14 zeigt einen Gliederungsvorschlag.

Die Anweisungen und Hinweise sollen knapp und leicht verständlich formuliert sein und nur das enthalten, was für den Geltungsbereich der Anweisung und für die angrenzende Zielgruppe zutreffend ist. Dabei sind Verweise, z.B. auf nicht vorliegende Verordnungen, zu vermeiden.

Das Muster einer Betriebsanweisung, welches der Empfehlung nach § 20 Gefahrstoffverordnung [2–57] weitgehend folgt, ist auf Bild 2–10 dargestellt. Die Berufsgenossenschaften haben für verschiedene Tätigkeiten weitere Musterbetriebsanweisungen ausgearbeitet.

Tabelle 2–14. Inhalt von Betriebsanweisungen.

1. Geltungsbereich
   – sachliche, personelle, örtliche und zeitliche Abgrenzung (z.B. Arbeitsplatz, Tätigkeit)
2. Hinweis auf Gefahren
   – Kennzeichnung der Ursache
   – mögliche Verletzungs- und Schadensmöglichkeit
   – Angaben aus Sicherheitsdatenblatt o.ä.
3. Spezifische Umgangsregeln für Arbeitsmittel
4. Spezifische Umgangsregeln für Arbeitsstoffe
   – Umgangsregeln für besonders gefährliche Arbeitsstoffe (z.B. Kennzeichnung gefährlicher Arbeitsstoffe und Zubereitungen, Hinweise zur sicheren Handhabung, Erste Hilfe am Arbeitsplatz, Entsorgung von Rest- und Abfallstoffen)
5. Hinweise auf persönliche Schutzausrüstungen
6. Hinweise zum Brand-, Explosions- und Katastrophenschutz
   – Hinweis auf Katastrophen- und Rettungspläne

Betriebsanweisung Nr.

1. Anwendungsbereich

Betrieb von Gabelstaplern durch Fahrzeugführer mit Befähigungsnachweis (Staplerführerschein) und Auftrag. Zusätzlich ist die Betriebsanleitung des Herstellers zu beachten.

2. Gefahren für Mensch und Umwelt

- Unkontrollierte Bewegungen durch unbefugte Benutzer.
- Unkontrollierte Bewegungen durch unbeabsichtigtes Ingangsetzen.
- Umsturz.
- Herabfallen von Gegenständen.
- Anfahren von Personen und Einrichtungen.
- Gesundheitsgefahren durch hohe Abgaskonzentration.

3. Schutzmaßnahmen und Verhaltensregeln

- Nur jährlich geprüfte Fahrzeuge benutzen (Plakette).
- Vor Arbeitsbeginn betriebssicheren Zustand anhand der "4 x 4 Merkregeln für Einsatzprüfung" überprüfen.
- Bei Fahrbetrieb "4 x 4 Merkregeln für Fahrbetrieb" beachten.
- Fahrzeug nicht vom Flur aus in Bewegung setzen.
- Örtliche Geschwindigkeitsbeschränkungen beachten.
- Regeln der Straßenverkehrsordnung beachten.
- Unnötiges Laufenlassen des Motors vermeiden.
- Vor Verlassen des Fahrzeuges Feststellbremse anziehen und Schlüssel abziehen.
- Mitnahme von Personen nur bei hierfür geeigneten Fahrzeugen und Auftrag.
- Montagekorb formschlüssig an Gabelträger befestigen.
- Personen in Montagekorb nur auf- und abwärts bewegen, Sitz dabei nicht verlassen.

4. Verhalten bei Störungen

Bei Störungen (Versagen der Bremsen, Lastaufnahmemittel beschädigt, auslaufendes Öl usw.), die die Arbeitssicherheit beeinträchtigen, Stapler stillsetzen, Aufsichtsführenden verständigen. In allen übrigen Fällen Werkstatt anfahren.

5. Verhalten bei Unfällen, Erste Hilfe

Stapler stillsetzen, Erste-Hilfe-Maßnahmen einleiten (Blut stillen, verletzte Gliedmaßen ruhigstellen, Schock bekämpfen).
Unfall melden, Telefon ....

6. Instandhalten, Entsorgung

Instandhalten, Abschmieren und Reinigen erfolgt durch hiermit beauftragte Personen.

7. Folgen der Nichtbeachtung

Gesundheitliche Folgen: *Verletzung, Erkrankung*
Arbeitsrechtliche Folgen: *Abmahnung, Verweis* ....

Datum: ....   **Unterschrift:** ....

Bild 2–10. Beispiel einer Betriebsanweisung für Staplerfahrer (nach [2–61]).

Für Unterweisungen ist für den Geltungsbereich der Gefahrstoffverordnung eine schriftliche Bestätigung zwingend vorgeschrieben. Darüber hinaus wird eine schriftliche Bestätigung nicht vorgeschrieben, aber empfohlen.

In Bezug auf die Inbetriebnahme stellen die Betriebsanweisungen eine inhaltliche und administrative Untersetzung der Inbetriebnahmedokumentation dar. Man kann zusammenfassend sagen:

„Die Leitlinien zur Inbetriebnahme, die in der Inbetriebnahmedokumentation als Teil der Anlagendokumentation formuliert sind, werden durch die Anweisungen zur Inbetriebnahme, die im Betriebshandbuch als Teil der Betriebsdokumentation enthalten sind, arbeitsplatz- und tätigkeitsbezogen präzisiert."

2.4 Beachtung der Inbetriebnahme im Genehmigungsverfahren und beim Umweltschutz

2.4.1 Übersicht zu Genehmigungsverfahren für verfahrenstechnische Anlagen

Die *behördliche Genehmigung* stellt den Bau und Betrieb von Anlagen auf eine gesicherte Rechtsgrundlage.

Die berechtigen Interessen der Allgemeinheit und die Belange des Anlagenbetreibers werden im *Genehmigungsverfahren* geprüft, gegeneinander abgewogen und soweit wie möglich ausgeglichen.

Die Genehmigung unterliegt noch der nationalen Gesetzgebung [2–62], obwohl verfahrenstechnische Anlagen zum Teil über Ländergrenzen wirken. Die Auswirkungen der Atomreaktorkatastrophe von Tschernobyl oder die zunehmenden Diskussionen zur Klimaänderung infolge der Emissionen von Kohlendioxid u.a. Schadstoffen machen dies deutlich.

Seit September 1992 liegt im Entwurf eine EU-Richtlinie Integrated Pollution Prevention and Control (IPPC) vor, wonach alle Genehmigungsverfahren innerhalb der EU nach den Vorgaben dieser Richtlinie ablaufen sollen. Für bestehende Anlagen muß lt. Entwurf ebenfalls eine Genehmigung nach IPPC-Richtlinie beantragt werden, es sei denn, das nationale Recht sieht eine Ausnahme vor. Dies wäre der Fall, wenn das früher genutzte Genehmigungsverfahren der IPPC-Richtlinie genügt. Zur Zeit ist diese Richtlinie weder in der EU beschlossen noch in nationales Recht überführt.

Die weiteren Ausführungen gelten und beschränken sich auf den Standort Bundesrepublik Deutschland, wobei generell gilt:

„Verfahrenstechnische Anlagen sind in der Mehrzahl aller Fälle genehmigungsbedürftig!"

Dabei sind für verfahrenstechnische Anlagen im allgemeinen die folgenden Genehmigungsarten von Bedeutung:

a) Genehmigungen nach dem Bundes-Immissionsschutzgesetz-BImSchG [2–44]

– Verfahrenstechnische Anlagen sind in vielen Fällen auf der Grundlage des BImSchG zu genehmigen.
　Genehmigungen sind für alle Anlagen erforderlich, deren Errichtung oder wesentliche Änderungen nach dem 28.2.1975 begonnen wurden und auf die die Merkmale, wie sie im BImSchG bzw. der 4. BImSchV [2–63] festgelegt sind, zutreffen.

– Wegen der hervorragenden Bedeutung der Genehmigung nach dem BImSchG für verfahrenstechnische Anlagen werden im Abschnitt 2.4.2 die Inbetriebnahmebelange an Hand dieses Genehmigungsverfahrens betrachtet.

b) Wasserrechtliche Genehmigungsverfahren nach dem Wasserhaushalts-gesetz-WHG [2–64]

– Für den Gewässerschutz enthält das Wasserhaushaltsgesetz (WHG) als Rahmengesetz u. a. Regelungen zum ordnungsgemäßen Umgang mit wassergefährdenden Stoffen, insbesondere beim Betrieb von Anlagen zum Umgang mit solchen Flüssigkeiten und Gasen in Rohrleitungen und beim Einleiten von Stoffen in Gewässer bzw. die öffentliche Kanalisation.

– Gemäß dem Wasserrecht sind verschiedene Verfahren (Erlaubnisse, Bewilligungen, Genehmigungen) erforderlich. Dabei ist zu beachten, daß neben den bundesrechtlichen Vorschriften auch landesrechtliche und kommunale Vorschriften zu beachten sind.

– Nach § 2 WHG ist für die Benutzung von Gewässern eine Erlaubnis oder Bewilligung erforderlich. Benutzungen im Sinne § 3 WHG sind im wesentlichen:

   ● Einbringen und Einleiten von Stoffen in oberirdische Gewässer (z. B. Einleiten von Abwässern) und Küstengewässer (z. B. Abwässer von Schiffen),
   ● Einleiten von Stoffen in das Grundwasser,
   ● Entnehmen und Ableiten von Wasser aus oberirdischen Gewässern (z. B. Bewässerung),
   ● Entnehmen fester Stoffe aus oberirdischen Gewässern (z. B. Kies, Sand). In diesem Fall muß ein Einfluß auf die Gewässergüte bzw. auf den Wasserabfluß des Gewässers gegeben sein,
   ● Entnehmen von Grundwasser.

– Erlaubnisse und Bewilligungen können unter Benutzungsbedingungen und Auflagen erteilt werden. Das in Ergänzung zu § 4 WHG jeweils geschaffene Landesrecht ist anzuwenden. Für die Verfahren sind die §§ 7 und 8 WHG sowie die jeweiligen Ausführungsvorschriften der Landeswassergesetze zu beachten.

– Wer ein Gewässer ohne behördliche Erlaubnis oder Bewilligung benutzt oder gegen Benutzungsbedingungen oder Auflagen verstößt, handelt ordnungswidrig.

– In der Industrie sind insbesondere wasserrechtliche Erlaubnisse für die Entnahme von Wasser aus oberirdischen Gewässern bzw. aus dem Grundwasser sowie deren Rückführung von Bedeutung.

– Im Rahmen der Erlaubnis wird geprüft, ob die Benutzung der Gewässer gemeinverträglich ist. Im Grunde genommen ist die Erlaubnis nur eine Unbedenklichkeitsbescheinigung. Dieses Verfahren ist somit kein förmliches Verfahren. Das Vorhaben muß nicht ausgeschrieben werden und Beteiligte müssen nicht gehört werden. Die wasserrechtliche Erlaubnis kann jederzeit widerrufen werden.

– Im Rahmen der Bewilligung wird das Recht gewährt, ein Gewässer in einer bestimmten Art und Weise zu benutzen. Eine Bewilligung kann nicht widerrufen werden. Eine Bewilligung kommt in erster Linie für die öffentliche Wasserversorgung und die Wasserkraftnutzung in Frage. Im Gegensatz zu einem Erlaubnisverfahren kann die Bewilligung nur in einem förmlichen Verfahren erteilt werden, d. h. Betroffene und beteiligte Behörden haben Gelegenheit, ihre Einwendungen geltend zu machen. Damit ist ein wasserrechtliches Genehmigungsverfahren verbunden.

– Genehmigungen sind vorrangig für das Einleiten von Abwasser in die Kanalisation (Indirekteinleiter) nötig. Aufgrund des § 7a WHG ist sicherzustellen, daß vor dem Einleiten von Abwasser mit gefährlichen Stoffen in eine öffentliche Abwasseranlage die Schadstofffracht des Abwassers so gering gehalten wird, wie dies nach den allgemein anerkannten Regeln der Technik und für bestimmte gefährliche Stoffe nach dem Stand der Technik möglich ist.

– Unterliegt das zu genehmigende Projekt dem Gesetz über die Umweltverträglichkeitsprüfung (UVPG) [2–65], so kann eine Erlaubnis, Bewilligung oder Genehmigung nur erteilt werden, wenn zuvor eine Umweltverträglichkeitsprüfung erfolgte.

– Ist die Abwasserbehandlungsanlage als Bauvorhaben nach dem Baurecht ebenfalls genehmigungspflichtig, so muß die Baugenehmigung i. a. noch neben der wasserrechtlichen Erlaubnis oder Bewilligung eingeholt werden. Die Landesbauordnungen sind zu beachten.

*c) Erlaubnisse für überwachungsbedürftige Anlagen nach dem Geräte-
sicherheitsgesetz-GSG [2–36]*

– Nach § 11 des GSG bedürfen bestimmte Anlagen mit Rücksicht auf ihre
  Gefährlichkeit für Beschäftigte oder Dritte einer besonderen Überwachung.

– In den einzelnen Verordnungen der überwachungsbedürftigen Anlagen
  wird unterschieden nach dem Anzeigeverfahren bzw. Erlaubnisverfahren.
  Welchen Verfahren die einzelnen Anlagen unterliegen, ist im wesentlichen abhängig von der Anlagengröße oder Anlagenart.

– Die Anzeigepflicht hat den Zweck, die zuständige Behörde darüber zu un-
  terrichten, daß eine überwachungsbedürftige Anlage errichtet und betrieben werden soll. Damit erhält die Behörde die Möglichkeit, bestimmte
  Anlagen gezielt zu überwachen, falls dies aufgrund von Erfahrungen aus
  Unfällen und Schäden oder anderen Gründen erforderlich ist.

– Die Erlaubnispflicht ist schärfer als die Anzeigepflicht. Der Erlaubnispflicht
  unterliegen solche überwachungsbedürftigen Anlagen, deren Gefährdungs-
  grad für die Beschäftigten und die Allgemeinheit besonders hoch ist. Darunter fallen z.B. bestimmte Dampfkesselanlagen, Druckbehälter und Füllanlagen für Gase. Derartige Anlagen dürfen nur in Betrieb genommen werden, wenn von der zuständigen Behörde die Erlaubnis erteilt worden ist.

Wichtige überwachungspflichtige Anlagen sind:

- Anlagen zur Lagerung, Abfüllung und Beförderung brennbarer Flüs-
  sigkeiten zu Lande,
- Aufzugsanlagen,
- Dampfkesselanlagen,
- Druckbehälter, Druckgasbehälter und Füllanlagen,
- Elektrische Anlagen in explosionsgefährdeten Räumen,
- Gashochdruckleitungen,
- Acetylenanlagen und Calciumcarbidlager,
- Getränkeschankanlagen.

– Überwachungsbedürftige Anlagen sind i.a. vor Inbetriebnahme und wiederkehrend zu prüfen (s. auch Abschnitt 4.5.1).

d) Genehmigungsverfahren nach dem Abfallgesetz-AbfG [2–66]

– Nach dem AbfG sind die Errichtung, der Betrieb und die wesentlichen
  Änderungen von Abfallentsorgungsanlagen (z.B. Deponien, Verbrennungsanlagen) genehmigungspflichtig.

– Abfälle aus Betrieben, die gesundheits-, luft- oder wassergefährdend, ex-
  plosibel oder brennbar sind, unterliegen einer besonderen Überwachung
  und bedürfen eines Nachweisverfahrens.

– Das Abfallrecht unterliegt Bund und Ländern (z.B. bei der Überwachung
  der Abfallentsorgungsanlagen).

– Die Abfallentsorgungsanlagen bedürfen:

- einer Planfeststellung nach § 7 Abs. 1 AbfG in Verbindung mit den §§ 72 ff Verwaltungsverfahrensgesetz (VwVfG) oder
- eines vereinfachten Genehmigungsverfahrens nach § 7 Abs. 2 AbfG.

Bestimmte Anlagen (z.B. Verbrennungsanlagen) unterliegen einer Genehmigung nach dem BImSchG.

– Bei der Planfeststellung (Planfeststellungsverfahren) werden alle eine Anlage betreffenden Genehmigungen, Erlaubnisse, Bewilligungen und Zustimmungen der verschiedenen Behörden (z.B. aus wasserrechtlicher oder immissionsschutzrechtlicher Sicht) in einem Genehmigungsverfahren gebündelt und konzentriert, d.h. die Baugenehmigung ist integriert. Somit hat das Planfeststellungsverfahren eine ähnliche Konzentrationswirkung wie das Genehmigungsverfahren nach dem BImSchG. Sein Ablauf ist gleichfalls ähnlich. Ergebnis des Planfeststellungsverfahrens ist der Planfeststellungsbeschluß, mit der die Zuverlässigkeit eines Vorhabens festgestellt wird.

– Integriert in das Planfeststellungsverfahren ist stets die Umweltverträglichkeitsprüfung der Anlage.

e) Genehmigungsverfahren nach dem Baurecht-BauGB [2–67]

– Gebäude und ortsfeste Einrichtungen unterliegen dem Bauordnungsrecht. Zu ortsfesten baulichen Einrichtungen gehören z.B. Überdachungen, befestigte Flächen, Lüftungsanlagen sowie nicht genehmigungsbedürftige Anlagen im Sinne des BImSchG. Für ihre Errichtung, Änderung (z.B. Erweiterungen, Anbau, Umbau, Nutzung eines Lagers für Werkräume) oder ihren Abriß sind Genehmigungen erforderlich, die von den zuständigen Kommunal- bzw. Kreisbehörden einzuholen sind.

– Die baurechtliche Genehmigung verfahrenstechnischer Anlagen ist im allgemeinen integraler Bestandteil des Genehmigungsverfahrens nach BImSchG bzw. AbfG.
Dabei gelten die einschlägigen baurechtlichen Bestimmungen, die für alle Bauwerke zur Anwendung kommen.

f) Sonstige Genehmigungen

Dies können landesrechtliche Festlegungen bzw. auf konkrete territoriale Abschnitte beschränkte Sonderregelungen sein.

Eine Vielzahl von Sonderbestimmungen existiert im Zusammenhang mit militärisch relevanten Anlagen und Standorten [2–68].

Wie komplex und kompliziert die rechtliche Situation bei Genehmigungsverfahren sein kann, veranschaulicht das Beispiel in Bild 2–11.

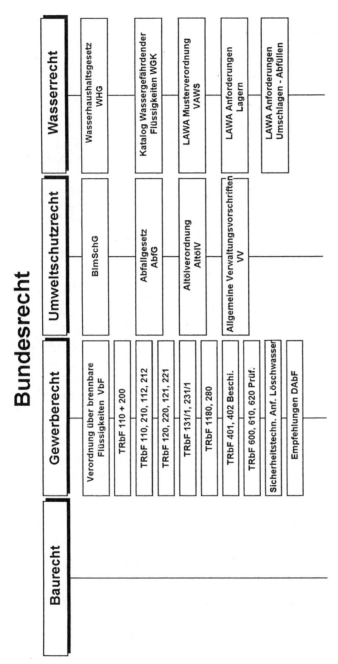

Bild 2–11. Wichtige Rechtsgrundlagen für die Lagerung brennbarer und nichtbrennbarer wassergefährdender Flüssigkeiten.

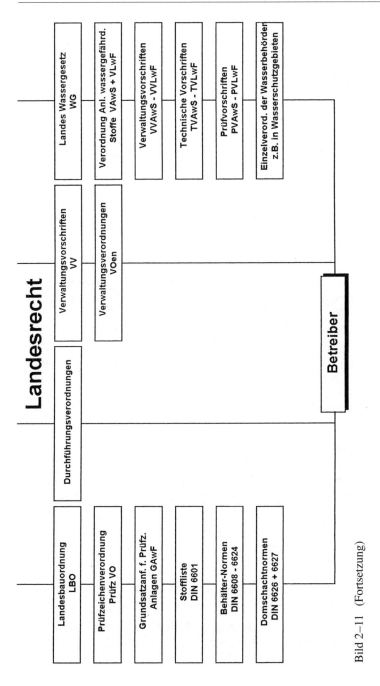

Bild 2–11 (Fortsetzung)

2.4.2 Beachtung der Inbetriebnahme
am Beispiel des Genehmigungsverfahrens nach BImSchG

In Bild 2–12 sind die wichtigsten Vorschriften für das sog. BImSchG-Verfahren hierarchisch dargestellt.

Die Kriterien für die Einordnung, ob eine Anlage genehmigungsbedürftig ist, sind mit dem BImSchG in den Paragraphen 4 bis 25 gegeben.

Der Gesetzgeber unterscheidet zwischen *genehmigungsbedürftigen Anlagen* (BImSchG §§ 4–21) und *nicht genehmigungsbedürftigen Anlagen* (BImSchG §§ 22–25).

Des weiteren existieren zahlreiche Verordnungen zur Durchführung des BImSchG, von denen drei an dieser Stelle besonders relevant sind:

– Die 4. BImSchV [2–63] definiert genehmigungsbedürftige Anlagen.
– Die 9. BImSchV [2–70] legt das Genehmigungsverfahren fest.
– Die 12. BImSchV [2–18] ist die sogenannte Störfallverordnung (StörfallV).

Unterliegt eine Anlage der Störfallverordnung, und ist sie im Anhang I zur StörfallV aufgeführt, so ist in der Regel als Teil des Genehmigungsantrages eine Sicherheitsanalyse notwendig.

Verantwortlich für den Genehmigungsantrag und für die Einholung der Genehmigung ist der Anlagenbetreiber. Er nutzt dabei im allgemeinen, sowohl bei der Ausarbeitung der Genehmigungsunterlagen als auch bei der Durchführung des Genehmigungsverfahrens, die sachkundige Mitarbeit des Anlagenplaners (sog. Behördenengineering bzw. Genehmigungsplanung). Der Zeit- und Kostenaufwand für das behördliche Genehmigungsverfahren ist erheblich und bei der Projektplanung und -abwicklung unbedingt zu beachten [2–71].

Im Genehmigungsverfahren wird prinzipiell zwischen einem *förmlichen Verfahren* und einem *vereinfachten Verfahren* unterschieden. In Bild 2–13 ist die Vorgehensweise veranschaulicht. Betreffs näherer Einzelheiten sei auf die Fachliteratur [2–72] verwiesen.

Für besonders sicherheits- und umweltrelevante Anlagen fordert der Gesetzgeber im Genehmigungsverfahren zusätzliche Analysen bzw. Prüfungen. Die wichtigsten sind die *Sicherheitsanalysen* und *Umweltverträglichkeitsprüfungen*.

Nähere Kriterien zur Einordnung bzw. Anforderungen an Sicherheitsanalysen regeln die 1. StörfallVwV [2–73] bzw. die 2. StörfallVwV [2–21].

Die Erarbeitung der Sicherheitsanalyse (s. Tabelle 2–15) stellt die höchste Stufe der systematischen, begleitenden Sicherheitsbetrachtungen im Verlauf der Projektabwicklung dar.

```
┌─────────────────────────┐
│       Verfassung        │
└─────────────────────────┘
```

- ♦ Gesetzgebungskompetenz (Art. 74 Nrn. 11,24 GG)
- ♦ Rechtsstaatsprinzip (Art. 20 GG)
- ♦ Grundrechte (insb. Art. 2, 9, 12, 14 GG)

```
┌─────────────────────────┐
│         Gesetz          │
└─────────────────────────┘
```

- ♦ Bundesimmissionsschutzgesetz
- ♦ Gewerbeordnung, Gerätesicherheitsgesetz
- ♦ Gesetz über die Umwelthaftung
- ♦ Strafgesetzbuch, Ordnungswidrigkeitengesetz
- ♦ Verwaltungsverfahrensgesetz
- ♦ Ordnungsbehördengesetz
- ♦ Verwaltungsvollstreckungsgesetz

```
┌─────────────────────────┐
│       Verordnung        │
└─────────────────────────┘
```

- ♦ 1. bis 9. und 11. bis 17. Verordnung zur Durchführung des BImSchG (BImSchV); 12. BImSchV = Störfall - Verordnung
- ♦ Smog - Verordnung
- ♦ Belastungsgebietsverordnung

```
┌──────────────────────────────┐      ┌──────────────────────────┐
│    Verwaltungsvorschrift      ├──────┤      Verwaltungsakt       │
└──────────────────────────────┘      └──────────────────────────┘
```

♦ Technische Anleitung zur Reinhaltung der Luft (TA Luft)	♦ Genehmigung (§§ 4, 12, 15, 67 BImSchG)
♦ TA Lärm	♦ Nachträgliche Anordnung (§§ 17, 24 BImSchG)
♦ Erste und Zweite Allgemeine Verwaltungsvorschrift zur Störfall - Verordnung	♦ Ermittlungsanordnung (§§ 26, 29a BImSchG)
♦ Verwaltungsvorschriften der Länder	♦ Stillegungsverfügung (§§ 20, 25 BImSchG)
	♦ Widerrufsverfügung (§ 21 BImSchG)
	♦ Ordnungsverfügung zur Verwaltungsvollstreckung

Bild 2–12. Vorschriften zum Genehmigungsverfahren entsprechend BImSchG (nach [2–69]).

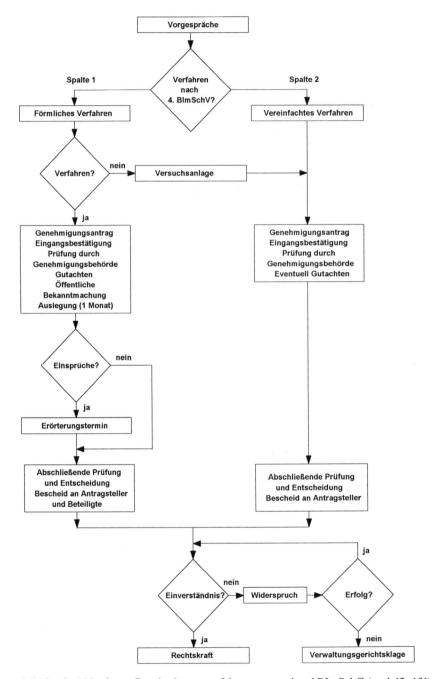

Bild 2–13. Ablauf zum Genehmigungsverfahren entsprechend BImSchG (nach [2–13]).

Tabelle 2–15. Inhaltsverzeichnis einer Sicherheitsanalyse (Praxisbeispiel).

0. Einleitung

1. Anlagenbezeichnung
   1.1 Anlagenbeschreibung
   1.2 Anwendungsvoraussetzungen der Störfallverordnung und genehmigungs-rechtliche Einordnung
   1.3 Örtliche Lage
   1.4 Bauausführung
   1.5 Auslegung der Anlagenkomponenten
   1.5.1 Werkstoffe
   1.5.2 Auslegungs- und Betriebsdaten für Apparate, Maschinen, Rohrleitungen und Armaturen
   1.5.3 Auslegung für Belastungen/Beanspruchungen des bestimmungsgemäßen Betriebes und für Störungen
   1.6 Schutzzonen
   1.7 Zugänglichkeit der Anlage
   1.7.1 Verkehrsanbindungen
   1.7.2 Fluchtwege

2. Stoffe
   2.1 Bezeichnung der Stoffe
   2.2 Stoff- und Reaktionsdaten
   2.3 Zustand und Menge
   2.3.1 Leichtentzündliche Flüssigkeiten
   2.3.2 Explosionsfähige Staub/Luft-Gemische
   2.3.3 Giftige Stoffe und Zubereitungen
   2.3.4 Brandgase
   2.4 Quellenverzeichnis

3. Verfahrensbeschreibung
   3.1 Reaktionsabläufe
   3.2 Verfahrensgrundzüge und Verfahrensbedingungen (unterteilt nach Betriebs-einheiten)
   3.3 Verfahrensdarstellung
   3.4 Energieversorgung (unterteilt nach Energiearten)

4. Sicherheitstechnisch bedeutsame Anlagenteile
   4.1 Anlagenteile mit besonderem Stoffinhalt
   4.2 Anlagenteile zur Gewährleistung der Betriebssicherheit
   4.3 Meß-, Steuer- und Regeleinrichtungen
   4.3.1 Prozeßleitsystem
   4.3.2 Charakterisierung der Prozeßsteuerung
   4.4 Warn-, Alarm- und Sicherheitseinrichtungen (unterteilt nach Betriebseinheiten)
   4.5 Schutzeinrichtungen
   4.5.1 Freisetzungsbegrenzende Vorkehrungen
   4.5.2 Brandschutztechnische Vorkehrungen
   4.5.3 Vorkehrungen zum Explosionsschutz
   4.5.4 Maßnahmen zum Grundwasserschutz

Tabelle 2–15 (Fortsetzung)

Tabelle 2–15 (Fortsetzung)

Anhang 5 Verfahrensfließbild
Anhang 6 Apparatelisten
Anhang 7 RI-Fließbild
Anhang 8 Alarm- und Gefahrenabwehrplan
Anhang 9 Beschreibung der sicherheitstechnisch bedeutsamen Anlagenteile

Kern der Sicherheitsanalyse ist der Punkt 5 und insbesondere die Analyse und Beschreibung der Gefahrenquellen sowie denkbarer Gegenmaßnahmen. Hierzu werden zunehmend systematische Analysenmethoden [2–27 bis 2–30] und insbesondere das PAAG-Verfahren (**P**rognose – **A**uffinden der Ursachen – **A**bschätzen der Auswirkungen – **G**egenmaßnahmen) genutzt.

Beim PAAG-Verfahren werden mit Hilfe von Leitworten (s. Tabelle 2–16) definierte Teilfunktionen der funktionellen Einheiten mit besonderem Stoffinhalt auf Störungen und Abweichungen vom bestimmungsgemäßen Betrieb untersucht.

Tabelle 2–16. Leitworte nach dem PAAG-Verfahren.

Leitwort	Bedeutung	Kommentare
NEIN oder NICHT (KEIN oder KEINE)	Die völlige Verneinung dieser Funktion.	Kein Teil der Funktion wird ausgeübt, aber es geschieht auch nicht anderes.
MEHR	Quantitativer Zuwachs	Das bezieht sich auf Mengen und Eigenschaften wie Mengenströme und
WENIGER	oder Quantitative Abnahme	Temperaturen, aber auch auf Funktionen, wie ERWÄRMEN und REAGIEREN.
SOWOHL ALS AUCH	Ein qualitativer Zuwachs.	Alle vorgebenen Funktionen und Betriebsvorgänge werden erreicht. Zusätzlich passiert jedoch auch etwas ANDERES.
TEILWEISE (ZUM TEIL)	Eine qualitative Abnahme.	Nur einige Sollfunktionen werden erreicht, manche nicht.

Tabelle 2–16 (Fortsetzung)

UMKEHRUNG	Das logische Gegenteil der Soll-Funktion.	Das betrifft hauptsächlich Funktionen, z.B. entgegengesetztes Fließen oder entgegengesetzte chemische Reaktion. Es kann auch auf Substanzen angewandt werden, d.h. GIFT anstelle von Gegenmitteln.
ANDERS ALS	Völliger Austausch.	Es wird nicht eine einzige der ursprünglich festgelegten Funktionen ausgeführt. Etwas völlig anderes geschieht.

Die Definition der Teilfunktion – in der Regel eine Prozeßphase des Prozeßablaufes in der funktionellen Einheit oder ein Rohrleitungsabschnitt mit zugehörigem Apparat bei kontinuierlichem Betrieb – erfolgt so, daß alle wesentlichen Sollfunktionen beschrieben werden.

Die möglichen Folgen/Gefahren einer Störung des bestimmungsgemäßen Betriebes werden ohne Berücksichtigung der Verhinderungsmaßnahmen ermittelt. Diesen werden die Gegebenheiten zum Erkennen der Störung sowie die Maßnahmen zur Verhinderung und der Auswirkungsbegrenzung gegenübergestellt. Dabei werden sowohl die MSR-Einrichtungen zum Anlagenbetrieb als auch zur Anlagensicherung sowie weitere Sicherheitseinrichtungen und Maßnahmen durch das Betriebspersonal berücksichtigt.

Die Gefahrenanalyse nach dem PAAG-Verfahren o.ä. muß nicht nur für den Dauerbetrieb sondern auch für die Inbetriebnahme angewendet werden. Betrachtet man sich die Leitworte in Tabelle 2–16, so stellt man fest, daß mit diesen Leitworten in vielen Fällen gerade Inbetriebnahmezustände (außerhalb des Normalbetriebes) gedanklich simuliert werden. Das heißt, die Anwendung des PAAG-Verfahrens bedeutet a priori auch eine teilweise Gefahrenanalyse zur Inbetriebnahmedurchführung.

Konkreter gilt:

– Für kontinuierliche Verfahren kann mit der Leitwort-Methode (z.B. „WENIGER", „TEILWEISE", „ANDERS ALS") das dynamische und sicherheitstechnische Anlagenverhalten bei An- und Abfahrvorgängen dargestellt und analysiert werden.

– Bei diskontinuierlichen Verfahren können Abweichungen in der Schrittfolge sowie in den Prozeßparametern, wie sie bei der Erstinbetriebnahme möglich sind, simuliert werden. Es geht mehr um die Wirkung quantitativer Abweichungen des geplanten dynamischen Normalbetriebes.

Ergänzend sei noch angefügt, daß die Gefahrenanalyse u.U. noch auf sicherheitsrelevante Maßnahmen der Inbetriebnahmevorbereitung, z.B. bei Abnahmeversuchen an Dampfkesseln und -turbinen oder auf den Zündvorgang zum Trockenheizen des Ofens, ausgedehnt werden muß. Die Bedingungen können sehr stark von denen des Dauerbetriebes abweichen und müssen deshalb spezifisch sicherheitstechnisch betrachtet werden.

Eine zweite wesentliche Erweiterung des Genehmigungsverfahrens tritt ein, wenn die betreffende Anlage dem Gesetz über die Umweltverträglichkeitsprüfung (UVPG) [2–65] unterliegt.

Die **Umweltverträglichkeitsprüfung** (UVP) ist ein unselbständiger Teil verwaltungsbehördlicher Verfahren [2–74], welche der Entscheidung über die Zulässigkeit von Vorhaben dienen. Sie umfaßt:

- die Ermittlung,
- die Beschreibung und
- die Bewertung

umweltrelevanter Auswirkungen eines Vorhabens betreffs *Menschen, Tiere, Pflanzen, Landschaft, Kulturgüter, Sachgüter, Boden, Wasser, Luft und Klima.*

Tabelle 2–17. Unterlagen für die Umweltverträglichkeitsprüfung.

a) Mindestangaben
   - Angaben zu Standort, Art und Umfang sowie Bedarf an Grund und Boden
   - Beschreibung von Art und Menge der zu erwartenden Emissionen und Reststoffe
   - Beschreibung der Maßnahmen, mit denen Beeinträchtigungen der Umwelt vermieden, vermindert oder soweit möglich ausgeglichen werden sowie der Ersatzmaßnahmen
   - Beschreibung der zu erwartenden erheblichen Auswirkungen
   - Beschreibung des technischen Verfahrens
b) Wenn für die Beurteilung des Vorhabens erforderlich und für den Antragsteller zumutbar
   - Beschreibung der Umwelt
   - Übersicht über die geprüften Vorhabensalternativen und Angaben der Auswahlgründe
   - Angaben zu den Schwierigkeiten bei der Zusammenstellung der Angaben (z.B. Wissenslücken)
   - Allgemein verständliche Zusammenfassung

Tabelle 2-17 enthält die wichtigsten Unterlagen, die für eine UVP vorzulegen sind.

Nähere Angaben zur UVP, zu der weitere Verordnungen und Verwaltungsvorschriften noch ausstehen, sind in [2–75 und 2–76] angeführt.

Nach diesen kurzen, grundlegenden Ausführungen zum Genehmigungsverfahren nach BImSchG steht nun die spezifische Frage:

„Wie ordnet sich die Inbetriebnahme in das Genehmigungsverfahren ein?"

Zunächst sei vorangestellt:

Zum Zeitpunkt der Inbetriebnahme muß die „Genehmigung zur Errichtung und zum Betrieb der Anlage" (s. Tabellen 2–18 und 2–19) vorliegen.

Der Inbetriebnahmeleiter sollte sich jedoch zu Beginn seiner Tätigkeit von deren Ordnungsmäßigkeit überzeugen sowie für ihn relevante Inhalte auswerten.

Die Genehmigung gilt grundsätzlich für den im Antrag formulierten **bestimmungsgemäßen Betrieb** der Anlage, der in der 2. Störfall-Verwaltungsvorschrift [2–21] wie folgt definiert ist:

„**Bestimmungsgemäßer Betrieb** ist der Betrieb, für den eine Anlage nach ihrem technischen Zweck bestimmt, ausgelegt und geeignet ist; Betriebszustände, die der erteilten Genehmigung oder nachträglichen Anordnungen nicht entsprechen, gehören nicht zum bestimmungsgemäßen Betrieb.

Tabelle 2–18. Hauptpunkte des Genehmigungsbescheides nach BImSchG.

1. Der Genehmigungsbescheid **muß** enthalten:
   – Die Angabe des Namens und des Wohnsitzes oder des Sitzes des Antragstellers.
   – Die Angabe, daß eine Genehmigung, eine Teilgenehmigung oder eine Änderungsgenehmigung erteilt wird sowie die Angabe der Rechtsgrundlage.
   – Die genaue Bezeichnung des Gegenstandes der Genehmigung einschließlich des Standortes der Anlage.
   – Die Nebenbestimmungen zur Genehmigung.
   – Die Begründung, aus der die wesentlichen tatsächlichen und rechtlichen Gründe, die die Behörde zur ihrer Entscheidung bewogen hat und die Behandlung der Einwendungen hervorgehen sollen.
2. Der Genehmigungsbescheid **soll** enthalten:
   – Den Hinweis, daß der Genehmigungsbescheid unbeschadet der behördlichen Entscheidungen ergeht, die nach § 13 BImSchG nicht von der Genehmigung eingeschlossen werden.
   – Die Rechtsbehelfsbelehrung.

Tabelle 2–19. Inhaltsverzeichnis eines Genehmigungsbescheides (Praxisbeispiel).

I. Allgemeine Angaben zum Antragsteller, zum Vorhaben, zu Rechtsgrundlagen u.ä.

II. Antragsunterlagen

III. Nebenbestimmungen
Nach § 12 des BImSchG wird die Genehmigung mit folgenden Nebenbestimmungen erteilt:
1. Allgemeines
2. Immissionsschutz – Teil Reinhaltung der Luft
3. Immissionsschutz — Teil Lärmschutz
4. Gewerberecht/Arbeitsschutz
5. Brandschutz
6. Reststoffe/Abfall
7. Gewässerschutz
8. Bauordnungsrecht

IV. Hinweise

V. Begründung

VI. Rechtsbehelfsbelehrung

....
Unterschrift/Siegel

Der bestimmungsgemäße Betrieb umfaßt:

– den Normalbetrieb,
– den An- und Abfahrbetrieb,
– den Probebetrieb sowie
– Inspektions-, Wartungs- und Instandsetzungsvorgänge."

Die gemachten Ausführungen gelten sowohl für die Inbetriebnahme als auch die Inbetriebnahmevorbereitung.

Obwohl diese Definition strenggenommen im Zusammenhang mit Anlagen, die der Störfallverordnung [2–18] unterliegen, erfolgt ist, wird sie auch auf andere genehmigungsbedürftige Anlagen angewandt.

Das heißt, im Genehmigungsverfahren und insbesondere in den Antragsunterlagen ist die Inbetriebnahme als eine Art des bestimmungsgemäßen Betriebes zu erläutern und nachzuweisen, daß die Pflichten des Betreibers genehmigungsbedürftiger Anlagen (s. Tabelle 2–20) auch in dieser Phase eingehalten werden.

Die Inbetriebnahme gehört somit zum bestimmungsgemäßen Betrieb einer Anlage, so daß Festlegungen bezüglich der Grenzwerte von Emissionen der

Tabelle 2–20. Auszug aus dem Bundes-Immissionsschutzgesetz BImSchG [2–44].

---

§ 5   Pflichten der Betreiber genehmigungsbedürftiger Anlagen

(1)   Genehmigungsbedürftige Anlagen sind so zu errichten und zu betreiben, daß

1. schädliche Umwelteinwirkungen und sonstige Gefahren, erhebliche Nachteile und erhebliche Belästigungen für die Allgemeinheit und die Nachbarschaft nicht hervorgerufen werden können,

2. Vorsorge gegen schädliche Umwelteinwirkungen getroffen wird, insbesondere durch die dem Stand der Technik entsprechenden Maßnahmen zur Emissionsbegrenzung,

3. Reststoffe vermieden werden, es sei denn, sie werden ordnungsgemäß und schadlos verwertet oder, soweit Vermeidung und Verwertung technisch nicht möglich oder unzumutbar sind, als Abfälle ohne Beeinträchtigung des Wohls der Allgemeinheit beseitigt, und

4. entstehende Wärme für Anlagen des Betreibers genutzt oder an Dritte, die sich zur Abnahme bereit erklärt haben, abgegeben wird, soweit dies nach Art und Standort der Anlage technisch möglich und zumutbar sowie mit den Pflichten nach den Nummern 1 bis 3 vereinbar ist.

Anlage auch im Rahmen der Inbetriebnahme nicht überschritten werden dürfen, es sei denn, dies ist ausdrücklich genehmigt.

Ausnahmen gibt es lediglich dort, wo während der Inbetriebnahme die zulässigen Emissionsgrenzwerte, trotz Anwendung des **Standes der Technik** in der folgenden Definition [2– 44, § 3], überschritten werden:

> „**Stand der Technik** im Sinne dieses Gesetzes ist der Entwicklungsstand fortschrittlicher Verfahren, Einrichtungen oder Betriebsweisen, der die praktische Eignung einer Maßnahme zur Begrenzung von Emissionen gesichert erscheinen läßt.
>
> Bei der Bestimmung des Standes der Technik sind insbesondere vergleichbare Verfahren, Einrichtungen oder Betriebsweisen heranzuziehen, die mit Erfolg im Betrieb erprobt worden sind.“

Zum Beispiel steht dazu in der TA Luft, Punkt 3.1 [2–77]:

„Für Anfahr- oder Abstellvorgänge, bei denen ein Überschreiten des Zweifachen der festgelegten Emissionsbegrenzung nicht verhindert werden kann, sind Sonderregelungen zu treffen. Hierzu gehören insbesondere Vorgänge, bei denen eine

– Abgasreinigungseinrichtung aus Sicherheitsgründen (Verpuffungs-, Verstopfungs- oder Korrosionsgefahr) umfahren werden muß,

– Abgasreinigungseinrichtung wegen zu geringen Abgasdurchsatzes noch nicht voll wirksam ist, oder

– Abgaserfassung und -reinigung während der Beschickung oder Entleerung von Behältern bei diskontinuierlichen Produktionsprozessen nicht oder nur unzureichend möglich ist."

In den Erläuterungen zu diesem Punkt der TA Luft wird festgestellt:

„Für die besonderen betrieblichen Vorgänge des Anfahrens und Abstellens werden Sonderregelungen (gemeint sind die Regelungen zur Begrenzung der Emissionen) zugelassen.

Es wird aber verlangt, daß für diesen Fall die Genehmigung ausdrückliche Festlegungen treffen muß. Insbesondere ist das Ausmaß der Abweichung auf das Unumgängliche zu beschränken.

Analoge Regelungen wie in § 6 Abs. 6 der Großfeuerungsanlagen-Verordnung [2–78] bei Ausfall der Rauchgasentschwefelungsanlage erscheinen denkbar."

Die letzten Ausführungen sollen verdeutlichen, daß der Gesetzgeber im Genehmigungsverfahren zwar die spezifischen Bedingungen während der Inbetriebnahme anerkennt, aber die Grenzen eng hält.

Die größten inbetriebnahmespezifischen Umweltbelastungen treten im allgemeinen beim Anfahren der Öfen auf. Hier ist grundsätzlich eine ähnliche Situation, wie sie jeder beim Starten des Autos schon beobachtet hat. Der Motor/Ofen braucht seine Zeit, bis er „warm" und die Verbrennung nahezu vollständig ist.

In Bild 2–14 und Bild 2–15 sind die zeitlichen Verläufe der Schadstoffemissionen, wie sie an Ölbrennern gemessen wurden, beim Anfahren (Brennerzündung) und Abfahren (Brennschluß) dargestellt [2–79].

Die fachlichen Ursachen für die insbesondere erhöhten Emissionen an Kohlenwasserstoffen und Kohlenmonoxid sind z. B.

a) beim Anfahren

– schlechte Verdüsung, da sich ein Druck vor der Düse erst aufbauen muß,

– endliche Flammenfortpflanzungsgeschwindigkeit des Zündkerns im Gemisch,

– anfänglich verbrennen nur die kleinen Tropfen; die größeren brauchen zunächst Wärme, um zu verdampfen,

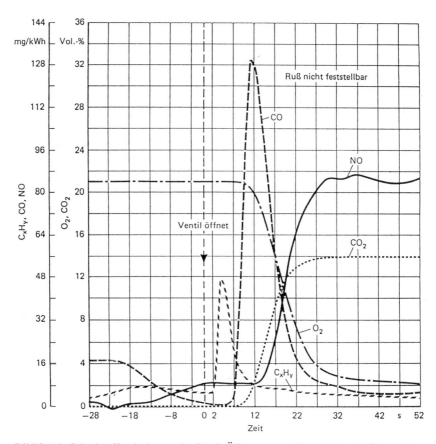

Bild 2–14. Schadstoffemissionsverlauf bei Ölbrennern während des Anfahrens (aus [2–79]).

– uneinheitliche Verbrennung durch kalte Wandungen, nicht optimale Mischungsverhältnisse mit Luft,

b) beim Abfahren

– Nachströmen von Öl,
– Absinken des Düsendruckes,
– „Einfrieren" der Flamme.

Der Ofenbauer, der Planer und der Inbetriebnehmer sind alle gefordert, die Emissionsüberschreitungen zu minimieren.

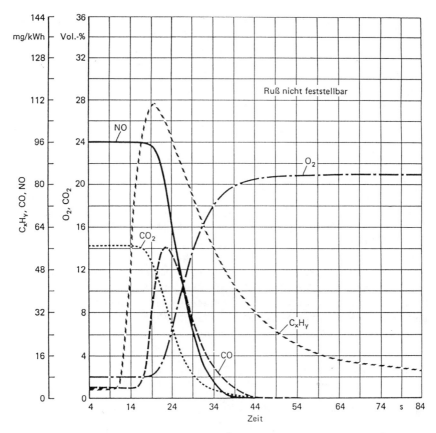

Bild 2–15. Schadstoffemissionsverlauf bei Ölbrennern während des Abfahrens (aus [2–79]).

2.4.3 Umweltschutz in Vorbereitung und Durchführung der Inbetriebnahme

Abgesehen von der moralischen Verpflichtung jedes Schaffenden, nicht zusätzlich zur Belastung der Umwelt beizutragen, sind die Aufgaben des Umweltschutzes bei der Inbetriebnahme verfahrenstechnischer Anlagen zugleich ein Kostenfaktor.

Meist sind die ökonomischen Interessen gegenläufig zu den ökologischen, da konkrete Umweltschutzmaßnahmen oft aufwendig sind.

Die öffentliche Akzeptanz großtechnischer Anlagen hängt wesentlich von den Bemühungen und Aufwendungen der Betreiber für den Umweltschutz ab. Dies trifft auch für den Zeitraum der Inbetriebnahme zu.

Umweltschutz läßt sich nur effektiv verwirklichen, wenn er über den gesamten Zeitraum – von Anlagenplanung über Errichtung, Inbetriebnahme und Dauerbetrieb bis hin zum Rückbau der Anlage – konsequent berücksichtigt wird.

Im Hinblick auf den Umweltschutz ordnet sich die Inbetriebnahme voll in die Betriebsphase ein und wird rechtlich als solche behandelt. Gleichzeitig besteht während der Inbetriebnahme die Gefahr erhöhter Emissionen.

So kommen während der Inbetriebnahme mehrere Faktoren gleichzeitig zum Tragen, die in vielen Fällen eine erhöhte Belastung der Umwelt unvermeidbar werden lassen. Auf wesentliche Faktoren, die mit den Besonderheiten bei der Inbetriebnahme zusammenhängen, wurde bereits im Abschnitt 1.4 eingegangen. Im weiteren seien einige Umweltrisiken kurz diskutiert. Dabei sei vorangestellt, daß natürlich die Inbetriebnahmezeiträume mit derartigen erhöhten Umweltrisiken und -belastungen vergleichsweise kurz und somit die absoluten Schadstoffmengen, bezogen auf die Gesamtmenge während des „Lebens" einer Anlage, relativ gering sind. Hier gilt es, die richtigen Relationen zu wahren. Trotzdem bleibt der Umweltschutz für jeden und zu jeder Zeit eine Verpflichtung.

Umweltbelastungen auf Grund von Entwicklungsrisiken

Bei neuartigen Verfahren sowie Anlagen und Anlagenkomponenten können Umweltbeeinträchtigungen durch unvorhergesehene Störungen im Prozeßablauf oder durch nicht erreichte Zielstellungen entstehen.

Risiken bei der Maßstabsübertragung sind im allgemeinen auch Umweltrisiken. Man denke nur an den Anfall zusätzlicher Abprodukte wegen unzureichenden Umsatzes oder wegen häufiger Entspannungs- und Entleerungsvorgänge.

Das Nichterreichen angestrebter Leistungsparameter zeigt sich erst während der Inbetriebnahme und muß schnell behoben werden. Mitunter werden dann Sonderfahrweisen bzw. vorübergehende Provisorien realisiert, die zum Teil, wenn auch kurzfristig, zu erhöhten Umweltbelastungen führen.

Der klassische Fall ist beispielsweise, wenn eine Abgas- oder Abwasserreinigungsanlage die geplanten Abgas-/Abwasserreinheiten nicht erreicht.

Das Fazit ist:

Entwicklungsrisiken sind i. a. auch Umweltrisiken. Dies gilt umfassend für Umweltschutz-Anlagen.

Das Umweltrisiko ist ein Teil des Entwicklungsrisikos und muß bei dessen Bewertung und Minimierung bewußt mit berücksichtigt werden [2–80], zum Beispiel durch zusätzliche Emissionsüberwachung, umweltrelevante Sicherheitsschaltungen oder erhöhte Lager-(Zurückhalte-)volumina.

Bei der Analyse und Behebung der entwicklungsbedingten Mängel auf der Baustelle muß der Umweltschutz gewahrt bleiben.

Umweltbelastungen durch erhöhte Störanfälligkeit

Die Inbetriebnahme liegt am Beginn der Nutzungsdauer einer Anlage und somit in der Phase der Frühausfälle (s. Bild 1–2). Auslegungsfehler, Materialfehler, Montagefehler und dergleichen können zu Ausfällen und damit zu erheblichen Umweltbeeinträchtigungen führen, wie z. B.:

– Anfall von zu entsorgenden Abprodukten oder teilweise mit Umweltschadstoffen belasteten Anlagenteilen,

– Undichtigkeiten und Leckagen an Ausrüstungen und Dichtelementen,

– Notentspannungen von Schadstoffen in die Atmosphäre,

– Brände u. ä. schwere Störungen.

Die Gegenmaßnahmen beruhen vorrangig auf Prävention durch Fehlerminimierung und Qualitätssicherung bei der Auftragsabwicklung. Dies ist eine ständige, aber im konkreten Fall immer wieder neue Herausforderung für alle Beteiligten.

Natürlich bringt die stürmische technische Entwicklung zahlreiche praktikable Lösungen hervor, die Umweltbelastungen gravierend verringern oder ganz ausschließen.

Derartige Beispiele sind:

– leckagefreie Pumpen und Verdichter [2–81],

– innere und äußere Abdichtungen an Armaturen [2–82],

– doppelwandige Lagertanks mit Leckageüberwachung,

– Zuverlässigkeitssteigerung elektrischer und elektronischer Bauelemente, insbesondere unter robusteren Einsatzbedingungen,

– verbesserte Möglichkeiten der Lecksuche [2–83, 2–84] bzw. Leckageüberwachung [2–85].

Andererseits bewirkt die ständige wirtschaftliche und technische Herausforderung auch wieder neue Risiken bzw. Unwägbarkeiten. Der Inbetriebnehmer verfahrenstechnischer Anlagen wird deshalb auch in nächster Zeit mit Frühausfällen und Störungen rechnen und sich darauf einstellen müssen. Es geht letztlich stets um die Minimierung ihrer Häufigkeit wie ihrer Wirkungen.

Zum letzteren gehören u.a. eine Störungsdiagnose [2–86] und Schwachstellen-Analyse [2–87] sowie eine schnelle und fachkundige Instandsetzung. Der Inbetriebnehmer muß sich persönlich sowie technisch und organisatorisch gezielt darauf vorbereiten.

Besondere Umweltauswirkungen haben Störungen, wie Brände, Explosionen, unerwünschte Reaktionszustände, bei denen große Energiemengen freigesetzt werden. Hier sind die primären Umweltauswirkungen (vorhandene Schadstoffe gelangen ins Freie) sowie die Folgewirkungen (zusätzlich werden neue Schadstoffe gebildet und emittiert) erheblich. Beispiele für letztere Fälle sind die mögliche Dioxinbildung bei Kabelbränden oder die Freisetzung von Halogenen bzw. der erhebliche Löschwasser und -schaumanfall bei der Brandbekämpfung [2–88].

Anfahrverhalten von Verfahrensstufen bzw. Ausrüstungen

Im vorhergehenden Abschnitt wurde am Beispiel eines Verbrennungsprozesses (Heizöl-Brenner) bereits auf erhöhte Emissionen beim An- und Abfahren hingewiesen.

Viele typische Umweltschutzeinrichtungen, wie Kläranlagen, Filter, Verbrennungseinrichtungen und dergleichen benötigen oft einen längeren Anfahr- bzw. Einfahrzeitraum, bevor sie voll wirksam sind. Teilweise werden sie sogar zeitweilig umfahren oder besitzen noch nicht ihre volle Funktionstüchtigkeit und Leistungsfähigkeit, so daß mit erhöhten Emissionen zu rechnen ist.

Beispielsweise können bei biologischen Verfahren (Belebtschlammverfahren, Biofilter, Biowäscher) mitunter Wochen bis Monate vergehen, bis die Nennleistung erreicht wird. Deshalb muß zunächst mit einer geringen Schadstofflast begonnen werden. In Abhängigkeit vom gemessenen Abbaugrad kann diese dann langsam bis zur Nennlast gesteigert werden. Erfolgt eine solch angepaßte Lasterhöhung während der Inbetriebnahme nicht, so brechen Schadstoffe in das gereinigte Abwasser/Abluft durch und belasten die Umwelt.

Bei biologischen Abwasseranlagen besteht ferner die Gefahr, daß die Schadstoffe aus dem Wasser ausgasen bzw. mit der eingeblasenen Luft/Sauerstoff ausgestrippt werden.

Andererseits darf die Schadstofflast bei der Inbetriebnahme auch nicht zu gering sein, weil dann die Bakterien im Wachstum behindert werden oder sogar absterben können.

Das Beispiel verdeutlicht den schmalen technisch-technologischen Pfad, auf dem sich mitunter der Inbetriebnehmer bewegen muß.

Ähnliche Gefahren für erhöhte Umweltbelastungen können sich bei der Inbetriebnahme ergeben, wenn

– nicht qualitätsgerechte Zwischenprodukte entsorgt werden müssen,

– das Fehlen der Emissionen von noch nicht in Betrieb befindlichen Prozeßstufen dazu führt, daß Reinigungs-, Filter- oder Entsorgungsanlagen im ineffizienten Teillastbereich arbeiten müssen.

Letztlich müssen diese anfahrspezifischen Umweltprobleme, in enger Verbindung mit den Sicherheitsbetrachtungen, bereits während der Planung bedacht und gelöst werden. Durch detaillierte Vorgaben in den Inbetriebnahmedokumenten sowie durch ein umweltbewußtes Handeln auf der Baustelle sind sie als Teil eines ganzheitlichen Umweltmanagements [2–89, 2–90] konkret umzusetzen.

Für den Umweltschutz bei der Inbetriebnahme gilt übereinstimmend zum Genehmigungsverfahren:

Die Inbetriebnahme gehört zum bestimmungsgemäßen Betrieb einer Anlage. Somit gelten die Umweltschutzanforderungen, die für den Betrieb der Anlage festgelegt sind, in gleicher Weise während der Inbetriebnahme. Bei Nichteinhaltung drohen Konsequenzen einschließlich von Umwelthaftungsansprüchen (s. Abschnitt 3.6.2).

Ausnahmen werden lediglich in solchen Fällen genehmigt, wo während der Inbetriebnahme die zulässigen Emissionswerte trotz Anwendung des Standes der Technik überschritten werden.

3 Inbetriebnahmemanagement

3.1 Grundlagen zum Projektmanagement

Die Erfahrung lehrt, daß umfangreiche und schwierige Vorhaben nur dann erfolgreich durchgeführt werden können, wenn dafür entsprechende organisatorische und administrative Maßnahmen ergriffen werden. Die Gesamtheit dieser Führungsaufgaben, -organisation, -techniken und -mittel für die Abwicklung eines **Projektes** wird als **Projektmanagement** bezeichnet.

Darüber hinaus gibt es jedoch noch eine zweite Bedeutung für diesen Begriff, indem Projektmanagement die Projektleitung (Führungskräfte des Projektes) bezeichnet.

Im vorliegenden Buch wird Projektmanagement stets im ersten Sinne benutzt, während ansonsten die Begriffe Projekt- bzw. Inbetriebnahmeleitung gebraucht werden.

Die zentrale Position des Projektes bei der Auftragsabwicklung veranschaulicht das sog. Projektrad (s. Bild 3–1). Es symbolisiert, daß die Termine, Kosten und Technik sowie die damit verbundenen Risiken vorrangig das Projektmanagement beeinflussen. Für den Projektleiter sind die Termine, Kosten und Technik i.a. durch den Vertrag bzw. durch die eigene Unternehmensleitung vorgegeben. Die erfolgreiche Realisierung dieser Soll-Vorgaben, wobei

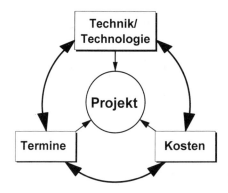

Bild 3–1. Projektrad (nach [3–1]).

Unterbietungen wünschenswert sind, ist die konkretisierte Zielstellung des Projektmanagements. Im verfahrenstechnischen Anlagenbau ist das Erreichen dieser Zielstellung meistens mit Unsicherheiten verbunden, wobei für ein Projekt eines bzw. mehrere der folgenden Risiken typisch sind [3–1]:

– Terminrisiko: Es existieren besondere Anforderungen an die zeitliche Abwicklung (z. B. kurzer Zeitraum).

– Kostenrisiko: Das Kostenvolumen, die Zahlungsbedingungen o. a. monetäre Bedingungen sind ungewöhnlich (z. B. erhebliche Preisnachlässe, ungünstige Kostenentwicklung oder Währungskurse).

– Technisches Risiko: Es handelt sich um eine neuartige Technologie und/oder Technik (z. B. direkte Maßstabsübertragung vom Labor in Großanlage oder Einsatz eines Entwicklungsmusters).

Beim Projektmanagement geht es um die erfolgreiche Bewältigung aller Risiken bei der Auftragsabwicklung, sprich Anlagenrealisierung.

Weitere Management-Schwerpunkte, die in den letzten Jahren beim Anlagenbau und -betrieb Aufmerksamkeit erlangten, werden durch die Begriffe Qualitätsmanagement [3–2], Sicherheitsmanagement [3–3] und Umweltmanagement [3–4] beschrieben.

Die Hauptschritte des Projektmanagements seien im folgenden kurz charakterisiert. Umfassende Ausführungen sind in [3–1 und 3–5 bis 3–9] zu finden.

1. Schritt: Aufbau der Projektorganisation

Im Anlagenbau hat sich die Matrix-Projektstruktur (s. Bild 3–2) bewährt. Sie ist gekennzeichnet durch eine Teilung der Weisungsbefugnisse zwischen Projektleiter und Fachabteilungsleiter.

Der Projektleiter ist gegenüber der Unternehmensleitung verantwortlich, daß die Projektziele erreicht werden. Ihm werden für die Projektabwicklung befristet Mitarbeiter aus den technischen und kaufmännischen Abteilungen fachlich zugeordnet. Wichtig ist dabei, daß die Aufgaben jedes Mitarbeiters zwischen Projekt- und Fachabteilung klar abgestimmt und als Arbeitsauftrag mit Funktionsbeschreibungen schriftlich formuliert und ausgehändigt werden. Der Projektleiter ist gegenüber dem Mitarbeiter entsprechend dem abgesteckten Rahmen während der Projektbearbeitung weisungsbefugt. Die waagerechten Funktionslinien auf Bild 3–2 kennzeichnen diese Projektverantwortung/-befugnisse des Projektleiters.

Der Fachabteilungsleiter bleibt der disziplinarische Vorgesetzte des Projektmitarbeiters und insbesondere für arbeitsrechtliche Fragen weiterhin zustän-

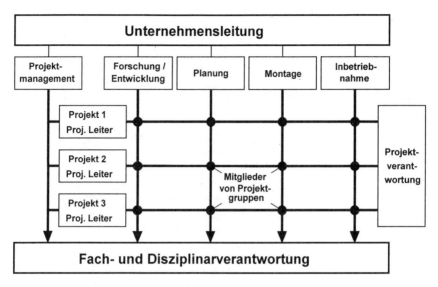

Bild 3–2. Matrixstruktur beim Projektmanagement.

dig. Gleichzeitig obliegt ihm die Bereitstellung von fachlichem Spezialwissen (z.B. Stoffdaten, Modellrechnungen, Werkstoffempfehlungen, gezielte Untersuchungsmethoden und -programme) für die Projektmitarbeiter. Die senkrechten Funktionslinien in Bild 3–2 verdeutlichen dies. Zusammenfassend gilt somit:

„Der Mitarbeiter wird in Abstimmung zwischen beiden Seiten zeitweise in ein Projektteam ausgeliehen. Dort muß er unter dem Projektleiter die ihm übertragenen Aufgaben möglichst gut erfüllen. Er untersteht im Rahmen dieser neuen Aufgabe dem neuen Chef.

Sein Arbeitsvertrag mit seinem bisherigen Chef bleibt weiterhin bestehen. Er kann sich in kritischen Fragen auch an diesen wenden und sich Rat holen.

Nach Beendigung seiner Arbeit im Projekt kehrt er in sein „Heimatteam" zurück."

Trotz dieser scheinbar problematischen Doppelunterstellung hat sich die Matrixorganisation aus folgenden Gründen als leistungsfähig erwiesen:

– Die Projekt- und Fachabteilungsleiter dienen dem gleichen Unternehmen. Sie sind beide zur Kooperation angehalten. Der Projektleiter könnte den Fachabteilungsleiter als Spezialist im Hintergrund bald wieder benötigen und der Fachabteilungsleiter könnte das nächste Projekt leiten.

Mögliche Differenzen treten relativ schnell zu Tage und müssen umgehend von der Unternehmensleitung geklärt werden.

– Die Sachzwänge, die vom Projekt ausgehen, sind im allgemeinen für alle Seiten sichtbar und überzeugend. Der Meinungsstreit wird fachbezogen geführt. Formelle Standpunkte lassen sich selten durchsetzen.

– Es wird einerseits projektspezifisch eine temporäre Struktur geschaffen, andererseits bleibt die stabilisierende, vertikale Linienstruktur im Unternehmen erhalten. Damit gelingt der Spagat zwischen Flexibilität und Stabilität bzw. zwischen Operativität und Kontinuität.

– Der Mitarbeiter akzeptiert i. a. beide Chefs. Den einen, weil er sein Disziplinarvorgesetzter ist und er früher oder später zu ihm zurückkommt, den anderen, weil er zusammen mit diesem vor Ort ist, dort die Notwendigkeiten selbst sieht und mit ihm gemeinsam Erfolg haben möchte.
Für das Inbetriebnahmemanagement, mit besonderer Atmosphäre und Brisanz auf der Baustelle, trifft dies verstärkt zu.

Weitere Grundformen der Projektorganisation sind neben der beschriebenen Matrixorganisation die *Linienorganisation* und die *Autonome Projektorganisation*. Der Verfasser konnte mit der letzten Form persönlich bei größeren und langfristigeren Projekten (Dauer: > 5 Jahre) Erfahrungen sammeln. Sie war einerseits in der Hauptphase sehr effektiv, andererseits gab es gegen Ende des Projektes, vor allem beim Auflösen des Teams, jedesmal erhebliche Probleme.

Zum Aufbau der Projektorganisation gehören neben seiner effizienten Strukturierung ferner:

– Die Besetzung der einzelnen Stellen einschließlich der Erarbeitung und Übergabe eines *schriftlichen Arbeitsauftrages* (sog. Projekt-Stellenbeschreibung).
Nach Projektende sollte jeder Stelleninhaber ein Projektabschlußzeugnis erhalten.

– Die Einrichtung des *Projektbüros* sowie der Aufbau der *Projektdokumentation* [3–10].
Die **Projektdokumentation**, die zunächst vom Projektleiter vorbereitet und eingerichtet werden muß und sich später zunehmend füllt, umfaßt alle Dokumente, die sich auf

● Anweisungen bzw. Richtlinien für die Projektdokumentation,
● technische und kommerzielle Abwicklungsgrundlagen,
● die Organisation und Koordinierung der Projektabwicklung,
● der Steuerung und Überwachung des Projektes,
● den externen und internen Schriftverkehr,
● Abwicklungsformalitäten u. ä.
beziehen.

– Die Gewährleistung des Informationsflusses und der Kommunikation im Projektteam.

Insgesamt muß die Projektorganisation eine effiziente Projektabwicklung entsprechend den Schwerpunkten lt. Tabelle 3–1 ermöglichen.

2. Schritt: Projektplanung

Die Projektplanung soll den Projektablauf bezüglich Aufgaben, Terminen, Kosten und Ressourcen festlegen. Dazu sind die notwendigen Planungsdokumente in Form von Projektstrukturplänen, Arbeitspaket-Erfassungsblättern, Mengengerüsten, Netzplänen, Balkendiagrammen, Tabellen, Kapazitätskurven u. a. zu erarbeiten.

Mit der Projektplanung wird das Projekt ausgehend vom Endziel in Teilziele zerlegt und für diese Soll-Bedingungen ermittelt.

Auf weitere Einzelheiten wird im Kapitel 3.5 eingegangen.

3. Schritt: Projektverfolgung

Im Verlauf der Projektabwicklung muß ständig der Ist-Zustand beobachtet, registriert, kontrolliert und überwacht werden. Dieser ist ständig mit den sachlichen, zeitlichen und finanziellen Zielvorgaben aus der Projektplanung zu vergleichen.

Die detaillierte Projektverfolgung erfolgt primär an der Basis. Bei festgestellten Abweichungen zwischen Ist und Soll muß reagiert werden. Dies kann eine sofortige konkrete Maßnahme vor Ort sein, es kann aber auch eine Berichterstattung an den Vorgesetzten sein.

Wichtige Aufgaben bei der Projektverfolgung sind:

– die Gewährleistung aussagekräftiger Informationen von unten nach oben,

– die selektive, schwerpunktorientierte Berichterstattung (z. B. bei Störungen),

– die Verdichtung und Veranschaulichung der Informationen (z. B. durch Nutzung der Rechentechnik, graphische Darstellungen),

– die besondere Verfolgung kritischer Vorgänge bzw. kritischer Schnittstellen.

Je besser der Ist-Zustand des Projektes bekannt ist, desto besser kann auf Zielabweichungen reagiert werden.

4. Schritt: Projektsteuerung

Die Projektsteuerung stellt die eigentliche aktive Komponente im kybernetischen Regelkreis des Projektmanagements dar. Ausgehend von einer

Tabelle 3–1. Die 6 Gebote des Projektmanagements (nach [3–1]).

1. Streng hierarchische Gliederung des Projektes
   - Projekt in maximal 5 Ebenen strukturieren
   - Struktur ist zugleich Ordnungsprinzip für Dokumente und Dokumentationen
   - Erarbeitung der Projektstruktur erfolgt in der Top-down Technik
   - Erfassung der Soll- und Istdaten erfolgt in Bottom-up Technik

2. Minimaler Aufwand für Projektleiter und -mitarbeiter
   - Berichte und Dokumente müssen leitergerecht sein
   - Projektbüro muß reibungslos funktionieren
   - Projektleiter muß Managementsoftware nutzen
   - Bedienung der Managementsoftware und die damit verbundenen Vorbereitungs-
     arbeiten dürfen 20 % der Arbeitszeit des Projektleiters nicht übersteigen
   - Zeitaufwand für einen Fortschrittsbericht sollte bei ca. 5 Minuten pro Vorgang
     liegen

3. Einfache Handhabung der Projektwerkzeuge (Soft- und Hardware)
   - Nichtspezialisten und Leiter müssen sie richtig und schnell nutzen können
   - weitere Gründe sind:
     „Einfache Bedienung wegen seltener Anwendung"
     „Einfache Bedienung zur Vermeidung hoher Schulungskosten"
     „Einfache Bedienung wegen schnell benötigter Unterlagen"
     „Einfache Bedienung senkt die Fehlerquote"

4. Streben nach Aktualität
   - Aktuelle und belastbare Informationen sind für die Projektsteuerung unbedingt
     nötig
   - Informationsverarbeitung muß wesentlich schneller sein als ihre Alterung
   - Fehler sind nur bei aktuellen Informationen schnell zu beheben
   - Informationen (Kosten, Termine) sollten arbeitspaketbezogen erfaßt werden

5. Frühzeitige Erkennung von Schwachstellen durch Trendanalysen
   - Trendanalysen (termin- und aufwandorientiert) lassen zukünftige Probleme früher
     erkennen
   - Istwerte fundiert analysieren und prognostizierende Trendaussagen ableiten
   - Negativen Trendanalysen muß mit Sofortmaßnahmen begegnet werden

6. Systematische Erfassung aller Störungen
   - Störungen im Projekt sind Abweichungen vom Ziel (Termine, Kosten, Technik)
   - Kein Projekt ist ohne Störungen
   - Systematische Aufzeichnungen erlauben eine Beseitigung der Ursachen und sind
     hilfreich gegenüber dem Kunden
   - Spezifikationsveränderungen und Nachforderungen des Kunden sind als mögliche
     Störungsursachen zu erfassen
   - Störungsstatistik dient nicht nur der Steuerung im laufenden Projekt, sondern auch
     den zukünftigen Projekten (aus Fehlern lernen)
   - Störungserfassung sollte im Rahmen der Fortschrittsberichte erfolgen
   - Wer Störungen nicht meldet, trägt für die Folgen die Verantwortung

Tabelle 3–2. Mögliche Maßnahmen zur Projektsteuerung (nach [3–1]).

1. Es wird die Anzahl der am gestörten Vorgang arbeitenden Mitarbeiter erhöht.
2. Die am gestörten Vorgang tätigen Mitarbeiter machen Überstunden.
3. Beschleunigung der Arbeiten durch parallele Fremdvergabe
4. Änderung der Arbeitsweise und -methodik
5. Änderung des Lösungskonzeptes
6. Änderung des Lastenheftes, also der Anforderungen durch den Kunden
7. Erhöhung der Qualifikation, Fertigkeiten u. ä. durch Schulung
8. Erhöhung der Motivation
9. Einsatz moderner Technik
10. Suche nach neuen Subunternehmern für Lieferungen und Leistungen
11. Auswechseln von Personal
12. Beseitigung der Störungsursachen

Analyse der eingetretenen Störung (Soll-Ist-Abweichung) werden extensive und/oder intensive Gegenmaßnahmen ergriffen (s. Tabelle 3–2).

Modernes Projektmanagement zeichnet dadurch aus, daß die Projektsteuerung als Hauptaufgabe verstanden wird. Man spricht vom zielorientierten Projektmanagement in Abgrenzung zum planungsorientierten.

Für das Inbetriebnahmemanagement, welches ein Teil des Projekt-(Abwicklungs-)managements darstellt, ist die Zielorientierung besonders wichtig, da

– die Inbetriebnahmephase dem Vertragsziel zeitlich am nächsten ist,
– die Inbetriebnahme den rechtsverbindlichen Soll-Ist-Zielnachweis des Projektes einschließt und
– während der Inbetriebnahme mit zahlreichen Projektstörungen (Unwägbarkeiten, Frühausfällen) gerechnet werden muß.

Die Fähigkeit, entschlossen und sachkundig auf Projektabweichungen während der Inbetriebnahme zu reagieren, zeichnet einen erfolgreichen Inbetriebnahmeleiter aus.

3.2 Inbetriebnahmekosten und Einsparpotentiale

Die Kosten für die Inbetriebnahme liegen im Bereich von 5 bis 20% der Investitionskosten [1–5, 2–4]. Für die Inbetriebnahme größerer Kraftwerke auf Kohlebasis sind beispielsweise allein Personalkosten von ca. 8% der Investitionskosten bekannt.

Nicht selten werden Finanzmittel, die während der Planung und/oder Montage mühsam gespart wurden, durch Verzögerungen bei der Inbetriebnahme wieder aufgebraucht.

Bevor die Inbetriebnahmekosten näher analysiert werden, sollen kurz einige der wenigen veröffentlichten Daten von Schwachstellenanalysen verfahrenstechnischer Anlagen angegeben werden.

Bild 3–3 zeigt die Ergebnisse einer Schwachstellenanalyse von Anlagen der chemischen Industrie. Die Gesamtanalyse belegt, daß über zwei Drittel der Ursachen in den Vorphasen der Produktion begründet sind. Die Angaben in [1–5 und 2–4], wonach Verzögerungen bei Inbetriebnahmen zu:

26–29%	durch Auslegungs- und Konstruktionsmängel,
56–61%	durch Versagen von Ausrüstungsteilen,
13–15%	durch Fehler des Bedienungspersonals

bewirkt sind, bestätigen im Grundsatz diese Aussagen.

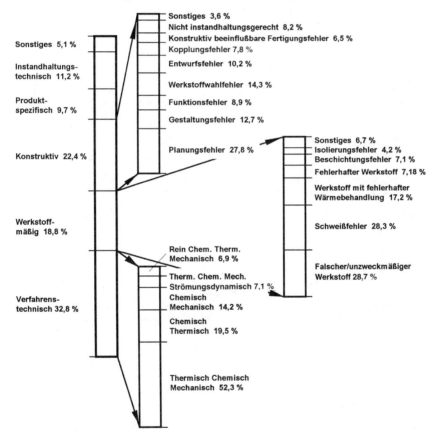

Bild 3–3. Prozentuale Verteilung wesentlicher Schwachstellenursachen von Chemieanlagen (nach [3–11]).

Aus diesen statistischen Daten wird gefolgert, daß die Schwachstellenbekämpfung vorrangig auf die Planung und Konstruktion sowie auf die Abnahme und Inbetriebnahme gerichtet sein muß und nur sekundär auf die Instandhaltung.

Betrachtet man die 5 bis 20 Prozent Inbetriebnahmekosten bezogen auf das Investment näher, so ist zunächst grundsätzlich zu fragen:

Wodurch entstehen vorrangig Kosten bei der Inbetriebnahme, und wodurch ergibt sich die große Bandbreite von ca. 5 bis 20%?

Die Kostenanalysen einer Vielzahl von Anlageninbetriebnahmen führen im Grundsatz zu folgenden Ergebnissen:

a) Inbetriebnahmekosten sind vorrangig *Material-, Energie-* und *Personalkosten.*

Während der Inbetriebnahme sind zahlreiche, gutbezahlte Leit- und Fachkräfte nahezu aller Vertragspartner auf der Baustelle.

Die Anlage arbeitet längere Zeit nicht bei Nennlastbedingungen (z.B. Teillast- oder Kreislaufbetrieb), d.h. nicht unter wirtschaftlichen Betriebsbedingungen.

Die erzeugten Produkte haben häufig Minderqualität und gestatten nur geringe Verkaufserlöse bzw. müssen teilweise sogar recycled werden.

b) Inbetriebnahmekosten sind stark vom *Neuheitsgrad* des *Verfahrens* und der *Anlage* abhängig.

Nach [1–5] gliedert sich der oben genannte Prozentsatz der Inbetriebnahmekosten wie folgt auf:

5–10%   für bewährte Verfahren,
10–15%   für relativ neue Verfahren,
15–20%   für völlig neue Verfahren.

Das heißt, der Innovationsgrad des in der Anlage realisierten Verfahrens beeinflußt entscheidend die Kosten. Dieser Sachverhalt ist objektiv gegeben und leicht nachzuvollziehen.

Natürlich wird man eine Anlage nach völlig neuem Verfahren wesentlich vorsichtiger, d.h. in kleineren Schritten bzw. Etappen und gegebenenfalls auch mit mehr Anfahrpersonal, in Betrieb nehmen. Damit sind höhere Kosten a priori gegeben.

Andererseits beinhalten Erstanlagen nach neuen Verfahren auch größere Risiken, die kostenverursachende Störungen, Änderungsarbeiten u.ä. verursachen können.

Trotz bewährter Verfahren können größere Risiken und damit Kosten auch dann entstehen, wenn gravierende Neuentwicklungen bei Ausrüstungen [3–12] bzw. bei der Anlagengestaltung vorgenommen werden. Beispiele sind:

- Einsatz einer großen, an Stelle mehrerer parallel geschalteter kleinerer Ausrüstungen,
- Einsatz von neuentwickelten Turbo-Verdichtern für bisher traditionelle Einsatzgebiete von Kolbenverdichtern,
- Einsatz neuer Ofenkonstruktionen sowie
- Realisierung eines neuartigen projekt- und standortspezifischen Anlagen-Layout oder veränderter örtlicher Kopplungen von Anlagenteilen.

c) Hauptursache für überhöhte Inbetriebnahmekosten sind Verzögerungen, Störungen und Schäden

Die These wird insbesondere durch Veröffentlichungen der Technischen Versicherer [3–13, 3–14] bestätigt.

Bild 3–4 zeigt eine Schadensanalyse von über 800 Schäden mit einer Schadenssumme von insgesamt mehr als 70 Mio. DM. Die Verteilung der Schäden auf die Anlagenkomponenten ist aus Bild 3–5 ersichtlich. Man erkennt, daß alle Komponenten einen signifikanten Anteil haben.

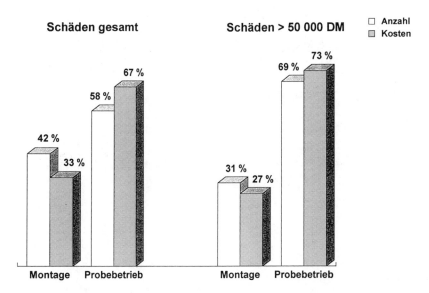

Bild 3–4. Schadensverteilung auf Montage- und Inbetriebnahmephase (nach [3–15]).

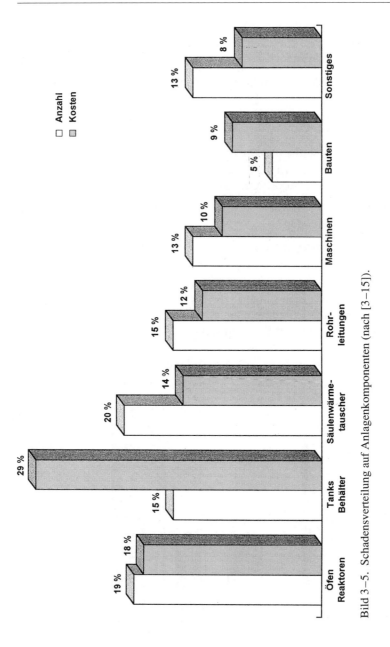

Bild 3–5. Schadensverteilung auf Anlagenkomponenten (nach [3–15]).

Wesentlich größer als der unmittelbare Sachschaden an den Anlagenkomponenten ist der resultierende Umsatzverlust (s. Tabelle 3–3).

Die angeführten Daten bestätigen das Sprichwort:

„Kleine Ursache – große Wirkung!"

Tabelle 3–3. Verhältnis von Umsatzverlust zu Sachschaden bei Inbetriebnahmeschäden von Chemieanlagen (nach [1–7]).

1. Einfluß des Ausfalls von Ausrüstungen

Ofen	20:1
Verdichter	30:1
Pumpen	60:1
Reaktoren	50:1
Kneter	100:1
Wärmeaustauscher	40:1
Extruder	70:1
Rohrleitungen	18:1
Transformatoren	40:1
Kolonnen	30:1
Armaturen	100:1
MSR-Einrichtungen	100:1
Turbinen	100:1

2. Einfluß der Schadensart

Ermüdungsbruch	18:1
mechanischer Abrieb	47:1
Korrosion	40:1
Kurzschluß/Erdschluß	50:1
thermische Überbeanspruchung	16:1
Mängel im Verfahren	30:1
Verstopfung	40:1
mechanische Überbeanspruchung	30:1
Dichtungsschäden	120:1

3. Einfluß der Schadensursache

Verstoß gegen Vorschriften	10:1
Unkenntnis	10:1
Bedienungsfehler	6:1
Konstruktionsfehler	20:1
Werkstoffehler	40:1
Instandhaltungsfehler	14:1
Fertigungsfehler	30:1
Energieausfall	40:1
Planungsfehler	200:1
fahrlässige Handlungen	10:1
Fehler bei Funktionsproben	15:1

Auf dem Gebiet der Maschinen- und Apparatetechnik sind in [3–12] systematische Betrachtungen zur Schadenskunde und Schadensforschung angeführt. Die Schadensverhütung bzw. -vermeidung zielt insbesondere auf eine vorbeugende und abgestimmte Einflußnahme in Konstruktion, Fertigung und Betrieb der Ausrüstungen.

Dabei müssen die verschiedenen Maßnahmen komplex und in ihrer Wechselwirkung und gegenseitigen Beeinflussung betrachtet werden.

Bei der Schadensanalyse und -bekämpfung in verfahrenstechnischen Anlagen spielen, im Unterschied zu fertigungs- und maschinentechnischen Anlagen, die verfahrens- und betriebsbedingten Beanspruchungen und Risiken eine wesentlich größere Rolle. Ferner ist der unmittelbare Maschinenschaden häufig nur ein Bruchteil des Gesamtschadens (s. Abschnitt 3.6).

Die Analyse zu den Inbetriebnahmekosten liefert zugleich auch die Ansatzpunkte zur Kosteneinsparung. Die wichtigsten sind in Tabelle 3–4 zusammengestellt.

Auf die meisten dieser Empfehlungen wird in separaten Abschnitten dieses Buches ausführlich eingegangen. Die folgenden Ausführungen beziehen sich deshalb nur auf solche Maßnahmen, die an anderer Stelle nicht näher betrachtet werden.

Die erste Maßnahme behandelt die Risikominimierung und -bewältigung während der Auftragsabwicklung, die bereits als Hauptziel des Projektmanagements definiert wurde. Dabei soll vorrangig das verfahrenstechnische Risiko (sog. **Verfahrensrisiko** – Eintrittswahrscheinlichkeit des Nichterreichens der vertraglich zugesagten Leistungsgarantien) betrachtet werden.

Die weltweite Wettbewerbssituation zwingt den Anlagenlieferanten und insbesondere auch den Verfahrensgeber, bei den Leistungsgarantien bis an die Grenzen des Vertretbaren zu gehen.

Im Bemühen, mit dem neuen Produkt zuerst und mit hohem Gewinn auf den Markt zu kommen, werden zeit- und kostenaufwendige Versuche im Pilot- und halbtechnischen Maßstab möglichst umgangen. Dies hat, trotz verstärkter Nutzung komplizierter mathematischer Modelle, in manchen Fällen ein größeres Risiko zur Folge.

Andere Trends, wie

– die zunehmende Komplexität von Anlagen,
– die erhöhten Anforderungen an die Reinheit der Produkte und Rohstoffe, die die Verfahren und Anlagen z. T. komplizierter und sensibler machen,

Tabelle 3–4. Maßnahmenkatalog zur Einsparung von Inbetriebnahmekosten

1. Ständiges Bemühen um Minimierung des bewußt eingegangenen Risikos im Verlauf der Auftragsabwicklung

2. Gewährleistung eines umfassenden Qualitätsmanagements in allen Phasen der Auftragsabwicklung

3. Rechtzeitige und ausreichende Beachtung der Inbetriebnahme während der Entwicklung und Planung

4. Erarbeitung einer projektbezogenen Inbetriebnahmedokumentation (als Teil der Anlagendokumentation) sowie detaillierter Betriebsanweisungen zur In- und Außerbetriebnahme (als Teil der Betriebsdokumentation bzw. des Betriebshandbuches)

5. Durchsetzung einer systematischen Inbetriebnahmevorbereitung während der Montage

6. Maximale Nutzung der Funktions- und Abnahmeprüfungen zur frühen Erkennung von Fehlern und Mängeln

7. Gewährleistung eines effizienten Inbetriebnahmemanagements

8. Festlegung und Einsatz eines erfahrenen und belastbaren Fachmannes als Inbetriebnahmeleiter und dessen Einsatz weit vor der eigentlichen Inbetriebnahme

9. Hohe Sachkenntnis, Flexibilität, Belastbarkeit u. ä. des Inbetriebnahmeteams

10. Möglichst umfassende Schulung und Einbeziehung des Betriebspersonals während der systematischen Inbetriebnahmevorbereitung

11. Realisierung kostensparender Fahrweisen während der Inbetriebnahme

12. Gewährleistung einer leistungsfähigen Instandhaltung sowie einer schnellen und sachkundigen Störungs-/Schadensanalyse und -bekämpfung

13. Gezielter Know-how-Gewinn während der Inbetriebnahme sowie Gewährleistung des Erfahrungsrückflusses aus bisherigen Inbetriebnahmen

14. Nutzung der Erfahrungen anderer

– der Druck auf die weitere Verkürzung der Bauzeit,

– die Internationalisierung des Anlagenbaues

erzeugen aus der Marktsituation heraus immer wieder neu bei allen Beteiligten eine Risikobereitschaft. Das gilt auch für das Verfahrensrisiko (VR), welches sich u. a. in den vorgenannten hohen Inbetriebnahmekosten von 5–20% der Investitionskosten äußert.

Das im Bild 3–6 dargestellte Verfahrensrisiko-Flußdiagramm soll veranschaulichen, daß in allen Phasen der Auftragsabwicklung dieses Verfahrensrisiko, welches vom Auftragnehmer, aber auch vom Auftraggeber bei der Unterzeichnung des „Anlagen-Liefervertrages" eingegangen wurde, gezielt minimiert werden muß. In der Praxis wird der mögliche Spielraum

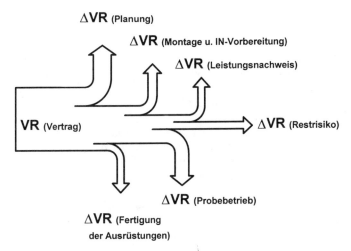

Bild 3–6. Verfahrensrisiko-Flußdiagramm während der Auftragsabwicklung.

für die Verringerung des Verfahrensrisikos nach Abschluß des Vertrages oft unterschätzt.

Als Beleg seien für mehrere Phasen der Auftragsabwicklung einige Abbaumöglichkeiten des Verfahrensrisikos (z.T. auch des Entwicklungsrisikos bei Ausrüstungen bzw. Gestaltungsrisikos bei Anlagen) aufgeführt.

Planungsphase

Die Ausarbeitung der Inbetriebnahmedokumentation muß sowohl mit der Zielstellung eines reibungslosen und schnellen Anfahrens als auch im Hinblick eines erfolgreichen Leistungsnachweises sowie sonstiger vertraglicher Verpflichtungen erfolgen. In diesem Sinne können z.B. Vorschriften zur Datenerfassung und -auswertung, das Ausschließen leistungsmindernder instationärer bzw. stationärer Betriebszustände und Parameter oder die Angabe alternativer Fahrweisen gezielt zur Risikominimierung genutzt werden.

Das Vorsehen zusätzlicher Meß- und Probenahmestutzen, um während der Inbetriebnahme bei Nichterreichen einzelner Garantiewerte zusätzliche Optionen zur Prozeßuntersuchung zu haben, wirkt gleichfalls risikominimierend.

Montage- und Inbetriebnahmephase

Der verhältnismäßig große Zeitraum zwischen Vertragsabschluß und Montage sowie eventuelle begleitende Untersuchungen zur Risikominimierung können dazu führen, daß beim Anlagenplaner/-bauer neue Erkenntnisse vorliegen, deren Anwendung das Risiko und damit u. U. die Inbetriebnahmekosten reduzieren.

Es ist zu entscheiden, was und wie die Erkenntnisse umgesetzt werden sollen. Kleinere Maßnahmen lassen sich häufig auf der Baustelle operativ klären, größere bedürfen der offiziellen Abstimmung. Im einzelnen hängt dies von der konkreten Situation bei der Vertragsrealisierung ab, wobei die Änderungskosten während der Montagephase 20 bis 60 Prozent niedriger sind als eventuelle spätere Änderungskosten während der Inbetriebnahme [3–16].

Betreffs der Inbetriebnahmevorbereitung seien die Qualifizierung des Personals sowie die Durchführung von Funktionsproben als wesentliche Möglichkeit des Risikoabbaus genannt.

Probebetriebsphase

Der Probebetrieb der Anlage liefert viele wissenschaftlich-technische Erkenntnisse zum Verfahren sowie zum Betrieb der Ausrüstungen und der Anlage.

Das Inbetriebnahmepersonal, gegebenenfalls unterstützt durch weitere Fachspezialisten, muß diese gezielt auswerten und zur Problemlösung, z. B. bei Abweichungen zwischen den Ist- und den Garantieparametern, nutzen.

Das Risiko bzgl. eines erfolgreichen Leistungsnachweises im anschließenden Garantieversuch kann somit verringert werden.

Unter Punkt 11 in Tabelle 3–4 wird die Realisierung kostensparender Fahrweisen während der Inbetriebnahme gefordert. Eine Lösung muß vorrangig bei der Ausarbeitung der Inbetriebnahmestrategie (s. Abschnitte 2.2.1 und 5.2.2) gefunden werden.

In Auswertung zahlreicher Inbetriebnahmen verfahrenstechnischer Anlagen werden dazu folgende Empfehlungen gegeben:

– Primat sollte eine stabile und zuverlässige Inbetriebnahme haben. Im Bewußtsein vorhandener technisch-technologischer Risiken, Ungewißheiten u. ä. gilt es klug abzuwägen und ohne Hast und Hektik folgerichtig einen Schritt nach dem anderen zu tun. Es ist Sachlichkeit und Pragmatismus nötig.

  These: „Lieber langsam, aber einmal – als schnell, aber mehrmals angefahren!"

– In vielen Anlagen fallen die Rohstoffkosten stark ins Gewicht. Ferner
  korrelieren die Energiekosten mit dem Durchsatz. Mit notwendigen Zwischenabstellungen muß man rechnen.
  These: „Anlage zunächst im stabilen Teillastbereich betreiben und „Kinderkrankheiten" beseitigen!"

– In produzierenden Anlagen beeinflußt der Verkaufserlös entscheidend die
  Wirtschaftlichkeit. Ferner werden zunehmend höhere Produktqualitäten
  gefordert, die zwangsläufig mit höheren Kosten zum „Sauberfahren"
  bzw. Einfahren der Anlage verbunden sind.
  These: „Die beste Inbetriebnahmestrategie ist i.a. diejenige, die am
  schnellsten zu qualitätsgerechten Endprodukten führt!"
  Hier gilt auch der Grundsatz, lieber etwas langsamer und zuverlässiger
  die Qualität „einfahren", als einen Qualitätseinbruch riskieren.

Abschließend zum Maßnahmenkatalog in Tabelle 3–4 wird auf ein neuarti-
ges Softwareprodukt namens INBERA (INbetriebnahme-BERAtungs-
system für verfahrenstechnische Anlagen) verwiesen [3–17].
INBERA enthält für die 4 Wissensgebiete

– Inbetriebnahmemanagement
– Beachtung der Inbetriebnahme während der Planung
– Inbetriebnahmevorbereitung während der Montage
– Durchführung der Inbetriebnahme

wichtige Fakten in Form von Hinweisen, Regeln, Normen und Erfahrungen,
die für eine effiziente Inbetriebnahme der unterschiedlichsten verfahrenstechnischen Anlagen wichtig sind (s. Bild 3–7).

Im Dialog mit dem Nutzer werden jeweils relevante Fakten selektiert
und in ansprechender Form präsentiert. Dabei ist die beratungsbezo-
gene Hilfe ebenso Bestandteil von INBERA, wie die Möglichkeit des individuellen Ergänzens und Dokumentierens durch Ausgabe mittels
Drucker.

Tabelle 3–5 enthält wesentliche Merkmale von INBERA.

Insgesamt wird das Kosteneinsparungspotential bei Anlageninbetriebnahmen als erheblich eingeschätzt. Der Schlüssel für eine erfolgreiche und
kostengünstige Inbetriebnahme liegt dabei in der Planung und Inbetriebnahmevorbereitung.

Bei der Inbetriebnahme von mehreren 1300 MW-Druckwasser-Reaktor-An-
lagen [3–18] wurde beispielsweise eine Verkürzung des Inbetriebnahmezeitraumes auf über 60 Prozent erreicht.

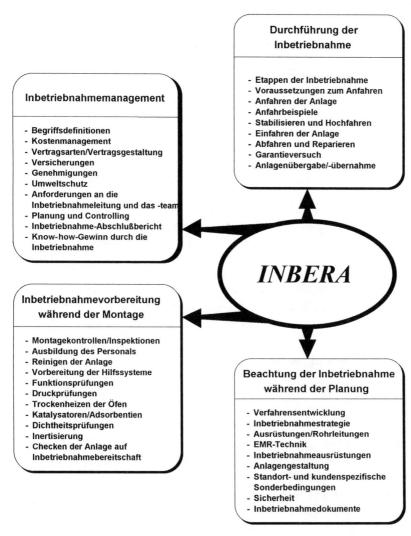

Durchführung der Inbetriebnahme

- Etappen der Inbetriebnahme
- Voraussetzungen zum Anfahren
- Anfahren der Anlage
- Anfahrbeispiele
- Stabilisieren und Hochfahren
- Einfahren der Anlage
- Abfahren und Reparieren
- Garantieversuch
- Anlagenübergabe/-übernahme

Inbetriebnahmemanagement

- Begriffsdefinitionen
- Kostenmanagement
- Vertragsarten/Vertragsgestaltung
- Versicherungen
- Genehmigungen
- Umweltschutz
- Anforderungen an die Inbetriebnahmeleitung und das -team
- Planung und Controlling
- Inbetriebnahme-Abschlußbericht
- Know-how-Gewinn durch die Inbetriebnahme

INBERA

Inbetriebnahmevorbereitung während der Montage

- Montagekontrollen/Inspektionen
- Ausbildung des Personals
- Reinigen der Anlage
- Vorbereitung der Hilfssysteme
- Funktionsprüfungen
- Druckprüfungen
- Trockenheizen der Öfen
- Katalysatoren/Adsorbentien
- Dichtheitsprüfungen
- Inertisierung
- Checken der Anlage auf Inbetriebnahmebereitschaft

Beachtung der Inbetriebnahme während der Planung

- Verfahrensentwicklung
- Inbetriebnahmestrategie
- Ausrüstungen/Rohrleitungen
- EMR-Technik
- Inbetriebnahmeausrüstungen
- Anlagengestaltung
- Standort- und kundenspezifische Sonderbedingungen
- Sicherheit
- Inbetriebnahmedokumente

Bild 3–7. Struktur und Wissensmodule von INBERA.

Eigene Erfahrungen mit der zeitlich gestaffelten Inbetriebnahme von 9 gleichartigen Anlagen (sog. Typenanlagen) besagen, daß die Inbetriebnahmedauer und annähernd proportional die Inbetriebnahmekosten bei den letzten Anlagen im Vergleich zur ersten Anlage nur $1/3$ bis $1/5$ betrugen.

Tabelle 3–5. Kurzcharakteristik von INBERA.

⇒ Anwendbarkeit auf die unterschiedlichsten verfahrenstechnischen Anlagen, wie sie z.B. in der Chemieindustrie, in Raffinerien, in der Kraftwerkstechnik, in der Umwelttechnik u.v.a. realisiert werden.

⇒ Allgemeingültige und spezifische Beratung durch eine einleitende, nutzerfreundliche, technologie- und ausrüstungsbezogene Anlagen- und Problemcharakterisierung.

⇒ Wissensumfang von 50 Wissensbasen, über 1500 Regeln sowie mehr als 500 Faktendateien aus den relevanten Fachgebieten.

⇒ Integration von gesetzlichen Vorschriften, Normen u.ä.

⇒ Möglichkeit der selektiven Beratung einschließlich des selbständigen Erkennens früherer Beratungen.

⇒ Leichte Handhabung mit einem gut ausgebauten Hilfesystem.

⇒ Automatische Erstellung eines Beratungsprotokolls.

⇒ Möglichkeit der individuellen Editierung und Druckausgabe des Beratungsprotokolls.

⇒ Dynamische Struktur, wodurch Aktualisierungen, Erweiterungen, spezielle Anwenderwünsche und dergleichen wesentlich erleichtert werden.

⇒ Lauffähigkeit auf Personalcomputer.

3.3 Vertragsgestaltung zur Inbetriebnahme

Einleitend zu diesem Kapitel sei zunächst festgestellt:

– Die Inbetriebnahme ist die letzte Etappe und die Stunde der Wahrheit bei der Vertragserfüllung im Rahmen der Projektabwicklung.

– Die Inbetriebnahme beinhaltet den Leistungsnachweis und die Abnahme als die rechtsverbindlichen Schwerpunkte bei der Vertragserfüllung. Die rechtliche Relevanz der Inbetriebnahme ist sehr hoch.

– Die Techniker und Naturwissenschaftler unterschätzen nicht selten die Bedeutung von rechtlich-vertraglichen Aspekten im allgemeinen und bei der Inbetriebnahme im besonderen.

Die vertraglichen Regelungen bezüglich der Inbetriebnahme können in Abhängigkeit von der betrachteten verfahrenstechnischen Anlage, von den jeweiligen vertragsschließenden Seiten, von der Marktsituation u.v.a. sehr verschiedenartig sein. Eine Generalisierung ist wegen dieser spezifischen Sachlage weder machbar noch sinnvoll.

Eine rechtliche Systematisierung von Verträgen ist nach BGB in Abhängigkeit vom Schuldverhältnis zwischen Gläubiger (Auftraggeber) und Schuldner (Auftragnehmer) möglich [3–19]. Für den Anlagenbau und speziell die Inbetriebnahme sind der *Werkvertrag*, der *Kaufvertrag* und der *Dienstvertrag* bedeutungsvoll.

Durch den Werkvertrag wird der Auftragnehmer zur Herstellung des versprochenen Werkes, z. B. dem vereinbarten Bau und der Inbetriebnahme einer Anlage, sowie der Auftraggeber zur Entrichtung der vereinbarten Vergütung verpflichtet. Konkret steht im BGB, § 633:

„Der Unternehmer ist verpflichtet, das Werk so herzustellen, daß es die zugesicherten Eigenschaften hat und nicht mit Fehlern behaftet ist, die den Wert oder die Tauglichkeit zu den gewöhnlichen oder dem nach dem Vertrage vorausgesetzten Gebrauch aufheben oder mindern."

Bei Nichterfüllung des Werkvertrages seitens des Auftragnehmers, indem er zum Beispiel gegebene Garantieversprechen während des Garantie- bzw. Abnahmeversuches nicht eingehalten hat, resultieren Forderungen des Auftraggebers.

Diese können u. a. sein:

– Beseitigung des Mangels (Nachbesserung),
– Herabsetzung der Vergütung (Minderung),
– Rückgängigmachung des Vertrages (Wandlung),
– Schadenersatz wegen Nichterfüllung des Vertrages,
– Sanktionen wegen Terminverzug.

Der Kaufvertrag verpflichtet den Verkäufer, den Kaufgegenstand an den Käufer zu übergeben und zu übereignen. Gleichzeitig wird der Käufer verpflichtet, den Kaufgegenstand abzunehmen und den vereinbarten Kaufpreis zu zahlen. Zur Gewährleistung wegen Mängeln des Verkaufsgegenstandes wird im BGB, § 459 vorgegeben:

„(1) Der Verkäufer einer Sache haftet dem Käufer dafür, daß sie zu der Zeit, zu welcher die Gefahr auf den Käufer übergeht, nicht mit Fehlern behaftet ist, die den Wert oder die Tauglichkeit zu den gewöhnlichen oder dem nach dem Vertrage vorausgesetzten Gebrauch aufheben oder mindern.
Eine unerhebliche Minderung des Wertes oder der Tauglichkeit kommt nicht in Betracht.

(2) Der Verkäufer haftet auch dafür, daß die Sache zur Zeit des Überganges der Gefahr die zugesicherten Eigenschaften hat."

Die möglichen Forderungen bei Nichterfüllung des Kaufvertrages durch den Verkäufer sind analog zum Werkvertrag. Sie können auch dann erhoben werden, wenn keine schuldhafte Vertragsverletzung durch den Verkäufer vorliegt.

Gegenüber dem Werk- bzw. Kaufvertrag weist der Dienstvertrag gravierende Unterschiede auf. Er ist nach BGB, § 611 wie folgt definiert:

„(1) Durch den Dienstvertrag wird derjenige, welcher Dienste zusagt, zur Leistung der versprochenen Dienste, der andere Teil zur Gewährung der vereinbarten Vergütung verpflichtet.

(2) Gegenstand des Dienstvertrages können Dienste jeder Art sein.“

Der Dienstvertrag ist der klassische Vertrag zwischen einem Arbeitgeber und einem nichtselbständigen Arbeitnehmer, kann aber auch vom Arbeitgeber mit einem Selbständigen, z.B. einem freiberuflichen Ingenieurberater, abgeschlossen werden.

Ein Anspruch auf Schadenersatz wegen Nichterfüllung des Dienstvertrages besteht nur bei einer schuldhaften Vertragsverletzung, d.h. im Unterschied zum Werk- und Kaufvertrag muß ein kausaler Zusammenhang gegeben sein.

Bei nichtselbständigen Arbeitnehmern sind unter bestimmten Bedingungen weitere Haftungsbeschränkungen gegeben [3–20].

Die Verträge bzw. Vertragsbestandteile zur Inbetriebnahme lassen sich überwiegend in eine der drei vorgenannten juristischen Vertragsformen einordnen. Bei Rechtsfragen bzw. -streitigkeiten ist eine solch rechtliche Klarstellung auch dringend erforderlich.

Andererseits hat es sich im Maschinen- und Anlagenbau als zweckmäßig erwiesen, die *Vertragsarten* in Abhängigkeit vom Vertragsgegenstand/ -umfang zu systematisieren. Damit spiegelt sich die vertragliche Leistung auch in der Vertragsbezeichnung wider.

Die folgenden Ausführungen zu einigen typischen Vertragsarten beziehen sich auf einige Wesensmerkmale dieser Verträge und stellen eine vereinfachte Untergliederung nach dem Leistungsumfang des Auftragnehmers dar. Auf spezielle Vertragsarten sowie auf Mischformen wird nicht eingegangen.

3.3.1 Generalvertrag

Beim Generalvertrag (turnkey contract) verpflichtet sich der Auftragnehmer gegenüber dem Auftraggeber, eine funktionstüchtige (schlüsselfertige) Industrieanlage gegen Zahlung eines Pauschal- bzw. Festpreises zu errichten [3–21, 3–22].

Es existiert somit eine einheitliche und umfassende Leistungsverpflichtung des Auftragnehmers, die beinhaltet:

– Engineering einschließlich Basic Design,

– Fertigung und Lieferung der Komponenten zur Baustelle,

– Montage und Inbetriebnahme.

Das vollständige Muster eines Generalvertrages zur Erstellung einer schlüsselfertigen Industrieanlage ist von der UNIDO unter der Bezeichnung „Unido Model Form of Turnkey Lump Sum Contract for the Construction of a Fertilizer Plant" [3–23] erarbeitet worden. In [3–22] ist dieser Modellvertrag im Umfang von 146 Buchseiten gleichfalls abgedruckt und wird im Detail kommentiert und diskutiert.

Tabelle 3–6 zeigt den grundsätzlichen Aufbau eines Generalvertrages, wie er im wesentlichen auch für Exportlieferverträge [3–24] und Montageverträge [1–4] gilt.

Tabelle 3–6. Musteraufbau eine Generalvertrages.

1. Formale Vertragsbestimmungen
   1.1 Präambel (Vertragsabschluß/Vertragsparteien)
   1.2 Inkrafttreten des Vertrages
   1.3 Bestandteile des Vertrages
   1.4 Vertragssprache
   1.5 Vertragsänderungen

2. Vertragsgegenstand
   2.1 Lieferungs- und Leistungsgegenstand (Engineering, Lieferung, Montage, Inbetriebnahme u.a.)
   2.2 Lieferungs- und Leistungsausschlüsse
   2.3 Mitwirkungspflichten des Auftraggebers (Genehmigungen, Lieferungen, Leistungen u.a.)
   2.4 Preisstellung
   2.5 Preisausschlüsse
   2.6 Preis- und Kursgleitklauseln

3. Zahlung und Sicherheiten
   3.1 Zahlungsbedingungen/Bankgarantien
   3.2 Sicherheiten/Bankgarantien
   3.3 Zinsen
   3.4 Zahlungsverzug

4. Leistungsgrenzen, Erfüllung und Fristen
   4.1 Gefahrenübergang, Erfüllungsort
   4.2 Liefer- und Leistungsfristen
   4.3 Lieferungs- und Leistungsverzug (Vertragsstrafen, Pönalien)
   4.4 Höhere Gewalt, unvorhersehbare Ereignisse
   4.5 Abnahme/Leistungsnachweis

Tabelle 3–6 (Fortsetzung)

---

5. Garantien und Haftung
   5.1 Garantie und Gewährleistung (Vertragsstrafen, Pönalien)
   5.2 Haftung (Vertragsstrafen, Pönalien)
   5.3 Beseitigung von Mängeln
   5.4 Patente und Lizenzen

6. Nebenbestimmungen
   6.1 Steuern, Zölle und Abgaben
   6.2 Versicherungen
   6.3 Angewandtes Recht und Schiedsgerichtsverfahren
   6.4 Gültige Lieferbestimmungen, nationale Bestimmungen u. ä.
   6.5 Rücktrittsrechte, Vertragskündigung

7. Unterschriften, Beglaubigungen, Legalisierungen usw.

Neben der Errichtung einer schlüsselfertigen Anlage werden die Generalverträge in den letzten Jahren zunehmend um weitere Leistungen erweitert, wie z. B.:

– die Vergabe bzw. Vermittlung von Lizenzen, die technisch-technologische Assistenz und Schulung während des Dauerbetriebes,

– die Übergabe einer technisch und kommerziell in voller Leistung fahrenden Produktionsanlage,

– Gestellung des Managements und/oder Betrieb der Anlage nach Übergabe für einen vereinbarten Zeitraum,

– Übernahme und Garantie für Kundendienst- und Ersatzversorgung über einen längeren Zeitraum,

– Dokumentation und Auswertung zum Dauerbetrieb der Anlage,

– Bezahlung der Anlage durch Übernahme des Verkaufs der Erzeugnisse der Anlage (Kompensation), ggf. mit Aufbau der hierzu benötigten Vertriebsorganisation.

Diese Erweiterungen, die insbesondere beim Anlagenexport zunehmen, bewirken i. a. größere Risiken und stellen höhere Anforderungen an das Projektmanagement.

Der Nachweis der vertraglich fixierten Garantieversprechen stellt die Hauptpflicht des Auftragnehmers im Generalvertrag dar. Die Leistungen und Ergebnisse der Inbetriebnahme beeinflussen deshalb sehr wesentlich den Inhalt und die Erfüllung des Generalvertrages.

Eine Checkliste wichtiger inbetriebnahmerelevanter Fragen, die im Generalvertrag möglichst exakt zu beantworten sind, ist in Tabelle 3–7 angeführt.

Tabelle 3–7. Checkliste zur Beachtung der Inbetriebnahme im Generalvertrag.

1. Grundsätzliches
   1.1 Ist der Gegenstand der Inbetriebnahme eindeutig formuliert?
   1.2 Sind die Ziele der Inbetriebnahme (Termine, Leistungen, Qualität, Funktionstüchtigkeit u. a.) umfassend und eindeutig formuliert?
   1.3 Sind die Aufgaben/Leistungen von Auftraggeber und Auftragnehmer klar abgegrenzt sowie exakt und vollständig vereinbart?
   1.4 Sind die Leistungsgrenzen und eventuellen Leistungsausschlüsse vertraglich geregelt?
   1.5 Sind Verantwortung und Befugnisse der Vertragspartner in Vorbereitung und Durchführung der Inbetriebnahme klar vereinbart?
   1.6 Sind die Konsequenzen bzw. Maßnahmen bei Nichterfüllung vereinbarter Leistungen/Termine klar geregelt?
   1.7 Wurde die Regelung von Streitigkeiten (geltendes Recht, Schiedsgericht, Gerichtsstand) vertraglich vereinbart?
   1.8 Gibt es Aussagen bei Nichterfüllung wegen höherer Gewalt?
   1.9 Sind der Eigentums- und Gefahrenübergang eindeutig geregelt?
   1.10 Sind die Preise und Zahlungsbedingungen (z. B. Verrechnung als Investition bzw. als Betriebsausgabe) für die Leistungen zur Inbetriebnahme vereinbart?

2. Inbetriebnahmevorbereitung
   2.1 Ist die Erstellung der Inbetriebnahmeunterlagen (Inbetriebnahmedokumentation, Betriebshandbuch, Bedienungsvorschriften/-anleitungen) ausreichend vereinbart?
   2.2 Wird die Erarbeitung spezieller Programme für die Funktionsprüfungen, die Druckprüfungen u. a. Abnahmeprüfungen sowie für die Inbetriebnahme (Probebetrieb und Garantieversuch) für erforderlich betrachtet und wurden diese ggf. vereinbart?
   2.3 Sind Abnahmeprüfungen ausgewählter Ausrüstungen (z. B. Pumpen, Verdichter) nach ihrer Montage (aber noch vor Montageende der Gesamtanlage) vorgesehen und inhaltlich bzw. verantwortungsseitig klar geregelt?
   2.4 Ist eine ausreichende Inbetriebnahmeausbildung des Betreiberpersonals vereinbart?
   2.5 Sind die Mitwirkungspflichten des Auftraggebers (z. B. Beistellung von Bedienungs-, Reparatur-, Laborpersonal oder Bereitschaft von Feuerwehr) inhaltlich, rechtlich und finanziell ausreichend vereinbart?
   2.6 Sind die haftungsrechtlichen Fragen, z. B. wenn aus Fehlern des mitwirkenden Betreiberpersonals zusätzliche Kosten resultieren, klar geregelt?
   2.7 Sind Aufgaben, Verantwortung und Befugnisse zum Gesundheits-, Arbeits- und Brandschutz exakt formuliert?
   2.8 Ist die Bereitstellung und Bezahlung der Stoffe und Energien (z. B. für Funktions- und Druckprüfungen oder zum Reinigen) sowie die Entsorgung der Produkte und Abprodukte umfassend vereinbart?

3. Probebetrieb (als 1. Hauptetappe der Inbetriebnahme)
   3.1 Sind klare Aussagen (inhaltlich, terminlich, rechtlich u. a.) zum Übergang vom Montageende zum Beginn der Inbetriebnahme getroffen?
   3.2 Ist geregelt, daß Verzögerungen beim Übergang vom Montageende zur Inbetriebnahme, die der Auftraggeber zu vertreten hat, nicht zu Lasten des Auftragnehmers gehen?

Tabelle 3–7 (Fortsetzung)

3.3 Ist die Finanzierung des Probebetriebes (z. B. Personal-, Material-, Energie-, Reparatur- und Entsorgungskosten) exakt vereinbart?

3.4 Ist eine Vereinbarung zur Dauer des Probebetriebes (minimal und/oder maximal) sinnvoll und ggf. erfolgt?

3.5 Sind zusätzliche Untersuchungen (Meßfahrten) zum gezielten Know-how-Gewinn vorgesehen und ggf. ausreichend (inhaltlich, rechtlich, finanziell, organisatorisch) vereinbart?

3.6 Analog zu 2.5. bis 2.8.

4. Garantieversuch mit Leistungsnachweis (als 2. Hauptetappe der Inbetriebnahme)

4.1 Sind die Befugnisse und Voraussetzungen betreffs der Anmeldung und des Beginns des Garantieversuches eindeutig vertraglich geregelt?

4.2 Ist die Vereinbarung eines gesonderten Leistungsnachweisprogrammes sinnvoll?

4.3 Sind die vom Auftraggeber zu erbringenden Voraussetzungen/Mitwirkungen exakt formuliert?

4.4 Sind die vom Auftragnehmer lt. Vertrag nachzuweisenden Garantieparameter (-werte) einschließlich der Bestimmungsmethoden exakt und vollständig aufgeführt?

4.5 Ist exakt nachvollziehbar vereinbart, wie während des Garantieversuches die Werte der Garantiegrößen ermittelt werden (z. B. Art und Weise der Meßwerterfassung, -mittlung und -paraphierung)?

4.6 Sind die Modalitäten zur Wiederholung des Garantieversuches (sowohl bei Verschulden des Auftragnehmers als auch bei Verschulden des Auftraggebers) exakt und umfassend geregelt?

4.7 Sind vertragliche Regelungen getroffen, wenn der letzte zulässige Leistungsnachweis nicht erfolgreich ist und der Auftragnehmer die Verantwortung trägt?

4.8 Ist gewährleistet, daß dem Auftragnehmer kein Nachteil entsteht, wenn der Auftraggeber für den nicht erfolgreichen bzw. nicht möglichen Leistungsnachweis verantwortlich ist?

4.9 Sind die Voraussetzungen und Pflichten zur Abnahme der Anlage einschließlich möglicher Sonderregelungen wie
– vorläufige und endgültige Abnahme,
– Teilabnahme,
– Abnahme durch konkluentes Handeln,
– Abnahme bei Vereinbarung von Preisminderung u. ä.,
– Verhältnis von Abnahme und Restmängeln,
– unberechtigte Abnahmeverweigerung und Abnahmefiktion,
– Verhältnis von Abnahme und Mitwirkungspflicht des Auftraggebers,
– vorfristige Abnahme im gegenseitigen Einvernehmen
umfassend und exakt vereinbart?

4.10 Analog zu 2.5. bis 2.8.

4.11 Sind die Rechte und Pflichten beider Vertragspartner im Garantiezeitraum nach Übergabe/Übernahme der Anlage ausreichend geregelt?

Ein „Checken" dieser Fragestellungen erscheint darüber hinaus auch bei anderen Vertragsarten ratsam.

Der **Garantieversuch** einschließlich **Leistungsnachweis** sowie die nachfolgenden **Abnahme** der Anlage (in Verbindung mit der Verhandlung und Unterzeichnung des Abnahme- bzw. Übergabe/Übernahme-Protokolls) besitzen während der Inbetriebnahme eine zentrale Bedeutung. Zu dieser Thematik deshalb noch einige detailliertere Ausführungen.

Da die wesentlichsten Qualitätsmerkmale der zu errichtenden verfahrenstechnischen Anlage durch den Auftragnehmer in Form der Leistungsgarantien zugesichert werden, stellen die Leistungsnachweise die wichtigsten und mitunter auch einzigen Abnahmeprüfungen dar. Folglich ist beiden Vertragspartnern sehr an ihrer sorgfältigen, die jeweiligen Interessen sichernden vertraglichen bzw. protokollarischen Ausgestaltung gelegen.

Der Auftraggeber trachtet insbesondere danach, die Durchführung von umfassenden und anspruchsvollen Leistungsnachweisen zu sichern, und zwar insbesondere durch eine Verlängerung ihrer Dauer sowie die Vereinbarung konkreter Vorbedingungen für deren Beginn.

So versucht er häufig, den Beginn der Garantieversuche von seiner Zustimmung abhängig zu machen. Auf diese Weise könnte er dann die Beseitigung von Restmängeln zur Vorbedingung machen und sich darüber hinaus über einen Zustand der Anlage vergewissern, welcher die Durchführung von repräsentativen Leistungsnachweisen ermöglicht.

Der Auftragnehmer möchte andererseits vertraglich sicherstellen, daß der Beginn des Garantie- bzw. Abnahmeversuches seiner alleinigen Entscheidung obliegt. Damit kann er den für ihn günstigsten Zeitpunkt wählen und Verzögerungen vermeiden. Letzteres kann relevant sein, wenn ein Leistungsnachweis nicht erfolgreich war und innerhalb des vertraglich vereinbarten Inbetriebnahmezeitraumes wiederholt werden muß.

Ein für beide Partner akzeptabler Kompromiß wäre, wenn der Beginn des Garantieversuches an konkrete, vertraglich vereinbarte Voraussetzungen gebunden wird.

Tabelle 3–8 enthält ein Beispiel für eine mögliche Regelung im Vertrag.

Neben den Vereinbarungen zum Beginn des Garantieversuches haben insbesondere die Möglichkeiten und Konsequenzen bei einem nicht erfolgreichen Leistungsnachweis erhebliche rechtliche sowie vertragliche Bedeutung. Grundsätzlich sollten die vertraglichen Regelungen so wirken, daß das Hauptziel (Hauptleistung) des Vertrages letztlich erreicht wird, d. h. zunächst eine Nachbesserung statt einer Minderung oder eine Ver-

Tabelle 3–8. Mögliche Vertragsformulierungen zum Beginn des Garantieversuches im Generalvertrag (Praxisbeispiel).

---

(1) Das Programm für die Durchführung des Garantieversuches mit Leistungsnachweis wird vom Verkäufer vor Beginn der Inbetriebnahme vorgelegt. Die Abstimmung des Programmes wird zwischen Verkäufer und Käufer innerhalb von 4 Wochen nach Beginn der Inbetriebnahme durchgeführt.

(2) Der Verkäufer benachrichtigt den Käufer schriftlich über den Beginn des Nachweises der garantierten Kennziffern nach § … dieses Vertrages.
   Die Durchführung des Nachweises der garantierten Kennziffern wird spätestens 3 Tage nach Eingang der obigen Benachrichtigung des Verkäufers begonnen. Das Datum des Beginns der Durchführung des Nachweises der garantierten Kennziffern wird durch ein Protokoll zwischen Käufer und Verkäufer festgelegt.

Eine übliche Praxis ist auch, daß in Vorbereitung des Leistungsnachweises sog. Prüfungen für den Garantienachweis vereinbart werden. Sie sollen die Betriebsfähigkeit der Ausrüstungen sowie die Bereitschaft der Anlage zum Garantieversuch mit Leistungsnachweis belegen. Sind die vereinbarten Prüfungen erfolgreich, kann der Leistungsnachweis durch den Verkäufer angemeldet werden.

---

tragsstrafe statt einem Rücktritt vom Vertrag vorgesehen wird (s. auch Beispiel 5–6).

Eng in Verbindung mit dem Leistungsnachweis steht die Abnahme der Anlage. Für die im Anlagenbau häufig anzutreffende Rechtsform des Werkvertrages regelt dazu das BGB:

„§ 640 (1) Der Besteller ist verpflichtet, das vertragsmäßig hergestellte Werk abzunehmen, sofern nicht nach der Beschaffenheit des Werkes die Abnahme ausgeschlossen ist.

§ 641 (1) Die Vergütung ist bei Abnahme des Werkes zu entrichten."

Im Anlagenbau bedeutet dieses Recht in den meisten Fällen, daß nach Erbringen des vertraglich vereinbarten Leistungsnachweises der Käufer die Anlage abnehmen muß. Gleichzeitig muß er diese Leistung, z.B. als vereinbarte Rate, dem Verkäufer bezahlen.

Einschränkungen sind dann gegeben, wenn die Abnahme nicht als einheitlicher Abnahmeakt, sondern zeitlich differenziert erfolgt. Es wird dann von einer vorläufigen und endgültigen Abnahme gesprochen. Die vorläufige Abnahme entspricht dabei im wesentlichen der Abnahme nach erfolgreichem Leistungsnachweis, und die endgültige Abnahme erfolgt in der Regel mit Ablauf der mechanischen Garantie. Zum Teil wird sie auch an das Ende einer Einlaufkurve u.ä. gelegt. Wichtig ist, daß die Vertragsbedingungen für die endgültige Abnahme eindeutig formuliert sind.

Insgesamt führt die stufenweise Abnahme im allgemeinen zu einer Verkomplizierung und Erschwerung der Erfüllungsphase des Generalvertrages. Im weiteren soll deshalb stets von einer kompletten Abnahme nach erfolgreichem Leistungsnachweis ausgegangen werden.

Wie bereits erwähnt, ist nach deutschem Recht der Käufer im allgemeinen verpflichtet, die Anlage abzunehmen, wenn sie vertragsgemäß errichtet und ein vereinbarter Leistungsnachweis mit Erfolg durchgeführt wurde sowie keine wesentlichen Mängel bestehen, die ihre bestimmungsgemäße Nutzung beeinträchtigen bzw. behindern.

Im internationalen Recht sowie im nationalen Recht anderer Staaten sind der Begriff der Abnahme und die damit verbundenen Inhalte, Rechtsfolgen u.a. teilweise unterschiedlich geregelt. Deshalb ist es, insbesondere bei internationalen Anlagenverträgen, sehr ratsam, wenn die Details zur Abnahme ausführlich vertraglich vereinbart werden. Das heißt, die *Voraussetzungen*, der *Inhalt*, der *Ablauf* und die *Rechtsfolgen* der **Abnahme** müssen aus dem Text des Generalvertrages erkennbar sein. Somit werden die meistens sehr kurzen gesetzlichen Abnahmeregelungen näher ausgestaltet und zugleich eine einheitliche Rechtsbasis zwischen Käufer und Verkäufer zu diesen Fragen hergestellt. Tabelle 3–9 enthält ein Beispiel.

Tabelle 3–9. Mögliche Vertragsformulierungen zur Abnahme (Übergabe/Übernahme) im Generalvertrag (Praxisbeispiel).

---

(1) Die Anlage wird vom Verkäufer übergeben und vom Käufer übernommen, wenn die während des Nachweises der Garantiekennziffern erzielten Werte den in § … dieses Vertrages genannten entsprechen oder sich innerhalb der gemäß § … des vorliegenden Vertrages genannten Toleranzen befinden.
Hierüber ist innerhalb von 3 Tagen nach Beendigung des Leistungsnachweises ein Übergabe/Übernahme-Protokoll gemäß § … anzufertigen.

(2) Die Übergabe/Übernahme hat auch zu erfolgen, wenn die vereinbarten Werte der Garantiekennziffern erreicht werden, aber begründete Beanstandungen des Käufers bestehen.
In diesem Fall sind im Übergabe/Übernahme-Protokoll gemäß § … die Beanstandungen des Käufers zu nennen und Maßnahmen zu deren Behebung zu vereinbaren.

Abschließend zur Thematik der Anlagenabnahme sei noch auf die erheblichen Rechtsfolgen verwiesen, die mit der Abnahme verbunden sind bzw. sein können.

Zunächst resultiert aus der Abnahme per Gesetz, daß der Käufer die Leistung des Verkäufers als im wesentlichen vertragsgemäß anerkennt. Ferner kann die

Abnahme, entweder abgeleitet aus dem anzuwendenden Recht bzw. laut vertraglicher Vereinbarung auch die folgenden Rechtsfolgen bewirken:

– Mit der Abnahme gilt im allgemeinen eine vereinbarte Leistungsgarantie als erbracht.

– Nach der Abnahme stehen dem Käufer bezüglich der Qualität der Leistung des Verkäufers nur noch Garantie- bzw. Gewährleistunganprüche zu.
Aus dem bisherigen Erfüllungsanspruch wird somit ein Mängelbeseitigungsanspruch (sofern eine Mängelhaftung des Verkäufers nach der Abnahme fortbesteht).

– Mit erfolgter Abnahme ändert sich die Beweislast.

– Während vor der Abnahme der Verkäufer die Vertragsgemäßheit der Anlage beweisen muß, sind Mängel nach der Abnahme durch den Käufer zu beweisen.
Zum Beispiel muß der Käufer dann das Bestehen des Mangels während des Garantiezeitraumes bzw. zum Zeitpunkt des Gefahrenüberganges belegen.

– Der Abnahmetermin kann u. U. für die vertragsgemäße Terminerfüllung wichtig sein.
Eine vertragliche Fixierung des Abnahmetermins ist jedoch im allgemeinen nicht zweckmäßig, da seine Erfüllung nur partiell durch den Verkäufer zu beeinflussen ist. Besser ist es, wenn der Endtermin des Leistungsnachweises sowie eine maximale Zeitdauer (z. B. 3 Tage) zwischen diesem und dem Abnahmetermin vereinbart wird.

– Mit der Abnahme wechselt beim Generalvertrag meistens die Verantwortung für die Anlage vom Verkäufer auf den Käufer über. Man spricht vom sogenannten Verantwortungsübergang.

– Der Zeitpunkt der Abnahme kann als spätester Zeitpunkt für den Beginn von Garantie- und/oder Gewährleistungsfristen gelten. Üblicher und begründeter ist es, wenn der Beginn derartiger Fristen, z. B. für die mechanische Garantie der Ausrüstungen oder die Lebensdauergarantie von Katalysatoren, an den Inbetriebnahmebeginn gekoppelt werden.

– Das Abnahmeprotokoll stellt häufig ein zahlungsauslösendes Dokument dar. Die Abnahme gibt somit dem Verkäufer das Recht zur Rechnungslegung (z. B. für eine vereinbarte Rate des Anlagenpreises oder für Kreditzinsen).

– Mit der Abnahme kann der Gefahrenübergang verbunden sein, sofern dieser nicht bereits zu einem früheren Zeitpunkt vereinbart und erfolgt ist (z. B. nach Lieferung der Ausrüstungen oder nach Montage der Anlage).

– Mit der Abnahme der Anlage und der anschließenden Zahlung der vereinbarten Vergütung ist häufig ein Eigentumsübergang verbunden.

Die vertraglichen Regelungen zur Abnahme (Übergabe/Übernahme), die während der Inbetriebnahme erfolgreich zu meistern sind, stellen einen Schwerpunkt des Generalvertrages dar [3–25].

Für die nachfolgenden Vertragsarten gilt dies analog.

Nach diesen juristischen und vertraglichen Gesichtspunkten seien anschließend noch einige Ausführungen zu personellen und finanziellen Fragen bezüglich der Inbetriebnahmeleistungen im Generalvertrag angefügt.

Bei größeren Engineering-/Anlagenbaufirmen nehmen im allgemeinen deren Planungs- bzw. Ingenieurabteilungen die Führungs- sowie die Fachaufgaben bei der Inbetriebnahme war. Zum Teil gibt es auch spezielle Inbetriebnahmeabteilungen.

Die Spezialisten eigener Fachabteilungen und/oder von Subunternehmen werden aufgabenspezifisch und meistens nur zeitweilig herangezogen.

Kleinere Firmen des Anlagenbaues, die nicht über ausreichend Spezialisten verfügen bzw. sich häufende Arbeitsanforderungen schlechter ausgleichen können, binden in Vorbereitung und Durchführung der Inbetriebnahme nicht selten Ingenieurbüros oder Ingenieurberater. Das heißt, innerhalb der Erfüllung des Generalvertrages kommt es zu Mitwirkungsverträgen mit Subunternehmen.

Im Sinne einer klaren und durchgängigen Verantwortungsregelung gegenüber dem Käufer sollte aber der Anlagenbauer (Generalunternehmer) als juristische Person die Gesamtleitung der Projektabwicklung einschließlich der Vorbereitung und Durchführung der Inbetriebnahme wahrnehmen.

Die Leistungen für die Anlageninbetriebnahme sind meistens im Generalvertrag sowie im vereinbarten Pauschal- bzw. Festpreis eingeschlossen. Bei größeren Anlagen, mit Inbetriebnahmezeiträumen von 3 Monaten und darüber, beträgt der Teilpreis für Inbetriebnahmearbeiten ca. 6–12 % des Gesamtpreises. Dabei resultiert dieser Teilpreis vorrangig aus den Personalkosten für das Inbetriebnahmepersonal des Verkäufers. Die Kosten für die Bereitstellung von Materialien und Energien sowie die Entsorgung von Abprodukten u. v. a., die häufig auch vom Käufer außerhalb des Generalvertrages übernommen werden, ergeben sich noch zusätzlich.

3.3.2 Engineeringvertrag

Die Rechtsform des Engineeringvertrages (engineering contract) ist der Werkvertrag.

Der **Engineeringvertrag** beinhaltet im allgemeinen das Erbringen der Planungsleistungen sowie das Projektmanagement einschließlich des Inbetriebnahmemanagements.

Typische Engineeringverträge sind solche, die auf Grundlage der Honorarordnung für Architekten und Ingenieure (HOAI) [3–26] im Bauwesen abgeschlossen werden, wobei folgende Bemerkungen notwendig erscheinen:

- Engineeringverträge nach HOAI trennen konsequent zwischen den Planungs- und Realisierungsleistungen. Dies wiederum hängt eng mit der vorgeschriebenen Auftragsvergabe durch die öffentliche Hand auf dem Weg der Ausschreibung zusammen.
- Die Inbetriebnahmeleistungen werden überwiegend als Teilleistung bei der Realisierung verstanden und mit an die Montagefirma vergeben. Das Planungsbüro führt im Rahmen der Bauüberwachung u. U. Kontrollmaßnahmen durch und nimmt die Leistung fachlich ab.
- Die Preisbildung für Ingenieurleistungen nach HOAI erfolgt überwiegend als Prozentsatz von der Investsumme für die technische Ausrüstung/Anlage (sog. anrechenbare Kosten), wobei der Schwierigkeitsgrad an Hand von 3 verschiedenen Honorarzonen berücksichtigt wird.

Sind die Planungsleistungen im Bauwesen sehr stark durch den Architekten und Bauingenieur geprägt, so dominieren bei der Planung verfahrenstechnischer Anlagen die Verfahrenstechniker und Maschinenbauer. Dies ist im wesentlich stärkeren Prozeßcharakter verfahrenstechnischer Anlagen im Vergleich zu bau- bzw. haustechnischen Anlagen begründet.

Gravierenden Einfluß auf die Gestaltung und Realisierung von Engineeringverträgen haben die Eigentumsverhältnisse zum Verfahren [2–4], d.h. ob die Engineeringfirmen, der Kunde selbst oder ein dritter Partner der Verfahrensgeber ist. Letztlich hängt damit zusammen, wer die i. a. risikobehafteten verfahrenstechnischen Garantien (sog. Leistungsgarantien) erbringen muß.

Eine Zusammenstellung möglicher Ingenieuraufgaben, die im Rahmen von Engineeringverträgen komplett oder partiell vereinbart werden können, enthält Tabelle 3–10.

Tabelle 3–10. Mögliche Leistungen des Auftragnehmers im Engineeringvertrag.

---

1 Vorplanungs- und Planungsphase

    1.1 Erarbeitung bzw. Mitwirkung an einer Vorstudie (feasibility study) zur Erarbeitung grundlegender Ziele, Bedingungen und Aufgaben der vorgesehenen Anlageninvestition.

    1.2 Erarbeitung bzw. Mitwirkung an einer technischen Aufgabenstellung bzw. Anfragespezifikation für die Anlageninvestition.

Tabelle 3–10 (Fortsetzung)

1.3 Erarbeitung der projektspezifischen Verfahrensunterlagen (Basic Design).
 – Leistung ist gegeben, wenn Ingenieurunternehmen auch Verfahrensgeber sind.
 – Ingenieurunternehmen haftet als Planer zugleich für die Einhaltung der Verfahrensgarantien während der Inbetriebnahme.

1.4 Gesamtentwurf der Anlage sowie Erarbeitung der fachspezifischen Aufgabenstellung für die Ausführungsplanung (Basic Engineering).
 – Im allgemeinen ist es zweckmäßig, das Basic Engineering insgesamt von einem Ingenieurunternehmen erarbeiten zu lassen.
 – Die Ergebnisse des Basic Engineering ermöglichen eine fundierte Kosten- und Wirtschaftlichkeitsbetrachtung der beabsichtigten Anlageninvestitionen.

1.5 Mitwirkung bei der Erarbeitung von Unterlagen zur Investitionsentscheidung.

1.6 Mitarbeit an der Dokumentation zum Genehmigungsantrag sowie am Genehmigungsverfahren (Behördenengineering).
 – Bedingt durch die zunehmende Komplexität und Kompliziertheit der Genehmigungsunterlagen hat sich diese Aufgabe zu einer spezifischen Ingenieurleistung herausgebildet. Dies gilt insbesondere für verfahrenstechnische Anlagen, die Sicherheitsanalysen erfordern.

1.7 Wahrnehmung aller bzw. einzelner Fachplanungsfunktionen bei der Ausführungsplanung (Detail Engineering).
 – Größere Ingenieurunternehmen führen das Detail-Engineering häufig komplett aus, kleinere binden für einzelne Fachplanungen spezialisierte Ingenieurbüros.
 – Die Durchgängigkeit der Garantien im Engineeringvertrag mit dem Anlageninvestor wird von derartigen Unteraufträgen im allgemeinen nicht berührt.
 – Mitunter werden Fachplanungsleistungen auch in Verbindung mit der Lieferung und Montage der entsprechenden Ausrüstungen bzw. Teilanlagen vergeben.
 – Die o.g. Leistung beinhaltet auch die Erarbeitung der Inbetriebnahmedokumentation.

2 Liefer- und Montagephase

2.1 Ausarbeitung der Ausschreibungsunterlagen/Anfragespezifikationen zur Realisierung der Gesamtanlage bzw. einzelner Arbeitspakete/Lose.

2.2 Mitwirkung beim Angebotsvergleich sowie bei der Auftragsvergabe.
 – Das Ingenieurunternehmen tritt als Berater des Investors auf, der die Realisierungsleistungen außerhalb des Engineeringvertrages über separate Liefer- und Montageverträge direkt bindet. Das Ingenieurunternehmen trägt somit keine Haftung bei Lieferverzug (Sanktionen bzw. Verzugsstrafe) und bei Nichterfüllung der mechanischen Garantien).

2.3 Durchführung von Montagekontrollen und Inspektionen (z.B. nach Fertigung der Ausrüstungen in der Werkstatt oder nach der Montage auf der Baustelle) bezüglich einer planungsgerechten Ausführung.

2.4 Mitwirkung beim Controlling während der Anlagenrealisierung.

2.5 Ausbildung des Leit-, Bedienungs- und Fachpersonals des Betreibers.

Tabelle 3–10 (Fortsetzung)

2.6 Bildung und Leitung des Inbetriebnahmeteams gegen Ende der Montagephase (Beginn der Inbetriebnahmevorbereitung auf der Baustelle).

2.7 Mitarbeit an Funktionsprüfungen, Probeläufen, Druckprüfungen u. a. inbetriebnahmevorbereitenden Arbeiten.

2.8 Überprüfung der Anlage auf Inbetriebnahmebereitschaft sowie Mitwirkung bei der Erstellung des Montageendprotokolls.

3 Inbetriebnahmephase

3.1 Stellen des Inbetriebnahmeleiters sowie notwendiger Inbetriebnahmeingenieure.

3.2 Planung, Leitung und verantwortliche Durchführung der Inbetriebnahme einschließlich Controlling (Inbetriebnahmemanagement).

3.3 Verantwortliche Durchführung des Garantieversuches und Nachweis der Leistungsgarantien.

3.4 Revision der Anlagendokumentation (As-built-Dokumentation) entsprechend dem aktuellen Stand.

3.5 Verantwortliche Mitarbeit als Verkäufer bei den Übergabe/Übernahmeverhandlungen sowie bei der Ausarbeitung und Unterzeichnung des Abnahmeprotokolls.

Die Haftungsregelungen bezüglich des Nachweises der Leistungsgarantien sind beim Engineeringvertrag analog zum Generalvertrag [3–27].

Haftungsausschlüsse bestehen im allgemeinen bei Nichterreichen der mechanischen Garantien sowie bei Lieferverzug. Zu diesen Risiken muß sich der Anlageninvestor im Liefer- bzw. Montagevertrag absichern.

Die Preisbildung für die Ingenieurleistungen in Engineeringverträgen kann sehr unterschiedlich sein. Wichtige Preisformen sind der Festpreis (fix price) sowie der Kostenerstattungspreis (open-cost contract) [1–4].

Im Unterschied zum Generalvertrag sei abschließend festgestellt:

Da neben dem Engineeringvertrag noch weitere Verträge (z. B. Liefer- und Montageverträge) im Rahmen der gesamten Anlagenrealisierung bestehen, ist eine exakte juristische und inhaltliche Formulierung und Abgrenzung der verschiedenen Leistungen und Garantien notwendig.

3.3.3 Montage- und/oder Inbetriebnahmevertrag

Beim *klassischen Montagevertrag* überträgt der Auftraggeber (Investor, Generalunternehmer, Konsorte, Ingenieurbüro) einem Montageunternehmen den Auftrag, den Zusammenbau der beigestellten Maschinen und Apparate durchzuführen sowie die Anlage zu errichten.

Möglich ist auch, daß die Ausrüstungen nicht vom Auftraggeber beigestellt, sondern vom Auftragnehmer innerhalb eines *Liefer- und Montagevertrages* mit verkauft werden.

Der Montagevertrag endet im wesentlichen mit Unterzeichnung des Montagendprotokolls (Abnahme der vertragsgemäßen Montageleistung). Bei der anschließenden Inbetriebnahme erfolgt gegebenenfalls eine eingeschränkte Mitwirkung des Montageunternehmens.

Trotz dieser relativ klaren vertraglichen Schnittstelle zwischen Montage und Inbetriebnahme obliegen dem Montageunternehmen eine Vielzahl wichtiger Handlungen im Sinne der Inbetriebnahmevorbereitung, wie z. B.:

– Druckprüfungen der Ausrüstungen und Rohrleitungen,
– Funktionsprüfungen der EMR-Technik einschließlich der Sicherheitseinrichtungen und des Prozeßleitsystems,
– Probeläufe bis hin zu Abnahmeversuchen an Maschinen.

Derartige inbetriebnahmevorbereitende Handlungen stellen im allgemeinen Leistungsnachweise des Montageunternehmens im Rahmen des Montagevertrages dar (s. auch Tabelle 4–7).

Anders liegen die Verhältnisse beim *kombinierten Montage- und Inbetriebnahmevertrag.*

Bei dieser Vertragsart ist neben der Montage auch die komplette Anlageninbetriebnahme bis hin zur Übergabe/Übernahme als vertragsgemäße Leistung vereinbart.

Die kombinierte Vertragsart wird beispielsweise dann angewandt, wenn die Anlagen vorrangig aus Einzelausrüstungen bestehen, die nur wenig über Energie- und Stoffströme (z. B. mittels Rohrleitungen) miteinander gekoppelt sind. Solche Anlagen mit wenig Prozeßcharakter sind in der verfahrenstechnischen Industrie relativ selten. Entsprechendes gilt für den kombinierten Montage- und Inbetriebnahmevertrag.

Mitunter kann es auch zweckmäßig sein, die Inbetriebnahmeleistungen aus den anderen Verträgen (z. B. Engineeringverträgen) auszuklammern und getrennt in einem *Inbetriebnahmevertrag* (im Sinne eines Werkvertrages) zu vereinbaren. Für eine solche Eigenständigkeit können z. B. spezifische Zahlungs- und Verrechnungsmodalitäten während der Inbetriebnahme sprechen. Auch bei der Inbetriebnahme von Typenanlagen kann eine Vergabe der Inbetriebnahmeleistung an Fremdfirmen im Rahmen eines Inbetriebnahmevertrages zweckmäßig sein.

3.3.4 Beratervertrag

Der Beratervertrag wird zwischen einem Auftraggeber und einem Berater geschlossen und hat die entgeltliche Erbringung von kaufmännisch-betrieblichen Beratungsleistungen *(Management Consulting)* oder von ingenieurwissenschaftlich-technischen Beratungsleistungen *(Consulting Engineering)* zum Gegenstand [3–28].

Beim Consulting Engineering wird allgemein zwischen *Projektengineering* einerseits sowie *Beratungs- und Gutachtenengineering* andererseits unterschieden [3–29].

Das **Projektengineering** beinhaltet die beratende Mitarbeit bei der Planung und Errichtung größerer Anlagen, Bauwerke u. ä. Es kann sowohl eine ganzheitliche Mitarbeit während der Abwicklungsphase (z.B. im Auftrag des Investors) als auch eine spezielle, zeitweilige Mitwirkung des Beraters betreffen.

Die beratende Tätigkeit in Vorbereitung und Durchführung von Inbetriebnahmen läßt sich dem Projektengineering zuordnen. Die Beratungsempfänger können z.B. das Generalunternehmen, die Engineering- und Montageunternehmen sowie der Investor der verfahrenstechnischen Anlage sein.

Einige konkrete Aufgaben bei der Inbetriebnahmeberatung soll das Beispiel in Tabelle 3–11 verdeutlichen.

In die Kategorie des Projektengineering lassen sich auch die *Montage- und Inbetriebnahme-Überwachungsverträge* einordnen. Sie finden Anwendung, wenn der Lieferant der Maschinen und Ausrüstungen nicht selbst die Montage und Inbetriebnahme durchführt. In diesem Fall kann zusätzlich zum Montage- bzw. Inbetriebnahmevertrag ein entsprechender Überwachungsvertrag zwischen dem Lieferanten und dem Montageunternehmen bzw. Investor abgeschlossen werden. Man spricht zum Teil auch von Chefmontage- bzw. Chefinbetriebnahmeverträgen, wenn der Berater gravierenden Einfluß hat.

Der Anlagenexport, insbesondere in Entwicklungsländer, erfolgt häufig in Verbindung mit Montageüberwachungsverträgen. Dadurch nutzen diese Länder einerseits das Know-how der Lieferfirmen und verringern andererseits die Kosten, indem sie einheimische Unternehmen mit der Montage beauftragen. Inbetriebnahme-Überwachungsverträge sind bei verfahrenstechnischen Anlagen selten, da die Inbetriebnahme der gelieferten und montierten Anlage fast immer als Leistung des Auftragnehmers im General- bzw. Engineeringvertrag vereinbart ist.

Tabelle 3–11. Auszug aus einem Inbetriebnahme-Beratervertrag zwischen einem Generalunternehmen und einem unabhängigen Ingenieurbüro.

---

§ 3 Leistungen

(1) Das Ingenieurbüro erbringt im Rahmen des Vertrages (als Nachauftragnehmer des Generalunternehmens) die folgenden Leistungen:

a) Erarbeitung anlagenspezifischer Anforderungskataloge für die Planung und Montage der betreffenden Anlagen zur Sicherung einer inbetriebnahmegerechten Planung und Montage dieser Anlagen.

b) Erarbeitung von Dokumentationen zur Inbetriebnahme und Außerbetriebnahme der betreffenden Anlagen.
(Inhalt und Umfang der Dokumentationen werden objektspezifisch im Rahmen von Projektmemoranden vereinbart.)

c) Mitwirkung bei der Erarbeitung und Begutachtung von sonstigen Planungsunterlagen sowie bei Inspektionen, Fertigungs- und Montagekontrollen.

d) Durchführung von Ausbildung in Vorbereitung der Inbetriebnahme.
(Inhalt, Umfang und Teilnehmerkreis sind objektspezifisch in Projektmemoranden zu vereinbaren.)

e) Mitwirkung bei der Durchführung von Druckprüfungen, Probeläufen und Funktionsprüfungen sowie bei der Erarbeitung des Montageendprotokolles.

f) Checken der Anlage bezüglich notwendiger Voraussetzungen zum Beginn der Inbetriebnahme.

g) Vorbereitung, technisch-technologische Leitung und Durchführung der Inbetriebnahme einschließlich Leistungsnachweis bis zur Übergabe/Übernahme der Anlage.

h) Erarbeitung von Resümee-Berichten zu den Anlageninbetriebnahmen zur Sicherung des Know-how-Rückflusses.

(2) Das Generalunternehmen übernimmt als juristische Person gegenüber dem Anlagenkäufer die Gesamtleitung der Projektabwicklung einschließlich der Vorbereitung und Durchführung der Inbetriebnahme. Es bindet zur Erfüllung der fachlichen Aufgaben entsprechend § 3, Absatz 1 das Ingenieurbüro.

Das *Beratungs- und Gutachtenengineering* soll Entscheidungsgrundlagen vorbereiten und Empfehlungen für die Entscheidungsfindung geben.

Typische Beispiele sind die Erarbeitung von Durchführbarkeitsstudien (feasibility studies) sowie die Fachberatung bei Ausschreibungsverfahren. Auch betreffs der Inbetriebnahme verfahrenstechnischer Anlagen sind spezifische Beratungsleistungen, z.B. Begutachtung der Inbetriebnahmedokumentation oder beratende Mitwirkung im Inbetriebnahmeteam, üblich und nützlich.

Im Unterschied zum Projektengineering sind die Beratungsleistungen bei dieser Form auf Teilprobleme beschränkt. Der Berater bleibt sozusagen in der 2. Reihe.

Beraterverträge werden von Fall zu Fall von den Vertragspartnern individuell ausgehandelt, wobei Empfehlungen und Checklisten der nationalen und internationalen Berufsverbände [3–29, 3–30] durchaus hilfreich sind. Schwerpunkte bei den Vertragsverhandlungen bilden der Vertragsgegenstand, die Vergütungs- und Haftungsregelungen und die Mitwirkungspflichten des Auftraggebers.

Da nahezu jeder Beratervertrag individuell ausgehandelt wird, spielen die allgemeinen rechtlichen Regelungen (z. B. ob es nach BGB ein Werk- oder Dienstvertrag ist) keine so große Rolle.

Die Vergütung erfolgt häufig als Zeithonorar (z. B. Währungseinheit pro Manntag oder Mannmonat) oder als Pauschalhonorar, welches ähnlich zur HOAI als Prozentsatz der Investsumme ermittelt wird. Zum Teil werden auch einzeln bzw. zusätzlich Erfolgshonorare vereinbart, die vom Ergebnis der Beratungsleistung (z. B. Einhaltung des Kostenlimits für die Inbetriebnahme) abhängen.

Zur Haftung kann es in Beraterverträgen sehr unterschiedliche Regelungen geben. Grundsätzlich wird der Berater bestrebt sein, lediglich die Erbringung einer Beratungsdienstleistung zum Vertragsinhalt zu machen (sog. dienstvertragliche Rechtsnatur), um jede Erfolgshaftung auszuschließen. Umgekehrt ist dem Auftraggeber daran gelegen, eine Art Erfolgsgarantie vom Berater (sog. werkvertragliche Rechtsnatur), zumindest eine Haftung für die Mangelfreiheit der Beratungsleistung, im Vertrag zu erreichen [3–28].

Beim Consulting Engineering und speziell beim Inbetriebnahme-Beratervertrag sind für den Berater häufig Garantien bezüglich:

– der Beachtung des Standes der Technik einschließlich der anerkannten technischen Regeln (z. B. bei Mitwirkung während der Planung),

– der Fehlerfreiheit und Richtigkeit seines Arbeitsergebnisses (z. B. eines Gutachtens),

– der Gewährleistung einer planungs- und genehmigungsgerechten sowie mängelfreien Ausführung

besonders relevant.

3.4 Inbetriebnahmeleiter und -team

3.4.1 Inbetriebnahmeleiter

Eine zentrale Bedeutung kommt der Person des **Inbetriebnahmeleiters** (Synonym: Anfahrleiter, Leiter des Anfahrstabes) zu. Er wird bei verfahrenstechnischen Anlagen häufig durch ein Ingenieurbüro oder durch die Ingenieur-/Inbetriebnahmeabteilung des Generalunternehmers gestellt.

Ist das Verfahren neu oder sehr kompliziert, und besitzen die o. g. Verantwortungsträger noch wenig Erfahrungen, so kann es zweckmäßig sein, wenn der Verfahrensgeber den Inbetriebnahmeleiter stellt. Bei Erstanlagen nach diesem Verfahren sollte eine solche Variante stets geprüft werden.

Der Inbetriebnahmeleiter untersteht i. a. dem Projektleiter. Bei kleinen Projekten leitet der Projektleiter persönlich vor Ort die Inbetriebnahme.

Der Inbetriebnahmeleiter hat gegenüber dem Projektleiter bzw. der Unternehmensleitung die Zielverantwortung für die vertragsgemäße Inbetriebnahme. Er ist ferner der erste Ansprechpartner des Kunden vor Ort sowie zugleich Chef und „Baustellenvater" für seine Mitarbeiter.

Die Tätigkeit auf der Baustelle, nicht selten weit weg vom Stammhaus, verlangt vom Inbetriebnahmeleiter einerseits eigenverantwortlich Entscheidungen, rechtzeitiges und entschlossenes Handeln sowie Autorität und Durchsetzungsvermögen, andererseits sind aber auch Kompromißfähigkeit, Kontaktfreudigkeit, Teamgeist und Fingerspitzengefühl bei der Mitarbeiterführung gefragt.

Insgesamt ist das Anforderungsprofil an den Inbetriebnahmeleiter sehr anspruchsvoll (s. Tabelle 3–12).

Tabelle 3–12. Anforderungsprofil an den Inbetriebnahmeleiter.

1. Fachliche Fähigkeiten und Fertigkeiten
   - technisch-technologischer Fachmann mit Erfahrungen im Anlagenbau/-betrieb sowie bei der Inbetriebnahme
   - fundiertes Wissen zum Aufbau und den örtlichen Gegebenheiten in der Anlage
   - grundlegendes Wissen zum Verfahren sowie zur Konstruktion und Funktionsweise der Hauptausrüstungen einschließlich ihrer Instandhaltung
   - Erfahrungen und Sachwissen zum Projektmanagement (Planung, kaufmännische Abwicklung, Controlling) sowie zur Vertragsgestaltung und -realisierung
   - Fähigkeiten zur Organisation und Steuerung von Arbeitsabläufen
   - Erfahrungen in der Zusammenarbeit mit Kunden sowie in der Mitarbeiterführung (Verhandlungs- und Führungsgeschick)
   - Kenntnisse über Land, Sprache, Kunden u. a. projektspezifische Bedingungen

Tabelle 3–12 (Fortsetzung)

2. Persönliche und soziale Eigenschaften und Merkmale
   – Fähigkeiten des analytischen Denkens und Blick für das Wesentliche
   – fleißig und initiativ sowie umsichtig und zuverlässig aber nicht ängstlich und penibel
   – ehrlich und offen, unkompliziert und kritisch aber nicht verletzend und nachtragend
   – kreativ aber auch aufgeschlossen für neue Ideen anderer
   – hohe physische und psychische Belastbarkeit sowie selbst stabilisierend und nicht hektisch bei Überlastung
   – stabiler Charakter auch bei längerer Abwesenheit von Familie und Heimat
   – Durchsetzungs- und Entscheidungsvermögen aber auch Integrations- und Kompromißfähigkeit
   – Akzeptanz der notwendigen außerfachlichen (kommerziellen, administrativen, organisatorischen, rechtlichen) Aufgaben sowie Kostenbewußtsein

Ergänzend werden in Tabelle 3–13 einige Verhaltenstips für den Inbetriebnahmeleiter vorgeschlagen. Sie beziehen sich sowohl auf den Umgang mit den Kunden als auch mit den eigenen Mitarbeitern.

Tabelle 3–13. Verhaltenstips an den Inbetriebnahmeleiter.

1. Machen Sie keine Zusagen, die sie nicht halten können.
   These: „Ein unzufriedener Kunde schadet mehr als 10 zufriedene nützen!"
2. Lehnen Sie Forderungen, die Sie nicht erfüllen können oder wollen, definitiv ab.
   These: „Die Stärke einer Persönlichkeit zeigt sich nicht in der Offensive, sondern in der Defensive!"
3. Seien Sie ehrlich und gebrauchen Sie Notlügen wirklich nur in der Not.
   These: „Man weiß nicht alles, man sagt nicht alles aber man lügt nie!"
4. Begründen Sie Ihre Entscheidungen möglichst nachvollziehbar für die Betroffenen.
   These: „Eine akzeptierte Entscheidung wirkt zugleich motivierend und stabilisierend!"
5. Erkennen und lösen Sie Probleme möglichst frühzeitig und vollständig.
   These: „Ungelöste oder verdrängte Probleme kommen verstärkt immer wieder hervor – meistens zum ungünstigen Zeitpunkt und aus einer unerwarteten Richtung!"
6. Konzentrieren Sie sich auf das Wesentliche, ohne das Unwesentliche zu sehr zu vernachlässigen.
   These: „Wer alles für gleich wichtig hält, schafft wenig!"
   These: „Man sollte im grundsätzlichen prinzipiell aber im einzelnen tolerant sein!"
7. Denken Sie bei heutigen Entscheidungen auch an morgen, und wahren Sie stets die Verhältnismäßigkeit der Mittel.
   These: „Heute haben Sie die guten Karten – morgen vielleicht der andere!"
8. Sind Sie hart in der Sache, aber respektierend im Verhalten sowie freundlich im Ton.
   These: „Sie wollen noch viel mehr Geschäfte miteinander machen!"
9. Versetzen Sie sich bei Verhandlungen in die Lage Ihres Partners.
   These: „Verhandeln heißt, tragfähige Kompromisse vorzuschlagen!"
10. Bringen Sie Vorleistungen auf dem Gebiet der „Atmosphäre".
    These: „Wir sind alle nur Menschen!"

Den Idealtyp des Inbetriebnahmeleiters, der alle Bedingungen erfüllt, gibt es nicht. Man kann sich diese Fähigkeiten und Eigenschaften auch nicht durch eine Fach- oder Hochschulausbildung aneignen. Sie erscheint lediglich eine wichtige Voraussetzung dafür. Vorteilhaft ist es, wenn junge Fachkräfte, die geeignete persönliche Eigenschaften erkennen lassen, über eine:

– Tätigkeit in einer Ingenieurabteilung bzw. im Betrieb sowie durch
– Mitwirkung in einem Projekt- und Inbetriebnahmeteam

an die Aufgaben des Inbetriebnahmeleiters (auch Baustellenleiters) schrittweise herangeführt werden. Die Anforderungssituation auf der Baustelle und insbesondere während der Inbetriebnahme kann man nur sehr begrenzt „zu Haus" simulieren und trainieren. Der zukünftige Inbetriebnahmeleiter muß sich im Einsatz vor Ort beweisen und herausbilden.

Eine mitunter geäußerte extreme Position, die vom Verfasser in dieser Absolutheit nicht geteilt wird, lautet: „Geeignete Projektleute macht man nicht, die findet man!"

3.4.2 Inbetriebnahmeteam

Analog zum Projektmanagement (s. Abschnitt 3.1) gehört zu den ersten Aufgaben des Inbetriebnahmeleiters der Aufbau der Inbetriebnahmeorganisation. Dies umfaßt vorrangig:

– die detaillierte Festlegung der Struktur des Inbetriebnahmeteams (Organigramm),
– die Erstellung von organisatorisch-administrativen Arbeitsunterlagen,
– die Einrichtung eines Büros für den Inbetriebnahmeleiter sowie von Arbeitsplätzen für die Teammitglieder,
– die schrittweise Besetzung der Stellen im Team und die Herstellung der notwendigen, anforderungsgerechten Arbeitsfähigkeit des gesamten Inbetriebnahmeteams,
– die Wahrnehmung der Kooperationspflichten gegenüber den Vertragspartnern, insbesondere zur Montageleitung und zum Betreiber.

Wie dies im einzelnen erfolgen muß, ist von Fall zu Fall verschieden. Wesentliche Einflußbedingungen sind:

– der Umfang der Risiken bei der Inbetriebnahme,
– die vertraglich vereinbarte Verantwortungs- und Aufgabenteilung zwischen den Partnern,
– der Art und Größe der Anlage,

– die Vorkenntnisse und Erfahrungen der beteiligten Partner und Personen sowie

– der globale Standort (In-/Ausland; geltende Gesetze).

Eine für zahlreiche Anlagengeschäfte in Industrieländern typische Organisationsstruktur des Inbetriebnahmeteams ist in Bild 3–8 dargestellt.

Es existiert in diesem Fall ein erfahrener und leistungsstarker Anlagenbetreiber, z.B. in einem seit vielen Jahren erfolgreich tätigen Unternehmen. Die Inbetriebnahme wird von einer Engineering-Firma bzw. der Planungs- oder Inbetriebnahmeabteilung eines Großunternehmens weitgehend selbständig geleitet. Die Fachspezialisten einschließlich des Verfahrensentwicklers wirken nur beratend mit, d.h. sie gehören nicht zum Stamm des Inbetriebnahmeteams.

Eine solche Struktur deutet auf Inbetriebnahmebedingungen hin, bei denen die technisch-technologischen Risiken normal sind und die Verfügbarkeit der Spezialisten (z.B. durch firmeninterne Abordnung) zu jeder Zeit und sehr kurzfristig gewährleistet ist.

Eine ganz andere Organisationsstruktur zeigt das folgende Praxisbeispiel.

Beispiel 3–1: Struktur des Inbetriebnahmeteams beim Anlagenexport in die frühere Sowjetunion

Das in Bild 3–9 dargestellte Inbetriebnahme-Organigramm wurde bei zahlreichen größeren Anlagenexporten in die Länder der früheren Sowjetunion praktiziert. In den dortigen Betrieben gab es keinen gewachsenen und erfahrenen Stamm an Führungskräften und Anlagenfahrern. Vielen fehlte das Wissen und die Erfahrung für derartig komplizierte Technologien und Anlagen, insbesondere für die Phase der Inbetriebnahme. Deshalb beauftragte der Betreiber zu seiner Unterstützung einen spezialisierten Ingenieurbetrieb (Sitz in Moskau) mit der verantwortlichen Mitwirkung während der Inbetriebnahme auf Seiten des Käufers. Die Arbeit dieser Spezialbetriebe für die Inbetriebnahme erfolgte auf Basis von Inbetriebnahmeverträgen mit dem Investor.

Das Inbetriebnahmekollektiv des Käufers wurde überwiegend aus Spezialisten dieser Inbetriebnahme-Firma gebildet. Der Betreiber spielte während der Inbetriebnahme in etwa die Rolle des Fahrschülers. Er beobachtete und lernte zunächst nur, durfte später dann aber schrittweise selbst ans „Lenkrad".

Der Inbetriebnahmeleiter sowie weitere Führungskräfte (u.a. Anfahrleiter Technik) wurden durch das Generalunternehmen gestellt. Beim Verkäufer war ferner der Verfahrensgeber voll ins Inbetriebnahmeteam vor

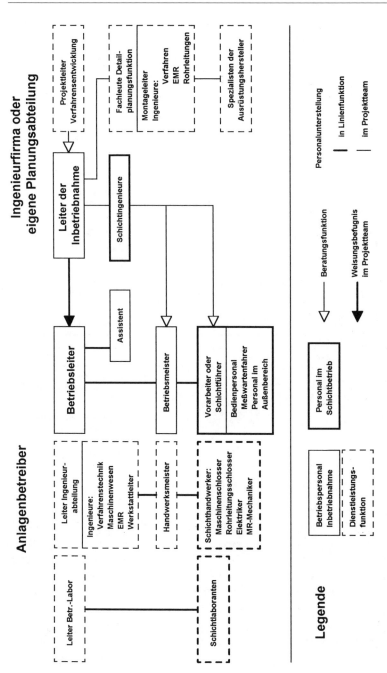

Bild 3–8. Inbetriebnahme-Organigramm (nach [2–4]).

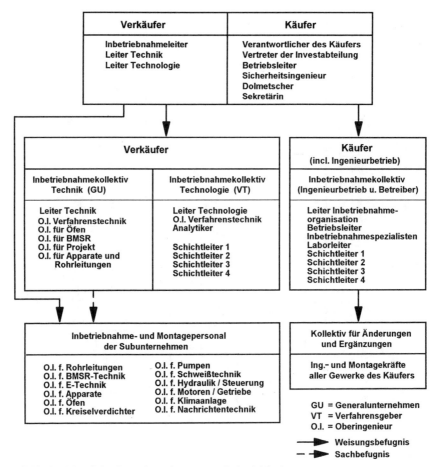

Bild 3–9. Inbetriebnahme-Organigramm zu Beispiel 3–1.

Ort integriert. Er war verantwortlich für die technologische Leitung der Inbetriebnahme (sprich: Inbetriebnahme der Gesamtanlage), für die Schichtleitung sowie analytische und verfahrenstechnische Inbetriebnahmebegleitung und -überwachung. Kurz gesagt, der Verfahrensgeber war schwerpunktmäßig für den Nachweis der Leistungsgarantien zuständig.

Insgesamt hat sich die im Beispiel genannte Arbeitsteilung unter den spezifischen Bedingungen bewährt, wobei zugleich folgende Aspekte deutlich wurden:

- Die Inbetriebnehmer der spezialisierten Ingenieurbetriebe, die 2 bis 4 Anlagen pro Jahr in Betrieb nahmen, beherrschten die „handwerklichen", technischen Fertigkeiten hervorragend. Viele Handlungen bei der Inbetriebnahme und vor allem bei deren Vorbereitung (Funktionsproben, Spülen u. ä.), sind in verschiedenen Anlagen wiederkehrend und zu verallgemeinern. Aber, und dies war die Kehrseite, die verfahrensspezifischen Besonderheiten und Feinheiten beim Einfahren (Optimieren) der Anlage wurden von ihnen teilweise nicht verstanden.

- Die Inbetriebnahmespezialisten der o. g. Ingenieurbetriebe kamen meistens erst kurz vor Montageende auf die Baustelle und verließen sie sofort nach der Anlagenübergabe wieder.

- Der kritische Zeitpunkt für den Betreiber war der Abzug der Inbetriebnehmer von der Baustelle. Nicht selten gab es Übergangsprobleme.

Mitunter wird die Frage gestellt, wie die Größe der Anlage die Teamstruktur beeinflußt. Die Antwort ist einfach.

Der strukturelle (qualitative) Aufbau des Inbetriebnahmeteams hängt wenig von der Anlagengröße ab. Auch bei kleineren Anlagen müssen im wesentlichen die gleichen fachlichen Aufgaben erledigt werden. Der Unterschied liegt lediglich im geringeren Umfang (Quantität). Dies kann dazu führen, daß

- sich die Einsatzdauer im Team verkürzt bzw. die Mitwirkung zeitweise unterbrochen wird,

- mehrere Fachfunktionen von einer Person wahrgenommen werden, wenn die Sachkunde vorhanden ist, oder

- vom Teammitglied gleichzeitig noch eine Aufgabe außerhalb des Teams bearbeitet wird (sog. Time-sharing-Organisation).

In Verbindung mit der Erstellung von organisatorisch-administrativen Arbeitsunterlagen für das Inbetriebnahmeteam sei auf die Ausführungen zur Projektdokumentation (s. Abschnitt 3.1) verwiesen. Die dort gemachten Aussagen gelten für das Inbetriebnahmeprojekt sinngemäß. Die Tabelle 3–14 zeigt als Praxisbeispiel das Inhaltsverzeichnis einer Arbeitsordnung für ein Inbetriebnahmeteam.

Wichtig ist bei den Stellenbeschreibungen, daß die Verantwortung und Befugnisse aller Teammitglieder klar fixiert und bekannt sind.

Einige Hinweise zur Teamarbeit enthält Tabelle 3–15.

Im Einzelfall muß man als Leiter von seinem Weisungsrecht Gebrauch machen und kann trotz Widerspruch nicht diskutieren. Solche Einzelentscheidungen sollten selten sein und, wenn nicht zu umgehen, dann aber möglichst richtig.

Tabelle 3–14. Inhaltsverzeichnis einer Arbeitsordnung zwischen Käufer und Verkäufer
für die Inbetriebnahmevorbereitung und -durchführung (Praxisbeispiel).

Inhaltsverzeichnis

1. Vertragliche Grundlagen

2. Inbetriebnahmekollektive
   2.1 Inbetriebnahmekollektiv des Käufers (Aufgaben, Struktur, Mitglieder, Reparatur-
       dienst, Stellenbeschreibung)
   2.2 Inbetriebnahmekollektiv des Verkäufers (Aufgaben, Struktur, Mitglieder, Stellen-
       beschreibung)

3. Inbetriebnahmestab
   3.1 Aufbau des Inbetriebnahmestabes
   3.2 Arbeitsweise

4. Protokollarten während der Vorbereitung und Durchführung
   4.1 Autorenkontrollprotokolle
   4.2 Feststellungsprotokolle
   4.3 Behinderungsprotokolle
   4.4 Funktionsproben-/Abnahmeprotokolle
   4.5 Befüllprotokolle
   4.6 Bereitschaftsprotokolle
   4.7 Havarieprotokolle

5. Rapportsystem
   5.1 Inbetriebnahmestab
   5.2 Inbetriebnahmekollektive
   5.3 Schichtleiter

6. Informationsübermittlung und -speicherung

7. Bereitschaftsdienst

8. Gesundheits-, Arbeits-, Brandschutz und Sicherheitstechnik

9. Havarieordnung

Anhang: u. a. Beilagen 1: Organigramm
                        2: Stellenbeschreibungen

Tabelle 3–15. Erfordernisse effizienter Teamarbeit (nach [3–31]).

1. Die Leute müssen sich gegenseitig vertrauen.

2. Man muß seine Gedanken (Gefühle) frei ausdrücken können/dürfen.

3. Die Verpflichtung gegenüber der Aufgabe muß hoch sein.

4. Die Ziele müssen jedem klar sein.

5. Die Leute müssen sich gegenseitig zuhören (können).

6. Konflikte müssen bis zu Ende ausgetragen werden.

7. Entscheidungen sind möglichst in gegenseitigem Einvernehmen zu treffen.

8. Die Leute müssen offen zueinander sein.

In der Praxis ist es in der Regel von Vorteil, wenn der Inbetriebnahmeleiter stärker technologisch als apparativ geprägt ist, da die technologischen Fragen und Probleme im allgemeinen die übergreifenden und schwierigeren sind. Sie beeinflussen vorrangig auch den Nachweis der Garantien.

Zweckmäßig ist es, wenn der Inbetriebnahmeleiter schon während der Planung benannt wird und beteiligt ist. Dann vertritt er „sein Produkt" und es gibt weniger Akzeptanzprobleme. Andererseits besteht bei ihm eine gewisse „Betriebsblindheit", wodurch Fehler, die ein „neuer Chef" beim Abchecken der Unterlagen, des Modells und der Anlage u. U. gleich sieht, unerkannt bleiben.

Im allgemeinen beginnt der Inbetriebnahmeleiter bei größeren verfahrenstechnischen Anlagen ca. 2 bis 5 Monate vor Montageende seine Arbeit auf der Baustelle, zeitweilige Inspektion vorher nicht mit betrachtet. Extremfälle zwischen 8 Monaten und 3 Wochen sind gleichfalls bekannt.

Die weiteren Mitglieder der Inbetriebnahmemannschaft folgen zeitlich versetzt nach, wobei insbesondere Spezialisten von Fachgewerken (z. B. EMR-Technik) bzw. von Herstellerfirmen (z. B. Verdichter) bereits vorher, im Zusammenhang mit der Montageausführung/-überwachung auf der Baustelle sein können.

Im konkreten Fall ist der Einsatzzeitpunkt auch vom Wissen bzw. den Erfahrungen der Betroffenen abhängig. Nicht selten ist es eine Kostenfrage.

Neben der schrittweisen Besetzung des Inbetriebnahmeteams muß auch die Frage nach seinem offiziellen Arbeitsbeginn beantwortet werden. Darunter wird die Konstituierung der Inbetriebnahmeleitung (Synonym: Inbetriebnahmestab) verstanden.

Im allgemeinen sollte mit den ersten größeren Probeläufen bzw. Funktionsprüfungen die Inbetriebnahmeleitung mit regelmäßigen Besprechungen beginnen. Folgende Hinweise sind zu beachten:

- Jedes Team braucht eine „Trainingszeit", um seinen Rhythmus und seine volle Leistung zu erreichen. Ein Zeitraum von mindestens 4 Wochen erscheint meist nötig.

- Besser ist es, sich früh zu konstituieren und entsprechend den anstehenden Aufgaben die Beratungshäufigkeit anzupassen, d. h. gegebenenfalls seltener aber regelmäßig zu beraten.

Im Zusammenhang mit dem Aufbau und der Arbeit des Inbetriebnahmeteams sind ferner die folgenden zwei Spezifika von Projektteams zu beachten:

- Die Mitglieder müssen sich im allgemeinen „blind" vertrauen. Es ist meistens keine Zeit, „Vertrauen durch Erfahrungen miteinander" zu sammeln.

- Im Team gilt die „Unersetzbarkeit" jedes einzelnen.

Die Zertifizierung von Inbetriebnahmeingenieuren, wie sie beispielsweise aus den USA bekannt ist, trägt dem u. a. Rechnung.

3.5 Inbetriebnahmeplanung und -controlling

Eine Hauptaufgabe des Inbetriebnahmeleiters, nachdem er sich mit der großteils montierten Anlage sowie den vorliegenden Unterlagen der Projekt-, Anlagen- und Betriebsdokumentation vertraut gemacht hat, ist die *Projektplanung* für die Inbetriebnahme (sog. **Inbetriebnahmeplanung**). Dabei sind die allgemeinen Grundsätze der Projektplanung [3–1, 3–5], die im weiteren kurz vorangestellt werden, gezielt auf das Teilprojekt *Inbetriebnahme* anzuwenden.

3.5.1 Methodische Grundlagen der Projektplanung

Die Planung ist nach dem Aufbau einer funktionierenden Projektorganisation die nächste Etappe im Projektmanagement. Mit der Projektplanung wird auf Grundlage eines gedanklichen Modells der Soll-Verlauf für die Projektabwicklung geschaffen. Der planerisch ermittelte Soll-Verlauf umfaßt i. a. die spezifizierten Aufgaben, Termine, Kosten und Kapazitäten.
Die Projektplanung läßt sich in die folgenden Phasen unterteilen:

1. Phase: Beschreibung des Projektes

Im konkreten Fall des Inbetriebnahmeprojektes ist dies ausreichend in den o. g. Dokumentationen und Inbetriebnahmedokumenten erfolgt.

Zusätzlich muß die aktuelle Montage- und Baustellensituation als Ausgangszustand und Randbedingung berücksichtigt werden.

2. Phase: Planung der Planung

Speziell für größere Projekte mit einer umfangreichen Planungsphase ist der geordnete, zielgerichtete Ablauf der Planung unerläßlich. Ein häufig anzutreffendes, interdisziplinäres Team muß zielgerichtet geführt und koordiniert werden. Dabei sind folgende Fragen zu beantworten:

– Wer soll planen und wer entscheidet über das Planungsergebnis?
– Welchen Ablauf soll die Planung haben?
– Wie lange dauert die Planung?
– Wieviel kostet die Planung?

Bei den meisten Inbetriebnahmeprojekten wird diese sog. Planung der Planung vom Inbetriebnahmeleiter wahrgenommen.

3. Phase: Strukturanalyse

Die Aufgaben des Projektes werden erfaßt und gegliedert. Dazu dient die Fragestellung: „Was ist durch wen zu bearbeiten?"

Ergebnis der Analyse ist der Projektstrukturplan (PSP). Ein PSP ist ein hierarchisch gegliedertes Schema, an dessen Spitze die Gesamtaufgabe steht (Bild 3–10). In den einzelnen Ebenen werden die jeweiligen Teilaufgaben der übergeordneten Ebene in eine Anzahl kleinere, weniger umfassende Teilaufgaben untergliedert. Zur eindeutigen Kennzeichnung erhält jedes Aufgabenpaket entsprechend seiner Stellung in der Gliederungsebene eine Kennnummer. Dieses wird soweit fortgeführt, bis nicht mehr zu teilende bzw. fein genug aufgeteilte Aufgabenpakete entstanden sind. Solche nicht mehr teilbaren Aufgaben nennt man Arbeitspakete.

Nach dem ersten Entwurf eines PSP ist eine Prüfung auf Kompatibilität der einzelnen Strukturelemente durchzuführen, um Überschneidungen oder Lücken zu erkennen.

Der PSP bietet viele Vorteile. Alle zum Projekt gehörenden Teilaufgaben werden erfaßt und übersichtlich gegliedert, so daß die Einzeltätigkeiten leicht ermittelt werden können. Die Beteiligten erhalten klare Angaben über ihre Verantwortlichkeiten und die Aufgabenverteilung.

Die Kosten des Projektes können systematisch zugeordnet werden. Aus dem PSP sind wichtige Ereignisse während der Projektabwicklung (Meilensteine) ersichtlich, welche Anhaltspunkte für die Terminplanung bieten.

Zur Spezifizierung der Arbeitspakete können detaillierte Erfassungsblätter (s. Bild 3–11) genutzt werden.

Die Strukturanalyse bei der Inbetriebnahmeplanung führt im Ergebnis zur grundlegenden Vorgehensweise (sog. Inbetriebnahmestrategie), wobei eine maximale Inbetriebnahmevorbereitung während der Montage unbedingt beachtet werden sollte.

Eine effiziente Strukturanalyse kann erhebliche Kosten und Zeit sparen.

4. Phase: Ablaufanalyse

In der Ablaufanalyse werden die logischen Zusammenhänge der Arbeitspakete betrachtet und Abhängigkeiten schaubildlich dargestellt. Grundsätzlich ist die Frage zu klären: „Was ist durch wen in welcher Folge zu bearbeiten?"

Grundlage für die Ermittlung der Ablaufstuktur bildet der PSP. Arbeitspakete werden zur Erstellung der Anlaufstruktur in Tätigkeitsfolgen und -abhängigkeiten aufgegliedert.

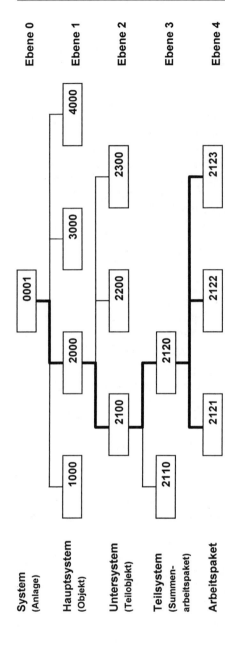

Bild 3–10. Gliederungsvorschlag eines Projektstrukturplanes (PSP) mit ausgewählten Aufgabenpaketen der Ebenen.

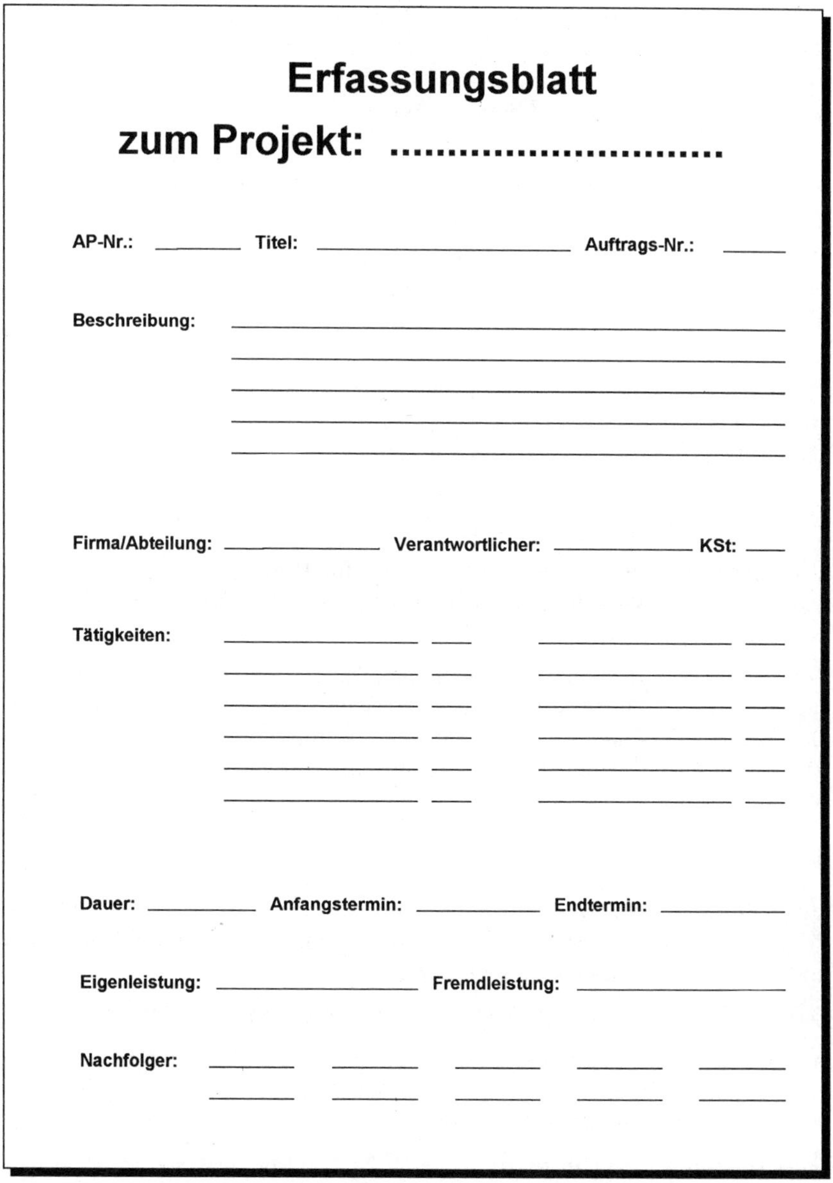

Erfassungsblatt
zum Projekt: ....

AP-Nr.: _____ Titel: _____ Auftrags-Nr.: _____

Beschreibung: _____

_____

_____

_____

_____

Firma/Abteilung: _____ Verantwortlicher: _____ KSt: ____

Tätigkeiten: _____ ____   _____ ____

_____ ____   _____ ____

_____ ____   _____ ____

_____ ____   _____ ____

_____ ____   _____ ____

_____ ____   _____ ____

Dauer: _____ Anfangstermin: _____ Endtermin: _____

Eigenleistung: _____ Fremdleistung: _____

Nachfolger: _____ _____ _____ _____ _____

_____ _____ _____ _____ _____

Bild 3–11. Muster eines Erfassungsblattes für Arbeitspakete (nach [3–1]).

Die zu beachtenden Abhängigkeiten der Aktivitäten können von unterschiedlichster Art sein. Dazu zählen rein technische Abhängigkeiten, terminliche Abhängigkeiten (Kundenwünsche, Subunternehmen) und Abhängigkeiten, die von den zur Verfügung stehenden Ressourcen beeinflußt werden.

Zweckmäßigerweise plant man das Projekt vom Endpunkt aus rückwärts. Vom Projektziel aus werden alle notwendigen Leistungen und Lieferungen in einen zeitlichen Zusammenhang gebracht.

Hilfsmittel für die Analyse der Verknüpfungen können für einfache Projekte Vorgangslisten sein. Bei komplexen Projekten hat sich die Matrizenform bewährt, wobei alle Arbeitspakete in ihren Abhängigkeiten gegeneinander dargestellt sind.

Zur Veranschaulichung und rechentechnischen Verwaltung von Projekten eignen sich insbesondere die Netzplantechnik [3–32 bis 3–34] und die Balkenplantechnik (GANTT-Balkendiagramme).

Am häufigsten werden vorgangsorientierte Netzpläne in Form von Vorgangspfeil- bzw. Vorgangsknotennetzplänen genutzt.

Vorgangspfeilnetzpläne werden bevorzugt für Projekte verwendet, bei denen der nächste Vorgang erst nach Abschluß des Vorgängers beginnt (z. B. Teilefertigung im Maschinenbau).

Vorgangsknotennetzpläne sind besonders für Vorhaben geeignet, bei denen sich beeinflussende Vorgänge (Arbeitsschritte) teilweise parallel ablaufen. Dies ist für Projekte im Anlagenbau einschließlich der Inbetriebnahme typisch. In den Beispielen dieses Buches wurde diese Netzplanform angewandt.

5. Phase: Zeitanalyse

Unter Zeitanalyse ist das Terminieren des in der Ablaufanalyse bestimmten Projektablaufes zu verstehen. Es ist festzulegen: „Was ist durch wen, wann und in welcher Zeitdauer zu erledigen?"

Dazu müssen die Dauern der einzelnen Vorgänge ermittelt werden.

Ausgehend von der Ablaufstruktur und den Vorgangsdauern kann mit Hilfe von Projektmanagement – Software (Überblick u. a. in [3–8]) die Termin- und Zeitplanung zum Projekt erfolgen.

Im einzelnen werden für jeden Vorgang die Termine, z. B. der früheste Anfangstermin und der späteste Endtermin, berechnet.

Ein Resultat dieser Berechnungen ist die Lokalisierung des kritischen Weges sowie die Angabe der Pufferzeiten für nicht-kritische Vorgänge. Vorgänge auf dem kritischen Weg besitzen eine Pufferzeit null bzw. einen vorgegebenen Mindestwert.

Nach Kenntnis des kritischen Weges können per Computer leicht Varianten zur Zeitverkürzung (z. B. der Inbetriebnahmedauer) berechnet werden. Dabei müssen nicht nur die kritischen Wege, sondern auch die Wege mit den geringsten Pufferzeiten (sog. subkritische Wege) analysiert werden. Optimal ist der Terminablauf, wenn die Pufferzeiten von kritischem und subkritischem Weg möglichst wenig voneinander abweichen. Die Zeitoptimierung soll dieses Ziel durch Ablaufänderungen und durch Verkürzung des Zeitbedarfs auf dem kritischen Weg erreichen.

Bei Projekten mit extremen terminlichen Verschiebungen ist es vorteilhaft, die tatsächlichen Termine fortlaufend mit den ursprünglich geplanten Terminen zu vergleichen. Bei der Rückwärtsrechnung wird dabei der geplante Endtermin fixiert, und es ergibt sich auf dem kritischen Weg ein negativer Puffer. Forderungen an den Verursacher werden somit ausdrücklich dokumentiert.

6. Phase: Kapazitätsanalyse

In dieser Phase werden die während der Projektlaufzeit benötigten Ressourcen bezüglich Qualität und Quantität analysiert und festgelegt. Ziel ist ein akzeptabler Kompromiß zwischen geforderter Sollkapazität und vorhandener Istkapazität. Ressourcen werden hinsichtlich Personal (Inbetriebnahmeleiter und -ingenieure, Schichtleiter, Montageingenieure u. a.) und Betriebsmitteln (Maschinen, Geräte, Hilfsstoffe, Energien) unterschieden.

Grundsätzlich stellt sich die Frage, wer mit welcher Kapazität eine Aufgabe bearbeitet.

In der Praxis treten häufig Unterschiede zwischen vorhandenen und benötigten Kapazitäten auf. Solche Differenzen müssen in dieser Phase beseitigt werden. Das bedeutet, das Angebot an Ressourcen zu erhöhen oder den Projektablauf umzustellen. Die einfachste Art, vorhandene Kapazitätsunterschiede zu beseitigen, ist die Ausnutzung bekannter Zeitreserven.

Zu beachten ist ferner, daß Kapazitäten gleichzeitig für die Bearbeitung unterschiedlicher Projekte eingesetzt sein können. Eine anteilige Zuordnung ist notwendig.

Schritte der Kapazitätsplanung sind:

– Welche Aufgabenpakete/Vorgänge verlangen welche Kapazitäten?
– Wie hoch ist der Kapazitätsbedarf zur Erledigung des Vorganges?

– Vergleich der vorhandenen Kapazität mit der benötigten!

– Ist die geforderte Kapazität höher als die vorhandene Kapazität, wird ein Kapazitätsausgleich notwendig!

Beim Kapazitätsausgleich werden die auftretenden Kapazitätsspitzen abgebaut. Maßnahmen können sein (s. auch Tabelle 3–2):

– Verschiebung bzw. zeitliche Dehnung nichtkritischer Vorgänge innerhalb der Pufferzeiten (Ausnutzung von Zeitreserven),

– Personalverschiebung,

– Einstellung von neuem Personal sowie

– Vergabe von Aufträgen an Subunternehmen.

Bezüglich der Inbetriebnahme hat die Kapazitätsanalyse vor allem Bedeutung bei der Planung der inbetriebnahmevorbereitenden Arbeiten (Montagekontrollen, Inspektionen, Schulungen, Funktionsprüfungen, Abnahmeversuche, Reinigungshandlungen usw.) und bei der Ermittlung der benötigten Rohstoffe und Betriebsstoffe bzw. der anfallenden End-, Zwischen- und Abprodukte.

7. Phase: Kostenplanung

Die Kostenplanung stellt die Frage nach dem Budget für die einzelnen Vorgänge. Die Zuteilung des Budgets erfolgt i.a. zusammen mit der Termin- und Kapazitätsfestlegung.

Charakteristische Schritte der Kostenplanung sind:

– die Strukturierung von Kostenpaketen, abgeleitet aus vorhandenen Plänen (z.B. PSP) und

– die Ermittlung der Mengenansätze für Eigenleistungen und Fremdleistungen als Grundlage für die Kalkulation.

Der Detaillierungsgrad und die Genauigkeit hängen vom Projektstand ab. Eine Strukturierung der Kostenpakete erfolgt in der Regel auf Basis des PSP unter Berücksichtigung aller kostenverursachenden Vereinbarungen und unter Anwendung des Betriebsabrechnungssystems des Unternehmens. Kostenpakete sollten eine Größe von etwa 5 % der Gesamtkosten bei kleineren Projekten und etwa 1 % der Gesamtkosten bei Großprojekten nicht überschreiten.

Nach der Kostenstrukturierung im ersten Schritt müssen im zweiten Schritt die Mengenansätze zu jedem einzelnen Kostenpaket ermittelt werden. Die jeweiligen Aufwendungen werden durch zum PSP gehörige Leistungsspezifikationen bestimmt, in denen Art und Umfang der zu erbringenden Leistungen festgelegt sind.

Kalkulationen bereits abgewickelter Projekte können sehr nützlich sein. Solange keine eindeutigen Mengenansätze möglich sind, wird mit einem sogenannten Mengengerüst pauschal der Betrag des Arbeitspaketes anteilig festgelegt.

Die eigentliche Kalkulation umfaßt schließlich die Verknüpfung der Mengenansätze je Kostenpaket mit den jeweils dazugehörigen Verrechnungssätzen sowie die Erstellung des Projektkostenplanes. Damit wird ein Bezug der Kosten zu den Terminplänen hergestellt.

3.5.2 Inbetriebnahmeplanung

Die aktuelle **Inbetriebnahmeplanung** vor Ort erfolgt unter Verantwortung sowie maßgeblicher persönlicher Mitwirkung des Inbetriebnahmeleiters. Grundlage für diese Planung sind der Vertrag, die vom Anlagenplaner erarbeiteten Unterlagen sowie die aktuelle Baustellensituation. Vorliegende übergeordnete Projektpläne bzw. die Inbetriebnahmedokumentation geben im allgemeinen wichtige Rahmenbedingungen vor. Der Inbetriebnahmeleiter sollte sich unbedingt persönlich ein umfassendes Bild zur Gesamtsituation machen.

Bei der Planung muß er einerseits den „kurzfristigen Verlockungen" einer zu optimistischen Darstellung widerstehen, darf andererseits aber auch keinen Pessimismus aufkommen lassen.

Besondere Bedeutung kommt im Anschluß an die Situationsanalyse der Struktur-, Ablauf- und Zeitplanung zu. Es müssen die Fragen beantwortet werden:

– Welche Handlungen zur Vorbereitung und Durchführung der Inbetriebnahme sind nötig, und wer sollte sie erledigen?

– Wie und in welcher Folge sind diese Handlungen am zweckmäßigsten durchzuführen?

– Wie ist die Dauer der einzelnen Maßnahmen?

Ihre Beantwortung setzt sehr viel Erfahrung und zum Teil auch Intuition voraus. Natürlich sind die vorliegenden Inbetriebnahmedokumente dafür eine wichtige Basis, aber einerseits stellen sie meistens nur Leitlinien dar, und zum anderen ist meistens die aktuelle Situation auf der Baustelle anders als während der Planung prognostiziert.

Es ist ratsam, die kollektive Weisheit von erfahrenen Inbetriebnehmern, Montageingenieuren u.a. Fachleuten einschließlich dem Betreiber einzubringen und komplizierte Probleme in sog. Inbetriebnahme-Klausuren zu besprechen. Der Inbetriebnahmeleiter sollte als Moderator und Fachmann maßgeblich mitwirken. Nicht selten gehen dabei die einzelnen Meinungen weit auseinander, so daß Verhandlungsgeschick und Autorität des Inbetriebnahmeleiters gefragt sind.

Es wird empfohlen, auf eine derartige kollektive Meinungsbildung nicht zu verzichten. Sie ist auch vorteilhaft für das Kennenlernen und die Formierung des „Baustellenteams". Wenn im konkreten Fall wenig Klärungsbedarf besteht, dann reicht eben eine und ggf. kurze Inbetriebnahmeklausur aus. Es gilt auch hier die Erfahrung beim Projektmanagement:

„Die prinzipielle Vorgehensweise ist bei kleineren und größeren Projekten weitgehend gleich.

Die Projektgröße wirkt sich vorrangig auf den Umfang (Quantität) der analogen Einzelschritte (Maßnahmen) aus."

Schwierigkeiten bereitet es mitunter, den richtigen Detaillierungsgrad bei der Inbetriebnahmeplanung zu finden. Eine zu große Unterteilung der Einzelvorgänge (sog. Arbeitspakete) lohnt wegen der vielen Unwägbarkeiten, aber auch aus Gründen der erschwerten Nutzung im allgemeinen nicht. Anhaltswerte sind maximal 50 Vorgänge für die inbetriebnahmevorbereitenden Arbeiten während der Montage und maximal 100 Vorgänge für die eigentliche Inbetriebnahme.

Die Ergebnisse der Struktur-, Ablauf- und Zeitplanung sind der Projektstrukturplan, die Vorgangslisten sowie der Netzplan und das GANTT-Diagramm.

Für die grafische Darstellung der Planungsergebnisse hat sich im Anlagenbau der **Vorgangsknotennetzplan** als zweckmäßig erwiesen. Mitunter wird auch nur rechnerintern mit dieser Netzplanform gearbeitet, während wegen der besseren Übersicht die grafische Ausgabe (Arbeitsunterlagen) meistens als GANTT-Diagramm erfolgt.

Für die im Abschnitt 2.1 (s. Beispiel 2–1) beschriebene Anlage zur Reinigung eines wasserstoffreichen Raffineriegases sind im folgenden Beispiel 3–2 auszugsweise einige Planungsergebnisse zur Inbetriebnahmevorbereitung dargestellt.

Beispiel 3–2: Struktur-, Ablauf- und Terminplanung zur Inbetriebnahmevorbereitung einschließlich Endmontage einer Anlage zur Reinigung von wasserstoffhaltigem Raffineriegases

Den Startzustand für die Planung, wie er sich aus der Situationsanalyse vor Ort darstellt, enthält Tabelle 3–16:

Tabelle 3–16. Vorbemerkungen und Ausgangszustand zu Beispiel 3–2.

1. Der Montagezustand ist folgendermaßen charakterisiert:
   – Tiefbau (Fundamente, Straßen, Kanäle, Verlegen der Erdbehälter für Slop-Systeme und Blow-Down-Systeme, Kabelgräben) und Hochbau (Meßwarte, Maschinenhalle, sonstige Gebäude, Betonbühnen, Betonlager für Behälter) sind abgeschlossen.
   – Maschinen und Apparate einschließlich des zugehörigen Stahlbaues (Stahlgerüste, Bühnen, Podeste, Treppen, Steigleitern) sind montiert.
   – Wasserdruckproben der Apparate sind angeschlossen. Wegen noch erforderlicher Montagekontrollen wurden die Ausrüstungen z. T. wieder geöffnet.
   – Rohrbrücken (Stützen, Trassen, Laufstege) sind montiert und Rohrleitungen verlegt sowie an Ausrüstungen angeschlossen.
   – EMR-Montage ist im Außenbereich (Feldtechnik) abgeschlossen, aber im Innenbereich (Meßwarte, Elektrostation) nur zu ca. $^2/_3$ fertig.
   – Montage des Mehrkammerofens (D101, D102) ist in der Endphase.

2. Der Inbetriebnahmeleiter und ein Teil der Inbetriebnahmeingenieure sind auf der Baustelle. Betreiberpersonal steht ausreichend zur Verfügung.
   Der Inbetriebnahmestab wurde konstituiert und beginnt zu arbeiten.

3. Hilfsstoffe und Energien zur Inbetriebnahmevorbereitung stehen zur Verfügung.
   Die Entsorgung der Anlage von Spülprodukten (z. B. Abwässer oder verschmutzte Kohlenwasserstofffraktion) ist gewährleistet.

Ausgehend von dieser Baustellensituation wird in einer mehrstündigen Inbetriebnahmeklausur unter Leitung des Inbetriebnahmeleiters und im Beisein des Montageleiters, des zukünftigen Betriebsleiters u. a. Fachingenieuren der Projektstrukturplan und die Vorgangsliste (s. Tabelle 3–17), die später per Computer zur Vorgangstabelle (s. Bild 3–12) erweitert wird, erstellt.

Tabelle 3–17. Vorgangsliste zu Beispiel 3–2.

1. Mechanische Reinigung der Apparate und Freigabe zur Autorenkontrolle.

2. Durchführung der Autorenkontrolle durch Inbetriebnahmeingenieure (Protokollierung).

3. Ausbau der Regelventile und Motorschieber sowie Einbau von Rohrleitungspaßstücken in Vorbereitung des Gasspülprogrammes.

4. Durchführung des Gasspülprogrammes in der Anlage nach Verschließen der Ausrüstungen (Aufpuffern der Kolonne K101 bzw. der Behälter B101 und B102 mit Druckluft; Öffnen von Schiebern, Ventilen und plötzliche Entspannung durch eigens dafür geöffnete Flanschverbindungen an geeigneten Stellen ins Freie; mehrmalige Wiederholung dieses Vorganges) sowie Prüfung auf Gasdichtheit.

Tabelle 3–17. (Fortsetzung)

5. Endmontage des Mehrkammerofens und Durchführung der Autoren- und Montagekontrolle (Protokollierung).

6. Durchführung kalter Funktionsprüfungen an den Öfen D 101 und D 102 (Protokollierung).

7. Aufheizen der Ausmauerung der Öfen entsprechend Betriebsanleitungen der Öfen D 101 und D 102.

8. Einbau der Regelventile und Motorschieber an Stelle der Paßstücke sowie Durchführung der Autoren- und Montagekontrolle für die Rohrleitungen (einschließlich Probenahmestutzen und -armaturen) und MSR-Technik (einschließlich Prozeßanalysengeräten).

9. Inertisieren der Anlage.

10. Durchführung des Spülprogrammes in den Kolonnen K 101 und K 102. (Füllen der Kolonne mit Kohlenwasserstofffraktion; Inbetriebnahme des Sumpfkreislaufes; Entleeren der Kolonnen; mehrmaliges Wiederholen).

11. Einfüllen Adsorbens/Katalysator in die Reaktoren B 101 und B 102 entsprechend den Vorschriften des Herstellers (Protokollierung).

12. Beendigung der EMR-Montage im Innenbereich (Meßwarte, Elektrostation) und Durchführung der Montagekontrolle (Protokollierung).

13. Funktionsprüfungen der MSR-Einrichtungen, Testung der Meßbereiche, der Prozeßanalysengeräte, der Sicherheitseinrichtungen sowie E-Technik-Ausrüstungen).

14. Durchführung der komplexen Funktionsprüfungen des Waschmittelkreislaufes mit Kohlenwasserstofffraktion:
Sumpf K 101 → W 101 → W 102 → K 102 → P 102 → W 102 →
W 103 → P 101 → K 101
(Näheres unter „Programm-Funktionsprüfungen").

15. Vorbereitung der Laboranalytik
(Aufbau und Inbetriebnahme von Analysengeräten; Testung der Analysenmethoden; Schulung des Laborpersonals).

16. Montageendprotokoll.

Die rechnerische Verarbeitung erfolgte auf einem Personalcomputer mit der Soft-ware MS PROJECT 3.0a [3–35]. Ausgewählte Ergebnisse sind auf den Bildern 3–12 bis 3–14 dargestellt.

Bei der Inbetriebnahmeplanung, wie sie im Beispiel 3–2 veranschaulicht wurde, spielt die Ressource *Personal* eine wichtige Rolle. Dabei hat der Personaleinsatz für die inbetriebnahmevorbereitenden Aktivitäten während der Montage noch viele Freiheitsgrade und somit Optimierungsmöglichkeiten. In diesem Zeitraum ist an vielen Stellen Parallelarbeit möglich, wie der Netzplan (s. Bild 3–13) belegt. Anders betrachtet, besitzen die Vorgänge auf

VORGANGSTABELLE

PROJEKT 1 : Inbetriebnahmevorbereitung und Endmontage für eine Anlage zur Wasserstoffreinigung

ALLE VORGÄNGE

Nr.	Name	Dauer	Berechneter Anfang	Berechnetes Ende	Vorgänger	Ressourcenkürzel
1	START	0t	1.11.93 8:00	1.11.93 8:00		
2	Mechanische Reinigung K101, K102, B101/1,2	2t	1.11.93 8:00	3.11.93 8:00	1	Mon.;Mon.-Ing.;Leit.-Pers.;Ing.
3	Autoren- u. Montagekontrolle K101, K102, B101/1,2	2t	3.11.93 8:00	5.11.93 8:00	2	Ing.;Mon.;Mon.-Ing.;Leit.-Pers.
4	Ausbau Regelventile u.ä. in Vorbereitung Gasspülprogramm	1t	1.11.93 8:00	2.11.93 8:00	1	Mon.;Leit.-Pers.
5	Durchführung des Gasspülprogrammes	2t	5.11.93 8:00	7.11.93 8:00	3;4	An.-Pers.;Leit.-Pers.;Ing.
6	Endmontage u. Autoren-/Montagekontrolle O101, O102	11t	1.11.93 8:00	12.11.93 8:00	1	Mon.;Mon.-Ing.;Leit.-Pers.;Ing.
7	Ausheizen der Ausmauerung O101, O102	2t	12.11.93 8:00	14.11.93 8:00	6	Mon.-Ing.;An.-Pers.;Leit.-Pers.;Ing.
8	Einbau Regelventile u. Funktionsprüfung EMR	3t	7.11.93 8:00	10.11.93 8:00	5	Mon.;Mon.-Ing.;An.-Pers.;Ing.;Leit.-Pers.
9	Durchführung der restlichen Isolierarbeiten	3t	15.11.93 8:00	18.11.93 8:00	8;10;14	Mon.;Mon.-Ing.;Ing.
10	Autoren- u. Montagekontrolle Pumpen, WÜ, Kühler	1t	1.11.93 8:00	2.11.93 8:00	1	Mon.-Ing.;Leit.-Pers.;Ing.

Bild 3–12. Vorgangstabelle zu Beispiel 3–2.

VORGANGSTABELLE

PROJEKT 1 : Inbetriebnahmevorbereitung und Endmontage für eine Anlage zur Wasserstofffreinigung

ALLE VORGÄNGE

Nr.	Name	Dauer	Berechneter Anfang	Berechnetes Ende	Vorgänger	Ressourcenkürzel
11	Durchführung des Produktspülprogrammes K101, K102	2t	15.11.93 8:00	17.11.93 8:00	8;10;14	Mon.-Ing.;An.-Pers.;Leit.-Pers.;Ing.
12	Einfüllen des Katalysators in B101/1,2; Inertisieren	2t	7.11.93 8:00	9.11.93 8:00	5	Mon.;An.-Pers.;Leit.-Pers.;Ing.
13	Komplexe Funktionsprüfung des Waschmittelkreislaufes	2t	26.11.93 8:00	28.11.93 8:00	11;15	Mon.-Ing.;An.-Pers.;Leit.-Pers.;Ing.
14	Schulung des Anlagenpersonales	14t	1.11.93 8:00	15.11.93 8:00	1	Mon.-Ing.;Leit.-Pers.;Ing.;An.-Pers.
15	Endmontage EMR sowie Autoren- u. Montagekontrolle	25t	1.11.93 8:00	26.11.93 8:00	1	Mon.;Mon.-Ing.;Leit.-Pers.;Ing.
16	Funktionsprüfungen EMR	3t	26.11.93 8:00	29.11.93 8:00	8;15	Mon.;Mon.-Ing.;An.-Pers.;Leit.-Pers.;Ing.
17	Vorbereitung der Laboranalytik	21t	1.11.93 8:00	22.11.93 8:00	1	Mon.;Mon.-Ing.;An.-Pers.;Leit.-Pers.;Ing.
18	Montageendprotokoll	2t	29.11.93 8:00	1.12.93 8:00	7;9;12;13;16;1	Mon.-Ing.;Leit.-Pers.;Ing.

Bild 3–12 (Fortsetzung)

dem nichtkritischen Weg mehr oder weniger große Pufferzeiten, die den Rahmen für die Personalkapazitäts-Optimierung (z.B. eine möglichst gleichmäßige Personalstärke in den Montagekollektiven oder eine angepaßte Aufstockung des Inbetriebnahmeteams) abstecken.

Schwieriger gestaltet sich die Personalplanung für die spätere Inbetriebnahmedurchführung. Hierbei muß man erfahrungsgemäß einen deutlichen Mehrbedarf während der Inbetriebnahme (im Vergleich zum Dauerbetrieb) in Rechnung stellen.

Gleiches trifft für das Instandhaltungspersonal zu. Entsprechend der erhöhten Bauteil-Ausfallrate (s. Bild 1–2) zum Nutzungsbeginn und anderer Besonderheiten (s. Abschnitt 4.1.4) muß während der Inbetriebnahme verstärkt mit Störungen gerechnet werden.

Die Gewährleistung einer schnellen und sachkundigen Störungsbeseitigung hat somit hohe Priorität. Abstriche an dieser Stelle kosten im allgemeinen viel Geld.

Für den Inbetriebnahmeleiter bedeutet dies u.a.:

– die Verfügbarkeit (rund um die Uhr) von genügend Wartungspersonal (ca. 20 bis 50% Mehrbedarf) zu sichern. Erfahrungsgemäß treten viele Störungen am Wochenende und nachts auf.

– zu entscheiden, welche Wartungsaufgaben noch von den Montagefirmen und welche vom Betreiber wahrgenommen werden.

– zusammen mit den Inbetriebnahmeingenieuren festzulegen, welcher Wartungsingenieur/-techniker wofür und wann zur Verfügung stehen muß und die notwendigen Kapazitäten zu planen.
Bei der Fehlerfindung spielt neben Wissen und Erfahrung offensichtlich auch die Intuition eine große Rolle. Dem Verfasser sind Fälle bekannt, wo ganze Gruppen von Fachleuten über Stunden vergeblich versuchten, einen Fehler zu finden, während der schließlich nachts herbeigeholte Experte „kam, sah und siegte".

Was zur Instandsetzung bemerkt wurde, trifft analog auch auf die analytischen Arbeiten zu. Die Inbetriebnahme erfordert einen deutlichen Mehrbedarf an Produkt- und Gasanalysen und dies zu jeder Tages- und Nachtzeit. Sie sind nicht selten Entscheidungsgrundlage für die folgenden Inbetriebnahmehandlungen und wirken stark kostenbeeinflussend.

Insgesamt sollte die Personalplanung zur Inbetriebnahmedurchführung *alle* notwendigen Arbeitskräfte einschließen.

NETZPLANDIAGRAMM (PERT)

Projekt 1: Inbetriebnahmevorbereitung und Endmontage
für einer Anlage zur Wasserstoffreinigung
Gesamtübersicht

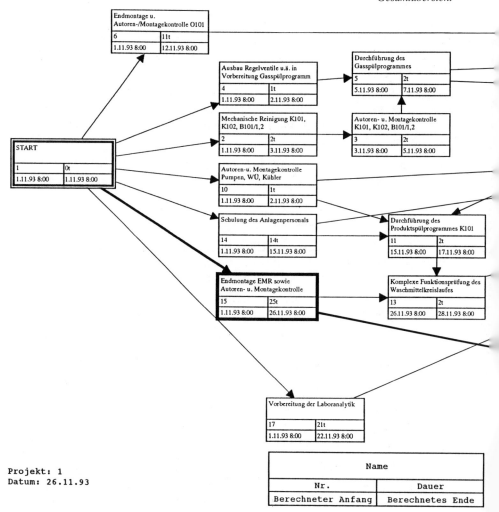

Projekt: 1
Datum: 26.11.93

Name		
Nr.		Dauer
Berechneter Anfang		Berechnetes Ende

Bild 3–13. Netzplandiagramm zu Beispiel 3–2.

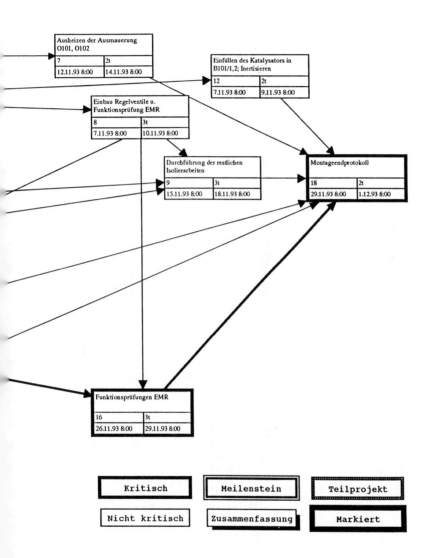

PROJEKTPLANUNG - Balkendiagramm (Gantt)

PROJEKT 1 : Inbetriebnahmevorbereitung und Endmontage
Anlage zur Wasserstoffreinigung - Gesamtübersicht

Nr.	Name	Dauer	Kw 44	Kw 45	Kw 46	Kw 47	Kw 48
11	Durchführung der Produktspülprogramme K101, K102	2t					
12	Einfüllen des Katalysators in B101/1,2; Inertisieren	2t					
13	Komplexe Funktionsprüfung des Waschmittelkreislaufes	2t					
14	Schulung des Anlagenpersonales	14t					
15	Endmontage EMR sowie Autoren- u. Montagekontrolle	25t					
16	Funktionsprüfungen EMR	3t					
17	Vorbereitung der Laboranalytik	21t					
18	Montageendprotokoll	2t					

Projekt: 1
Datum: 26.11.93

kritisch		In Arbeit		Zusammenfassung
nicht kritisch		Meilenstein		Rolled Up

Bild 3–14. Balkendiagramm (Auszug) zu Beispiel 3–2.

Neben der Ressource Personal lassen sich den einzelnen Vorgängen bzw. Arbeitspaketen des Netzplanes auch weitere Ressourcen, wie z. B. Mengen- und Energieströme, zuordnen.

Ferner können durch Multiplikation der Vorgangsressourcen mit den spezifischen Ressourcenkosten die absoluten Kosten jedes Vorganges berechnet werden.

Die Ergebnisse der Inbetriebnahmeplanung stehen dem Inbetriebnahmeteam per Computer sowie als Papierdokumente zur Verfügung. Sie sind ein wichtiger Teil seiner Arbeitsunterlagen.

3.5.3 Inbetriebnahmecontrolling

Unter *Inbetriebnahmecontrolling* wird die Gesamtheit der Führungsaufgaben zur Überwachung und zielorientierten Steuerung der Inbetriebnahme verstanden. Es beinhaltet den 3. und 4. Schritt des Projektmanagements (s. Abschnitt 3.1).

Grundlage für das Controlling sind die Soll-Werte betreffs Termine, Kapazitäten und Kosten, die aus der Inbetriebnahmeplanung resultieren. Bei Abweichungen sind vorausschauend die Konsequenzen bzw. Risiken zu ermitteln sowie Maßnahmen zum Gegensteuern zu ergreifen.

Das Controlling ist eine wichtige Aufgabe des Inbetriebnahmeleiters. Bei größeren Anlagen gehört extra ein sog. Controller zum Inbetriebnahmestab.

Das Inbetriebnahmecontrolling sollte rechnergestützt erfolgen und die gleiche Software nutzen, mit der zuvor die Planung erfolgt ist. Bei der Auswahl der Software sollte beachtet werden, daß sie über die Netzplantechnik hinaus auch die Aufgaben der Überwachung und Steuerung wirksam unterstützt. Einige dieser erweiterten Anforderungen sind:

– Möglichkeiten zum Kapazitäts-(Ressourcen-)abgleich sowie zur Kostenminimierung,

– Integration des Berichtswesens sowie von Störungsmeldungen u. a. Informationen,

– Möglichkeit einer vorausschauenden Hochrechnung, bis hin zu Wirtschaftlichkeitsrechnungen.

Vorteilhaft ist es, wenn für das Projektmanagement während der gesamten Auftragsabwicklung einschließlich der Inbetriebnahme die gleiche Software verwendet wird. Im speziellen Fall kann aber auch ein einfaches Software-

Werkzeug, welches ohne große Spezialkenntnisse vom Inbetriebnahmeleiter leicht und flexibel „vor Ort" zu nutzen ist, günstiger sein.

Beim Inbetriebnahmecontrolling sind vorrangig die folgenden Aufgaben zu
bewältigen:

- Aktuelle Informationen des Inbetriebnahmeleiters und seines Stabes über
  Termine, Kosten und technisch-technologische Sachverhalte (einschließ-
  lich Sicherheit, Umweltschutz sowie Qualitätssicherung).
  Dies erfolgt durch ein entsprechendes Berichtswesen bzw. Rapportsystem
  sowie durch persönliche Rundgänge und Inaugenscheinnahme vor Ort.
  Die moderne Leittechnik unterstützt dies wesentlich.
  Die Terminkontrolle muß neben den kritischen Vorgängen auch die Puf-
  ferzeiten der nichtkritischen Vorgänge umfassen, so daß eventuelle neue
  Engpässe frühzeitig erkannt werden.
  Der Inbetriebnahmeleiter wiederum muß seiner Projekt- bzw. Unterneh-
  mensführung berichten.
- Analytische Bewertung der Informationen sowie Ableitung und Ent-
  scheidung zu korrektiven Maßnahmen.
  Zu diesen Zwecken werden u.a. die regelmäßigen Besprechungen (i.a.
  einmal täglich) des Inbetriebnahmestabes und operative Fachbesprechungen genutzt.
- Organisation und Kontrolle des Auftrags- und Finanzwesens sowie der
  Einhaltung des Kostenbudgets.
  Während der Inbetriebnahme sind i.a. noch Restmontageleistungen zu
  erbringen, die sauber von den Inbetriebnahmeleistungen zu trennen sind.
  Andererseits müssen während der Inbetriebnahme kurzfristig Aufträge
  für Änderungsarbeiten, Nachbesserungen u.ä. ausgelöst werden, ohne
  den normalen Ablauf bei derartigen Vorgängen einhalten zu können. Dies
  kann sich ebenfalls auf die Bindung von Instandhaltungskapazitäten des
  Betreibers beziehen. Wichtig ist, daß derartige operative Bestellungen im
  Nachhinein aufgearbeitet und kontrolliert werden.
  Die Kosten der Inbetriebnahme können im Einzelfall sowohl aus der Investition (aktiviert) bezahlt werden, als auch als Betriebskosten verrech-
  net werden. Häufig werden auch Mischformen bzgl. der Finanzierung
  vertraglich vereinbart, z.B., indem einerseits die Inbetriebnahmeleistungen im General- bzw. Engineeringvertrag gebunden sind und andererseits
  der Betreiber die Kosten für Energien und Materialien trägt.
  Bei der Ermittlung und Bewertung der Inbetriebnahmekosten müssen
  neben dem aktuellen Kontostand die laufenden Aufträge sowie ausste-
  hende Rechnungen mit berücksichtigt werden. Zu diesem Zweck ist es
  vorteilhaft, die aktuellen Kosten auf den Endzeitpunkt der Inbetriebnahme zu prognostizieren und zu vergleichen.

– Einbeziehung von Spezialisten bei der Lösung schwieriger technisch-technologischer Probleme; u. U. auch zur Durchführung von Prozeß- und Anlagenanalysen (s. Abschnitt 6.1).

Neben dem Inbetriebnahmecontrolling des Verkäufers beginnt zugleich der Betreiber mit dem betrieblichen Controlling [3–36]. Während der Inbetriebnahme sind dabei vorrangig Probleme der Personal-, Produkt- und Energiebereitstellung, der Vermarktung verkaufsfähiger Endprodukte, der Entsorgung von Abprodukten sowie der Kredit- und Finanzwirtschaft zu lösen.

3.6 Versicherungen zur Inbetriebnahme

Die finanziellen Risiken, die ein Unternehmer beim Betrieb von Maschinen und technischen Anlagen trägt, sind größer als je zuvor [3–37].

Im Schadensfall entstehen höhere Kosten durch:

– zunehmende Wertkonzentration in leistungsstärkeren und kompakteren Anlagen,
– stärkere Vernetzung in Fertigung und Produktion,
– höhere Produktionsleistungen moderner Maschinen,
– mögliche Umweltschäden.

Mit Inkrafttreten des Produkthaftungsgesetzes [2–45] tritt zugleich eine Risikoverschiebung vom Produktbenutzer zum Hersteller auf [3–38, 3–39].

Eng in Verbindung mit dem Risiko im Anlagenbau einschließlich der Inbetriebnahme stehen die versicherungsrechtlichen Aspekte und dabei wiederum die haftungsrechtliche Verantwortung bzw. die Versicherung.

Die Haftpflichtversicherung ist ein Schwerpunkt des Versicherungsrechts.

„**Haftpflicht** ist die Verpflichtung, den Schaden zu ersetzen, den man einem Dritten zugefügt hat."

Der Versicherer im Rahmen einer bestehenden Haftpflichtversicherung tritt in der Regel solange für den Schaden ein, solange er fahrlässig und nicht vorsätzlich zugefügt wurde.

Die haftungsrechtliche Verantwortung gewinnt aus folgenden grundsätzlichen Problemen, die auch den Anlagenbau betreffen, an Bedeutung:

– Die technische Entwicklung erzwingt und verursacht stets neue Risiken.
– Die Umweltproblematik wird immer bedeutender. Allein in Deutschland gibt es über 5000 Rechtsvorschriften auf diesem Gebiet!
– Die internationale Unternehmenstätigkeit weitet sich aus.

Auf dem Gebiet der Ingenieurtechnik können sich Haftpflichtschäden bzw. -ansprüche beispielsweise dann ergeben, wenn:

- die geplante Anlage Mängel aufweist, z. B. die mechanischen und/oder Leistungsgarantien nicht gebracht werden oder erhöhte Emissionen auftreten,
- ein Verstoß gegen anerkannte Regeln der Technik vorliegt,
- versäumt wurde, Fachspezialisten hinzuzuziehen,
- Normen und Vorschriften nicht beachtet wurden,
- keine rechtzeitigen Informationen an die betreffenden Personen, Unternehmen, Behörden u. a. ergangen sind,
- der Zeitplan nicht eingehalten wird.

Der einzelne Versicherer bietet zur Vorsorge bei Haftpflichtschäden eine Vielzahl von Versicherungsarten an [3–40, 3–41]. Bild 3–15 enthält eine Übersicht zu den verschiedenen Versicherungen aus Sicht des Verkäufers und Käufers.

Die für die Inbetriebnahme verfahrenstechnischer Anlagen wichtigsten Versicherungen werden im weiteren in 3 Katagorien untergliedert und kurz charakterisiert. Im einzelnen wird auf die angeführte Literatur sowie auf die großen Vereinbarungsspielräume zwischen Versicherer und Versicherungsnehmer verwiesen.

3.6.1 Technische Versicherungen

Bild 3–16 zeigt eine Übersicht zu wichtigen Technischen Versicherungen.

Maschinen-Versicherung [3–42]

- Sie schützt vor plötzlichen und unvorhergesehen eingetretenen Schäden an Maschinen, die durch Böswilligkeit, falsche Betriebsweise, innere Fehler, Sturm und Frost verursacht sind.
- Diese Versicherung beinhaltet einen Versicherungsschutz für:
  - alle stationären Maschinen,
  - maschinelle Einrichtungen und
  - elektrische Einrichtungen.

Dies können z. B. Werkzeugmaschinen, Arbeitsmaschinen, Schaltanlagen, Energieerzeugungsanlagen, Energieverteilungsanlagen und dergleichen mehr sein.

- Ausdrücklich ausgeschlossen werden Fahrzeuge, während fahrbare Maschinen in der Regel speziell ausgehandelt werden und im Versicherungsvertrag ausdrücklich aufgeführt sein sollten.

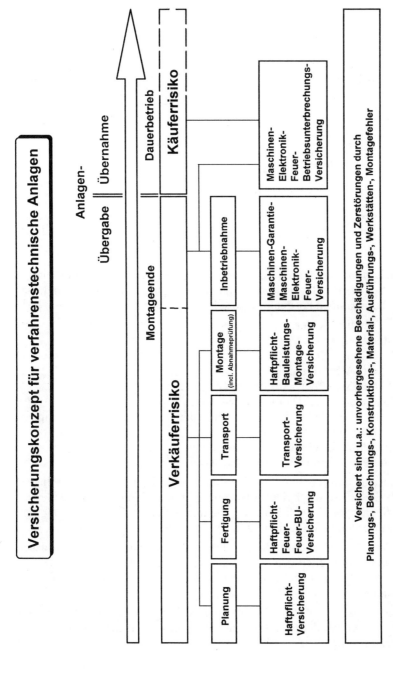

Bild 3–15. Wesentliche Versicherungsmöglichkeiten für verfahrenstechnische Anlagen.

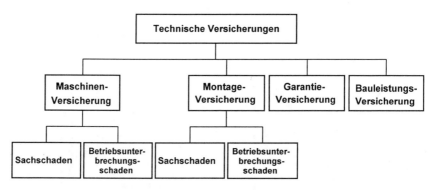

Bild 3–16. Übersicht zu wichtigen Technischen Versicherungen.

– Versichert sind Gefahren durch unvorhergesehene und plötzlich eintre-
  tende Schäden; z. B. solche, die mit dem Betrieb zusammenhängen. Ursa-
  chen dafür können beispielsweise sein:
  - Konstruktionsfehler,
  - Materialfehler,
  - Ausführungsfehler,
  - Fehler in MSR-Technik,
  - Fehler in Sicherheitseinrichtungen,
  - Wassermangel bei Dampfeinrichtungen,
  - äußere Einwirkungen wie Bedienfehler, Ungeschick, Fahrlässigkeit
    oder Böswilligkeit,
  - Kurzschluß, Überstrom, Überspannung,
  - Wettereinwirkung wie Sturm, Frost oder Eisgang.
– Ausgeschlossen aus der Versicherung werden im allgemeinen Schäden
  durch Ereignisse wie Krieg, Bürgerkrieg, innere Unruhen, höhere Gewalt
  oder Kernenergie. Auch Schäden, die durch eine Feuerversicherung versichert werden können, sind i. a. ausgeschlossen.
– Schäden, die eine unmittelbare Folge von dauernden Betriebseinflüssen
  sind, bzw. vorsätzlich oder grob fahrlässig verursachte Schäden, werden
  ebenso aus dieser Versicherung ausgeschlossen wie Diebstahl oder Garan-
  tieschäden.
– Ersetzt werden sämtliche Kosten bis zum Zeitwert der versicherten Sachen, die zur Wiederherstellung des früheren betriebsfähigen Zustandes
  notwendig sind.

Montage-Versicherung [3–43]

- Diese Versicherung beinhaltet unvorhergesehene und plötzliche Sachschäden an Maschinen und Stahlrohrkonstruktionen, die während der Montage und der folgenden Erprobung/Inbetriebnahme auftreten.
- Als Montageobjekt (neu oder gebraucht) können z. B.
  - Konstruktionen aller Art,
  - Maschinen und Einrichtungen und
  - zugehörige Reserveteile und Montageausrüstungen

  versichert werden.
- Prinzipiell versichert sind alle diejenigen Sachen, die einzeln oder als Sammelbezeichnung in dem Versicherungsschein aufgeführt bzw. zur Versicherung angemeldet sind.
- Nur wenn dies besonders vereinbart wird, sind folgende Sachen versichert:
  - Fahrzeuge aller Art,
  - schwimmende Sachen und
  - Eigentum des Montagepersonals.
- Von vornherein nicht versichert sind alle Betriebs- und Hilfsstoffe, Produktionsstoffe, Akten und Zeichnungen.
- Die Versicherung leistet Entschädigung für Schäden an Lieferungen und Leistungen, die ein Versicherter erstmalig durchführt, soweit diese Schäden durch Auswirkungen von außen entstanden sind. Alle weiteren Leistungen müssen gesondert vereinbart werden. Für Schäden an der Montageausrüstung wird Entschädigung geleistet, wenn sie durch Unfall entstanden sind. Betriebsschäden zählen dabei nicht als Unfallschäden!
- Prinzipiell kein Schadensersatz wird geleistet (soweit nicht anderes vertraglich vereinbart wurde):
  - bei Schäden durch hoheitliche Eingriffe (Beschlagnahmung und dergleichen),
  - bei Verlusten, die erst bei Bestandsaufnahme festgestellt werden,
  - bei Schäden, die als Folge normaler Witterungseinflüsse auftreten,
  - bei Schäden, die eine unmittelbare Folge der dauernden Einflüsse der Funktionsprüfungen/Probebetrieb/Inbetriebnahme sind.
- Die Versicherungssumme wird i.a. in Höhe des vollen Kontraktpreises, mindestens in Höhe der Selbstkosten vereinbart. Fracht-, Zoll-, Montage- und weitere Kosten können (soweit sie nicht enthalten sind) gesondert hinzugenommen werden.
- Die Versicherungssumme der Montageausrüstungen wird auf Grund des Neuwertes aller im Verlauf der Montage eingesetzten versicherten Sachen

festgelegt. Diese Summe sollte die Fracht- und Montagekosten einschließen.

- Eine zusätzliche Versicherungssumme ist zu vereinbaren, wenn Aufräumungs- und Bergungskosten von mehr als 2% der Versicherungssumme für das Montageobjekt mitversichert werden sollen.

- Die Versicherungsprämie wird aus der Versicherungssumme und der Versicherungsdauer berechnet. Sie wird i. a. im voraus erhoben.

- Sollten sich während des Vertragszeitraumes die der Prämienberechnung zugrunde liegenden Daten ändern, so bieten verschiedene Versicherungen eine Korrektur der Versicherungsprämie, verbunden mit einer genaueren Spezifizierung des Versicherungsgegenstandes, an. Dies muß jedoch bereits im Versicherungsvertrag vereinbart sein.

- Prinzipiell werden keine Vermögensschäden ersetzt, auch wenn sie infolge eines Schadens an einer versicherten Sache entstehen. Ausgenommen sind hiervon in der Regel Aufräumungs- und Bergungskosten infolge eines versicherten Sachschadens. Dies sollte jedoch im Vertrag eindeutig geklärt sein.

- Für Totalschäden wird vom Versicherer in der Regel der Zeitwert (unter Anrechnung evtl. anfallender Altmaterialwerte) ersetzt, während bei Teilschäden die Wiederherstellungskosten ersetzt werden.

- Überstunden, Zielprämien und ähnliche Mehrkosten werden in der Regel nicht oder nur bei ausdrücklicher vertraglicher Festlegung ersetzt.

- Der Beginn der Versicherung wird im Vertrag festgelegt (meist mit dem Zeitpunkt der Anlieferung der ersten versicherten Gegenstände auf der Baustelle). Teilweise sieht der Vertrag vor, daß zu versichernde Sachen angemeldet werden müssen, wobei die Versicherung erst mit der Anmeldung beginnt.

- Die Versicherung endet nach einem vertraglich vereinbarten Zeitraum, der bei Bedarf i. a. verlängert werden kann. Die Montageversicherung endet spätestens, wenn das Montageobjekt abgenommen ist.

- Sind Anteile als selbständige Montageobjekte versichert, so gilt für sie das gleiche.

- Die Versicherung kann in der Regel auch nach Eintritt eines Schadens von beiden Seiten gekündigt werden, worauf im Vertrag zu achten ist.

Elektronik-Versicherung [3–44]

- Wegen der oft hohen Kosten elektronischer Geräte und deren ständig wachsendem Einsatz in der Industrie bieten die Versicherungsgesellschaften eine Elektronikversicherung an, die speziell auf EDV-Anlagen, elektronische Meß- und Steuereinrichtungen und hochwertige Kommunikationsmittel ausgerichtet ist.

– Elektrotechnische Einrichtungen wie Transformatoren, Erdkabel und dergleichen sind meist in der Maschinenversicherung erfaßt und brauchen daher nicht gesondert versichert zu werden.

– Von dieser Versicherung werden sämtliche technischen Einrichtungen, die der Erzeugung, Umwandlung, Speicherung bzw. Transport von Informationen dienen, erfaßt.
Dazu gehören u. a.:

- EDV-Anlagen,
- Fernsprecheinrichtungen,
- Bürotechnik,
- Meß- und Prüfeinrichtungen, wie Oszillographen oder Ultraschallmeßeinrichtungen,
- medizinische Elektrogeräte.

– Es werden mit dieser Versicherung Zerstörungen oder Beschädigungen an elektronischen Geräten durch unvorhergesehene Ereignisse oder Diebstahl abgedeckt.
Speziell ist sie gedacht für Schäden infolge von:

- fahrlässiger oder unsachgemäßer Handhabung,
- Überspannung oder Induktion,
- Brand oder Brandbekämpfung,
- Blitzschlag,
- Explosion/Implosion,
- Wasser, Feuchtigkeit oder Überschwemmung,
- Diebstahl, Sabotage und dergleichen,
- höhere Gewalt.

– Ausgeschlossen werden auch in diesem Fall in der Regel Schäden durch Kernenergie, Kriegsereignisse, Naturkatastrophen und dergleichen.
Speziell nicht versichert sind meist:

- Abnutzungserscheinungen,
- Schäden durch betriebsbedingte Einflüsse, wie beispielsweise Säure- oder Wasserdämpfe, wenn sie für den Einsatzort typisch und die Geräte nicht dementsprechend gesichert sind,
- vorsätzliches Handeln des Versicherungsnehmers.

Maschinen-Garantie-Versicherung [3–42]

– Die sogenannten Garantie-Versicherungen ersetzen Ansprüche des Käufers, die dieser auf Grund *vertraglich vereinbarter* Garantien geltend machen kann. Leistungsmängel (Nichteinhaltung von Leistungsgarantien), die für spezielle verfahrenstechnische Anlagen typisch sind, fallen nicht darunter.

- Die Versicherung beginnt nach Abnahme des Montagegegenstandes durch den Käufer.
- Gegenstand dieser Versicherung sind:
  • neue Maschinen,
  • maschinelle Einrichtungen und Apparate,
  • Eisenkonstruktionen mit und ohne mechanischen oder maschinellen Einrichtungen.

In Zweifelsfällen sollte der Versicherungsumfang mit der jeweiligen Versicherung ausgehandelt und *detailliert* im Vertrag aufgeführt werden.

- Die versicherten Gefahren werden meist im Vertrag *sehr genau abgegrenzt*. Im allgemeinen wird ein Versicherungsschutz für Folgeschäden an den versicherten Sachen, verursacht durch Fehler bei der Konstruktion, Berechnung, Herstellung oder Montage, gewährt.
- *Nicht* von dieser Versicherung *erfaßt* werden in der Regel Schäden durch:
  • andauernde Betriebseinflüsse,
  • ungenügende Wartungsarbeiten,
  • unsachgemäße Behandlung während des Betriebes,
  • Vertragsstrafen und dergleichen.

Maschinen-Betriebsunterbrechungs-Versicherung [3–45]

- Durch sie wird der Ertragsausfall, der infolge einer Betriebsunterbrechung durch einen Maschinenschaden ensteht, gedeckt.
- Der Ertragsausfall (Vermögensschaden) kann ein entgangener Gewinn sowie laufende Kosten für Miete, Löhne, Gehälter u. a. sein.
- Der Maschinenschaden mit nachfolgender Betriebsunterbrechung kann ohne Fahrlässigkeit, Bedienungsfehler, Material- und Konstruktionsfehler, Kurzschluß, Sturm, Frost sowie äußere Einwirkungen verursacht sein.
- Der Versicherungsschutz wird i. a. nur gemeinsam mit einer Maschinenversicherung übernommen.

3.6.2 Umwelthaftungsgesetz und Umwelthaftpflichtversicherung

Mit Inkrafttreten des Umwelthaftungsgesetzes [2–19] ergab sich für eine Vielzahl umweltgefährdender Anlagen eine gravierende Verschärfung des Unwelthaftungsrechtes.

Wesensmerkmale des Umwelthaftungsgesetzes [3–46]

– Das Umwelthaftungsgesetz (UmweltHG) regelt die Haftbarkeit für Umweltschäden (s. Tabelle 3–18).

Tabelle 3–18. Auszug aus dem UmweltHG [2–19].

---

§ 1 Anlagenhaftung bei Umwelteinwirkungen

Wird durch eine Umwelteinwirkung, die von einer im Anhang 1 genannten Anlage ausgeht, jemand getötet, sein Körper oder seine Gesundheit verletzt oder eine Sache beschädigt, so ist der Inhaber der Anlage verpflichtet, dem Geschädigten den daraus entstehenden Schaden zu ersetzen.

§ 2 Haftung für nichtbetriebene Anlagen

(1) Geht die Umwelteinwirkung von einer noch nicht fertiggestellten Anlage aus und beruht sie auf Umständen, die die Gefährlichkeit der Anlage nach ihrer Fertigstellung begründen, so haftet der Inhaber der noch nicht fertiggestellten Anlage nach § 1.

(2) Geht die Umwelteinwirkung von einer nicht mehr betriebenen Anlage aus und beruht sie auf Umständen, die die Gefährlichkeit der Anlage vor der Einstellung des Betriebs begründet haben, so haftet derjenige nach § 1, der im Zeitpunkt der Einstellung des Betriebs Inhaber der Anlage war.

§ 3 Begriffsbestimmungen

(1) Ein Schaden entsteht durch eine Umwelteinwirkung, wenn er durch Stoffe, Erschütterungen, Geräusche, Druck, Strahlen, Gase, Dämpfe, Wärme oder sonstige Erscheinungen verursacht wird, die sich in Boden, Luft oder Wasser ausgebreitet haben.

(2) Anlagen sind ortsfeste Einrichtungen wie Betriebsstätten und Lager.

(3) Zu den Anlagen gehören auch
    a) Maschinen, Geräte, Fahrzeuge und sonstige ortsveränderliche technische Einrichtungen und
    b) Nebeneinrichtungen,
die mit der Anlage oder einem Anlagenteil in einem räumlichen oder betriebstechnischen Zusammenhang stehen und für das Entstehen von Umwelteinwirkungen von Bedeutung sein können.

– Kernpunkte dieses Gesetzes sind:
   • eine verschuldensunabhängige Gefährdungshaftung des Anlageninhabers,
   • eine Beweislastumkehr (Verdachtshaftung) und
   • eine Pflichtversicherung für besonders gefährliche Anlagen.
– Die verschuldensunabhängige Gefährdungshaftung bedeutet eine Haftbarkeit auch für Schäden, die bei bestimmungsgemäßen Betrieb der An-

lage (d. h. bei Einhaltung aller gesetzlich vorgegebenen Parameter und Einhaltung sämtlicher Auflagen) verursacht wurden.

– Die Gefährdungshaftung wird als „Gegenleistung" des Betreibers einer Anlage mit einem bestimmten Gefährdungspotential gegenüber der Gesellschaft, die dem Betreiber den Betrieb der Anlage erlaubt, verstanden.

– Bei der Umwelthaftung wird den Anlagenbetreibern unterstellt, daß aufgetretene Umweltschäden durch ihre Anlagen verursacht wurden, sofern diese dafür geeignet sind.

– Diese „Verdachtshaftung" kann nur umgangen werden, wenn der Anlagenbetreiber den bestimmungsgemäßen Betrieb nachweisen kann – ansonsten haftet der Anlagenbetreiber für den Schaden, auch ohne daß sein Verschulden nachgewiesen wird.

– Insgesamt treten somit wesentliche Beweiserleichterungen sowie vermehrte Auskunftsansprüche zugunsten des Geschädigten ein.

– Für spezielle Anlagen besteht die Pflicht, eine Deckungsvorsorge für eventuelle Schäden zu schaffen.
Dies kann erfolgen durch:

● eine Haftpflichtversicherung bei einer entsprechenden Versicherungsanstalt oder einem befugten Kreditinstitut, bzw.

● durch eine Freistellungs- oder Gewährleistungsverpflichtung des Bundes oder eines Bundeslandes.

● Die Umwelthaftung gilt auch für die Montage-, die Inbetriebnahme- und die Stillegungsphase (s. Tabelle 3–18, § 2). Das heißt, Umweltschäden bei den Funktionsprüfungen oder beim Spülen der Anlage werden genauso erfaßt, wie solche während der Inbetriebnahme.

● Die Haftungshöchstgrenzen betragen lt. Gesetz (§ 15) bei Personen- und Sachschäden jeweils 160 Mio DM für Schäden aus einer einheitlichen Umwelteinwirkung.

Umwelthaftpflichtversicherung [3–46, 3–47]

– Die Umwelthaftpflichtversicherung wird durch das Umwelthaftungsgesetz vorgeschrieben für:

(1) Anlagen, für die gemäß der Störfall-Verordnung eine Sicherheitsanalyse anzufertigen ist

(2) Anlagen zur Rückgewinnung von einzelnen Bestandteilen aus festen Stoffen durch Verbrennen, soweit in ihnen Stoffe nach Anhang II der Störfall-Verordnung im bestimmungsgemäßen Betrieb vorhanden sind oder bei Störung entstehen können.

(3) Anlagen zur Herstellung von Zusätzen zu Lacken oder Druckfarben auf der Basis von Cellulosenitrat, dessen Stickstoffgehalt bis zu 12,6 % beträgt.

– Durch die hohen Haftungssummen und das nicht unerhebliche Risiko, diese Gelder aufbringen zu müssen (Gefährdungshaftung, Verdachtshaftung), ist es bei besonders gefährdeten Anlagen teilweise schwierig, überhaupt noch eine Versicherung zur Deckungszusage zu bewegen.

– Prinzipiell werden die Rahmenbedingungen einer Umwelthaftpflichtversicherung für jede zu versichernde Anlage spezifisch zwischen der Versicherung und dem Anlagenbetreiber ausgehandelt und im Versicherungsvertrag detailliert festgehalten.

– Folgende Fakten sind jedoch allgemein üblich:

• Der Versicherungsfall wird mit dem ersten Nachweis eines Umweltschadens festgelegt, nicht mit seinem ersten Auftreten, da dieser Zeitpunkt selten exakt festzustellen ist.

• Eigentumsschäden sind i.a. nicht versichert (z.B. Kontamination einer Werkhalle durch Austritt eines zu verarbeitenden Rohstoffes).

• *Nicht versichert* sind meist auch Aufwendungen zur Erhaltung oder Sanierung eines Grundstücks, ausgenommen von Schäden, die aufgrund von Rettungsmaßnahmen verursacht wurden.

• Schäden, die durch den Normalbetrieb hervorgerufen und bewußt in Kauf genommen wurden (z.B. da sie betriebsbedingt nicht vermeidbar waren), sind *nicht versicherbar*.

• Nach Versicherungsende wird eine Nachhaftungsfrist von in der Regel drei Jahren vereinbart, in der der volle Versicherungsschutz für Schäden, die bis zum Versicherungsende entstanden sind, besteht.

3.6.3 Weitere Versicherungen bei der Inbetriebnahme

Planungs-Haftpflichtversicherung [3–48]

Sie ist für Ingenieurbüros und Consultingunternehmen, auch bezüglich der Inbetriebnahme, interessant. Voraussetzung für eine solche Versicherung ist im allgemeinen eine Trennung bzw. Abgrenzung zu den Bereichen Herstellung, Lieferung und Montage.

Durch eine solche Versicherung kann i.a. das Berufsrisiko betreffs der Planung, Bauleitung, Überwachung, Prüfung, Beratung und Begutachtung abgesichert werden.

Planungshaftpflichtversicherungen zur Absicherung gegen verfahrenstechnische Risiken sind häufig problematisch, da die Risikobewertung (Schadenshöhe und Eintrittswahrscheinlichkeit) schwierig ist.

Unfall- und/oder Lebensversicherung [3–49]

Zusätzlich zur gesetzlichen Unfallversicherung (Pflichtversicherung) kann der Arbeitgeber für seine Arbeitnehmer eine weitere private Unfallversicherung abschließen. Versicherbar sind u. a. Tod und Invalidität auf Grund eines Unfalles. Ein Unfall liegt nach [3–50] vor, „wenn der Versicherte durch ein plötzlich von außen auf seinen Körper einwirkendes Ereignis (Unfallereignis) unfreiwillig eine Gesundheitsschädigung erleidet."

Die Lebensversicherung tritt darüber hinaus auch bei Tod aus anderen Gründen in Kraft.

Derartige zusätzliche Unfall- und Lebensversicherungen sind auf Grund der höheren Gefahren auf Baustellen, insbesondere im Ausland, sowie bei der Inbetriebnahme angeraten. Denkbar ist z. B. eine Deckungssumme des Arbeitgebers bis zu 1 Mio DM je Schadensereignis.

Betriebshaftpflichtversicherung [3–40]

– Sie dient zum Schutz des Versicherungsnehmers vor Haftpflichtansprüchen Dritter aus Schäden, die den Dritten durch eine betriebliche Tätigkeit (z. B. in Betriebsstätten, bei Montage oder Inbetriebnahme, bei Instandhaltung, Beratung) zugefügt wurde.

– Es werden Haftpflichtansprüche aus Personenschäden (Tod, Verletzung oder Gesundheitsschäden) und Sachschäden (Vernichtung oder Beschädigung von Sachen) abgedeckt.

– Vermögensschäden, z. B. durch Betriebsunterbrechung, werden i. a. nicht versichert.

– Deckungssummen bis zu 1 Mio DM je Schadensereignis sind bei dieser Versicherung gebräuchlich.

– Für Engineering-Unternehmen werden auch sog. Berufshaftpflichtversicherungen angeboten. Diese decken insgesamt die Büro-/Betriebsrisiken und die Berufsrisiken, wobei das verfahrenstechnische Risiko bei der Anlagenplanung (insbesondere bei der Maßstabsübertragung) kaum bzw. nach sehr ausführlicher Risikoanalyse [3–41] versicherbar ist.

Produkthaftpflichtversicherung [3–51]

– Das Produkthaftungsgesetz beinhaltet, ähnlich wie das UmweltHG, eine verschuldensunabhängige Haftung und bewirkt die Tendenz zu mehr Ansprüchen. Dies betrifft die Hersteller, Zulieferer und Importeure sowie die Verbraucher und Nutzer von Produkten (im Sinne dieses Gesetzes) gleichermaßen.

– Verfahrenstechnische Anlagen als Ganzes sind i. a. keine Produkte entsprechend ProdHaftG, wohl aber die Zulieferungen von Komponenten, Bauteilen, Stoffen, Software u. v. a. für diese Anlage. Damit besitzt es im Anlagenbau und auch bei Schäden während der Inbetriebnahme eine große Bedeutung.

– Restrisiken an der Produkthaftung können weitgehend durch eine Produkthaftpflichtversicherung abgedeckt werden. Sie betrifft Personen und Sachschäden (ähnlich der Betriebshaftpflichtversicherung) und zusätzlich Vermögensschäden, die das Produkt einem Dritten zugefügt hat.

Bei allen Versicherungen ist zu bedenken, daß eine Versicherung nicht nur Sicherheit bringt, sondern auch Geld kostet. Es gilt den wirtschaftlichen Kompromiß zwischen maximaler und keiner Absicherung zu finden, wobei ein Restrisiko null ohne Versicherung i. a. nicht zu bezahlen ist.

Trotzdem sind die Versicherungen ein übliches Marktinstrument zur Risikominimierung, besonders während der Montage und Inbetriebnahme von verfahrenstechnischen Anlagen. Die nationalen und internationalen Trends der Gesetzgebung sowie in der Wirtschaftsentwicklung werden deren Bedeutung erhöhen.

Andererseits gibt das zunehmend internationale Wirken der Versicherer auch mehr Wettbewerb und ermöglicht somit günstigere Versicherungsmöglichkeiten für die Betroffenen.

4 Vorbereitung der Inbetriebnahme während der Montage

Mit der **Montage** beginnt die konkrete Inbetriebnahmevorbereitung auf der Baustelle. Der Inbetriebnehmer muß die mannigfaltigen Aufgaben und Chancen aus seiner Sicht erkennen und bewußt wahrnehmen. Er sollte die Arbeiten derart organisieren und durchführen, daß die Schnittstelle zwischen Montage und Inbetriebnahme wenig spürbar wird.

In diesem Kapitel werden die inbetriebnahmevorbereitenden Arbeiten während der Montage, wie sie für eine typische verfahrenstechnische Anlage erforderlich sind, systematisch betrachtet. Die Reihenfolge entspricht im wesentlichen der schrittweisen Vorgehensweise auf der Baustelle.

4.1 Montagekontrollen und Inspektionen

Unter **Montagekontrolle** wird im allgemeinen die Überprüfung (Überwachung) der Montage verstanden. Mitunter wird auch allgemeiner von Autorenkontrollen gesprochen, d.h. der Autor eines Ausführungsdokumentes vergewissert sich von der vorgabegerechten Realisierung. Der Autor ist in den seltensten Fällen eine einzige Person, sondern die zuständige Abteilung bzw. ein Subunternehmen.

Der Begriff **Inspektion** wird häufig im engeren Sinne, bezogen auf die Überprüfung, Abnahme u.ä. im Zusammenhang mit der Fertigung, Lieferung und Montage von Ausrüstungen, verstanden.

Bei den Montagekontrollen und Inspektionen durch die Inbetriebnehmer auf der Baustelle werden vorwiegend augenscheinliche und meßtechnische Überprüfungsmethoden angewandt. Typisch sind:

– Kontrollen auf richtige Anordnung bzw. vorschriftsmäßigen Einbau von speziellen Bauteilen (Drossel- und Absperrarmaturen, 3-Wegeventilen, Sicherheitsventilen, MSR-Feldtechnik, Entleerungs-/Entlüftungsventilen, Spülanschlüssen und Armaturen, Bypass-Armaturen, Steckscheiben, Probenahmearmaturen) und von Einbauten (Kolonnenböden und Zubehör, Demistern, Filtern, Wehren, Rosten, Thermoschutzrohren) innerhalb von Apparaten per Inaugenscheinnahme und Nachmessungen,

– Überwachung der Maschinenmontage visuell und meßtechnisch,

– Anlagenbegehungen zum Prüfen auf Vollständigkeit.

Grundlage für die Kontrollen auf der Baustelle sind die entsprechenden Unterlagen der Anlagendokumentation (s. Tabelle 2–10) einschließlich der 3D-Plastik- oder der CAD-Modelle sowie Inspektionspläne der bauüberwachenden bzw. inbetriebnehmenden Abteilungen. Ferner sollte der Kontrolleur/Inspekteur unbedingt seine Erfahrungen einbringen, d. h. nicht nur formal Soll (Planungsdokument) und Ist (Montagezustand) vergleichen. Erfahrungsgemäß bemerkt ein erfahrener Inbetriebnehmer noch eine Vielzahl, meistens kleinerer, inbetriebnahmespezifischer Mängel und Unzulänglichkeiten, die der Planer übersehen hat bzw. bei der gedanklichen Vorausschau nicht erkennen konnte. Derartige Hinweise oder Forderungen des Inbetriebnehmers müssen im Projektteam besprochen und gegebenenfalls über den Änderungsdienst realisiert werden.

Montagekontrollen und Inspektionen dienen der Qualitätssicherung und -erhöhung bei der Auftragsabwicklung. Häufig wird nur von Qualitätssicherung, die eine Vermeidung von Fehlern zum Ziel hat, gesprochen. Dies ist unbestritten der Schwerpunkt, scheint aber zu eng betrachtet. Beispielsweise können wertvolle Hinweise während bzw. im Ergebnis von Autorenkontrollen, die

– aus einer guten Lösung eine bessere machen (z. B. durch Beachtung von Wissen eines bisher nicht verfügbaren Experten),

– zum Risikoabbau führen (z. B. durch Berücksichtigung neuester wissenschaftlich-technischer Erkenntnisse)

– Versäumnisse bei der inbetriebnahmegerechten Planung beheben,

durchaus eine Qualitätssteigerung bewirken. Die Aufwendungen für derartige Maßnahmen müssen nicht immer hoch sein, und außerdem kosten notwendige technische Änderungen, die bereits während der Montage und nicht erst bei der Inbetriebnahme erkannt und realisiert werden, 20 bis 60 Prozent weniger [3–13].

Letztlich sind die Montagekontrollen und Inspektionen in Vorbereitung der Inbetriebnahme ein wichtiger Bestandteil des **Qualitätsmanagements** im Anlagenbau [4–1, 4–2]. Entsprechend den Erfahrungen des Verfassers werden diese Möglichkeiten in der Praxis oftmals nicht voll genutzt. Das Qualitätsmanagement bzw. das Total-Quality-Management befaßt sich i.a. außerordentlich stark mit der Qualitätssicherung bei Design, Entwicklung, Produktion, Montage und Wartung von Produkten [3–2, 4–3 bis 4–5], während die Spezifika des verfahrenstechnischen Anlagenbaues (s. Abschnitt 1.1) zum Teil unterschätzt werden. Diese kritische Einschätzung trifft insbesondere auch auf das Qualitätsmanagement in Vorbereitung und Durchführung von Inbetriebnahmen zu.

Wichtige Qualitätsmanagement-Elemente bei der Planung und dem Bau verfahrenstechnischer Anlagen, die für die Inbetriebnahme von besonderem Interesse sind, stellen dar:

– Autorenkontrollen zum Basic Design und Basic Engineering durch den Verfahrensgeber,

– Autorenkontrollen zum Detail Engineering durch die verfahrenstechnische Abteilung (als Autor der Aufgabenstellungen an die Fachabteilungen),

– Inspektionen bei Unterlieferanten (Apparate, Instrumentierung, Stahlbau usw.) und Herstellern (Verdichter, Motoren, Gaschromatografen usw.),

– Montagekontrollen zum Anlagenmodell durch nahezu alle Partner, insbesondere auch zwecks Überprüfung der Inbetriebnahmedokumentation (s. Tabelle 4–1),

Tabelle 4–1. Inbetriebnahmespezifische Schwerpunkte für die Autorenkontrolle zum Anlagenmodell.

1. Kontrolle der Leitungswege zum Befüllen von Kolonnen und Behältern auf Vorhandensein, sichere Absperrbarkeit u.a.

2. Kontrolle der Aktivierungs- und Regenerationswege (u.a. Anschlüsse an Spülgas- und Fackelsystemen)

3. Abarbeiten der Inbetriebnahmeschritte am Modell (dabei u.a. Überprüfung von Entlüftung, Entleerung, Bildung von Gaspolstern; Prüfung vorhandener Übergänge zwischen Bühnen, Podesten und Laufstegen)

4. Überprüfung der Realisierbarkeit des Steckscheibenplanes im Zusammenhang mit Inbetriebnahme und Sonderfahrweisen

5. Kontrolle der Armaturen, insbesondere der Handarmaturen hinsichtlich Vorhandensein, Bedienbarkeit u.ä.

6. Kontrolle der MSR-Feldtechnik auf Vollständigkeit, inbetriebnahmegerechte Anordnung (z.B. Armatur-Manometer) sowie vorschriftsgemäßen Einbau (z.B. Ein- und Auslaufstrecken von Meßblenden und Turboquanten)

7. Kontrolle der Probenahmestellen auf Vollständigkeit, richtige Anordnung, gefahrlose Bedienung u.ä.

8. Prüfung der Fluchtmöglichkeiten bei Havarien (z.B. Abstieg über Notleitern von Kolonnen und Behälterpodesten)

9. Überprüfung der Anordnung paralleler Ausrüstungen bezüglich gleichmäßiger Stromaufteilung

(Bem.: Bei derartigen Kontrollen erweist sich zur Zeit das 3D-Plastikmodell dem 3D-CAD-Modell noch überlegen).

– Montagekontrollen und Inspektionen zur Montageausführung und zur Vorbereitung der Funktionsprüfungen,

– Endprotokolle (Final-Check) im Zusammenhang mit dem Checken der Anlage kurz vor der Inbetriebnahme (s. Abschnitt 5.2.1).

Im weiteren sollen aus diesem Gesamtkomplex der ganzheitlichen Qualitätssicherung die Montagekontrollen und Inspektionen vertieft betrachtet werden.

Diese Arbeiten, die unabhängig von den firmeninternen Qualitätskontrollen der Montageunternehmen stattfinden, sind ein Hauptelement der systematischen Inbetriebnahmevorbereitung. Der Inbetriebnehmer sitzt dabei nicht selten zwischen zwei Stühlen. Einerseits möchte er möglichst viel Überprüfen, andererseits fehlen die Zeit und das Geld.

Erfahrungsgemäß werden nicht selten bei der Vor-Ort-Kontrolle auf der Baustelle Abstriche gemacht, die sich dann während der Inbetriebnahme „rächen" und erhebliche Mehrkosten bewirken.

Andererseits existieren teilweise noch erhebliche Reserven bei der inhaltlichen Vorbereitung und Durchführung der Montagekontrollen und Inspektionen.

Zu diesem Zweck im folgenden einige Erfahrungen:

a) Der Inspekteur muß klare Vorgaben bzgl. Gegenstand und Zeitpunkt (bezogen auf den Abwicklungsverlauf) der Inspektion machen (Inspektions-/Kontrollplan). Dies sollte möglichst in Form von sog. Meilensteinen bei der Projektplanung (z.B. im Netzplan) erfolgen.

b) Die Montagekontrollen/Inspektionen sollten auf Basis vorbereiteter, inhaltlich gestraffter und selektierter Unterlagen erfolgen. Darin müssen Angaben zur Vorgehensweise und zu den fachlichen Überprüfungsschwerpunkten enthalten sein. Planungsdokumente bzw. vorherige Kontrollprotokolle können beigelegt werden.

Einige orientierende Hinweise für zwei Projektteile einer verfahrenstechnischen Anlage enthält Tabelle 4–2.

In der Ausarbeitung der Kontrollunterlagen sollte das „kollektive Wissen" erfahrener Fachleute einfließen. Die Nutzung moderner wissensbasierter Beratungssoftware, wie im Abschnitt 2.2.8 beschrieben, zeigt dafür neue, effiziente Möglichkeiten auf. Der Auszug einer derart erstellten Checkliste ist in Tabelle 4–3 dargestellt.

c) Die Montagekontrollen/Inspektionen in Vorbereitung der Inbetriebnahme sollten möglichst vom Inbetriebnahmeleiter und -team durchgeführt werden. Sie stehen persönlich in der Zielverantwortung und sehen deshalb meistens genauer und kompromißloser.

Tabelle 4–2. Schwerpunkte zu Autorenkontrollen Rohrleitungen und Apparate durch Inbetriebnahmeingenieure (Praxisbeispiel).

1. ROHRLEITUNGEN
   - technologisch richtige Verlegung mit allen Armaturen und BMSR-Ausrüstungen
   - Nennweite der Rohrleitung
   - Nennweite, Nenndruck, Einbaurichtung und Art der Armaturen (z. B. mit Drossel-kegel)
   - Bedienbarkeit von Handrädern
   - Vorhandensein von Druckmeßstutzen, Schutzhülsen von Temperaturmessungen, Probenahme- und Analysenstutzen
   - richtige Anordnung von Probenahmestellen (Doppelabsperrung, Bedienbarkeit)
   - Ein- und Auslaufstrecken von Meßblenden und Turboquanten (Länge, nahtloses Stahlrohr)
   - Paßstücke für Regelventile und Durchflußmessungen

2. APPARATE (auszugsweise)
   a) Allgemeines:
      innere Sauberkeit, Transmitter, Schaugläser, Anschlußstutzen
   b) Abscheidebehälter:
      Befestigung der Demister, freier Querschnitt der Demister, Dichtheit der Wehre, Wehrhöhe, waagerechte Anordnung der Wehre
   c) Kolonnen:
      Einbauzustand der Böden, Einlaufstutzen, Auslaufstutzen, Befestigung der Halte-rungen für die Füllkörperschüttung
   d) Adsorber:
      Befestigung des Kegelrostes am Austritt, Montage der Zwischenböden

---

Tabelle 4–3. Checkliste für die Inspektion einer Kolonne vor dem Verschließen auf der Baustelle (Auszug per Computer erstellt).

1. Befestigung der Böden und Strombrecher sowie deren waagerechter Einbau
2. Schlitzbreite der Böden und Strombrecher
3. Blasrichtung der Böden und Strombrecher
4. Bodenzahl und -abstand
5. Wehrhöhe sowie Parallelität der Wehre und Böden
6. Einbau und Befestigung der Flüssigkeitsverteiler
7. Möglichkeit der vollständigen Entleerbarkeit einschließlich vorgegebener Kon-struktion des Restentleerungsstutzens
8. Durchgesteckter Stutzen der Abgangsleitung im Sumpf
9. Rost- und Schmutzfreiheit
10. Funktionsfähigkeit der Halterungen für die Isolierung
11. Isolierdicke
12. Einbauten
    (Im weiteren sind die einzelnen Maße der Einbauten genau aufgeführt)

Gleichzeitig ist dies eine sehr gute „Schule", was analog zum Inbetrieb-nehmer auch für das Betreiberpersonal gilt.

d) Die Ergebnisse müssen protokolliert und nach Realisierung nochmals kontrolliert werden. Die Protokollierung sollte streng ergebnisorientiert erfolgen und mindestens enthalten:

– Feststellung zur falschen und unvollständigen Montage,

– Feststellung zur Montageausführung,

– Bemerkungen zur Sicherheitstechnik sowie zum Arbeits- und Brandschutz,

– Ergänzungs- und Änderungsvorschläge zum Projekt (bzgl. verbesserter Inbetriebnahme sowie Dauerbetrieb),

– Restpunkte, die noch zu kontrollieren sind und

– Festlegungen zu fachlichen und administrativen Sachverhalten.

Tabelle 4–4 enthält ein Protokollbeispiel für die Inspektion einer Kolonne. Die organisatorisch-administrative Abwicklung sollte in der Projektdoku-

Tabelle 4–4. Auszug aus einem Inspektionsprotokoll zu einer Kolonne (Praxisbeispiel).

Anlage: Datum:
Objekt:
Komponente:

Protokoll-Nr.:
zur Inspektion der Kolonne: .....

1. Allgemeine Angaben
   1.1 Die Inspektion erfolgte entsprechend Inspektionsplan-Nr. ... und Checklisten-Nr. ... sowie nach Montage-Fertigmeldung durch Firma ...
   1.2 Inspektionsgrundlagen: Konstruktionszeichnung ... einschließlich Stücklisten und Änderungszeichnung ...
   1.3 Inspekteur/-zeitraum

2. Inspektionsergebnis
   – die Böden und der Kolonnensumpf waren mechanisch gesäubert
   – die Böden sind mit stärkeren Klammern (Blechstärke 4 mm) befestigt
   – die vorgegebene Höhe der Ablaufwerte an den Böden von 40 mm waren an allen Böden eingestellt
   – die Füllkörper des Demisters waren eingefüllt und die Füllkörperabdeckung ord-nungsgemäß montiert
   – der Einlaufverteiler auf Boden Nr. ... ist vorschriftsgemäß ausgeführt und montiert
   – die Mannlöcher waren vorschriftsmäßig mit Dichtungen versehen

3. Restpunkte/Festlegungen
   Keine.
   Die Kolonne kann zur Dichtheitsprobe verschlossen werden.

4. Unterschriften

mentation (s. Abschnitt 3.1) sowie in der Arbeitsordnung des Inbetriebnahmekollektivs (s. Tabelle 3–15) geregelt sein. Dies betrifft u. a. die Form der Erstkontrolle einschließlich Protokollierung, die Rückmeldungen der Realisierung und die Nachkontrollen.

e) Die Kontrolle/Inspektion sollte möglichst mit einem geringen zeitlichen Schlupf zur Realisierung erfolgen. Dadurch wird u. a. erreicht, daß

– Mängel, Änderungen usw. vom gleichen Montagepersonal ohne zusätzliche Vorbereitungsarbeiten (Einweisen, Gerüstbau) erfolgen können,

– sich keine Fehler durch Arbeitsfortführung auf falscher Basis fortsetzen,

– Folgearbeiten, z. B. das Verfüllen erdverlegter Leitungen, zügig fortgeführt werden können.

Die Montagekontrollen und Inspektionen sollten nach Möglichkeit (soweit die Termin- und Kapazitätsplanung dies zuläßt) zeitlich abgestimmt mit den Abnahmeprüfungen (s. Abschnitt 4.5) stattfinden und für deren inhaltliche Vorbereitung genutzt werden.

4.2 Ausbildung des Bedienungs- und Instandhaltungspersonals

4.2.1 Systematik und Schwerpunkte der Ausbildung

Trotz zunehmender Vervollkommnung der Technik bleibt der Mensch der entscheidende Faktor beim Betrieb verfahrenstechnischer Anlagen. Dies gilt insbesondere für die Phase der Inbetriebnahme mit ihren vielen Spezifika und Unwägbarkeiten im Vergleich zum Normalbetrieb.

Aus der Sicht einer sicheren Inbetriebnahme wird beispielsweise in [4–6] festgestellt:

„Die wichtigste Voraussetzung für einen schadensfreien Ablauf (der Inbetriebnahme) ist jedoch gut ausgebildetes und erfahrenes Personal, nicht zuletzt auch deshalb, weil frühzeitiges Erkennen möglicher kritischer Situationen und deren Vermeidung der beste Weg zur Schadensverhütung ist."

Betont wird dabei insbesondere die Fähigkeit des geschulten Inbetriebnehmers zum komplexen Verstehen sowie zum vorausschauenden Verhalten.

Gleichzeitig ist bekannt, daß der Mensch allgemein ein schwaches Glied in einer Sicherheitskette darstellt. Dies gilt auch für den Betrieb einschließlich der Inbetriebnahme verfahrenstechnischer Anlagen. Die katastrophalen Unfälle von Bhopal (Indien) und Tschernobyl (Ukraine), aber auch mehrere Kraftwerks- und Chemieunfälle in Deutschland haben die Schwachstelle Mensch nachdrücklich aufgezeigt.

Auch wenn angestrebt wird, die Anlagen immer sicherer zu planen und zu bauen, so bleibt es letztlich doch dem Menschen überlassen, diese moderne Technik sachkundig zu bedienen und instandzuhalten. Die Anforderungsinhalte werden sich zwar verschieben, da die Technik verstärkt Prozeßführungs- und -leitungsaufgaben dem Menschen abnimmt, aber insgesamt nicht geringer werden. Moderne, hochentwickelte Anlagen erfordern auch hochqualifiziertes und zunehmend spezialisiertes Personal. Solches Personal auszubilden ist Aufgabe einer systematischen Inbetriebnahmevorbereitung.

Der Begriff **Ausbildung** soll die umfassende, anforderungsgerechte Vorbereitung der betreffenden Personen charakterisieren. Zur Ausbildung wiederum werden die verschiedensten Möglichkeiten der Wissensvermittlung und -aneignung, wie

- Vorträge, Seminare einschließlich theoretischer Übungen, Selbststudium ohne bzw. mit Konsultationen, Unterweisungen und
- Training bzw. praktische Übungen am Simulator und in der Anlage

genutzt. Der erste Komplex an Ausbildungsmaßnahmen soll als **Schulung** und der zweite als **Training** bezeichnet werden. Die Schulung dient vorrangig der Vermittlung der theoretischen Grundlagen und Zusammenhänge, während durch das Training ein anforderungsgerechtes Handeln gesichert wird. Eine gute Inbetriebnahmeausbildung muß beide Komplexe berücksichtigen, wobei die konkreten Inhalte doch sehr von den Arbeitsaufgaben (Stellenbeschreibungen) der jeweiligen Personen abhängen.

Bei der praktischen Durchführung ist es i. a. zweckmäßig, den betroffenen Personenkreis in die folgenden 4 Gruppen zu unterteilen und entsprechend die Ausbildung zu planen und durchzuführen.

Gruppe: Inbetriebnahmepersonal und technisches Fachpersonal des Verkäufers.

Gruppe: Führungs- und Leitpersonal des Anlagenbetreibers.

Gruppe: Bedienungspersonal des Anlagenbetreibers.

Gruppe: Instandhaltungs- u. a. Dienstleistungspersonal für den Anlagenbetreiber.

Eine Zusammenstellung der Ausbildungsschwerpunkte, die bei den o. g. Personengruppen unterschiedlich zu wichten sind, enthält Tabelle 4–5.

Die Ausbildung muß alle an der Inbetriebnahme Beteiligten, in Abhängigkeit von deren Aufgaben und Vorkenntnisse, einschließen.

Tabelle 4–5. Ausbildungsschwerpunkte für das Inbetriebnahmepersonal einer verfahrenstechnischen Anlage.

1. Grundsätzliches
   - Überblick über die „Mannschaft" (Struktur, Mitglieder, Aufgaben, Verantwortung)
   - Grundlegende Bedingungen und Voraussetzungen (Vertrag, Partner, Verfahren, Anlage)
   - Einordnung am Standort

2. Überblick über die Grundlagen des Verfahrens
   - Produktspezifikationen
   - Chemie des Verfahrens/angewandte Technologie
   - Grundarbeitsgänge (-operationen)
   - wesentliche und verfahrensspezifische Ausrüstungen
   - Automatisierungskonzept, wesentliche und verfahrensspezifische MSR-Aufgaben, Grundfunktionen des Leitsystems
   - Kopplung mit anderen Anlagen

3. Ausrüstungen, einschließlich Prozeßleittechnik
   - technische Ausstattung der Anlage (Funktion, Konstruktion, Bedienung)
   - Prozeßleittechnik und deren Einsatz
   - Betriebstechnik
   - Sicherheitstechnik

4. Fließbilder-Modell-Anlage-Warte
   - Übersicht am Fließbild/Plan
   - Übersicht am Prozeßleitsystem in der Warte
   - Kontrolle der Rohrleitungsführung, Ausrüstung, MSR-Technik am Modell und auf der Baustelle
   - Einweisung am Simulator

5. Sicherheitstechnik und Umweltschutz
   - Gefährdungen (technologische, technische, stoffliche u. a.) für Mensch, Anlage und Umwelt
   - Maßnahmen zur Gewährleistung der Sicherheit und des Umweltschutzes
   - Sicherheitstechnische Anforderungen an das Personal

6. Arbeits- und Brandschutz
   - Gefährdungen (verbleibende, sonstige) und Schutzmöglichkeiten
   - Arbeitsschutzmittel und Verhaltensmaßnahmen bei Unfällen, Erste-Hilfe
   - Maßnahmen der Brandbekämpfung
   - Verhalten bei Havarien und Katastrophen
   - Unterweisungen/Belehrungen

7. Bedienoperationen
   - Schulmäßige Behandlung am Modell, an technologischen Bildern usw.
   - Schulungen und Training zur Nutzung der Leittechnik (in Warte)
   - Bedienhandlungen an Ausrüstungen, Geräten, Feldtechnik, Armaturen u. a. (im Außenbereich)
   - Praxis der Inbetriebnahme und Außerbetriebnahme
   - Praxis der Probeentnahme

Tabelle 4–5 (Fortsetzung)

- Kontrollrundgänge
- Nachvollziehen der Bedienoperationen entsprechend der Betriebsanweisungen
- Training am Simulator

8. Pflege- und Instandhaltungsarbeiten

- Arbeiten des Bedienungspersonals
- vertiefte Schulung und Training der EMR-, Maschinen- und Anlageninstandhaltungstechniker (Konstruktion der Komponenten und Bauteile, Maßnahmen der Inspektion und Wartung, Störungsdiagnostik, Durchführung der Instandsetzung, Gefahren und Verhaltensregeln u. v. a.)

Tendenzen zur Selbstüberschätzung bzw. persönliche Eitelkeit sind völlig fehl am Platze.

Eine erfolgreich absolvierte Ausbildung, u. U. auch mit einem Zertifikat belegt, gibt Sicherheit im Auftreten und Handeln während der Inbetriebnahme.

Der Inbetriebnahmeleiter sollte bezüglich einer umfassenden Ausbildung, unabhängig von der betreffenden Person, keine Kompromisse zulassen. Bei wichtigen Personen im Team sollten insbesondere auch die persönlichen Eigenschaften beobachtet werden. Wer z. B. „alles besser weiß, immer Recht haben will, alles selber machen will, wenig kontaktfreudig" ist, ist oft für die vorgesehene Aufgabe ungeeignet. Derartige Eigenschaften sind nur selten in der Ausbildungsphase zu ändern.

Die Ausbildung sollte hierarchisch ablaufen. Das heißt, sie beginnt mit dem Fachpersonal der für die Inbetriebnahme verantwortlichen Firma. Ein Großteil wird sicher aus Erfahrungen bzw. aus der Planungs- und Montagephase schon Vorkenntnisse besitzen und diese einbringen. Die Ausbildung des Inbetriebnahmeleitpersonals kann z. T. schon in den Stammhäusern der jeweiligen Firmen erfolgen.

Im zweiten Schritt erfolgt die Ausbildung des Leitpersonals (Betriebsleiter, Ingenieure, Chemiker, Meister) seitens des Betreibers. Mitunter wird dies auch teilweise in Referenzanlagen des Verkäufers durchgeführt.

Im dritten Schritt wird dann die ganze Mannschaft, einschließlich der Instandhaltungskräfte, Laboranten usw. geschult. Die zuvor ausgebildeten Führungskräfte des Betreibers werden dabei einbezogen. Sie kennen ihre Leute am besten und müssen später ohnehin allein auskommen.

4.2.2 Durchführung der Ausbildung

„Welche Ausbildungsmöglichkeiten zur Inbetriebnahme verfahrenstechnischer Anlagen sind grundsätzlich gegeben, und wie werden sie beurteilt?"

Die Antwort auf diese Frage soll die nachfolgende Auflistung und Bewertung der wichtigsten Ausbildungsformen geben.

a) Theoretische Schulungen durch Vorträge, Seminare, Vorführen von Videofilmen, Diapositiven u.a. Kommunikations- und Präsentationsmöglichkeiten,

– Diese Form ist notwendig, aber „nur" Theorie. Sie sollte durch andere aktive und interaktive Methoden, wie z.B. Selbststudium von Unterlagen (Inbetriebnahmedokumentation, Betriebs- bzw. Instandhaltungshandbuch) oder Fallbeispiele ergänzt werden.

– Schwerpunkt der Schulungen sollten die wesentlichen technologischen Grundlagen und Kopplungen im Verfahren sein. Auf sensible Teilprozesse und Anlagenkomponenten muß vertieft eingegangen werden.

– Beispielsweise war es bei katalytischen Verfahren stets zweckmäßig, gezielt auf die Beeinflussung der Aktivität und Lebensdauer des Katalysators einzugehen. Das scheinbar Mystische dieses sog. Herzes mancher verfahrenstechnischen Anlage erhöht i.a. die Aufmerksamkeit und Gewissenhaftigkeit des Anlagenpersonals bei der Handhabung und Prozeßführung. Ähnliches gilt für andere Spezialprodukte und -ausrüstungen.

– Die neuralgischen Punkte des Verfahrens und der Anlage müssen *allen* Bekannt sein, auch wenn nicht jeder die Einzelheiten versteht.

– Nachdem das Grundwissen zum Normalbetrieb (Nennzustand) vermittelt wurde, sollten die Hauptschritte zur Vorbereitung und Durchführung der Inbetriebnahme gelehrt werden. Die Leitlinien der Inbetriebnahmedokumentation sind dafür gut geeignet.

– Die wichtigsten denkbaren Abweichungen vom technologischen Normalregime sind mit ihren komplexen Auswirkungen darzustellen. Dabei ist möglichst eine Brücke zur Erfahrungswelt der Auszubildenden zu schlagen. Wissen wird bekanntlich erst dann zur Überzeugung und somit inneren Motivation, wenn der Einzelne es nachempfinden kann und akzeptiert.
Zu den vorgenannten Abweichungen sind die entsprechenden Gegenmaßnahmen einschließlich der Bedienhandlungen zu erläutern.

Anschauungsmaterialien, wie sie z.B. für die Fallbeispiele

– Durchgehen einer chemischen Umsetzung im Reaktionsgefäß,
– Entweichen brennbarer Gase,
– Erstarren von Wachs in einer Rohrleitung,

– Eisen- und Titanbrand einer Chlorleitung,
– Leckage am Mannloch bei der Inbetriebnahme,
– Staubexplosion,
– Unterrostung von isolierten Leitungen für gefährliche Flüssigkeiten,

in [4–7] genannt sind, können dabei sehr hilfreich sein. Ähnliches gilt für veröffentlichte Schadensanalysen [3–13, 3–14], soweit sie zutreffen.

Die moderne Multimedia-Technik wird neue Perspektiven bei der Wissensdarbietung, auch in bezug auf Inbetriebnahmeschulungen, aufzeigen.

b) Schulung und Training am Simulator

– In der Verkehrstechnik werden Flug-, Schiffs- und Fahrzeugsimulationen seit längerem erfolgreich bei der Ausbildung genutzt. Bei Kernkraftwerken ist die Simulatorausbildung für Schichtleiter und Operateure bereits Standard [4–8]. Aber auch in konventionellen Kraftwerken [4–9] sowie in der chemischen Großindustrie [4–10] bis [4–15] und im Großanlagenbau [4–16, 4–17] werden Simulatoren zunehmend genutzt.

– Die Simulatoren basieren auf einem mathematischen Modell des Prozesses und beschreiben dessen dynamisches und stationäres Verhalten mehr oder weniger gut. Der Grad der Modell-Adäquatheit bestimmt zugleich die Wirklichkeitsnähe des Simulators und damit der ganzen Simulatorausbildung. Man unterscheidet in diesem Zusammenhang zwischen Schulungssimulatoren und Trainingssimulatoren [4–12].
Der Schulungssimulator (s. Bild 4–1) soll den Auszubildenden zunächst grundlegende Kenntnisse zur Prozeß- und Betriebsführung typischer ver-

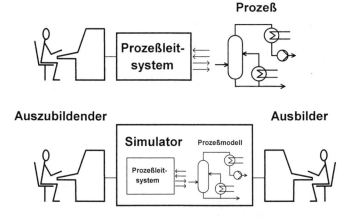

Bild 4–1. Veranschaulichung von Wirklichkeit (oben) und Training am Simulator (unten).

fahrenstechnischer Anlagen vermitteln. Er basiert auf Standardmodellen für die üblichen Grundoperationen, d.h. bildet keinen konkreten Prozeß/Anlage ab. Trotzdem ist er für die Grundausbildung von Bedienpersonal und Verfahrenstechnikern nützlich und wird in Ausbildungseinrichtungen auch im Zusammenhang mit Bedienübungen am Prozeßleitsystem verstärkt genutzt.

Der Trainingssimulator (s. Bild 4–2) soll den Prozeß in der konkreten Anlage wirklichkeitsnah nachbilden. Mit dem Trainingssimulator soll die Bedienung und Führung des Prozesses, wie sie sich später bei der Inbetriebnahme darstellt, durch den Operator geübt werden. Damit sind zwangsläufig wesentlich höhere Aufwendungen und Kosten für die Modell- und Simulatorentwicklung verbunden. Trainingssimulatoren kommen deshalb vorrangig bei großen und komplizierten Anlagen oder Anlagen, die in erhöhter Stückzahl gebaut werden, zum Einsatz.

In [4–10] werden am Beispiel einer großen Ammoniakanlage Kosten für die Inbetriebnahme-Ausbildung einschließlich des Simulators von 0,5 % der Investitionskosten genannt.

– Dort, wo zur Inbetriebnahme wirklichkeitsnahe Trainingssimulatoren genutzt werden können, ergeben sich folgende Vorzüge:

 ● die Inbetriebnahmekosten (Zeitverkürzung, Material- und Energieeinsparung) verringern sich,

 ● die Markteinführung mit verkaufsfähigen Endprodukten wird beschleunigt,

 ● die Bedienungssicherheit im bestimmungsgemäßen und gestörten Betrieb nimmt erheblich zu.

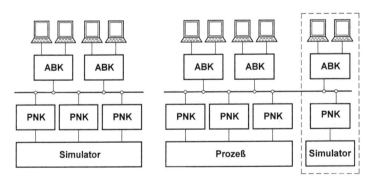

a) vor der Inbetriebnahme   b) während des Dauerbetriebes

Bild 4–2. Einbindung des Trainingssimulators in das Prozeßleitsystem (nach [4–12]).
         ABK: Anzeige- und Bedienkomponente
         PNK: Prozeßnahe Komponente

– Neben der Wirklichkeitsnähe (Bedienoberfäche, Echtzeitverhalten) hat der Trainingssimulator eine Reihe von Möglichkeiten/Funktionen (s. Tabelle 4–6), die beim späteren Anlagenbetrieb nicht existieren. Die Sonderfunktionen in Tabelle 4–6 machen den ganzen Einsatzspielraum aber sicherlich auch die Kosten für derartige Trainingssimulatoren

Tabelle 4–6. Ausgewählte Sonderfunktionen von Prozeßführungssimulatoren.

Start/Stop:	Simulator wird angehalten und der aktuelle Zustand eingefroren/Fortsetzung erfolgt von diesem Zustand aus.
Zeitraffer:	Simulator arbeitet deutlich schneller (z. B. 5fach) als wirklicher Prozeß (Echtzeit) und ermöglicht Vorausschau und Zeiteinsparung.
Zeitlupe:	Vorgänge werden gegenüber Echtzeit verlangsamt (Analyse schneller Vorgänge/Störungen möglich).
Repetierendes Rechnen:	Simulator führt zyklisch Simulationsrechnungen über ein in der Regel festes Zeitintervall durch (u. a. zur Vorausberechnung bei Operatorberatung).
Restart:	Simulator wiederholt die Simulation eines Vorganges.
Teilmodell-Simulation:	Simulator behandelt Teilprozesse separat; an Schnittstellen können. Szenarien als Randbedingungen vorgegeben werden.
Schnappschuß:	Simulator speichert momentanen Zustand temporär ab, ohne die laufende Simulation anzuhalten.
Archivierung:	Simulator speichert auf Massenspeicher ab: Neben den Werten der Prozeßgrößen sind alle Parameter für die vollständige Reproduktion des Anlagenzustandes abzuspeichern.
Step-back:	Simulator ruft Zustand aus Vergangenheit auf (u. a. um Bedienfehler rückgängig zu machen).
Replay:	Simulator wiederholt einen auf einem Massespeicher abgelegten zeitlich begrenzten Vorgang (ohne Eingriffsmöglichkeit).
Startwert-Generierung:	Simulator bietet mehrere Möglichkeiten zur Vorgabe (Eingabe, Berechnen, Einsetzen) von Startwerten.
Störszenarien:	Den Simulator können vom Ausbilder die verschiedensten Störszenarien vorgegeben werden.
	Diese können Verriegelungen, Ausfälle von Ausrüstungen und Bauteilen, Änderungen bei Einsatzstoffen und Betriebsmitteln u. v. a. betreffen. Die Störung kann als diskreter Wert bzw. als Zeitfunktion aufgegeben werden. Sie kann manuell, automatisch oder zufallsgeneriert ausgelöst werden.
Optimierung:	Simulator ermittelt in Ergänzung zu den Verläufen der zukünftigen Prozeßgrößen gleichzeitig die im Sinne eines Gütekriteriums optimalen Steuergrößen (Schaltzeitpunkte, konstante oder rampenförmige Sollwerte).

deutlich. Im Einzelfall ist zu prüfen, auf welche Funktionen verzichtet werden kann.

Trotz der erheblichen Kosten wird sich der Trend zur dynamischen Prozeßsimulation, insbesondere für große und komplizierte Anlagen, fortsetzen. Gründe dafür sind:

- Die Prozeßsimulation dient zugleich der Verfahrensentwicklung (dynamische Anlagenauslegung, sichere Maßstabsübertragung) und der wirtschaftlicheren Prozeßführung im Dauerbetrieb. Damit amortisiert sich der Simulator günstiger.

- Die Systemprogramme zur Modellierung verfahrenstechnischer Anlagen werden immer leistungsfähiger. Gleichzeitig wird die Hardware (einschließlich der Leittechnik) ebenfalls leistungsfähiger und preiswerter.

- Das Sicherheits- und Umweltbewußtsein wird weiter steigen und die Investitionsbereitschaft in Prozeßführungs- und Störfallsimulatoren [4–18] erhöhen.

- Mit Hilfe der Expertensystem-Technologie wird es in absehbarer Zeit gelingen, auch Erfahrungswissen und heuristische Modelle in Simulatoren zu verarbeiten. Dies könnte den Aufwand für die Modellerstellung verringern.

- Für die Ausbildung werden Expertensysteme verstärkt genutzt [4–13, 4–19].

c) Praktische Ausbildung in ähnlichen Anlagen des Verkäufers bzw. Käufers

- Diese Maßnahme ist wertvoll, da
  - die fertige Anlage kennengelernt wird,
  - die Anlage während des Betriebes beobachtet wird,
  - Erfahrungen anderer Betreiber sowie auch von EMR-, Labor- und Wartungspersonal vermittelt werden.

- Zu beachten ist, daß diese Anlagen meistens im Dauerbetrieb angetroffen werden, sie fahren sozusagen „Strich". Die praktische Wissensvermittlung für die Inbetriebnahme ist sehr eingeschränkt.

- Eigene Erfahrungen, bei denen Wartungs-, Labor- und Bedienungskräfte der zukünftigen Betreiber über mehrere Monate in anderen Anlagen dieses Typs gearbeitet und sich „on job" geschult haben, waren gut, aber sicher auch teuer.

d) Praktische Ausbildung in Verbindung mit der Montageüberwachung sowie der Inbetriebnahmevorbereitung während der Montage

- In Vorbereitung der praktischen Arbeiten sind ausführliche, aktenkundige Belehrungen und Unterweisungen zur Arbeitsordnung auf der Baustelle sowie zu den sicherheitstechnischen Vorschriften u. ä. nötig.

– Diese Möglichkeit ist konsequent, insbesondere auch für technische Kräfte zu nutzen. Zweckmäßig beginnt man mit dem maßgeblichen Personal (ca. 2 bis 3 Monate vor Montageende) und stockt schrittweise auf. Zum Reinigen der Anlage und bei den Abnahmeprüfungen sollten möglichst alle einbezogen werden.

– In diesem Zusammenhang kann es sich als ungünstig erweisen, wenn die neue Mannschaft aus anderen Anlagen des Betreibers kommt und erst spät freigestellt wird bzw. bei dortigen operativen Problemen „kurzzeitig zurück" muß.

Alle vorgenannten Ausbildungsmöglichkeiten haben ihre Berechtigung und sind entsprechend der konkreten Situation effizient zu nutzen.

Die Wissensvermittlung sollte immer als Einheit von Theorie und Praxis erfolgen, d. h. die theoretischen Ausführungen sind an Hand des Modells und zunehmend in der Anlage vor Ort bzw. in der Warte augenscheinlich zu belegen und zu erproben.

4.3 Reinigen der Anlage

Die Reinigung der Anlage umfaßt sowohl das Beräumen und Säubern der Außenbereiche als auch das Entfernen unerwünschter Stoffe aus dem Innern der Anlagenkomponenten. Während die erste Aufgabe überwiegend dem Montagepersonal zukommt, wird die zweite Aufgabe im allgemeinen unter maßgeblicher Mitwirkung des Inbetriebnahmeteams, einschließlich dem Betreiberpersonal, durchgeführt.

Die äußerliche Beräumung der Anlage stellt, schon aus Arbeitsschutzgründen, eine Selbstverständlichkeit dar, obwohl manche Handwerker schneller abgezogen sind als man denkt!

Probleme können sich dann ergeben, wenn beispielsweise

– die Montage einzelner Teilanlagen zeitlich versetzt erfolgt, so daß die eine Teilanlage zur Reinigungsprozedur (im Innern) freigegeben ist, während in andern Bereichen noch montiert wird oder

– parallel zur Reinigungsprozedur noch Restmontagearbeiten an der gleichen Teilanlage (z. B. Isolierarbeiten) erfolgen.

Im Einzelnen ist entsprechend der konkreten Situation über den möglichen Beginn der Reinigungsprozedur zu entscheiden.

Bevor auf die Einzelschritte dazu eingegangen wird, sei zuvor auf drei Aspekte bezüglich der Schnittstelle Montage/Inbetriebnahme verwiesen:

a) Meistens finden die Reinigungsprozeduren sowie der Großeil der Abnahmeprüfungen (s. Abschnitt 4.5) während der Montagephase, d.h. vor Unterzeichnung des Montageendprotokolls, statt. Dies bewirkt nicht nur eine frühere Inbetriebnahme, sondern gehört nicht selten auch zum vertraglichen Leistungsumfang der Liefer- und Montageunternehmen.
Sieht der Vertrag eine mechanisch komplette Anlagenmontage vor, so muß das Montageunternehmen nach erfolgter Montage gegenüber dem Generalauftragnehmer die vertragsgerechte (u. a. qualitätsgerechte und funktionsgerechte) Ausführung nicht nur schriftlich bestätigen und belegen (z. B. Einhaltung der planerischen und konstruktiven Vorgaben, Atteste zu den Werkstoffen, Prüfzertifikate von Schweißnähten), sie muß auf ausgewählten Gebieten (s. Tabelle 4–7) dies auch nachweisen.
Die Leistungsnachweise der Montageunternehmen sind i. a. die wesentliche Voraussetzung für die rechtsverbindliche Abnahme der ausgeführten Montagearbeiten durch den Auftraggeber (s. Abschnitt 3.3.1). Mit der Abnahme erwirbt das Montageunternehmen einen Rechtsanspruch auf Vergütung [3-19, §§ 640/641].

Tabelle 4–7. Wesentliche Leistungsnachweise der Liefer- und Montageunternehmen.

1. Druckprüfung an Druckbehältern (z. T. auch beim Hersteller) und Druckbehälterrohrleitungen einschließlich Spülen und Entleeren.

2. Prüfungen anderer Anlagenkomponenten oder Teilanlagen, die nach anderen Gesetzen (z. B. Gerätesicherheitsgesetz [2–46] bzw. Wasserhaushaltsgesetz [2–64]) sowie der abgeleiteten Verordnungen (z. B. VbF) und Technische Regeln prüf- und überwachungspflichtig sind.

3. Prüfung des „spannungsfreien" Rohrleitungsanschlusses sowie der Drehrichtung und des Kupplungssitzes an Maschinen.

4. Probeläufe an Maschinen (Verdichter, Pumpen, Motoren), soweit ohne Produkt möglich.

5. Dichtheitsprüfungen von Teilanlagen und Anlagenkomponenten.

6. Funktionsprüfungen des Prozeßleitsystems.

7. Funktionsprüfungen sonstiger elektrischer, meß-, steuer- und regelungstechnischer Ausrüstungen einschließlich Justieren der Alarm- und Eingriffswerte sowie der Meßbereiche.

8. Durchführung von Abnahmeversuchen an wichtigen Anlagenkomponenten (z. B. Verdichter, Turbinen, Dampfkessel, Kältemaschinen).

Der Inbetriebnehmer muß sich im Vertrag (s. beispielsweise Tabelle 3–6 unter Punkt 5: Garantie und Haftung) zu diesen notwendigen Montage-Leistungsnachweisen sachkundig machen, um sie vorteilhaft bei der Inbetriebnahmevorbereitung zu integrieren und zu nutzen.

b) Die zuvor angeführten Leistungen der Montagefirmen sind im allgemeinen nicht ausreichend, um sofort mit der Inbetriebnahme zu beginnen. Zwecks einer möglichst störungsfreien Inbetriebnahme sind wesentlich umfangreichere und komplexere Reinigungsarbeiten, Funktionsprüfungen usw. nötig. Diese Leistungen werden meistens, auch wenn sie z.T. die Aufgaben entsprechend Tabelle 4–7 berühren, vom Inbetriebnahmeteam (u.U. gemeinsam mit dem Montagepersonal) durchgeführt.

Die Gründe für diese Arbeitsübernahme sind:

– Sie dient gleichzeitig zum Training des Inbetriebnahmepersonals.
– Der Inbetriebnahmeleiter wird nach Montageende die Anlage vom Montageleiter übernehmen. Er hat somit ein großes Interesse an einer fundierten Testung (soweit in dieser Phase möglich) der Ausrüstungen und Anlage. Damit ist ein Grundsatz des Qualitätsmanagements, indem der Nachfolger die Arbeit des Vorgängers kontrolliert, gewahrt.
– Der Inbetriebnahmeleiter ist der Erfahrenere auf dem Gebiet der Inbetriebnahmevorbereitung und voll motiviert, denn er wird allein am Erfolg der Inbetriebnahme gemessen.

c) Zwischen Montage- und Inbetriebnahmeleiter ist eine enge Abstimmung und Zusammenarbeit notwendig, um die geschilderte Übergangssituation erfolgreich zu meistern. Der erste steht in der Pflicht, die Montage vertragsgemäß zu beenden, der zweite möchte soviel wie möglich für die Inbetriebnahmevorbereitung tun. Dabei trägt, solange das Montageendprotokoll noch nicht unterschrieben ist, der Montageleiter die Verantwortung und hat den „Hut" auf.

Die vorgenannten Schnittstellenprobleme zwischen Montage und Inbetriebnahme sind natürlich bei einem Generalvertragsverhältnis einfacher zu bewältigen als bei einem dualen Vertragsverhältnis (getrennte Engineering- und Montageverträge).

Nach diesen mehr grundsätzlichen Überlegungen zum Verhältnis von Montage und Inbetriebnahme soll im weiteren konkret die Reinigung der Anlage betrachtet werden.

Übliche Reinigungsmöglichkeiten sind:

– manuelle und maschinelle mechanische Reinigung durch Fegen, Bürsten, Strahlen, Schleifen u.ä.,

– Ausblasen mit Luft (Stickstoff) und/oder Dampf,

– Spülen mit Wasser oder anderen Flüssigkeiten,

– Sondermaßnahmen, wie z. B. Beizen und Molchen.

Ob und in welchem Umfang die einzelnen Maßnahmen angewandt werden, hängt sicher von den konkreten Bedingungen ab. Der Verfasser empfiehlt, solange nicht gewichtige technisch-technologische Gründe dagegen stehen, die ersten drei Maßnahmen immer durchzuführen, auch wenn sie im Einzelfall nur prophylaktisch erscheinen mögen. Sie lassen sich häufig mit ohnehin notwendigen Abnahmeprüfungen verbinden und sind nicht sehr kostenintensiv. Zeitbestimmend sind die Reinigungsprozeduren meistens auch nicht, da sie vor allem die Rohrleitungen und Apparate betreffen und eine „gleitende" Montage und Reinigung möglich sind.

Eine saubere Anlage „zahlt" sich bei der Inbetriebnahme aus!

4.3.1 Mechanische Reinigung von Anlagenkomponenten

Natürlich muß das Augenmerk bei der Herstellung, Lieferung und Montage darauf gerichtet sein, daß möglichst wenige Verunreinigungen in die Ausrüstungen und Rohrleitungen gelangen. Dies erfordert

– eine sorgfältige Montage und Reinigung beim Hersteller bzw. auf dem Vormontageplatz einschließlich der Entfernung von Rückständen der Wasserdruckproben beim Hersteller,

– eine solide Konservierung und Verschluß/Verpackung der Ausrüstung vor dem Transport,

– die vorschriftsmäßige Lagerung der Komponenten auf der Baustelle,

– die Entfernung von Schweißrückständen (Schlacke, Schweißperlen) aus Rohrleitungen u. a. Komponenten nach der Vorfertigung bzw. Vor-Ort-Montage.

Trotz dieser Sauberkeitsmaßnahmen läßt sich ein gewisser Feststoffeintrag nie ganz vermeiden. Andere Feststoffe, wie Zunderschichten vom Walzen, haften relativ fest und sind schwieriger zu beseitigen oder lösen sich erst später.

Die mechanische Reinigung der inneren Oberfläche von Behältern, größeren Rohren u. a. zugänglichen Anlagenteilen nach der Vor- bzw. Endmontage ist selbstverständlich. Sie kann in bestimmten Fällen, z. B. bei Verwendung bereits benutzter und stärker verschmutzter Teile, mit Hilfe von speziellen Verfahren (Strahlen mit Sand oder Wasser, Vibration) und Geräten [4–20] erfolgen.

Üblich ist auch das Abschleifen von Schweißnaht-Wülsten sowie von eventuell abgelagerten Eisenoxid-Verunreinigungen auf austenitischen Cr/Ni-Stählen. Derartige eisenhaltige Rückstände können sich zum Beispiel in Behältern mit Edelstahlauskleidung nach Spülvorgängen oder nach der Wasserdruckprobe oberflächlich ablagern. Sie haften relativ fest und müssen unbedingt entfernt werden, da sonst die Passivierungsschicht der austenitischen Stähle zerstört würde.

Aufmerksamkeit sollte bei Inspektionen auch der Sauberheit von Kolonnenböden sowie anderen konstruktiv bedingten „Schmutzfängern" gewidmet werden. Sie werden nicht selten bewußt hydraulisch eng ausgelegt, um einen hohen Wirkungsgrad zu erreichen. Geringe Feststoffablagerungen können beim späteren Betrieb zu Strömungsengpässen führen und unter Umständen die Abstellung der Gesamtanlage notwendig machen. Bekanntlich reicht nur *ein* verschmutzter Kolonnenboden aus, um die Kolonne zum Fluten zu bringen.

Der Inbetriebnahmeleiter sollte sich über die „hydraulischen Nadelöhre" der Anlage mit der verfahrenstechnischen Abteilung beraten und diese gezielt auf funktionsgerechten Einbau und Sauberkeit prüfen.

Die mechanische Vorreinigung kann insgesamt nur örtlich, punktuell erfolgen. Zur intensiveren Reinigung der kompletten Anlagen sind i. a. die nachfolgend beschriebenen Reinigungsarbeiten nötig.

4.3.2 Ausblasen der Anlage

Das **Ausblasen** kann mit Luft, Dampf und u. U. mit Stickstoff erfolgen und sollte insbesondere Staub, Flugrost, Schweißrückstände u. ä. aus der Anlage entfernen.

Zunächst muß die Anlage bzw. Teile von ihr, nachdem für diese Prozeduren (sog. **Gasspülprogramm**) die Freigabe vorliegt, dafür vorbereitet werden (s. Tabelle 4–8). Diese sorgfältig durchzuführenden Maßnahmen, z. B. unter Nutzung von Checklisten sowie spezifischen Steckscheibenplänen, sollen sicherstellen, daß sensible Anlagenteile nicht verschmutzen und nicht in ihrer Funktion beeinträchtigt werden.

In der Praxis wird mitunter gefragt, ob das Ausblasen und insbesondere all die technischen Vorbereitungsmaßnahmen notwendig sind. Die Zweifel verstärken sich, wenn bei den ersten Ausblaseschritten kein merklicher Staubanfall sichtbar wird.

Sicherlich können die Erfahrungen des Einzelnen verschieden sein. Der Verfasser vertritt die Meinung, Abstriche an dieser Stelle lohnen in den mei-

Tabelle 4−8. Vorschlag für technische Maßnahmen in Vorbereitung des Gasspülprogrammes.

1. Ausbau der Regelventile und Einbau von Paßstücken (z.T. werden nur Blockarmaturen geschlossen und über Umgang gefahren).

2. Ausbau von Meßblenden, Turbinenzählern, Viertelkreisdüsen u.a. Strömungsmessern sowie Einbau von Paßstücken.

3. Ausbau sonstiger schmutzempfindlicher verfahrensspezifischer Teile (z.B. Filterkerzen für Produkt, Demister).

4. Abblinden der Rohstoff- und Betriebsmittelleitungen am Anlagenein- und -ausgang (soweit das Medium nicht selbst als Spülmittel dient).

5. Absperren der Meßleitungen zu den Transmittern, Prozeßanalysatoren und empfindlichen Geräten.

6. Abblinden von Sicherheitsventilen.

7. Abblinden bzw. Absperren und Umfahren empfindlicher Maschinen (z.B. Zahnradpumpen, Verdichter).

8. Abblinden bzw. Absperren und Umfahren empfindlicher Apparate (z.B. Kolonnen mit Schlitzböden, Mantelräume von Wärmeübertragern).

sten Fällen nicht. Es ist eine wichtige vorbeugende Maßnahme zur Störungsverringerung bei der Inbetriebnahme. Vielleicht hat schon die nicht sichtbare Entfernung einer Schweißperle die ganze Mühe gelohnt.

Das Ausblasen erfolgt überwiegend mit Luft, mitunter auch mit Stickstoff, wenn beispielsweise die Gefahr von unerwünschtem Öl- bzw. Feuchtigkeitseintrag besteht. Ein Reinigen mit Dampf ist vor allem bei Kraftwerksanlagen bzw. Dampf- und Kondensatsystemen üblich.

Um ausreichende Strömungskräfte zu erreichen, sind beim Ausblasen von Rohrleitungen Strömungsgeschwindigkeiten von über 50 m/s anzustreben. Bei Rohrleitungen mit geringem Durchmesser, z.B. Steuerluft-, Impuls-, Probenahme- oder Begleitheizungsleitungen, sind die verfügbaren Luftmengen aus dem „Netz" ausreichend. Bei Leitungen mit größeren Durchmessern ist das vorhandene Druckluftnetz im allgemeinen überfordert. Man hilft sich dann, indem man

a) eine geeignete Ausrüstung über längere Zeit aufpuffert und dann kurzzeitig die Luft über das zu reinigende Rohrsystem ins Freie ausbläst oder

b) einen u.U. in der Anlage vorhandenen Verdichter nutzt. Diese Möglichkeit setzt nicht nur die Maschine, sondern auch ihre Einsetzbarkeit für diesen Lastfall (Nebenfahrweise) voraus.

Die Vorgehensweise bei der ersten Variante (Aufpuffern und kurzzeitig Abblasen) ist folgende:

– An Hand des R&I-Fließbildes werden geeignete Druckluftpuffer (Kolonnen, Behälter, Reaktoren) und mit ihnen in Verbindung stehende Rohrleitungssysteme ausgewählt. Eine größere verfahrenstechnische Anlage wird auf diese Weise in 10 bis 20 auszublasende Teilsysteme zerlegt. Der zulässige Betriebsüberdruck ist selbstverständlich zu beachten.

– Danach ist im Detail festzulegen, an welcher Stelle und wie das Teilsystem zu öffnen ist. Meistens werden Armaturen oder Paßstücke ausgebaut bzw. Entleerungsarmaturen geöffnet. Ein Ausströmen der Luft kann über vorhandene Entspannungsleitungen oder über geöffnete Flanschverbindungen erfolgen. Im letzten Fall sollte zwischen die beiden Flansche eine Blindscheibe mit Distanzstück (Schweißdraht, Blechstreifen, Mutter) montiert werden, so daß von Seiten des Druckpuffers ein freier Austritt in die Atmosphäre vorhanden ist und kein Schmutz ins anschließende Rohrstück gelangt.
Bei Regel- und Sicherheitsventilen sollte das Ausblasen über die Umgangsleitungen erfolgen. Parallele Stränge von Ofenrohrsystemen, Luftkühlern u. ä. sind nacheinander auszublasen.
Bild 4–3 zeigt die Skizze aus dem Gasspülprogramm für die im Bild 2–2 dargestellte Anlage. Derartige Skizzen werden vom Inbetriebnahme- und/oder Montageteam auf der Baustelle operativ erarbeitet.
Im vorliegenden Beispiel wurde wegen schlechter Druckluftqualität mit Stickstoff ausgeblasen. Die Kolonne K 101 und die Reaktoren B 101 und B 102 dienten als Puffer. Die Austrittsöffnungen ins Freie sind durch Pfeile markiert und die Blindscheiben nicht dargestellt. Dort, wo in der Leitung die MSR-Positionsnummer steht, ist zuvor das Regelventil ausgebaut worden.

– Abschließend erfolgt ein wechselseitiges Aufpuffern und Entspannen über einzelne bzw. mehrere Öffnungen ins Freie.
Ob wirklich von Flansch zu Flansch vorgegangen wird oder größere Rohrleitungslängen/-systeme zusammen ausgeblasen werden können, hängt insbesondere vom Verschmutzungsgrad ab. Andere Faktoren, wie Zeitdauer, Betriebsmittelverbrauch, Rohrleitungsgeometrie, sind ebenfalls zu beachten.

Die während des Ausblasens auftretenden Staubemissionen sind relativ gering. Ist mit größeren Staubmengen (z.B. nach dem Einfüllen von abriebhaltigen Schüttgütern) zu rechnen, so sollte durch temporäre Schmutzfänger oder durch Entspannung in Abscheidebehälter der Staub bzw. das Unterkorn zurückgehalten werden.

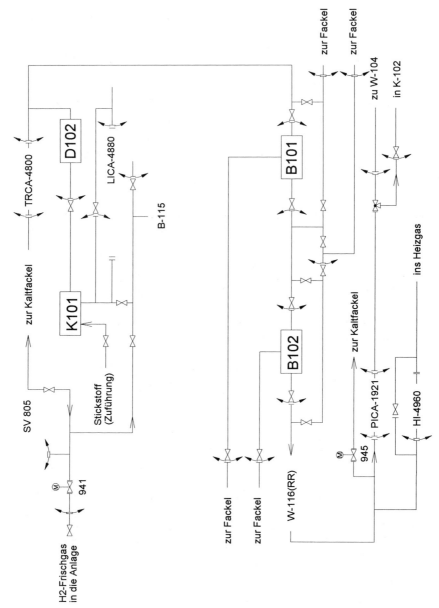

Bild 4–3. Skizze aus dem Gasspülprogramm einer Anlage zur Reinigung eines wasserstoffreichen Raffineriegases.

Bei Anwendung der beschriebenen Ausblasetechnologie ist zu beachten, daß im Pufferapparat vorhandene Einbauten durch das plötzliche Entspannen nicht zerstört werden. Insbesondere bei Kolonnen können die Druckverluste über den Böden weit höher als die Nennwerte sein. Dies kann überhöhte Kräfte auf die Böden und ihre Befestigung bewirken, die zu Verformungen bzw. Zerstörungen führen.

Der Verfahrenstechniker sollte deshalb zuvor prüfen, daß die zulässigen Kräfte nicht überschritten werden.

In Bild 4 – 4 ist schematisch der Strömungsweg bei plötzlicher Entspannung über die Sumpfleitung dargestellt. Während die Siebböden gasdurchlässig sind, behindern Ventilböden stark die Abströmung. Die Ventile wirken ähnlich Rückschlagklappen. Das heißt, die Abströmung muß vorwiegend über die Schächte und den Ablauftrog erfolgen. Dies kann auch bei vergleichsweise langsamer Entspannung schon kritisch sein.

Bei Ventilkolonnen ist somit eine Entspannung über Kopf besser. Unter Umständen sollte auf das Ausblasen der Sumpf- und Umlaufverdampferrohre verzichtet werden.

Vorsicht ist auch geboten, wenn sich in den Pufferapparaten schon Schüttgüter (z.B. Trockenmittel, Aktivkohle, Füllkörper) befinden. In diesen Fällen darf möglichst nicht nach oben entspannt werden, da die Gefahr besteht, daß die Schüttung expandiert bzw. die oberen Partikel sogar wirbeln. Dies kann zu erhöhtem Abrieb führen.

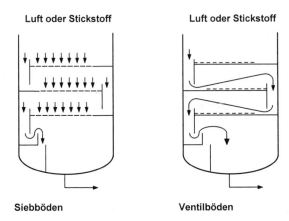

Luft oder Stickstoff　　　　**Luft oder Stickstoff**

Siebböden　　　　**Ventilböden**

Bild 4 – 4. Gasströmung in Sieb- bzw. Ventilbodenkolonnen bei Sumpfentspannung (nach [4 – 21]).

Die als Variante b) angeführte Verwendung eines Verdichters ist insbesondere in Anlagen mit Gaskreisläufen nutzbar. Meistens können damit allein aber nicht alle Leitungen ausgeblasen werden, so daß die Variante mit Aufpufferung auch nötig wird.

An Stelle von Luft/Stickstoff wird zum Ausblasen teilweise Dampf eingesetzt. Der Reinigungseffekt ist wesentlich intensiver und vorteilhaft bei der Reinigung von Wasser-, Dampf- und Kondensatsystemen. Erfahrungsgemäß lösen sich die hartnäckigen Rückstände (z. B. vom Walzen und Schweißen) erst im Betrieb ab, wenn das Grundmaterial unter Temperatureinwirkung gedehnt und kontrahiert wird sowie heißes Produkt strömt. In solchen Fällen kann ein intensives, längeres Ausblasen dieser Leitungen mit Dampf sehr zweckmäßig sein.

Das Ausblasen mit Dampf ist typisch für Heiz- und Kraftwerke. Beispielsweise werden die Dampfleitungen zwischen Kessel und Turbine ins Freie ausgeblasen. Mehrmaliges Ausblasen mit zwischenzeitlichem Erkalten begünstigt den Erfolg. Man spricht im speziellen Fall von einem sog. Ausblaseprogramm mit Ausblaseschema, welches zur Erfassung aller wesentlichen Rohrleitungen planerisch und technisch vorzubereiten ist. Mit der Erzeugung des Ausblasedampfes beginnt zugleich die Funktionsprüfung des Kessels.

Nachteilig beim Einsatz von Dampf in anderen verfahrenstechnischen Anlagen ist häufig:

– Es verbleibt Kondensat im System, welches im allgemeinen vor der Inbetriebnahme wieder entfernt werden muß.

– Die Rohrleitungen müssen für die erhöhten Temperaturen ausgelegt sein (z. B. Längsdehnung).

Abschließend noch eine Bemerkung zum Ausblasen der Ausrüstungen:

Zum Teil werden Behälter bei geöffnetem Mannloch mittels eines Druckluftschlauches (u. U. sogar durch Einstieg unter Staubmaske) ausgeblasen. Der Effekt ist jedoch fraglich. Zweckmäßiger erscheinen bei größeren Ausrüstungen eine sorgfältige mechanische Reinigung und ein gründliches Ausspülen.

4.3.3 Spülen der Anlage

Das zuvor beschriebene Ausblasen der Anlage ist zweckmäßig, aber für eine sorgfältige Inbetriebnahmevorbereitung i. a. nicht ausreichend. Deshalb werden in einer zweiten Reinigungsprozedur die Anlagen bzw. Anlagenteile mit geeigneten Flüssigkeiten gespült. Als Spülmedien ist vorwiegend Wasser (sog. **Wasserspülprogramm**) üblich. In speziellen Fällen kommen auch andere geeignete Produkte (sog. **Produktspülprogramm**) zum Einsatz.

Auf noch intensivere Spülmaßnahmen wird im nachfolgendem Abschnitt eingegangen.

Die technischen Vorbereitungen sind durch das vorangegangene Ausblasen weitgehend gegeben, so daß in folgender Weise mit der Vorbereitung und der Durchführung der Spülung verfahren werden kann:

Erarbeitung der Spültechnologie

Diese beinhaltet insbesondere:

– Was soll gespült werden?
– Welche Spülwege sollen realisiert werden?
– Womit und unter welchen Bedingungen (Temperatur, Druck u.a.) soll gespült werden?

Die Beantwortung der ersten Frage ist sehr stark von den spezifischen Bedingungen abhängig und gemeinsam mit dem vorhergehenden Ausblasen sowie den Funktionsproben zu sehen. In den meisten Fällen werden die Apparate in Verbindung mit kleineren und größeren Pumpenkreisläufen gespült.

In diesen Leitungen sitzen die meisten Strömungsmesser und Regelventile die vor Verschmutzung geschützt werden müssen. Als Spülmedium wird meistens Wasser genutzt. Wasser löst relativ gut, ist nicht brennbar und nicht toxisch. Ferner ist es billig, gut zu entsorgen und liegt fast immer an.

Nachteilig bei der Verwendung von Wasser ist, daß

– Wasser z.T. mit Feststoffen (Sand) und Salzen (Chloride, Härtebildner) verunreinigt ist,
– Wasser an Normalstahl Rost erzeugt und ein sehr guter Elektrolyt ist (elektrochemische Korrosion),
– Wasser schon bei 0 °C gefriert und
– Wasser in verschiedenen Verfahren stört.

Daraus ergeben sich Einschränkungen und notwendige Sonderlösungen.

Eine solche Sonderlösung betrifft vorrangig Raffinerieanlagen. Hier wurde mit gutem Erfolg Dieselkraftstoff als Spülmedium eingesetzt. In den meisten Eigenschaften ist er vorteilhafter als Wasser, nur seine Brennbarkeit bringt, obwohl sein Zündverhalten relativ träge ist, gravierende Einschränkungen bzgl. paralleler oder anschließender Montage-/Reparaturarbeiten. Eine Raffinerie muß derartige Situationen aber häufig bewältigen.

Erarbeitung des detaillierten Spülprogrammes

Dazu gehören:

- Skizzen des zu spülenden Apparates, einschließlich Rohrleitungssystem,
- Vorgabe der Bedingungen sowie der Vorgehensweise bei der Spülung,
- Maßnahmen zur Entsorgung der verschmutzten Spülflüssigkeit,
- Maßnahmen zur Nachbehandlung der gespülten Anlagenteile.

Einbau von Spül- bzw. Anfahrsieben

In verfahrenstechnischen Anlagen dienen verschiedenartigste Siebe zum Schutz schmutzempfindlicher Ausrüstungen, Meßgeräte, hochwertiger Stellglieder u. a. Komponenten [4–22].

Derartige Siebe können in spezielle Filterapparate, die sowohl beim Reinigen als auch im Dauerbetrieb der Anlage zum Einsatz kommen, eingebaut werden. Beispiele dafür sind Filter mit Schutzsieben vor Verdichtern und Dampfturbinen.

Eine einfache Ausführung sind Rohrleitungsschutzsiebe in Verbindung mit Rohrleitungselementen (s. Bild 4–5). Beispielsweise Sonderrohrform-

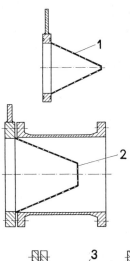

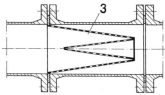

Bild 4–5. Ausführungsformen typischer Spül- bzw. Anfahrsiebe.
1: Kegelsieb,
2: Hutsieb mit Paßstück,
3: Doppelkegelsieb mit Paßstück.

stücke mit eingestecktem zylindrischen oder T-förmigen Siebeinsatz bzw. Hut- und Scheibensiebe mit Klemmring, der das Sieb zwischen zwei Flanschen hält. Die letztere Ausführungsform wird insbesondere als temporärer Schmutzfänger beim Spülen von Anlagen genutzt.

Die Siebe werden z. B. an Stelle einer Steckscheibe zwischen die Vorschweißflansche (Variante 1) oder als komplettes Rohrleitungspaßstück (Variante 2) montiert. Sie zeigen mit der Spitze entgegen der Strömungsrichtung und schützen insbesondere Pumpen, Gebläse, Verdichter, Regelventile vor Schmutz. Neben der Festigkeitsbemessung gegenüber dem maximalen Differenzdruck sollten sie einen geringen Druckverlust sowie eine möglichst große Schmutzaufnahmekapazität aufweisen. Das gezeigte mehrfachkegelige Sieb (Variante 3) hat eine wirksame Filterfläche vom 3- bis 5fachen des Rohrleitungsquerschnittes, eine relativ geringe Einbaulänge sowie eine konzentrierte Schmutzabscheidung in der vorderen Spitze. Die Gefahr der Versetzung bzw. eines unzulässig hohen Druckverlustes ist verringert.

Nach dem Spülen und/oder Anfahren kann das Filter durch eine Ringscheibe ersetzt werden.

Der Einbau von Filtersätzen kann auch in den Einlauf- und Rücklaufleitungen von Kolonnen (zum Schutz der Flüssigkeitsverteiler), in speziellen mantelseitigen Zuführungsleitungen zu Wärmeübertragern usw. nützlich sein.

Überprüfung der Spülstutzen auf Vorhandensein und funktionsgerechte Ausführung

Dies betrifft sowohl die Ein- und Austrittsstutzen als auch die Stutzen/Ventile zur Restentleerung von Apparaten und Rohrleitungen entsprechend dem Spülprogramm. Rohrleitungen sollen an ihren Tiefpunkten Restentleerungsstutzen haben, da sich sonst sog. Wassersäcke bilden, die nur schwer und langwierig auszutrocknen sind. Ferner ist es vorteilhaft, wenn die zu entwässernden Leitungen mit geringem Gefälle verlegt wurden.

Zu diesem Zeitpunkt wird sichtbar, ob in diesem Detail eine inbetriebnahmegerechte Planung erfolgt ist.

Schrittweise Durchführung der Spülhandlungen

Die praktische Vorgehensweise könnte folgendermaßen sein:

- Teilweises Füllen von Behälter/Kolonne mit Spülmedium, Verweilen und Ablassen (evtl. Wiederholung),
- Füllen des Behälters/Kolonnensumpfes mit Spülmedium; Stellen des Spülkreislaufes; Inbetriebnahme der Pumpe und Spülen der Kreisläufe: Apparat → Rohrleitung → Pumpe → Rohrsystem → Apparat.

- Auskreisen des verschmutzten Spülmediums,
- Ausbau und Reinigung der Anfahrfilter sowie ggf. Wiederholung der Spülhandlung.

Das Spülen der Anlage sollte möglichst in Verbindung mit Abnahmeprüfungen (s. Abschnitt 4.5) erfolgen. Zweckmäßig ist zunächst ein erstmaliges Spülen unter Beachtung der vorbeugenden technischen Maßnahmen lt. Tabelle 4–8, evtl. gemeinsam mit der Wasserdruckprüfung. Anschließend wird das Spülmedium abgelassen, die Maßnahmen lt. Tabelle 4–8 rückgängig gemacht, neues Spülmedium eingespeist und gemeinsam mit den Funktionsprüfungen bzw. Probeläufen die Feinspülung der Anlage durchgeführt.

4.3.4 Sondermaßnahmen

Einen Sonderfall des Spülens stellt das **Beizen** dar. Hierunter versteht man die Entfernung anorganischer Verunreinigungen von der metallischen Oberfläche mittels einer chemisch wirkenden Flüssigkeit [4–23]. Als Beizmedium kommen verdünnte Säuren (Phosphorsäure, Zitronensäure, Schwefelsäure) und seltener verdünnte Laugen zum Einsatz.

Gründe für eine chemische Reinigung von Anlagenkomponenten sind u. a.:

a) das Entfernen komplexer, festhaftender Zunder- und Oxidschichten, die durch Korrosion von Metallen bei höheren Bearbeitungstemperaturen (Glühen, Walzen, Schmieden, Schweißen) sowie ohne Schutzgasatmosphäre entstehen und beim späteren Betrieb schwere Schäden bewirken können. Oberflächlicher Rost wird selbstverständlich mit entfernt.
   Typische Einsatzfälle sind die Ölkreisläufe von Verdichtern und Turbinen, wo kleinste Schmutz- bzw. Feststoffpartikel die Lager, Getriebe und Steuerorgane zerstören können. Apparate und Rohrleitungen aus dem Wasser-Dampf-System von Kraftwerken werden i. a. gleichfalls chemisch gesäubert. (Tabelle 5–8: Vorgehensweise bei der inneren Reinigung von Dampferzeugeranlagen.)
   Aus der Praxis des Verfassers ist ein Fall bekannt, wo mit Rost überzogene Kolonnenboden-Segmente (Schlitzböden) durch ca. 30minütiges Tauchen in ein Beizbad sehr gründlich und erfolgreich, kurz vor der Inbetriebnahme, gereinigt wurden.
b) die Beseitigung von unerwünschten Oxidschichten, wenn diese unerwünschte Reaktionen auslösen bzw. begünstigen.
   Beispielsweise mußten wesentliche Teile einer Anlage zur extraktiven Butadiengewinnung aus einer C_4-Fraktion gebeizt werden, da in diesem Fall das Eisenoxid eine unerwünschte Polymerisationsreaktion katalysierte.

c) die Notwendigkeit einer chemisch und/oder bakteriologisch reinen Anlage, wie sie vorrangig in der kosmetischen und pharmazeutischen Industrie [2–1] gefordert wird. Dabei dient die chemische Reinigung nicht nur zur Entfernung anorganischer Verunreinigungen (z. B. vor der Erstinbetriebnahme) sondern auch von organischen Produktresten (z. B. beim Umstellen der Anlage auf ein anderes Produkt).

Das Reinigungsprogramm enthält üblicherweise die Schritte:

Vorspülen mit Wasser → basische Reinigung → Zwischenspülen mit Wasser → saure Reinigung → Nachspülen mit Wasser.

Der Reinigungsaufwand ist erheblich.

d) die gemeinsame Durchführung von Reinigung und Passivierung. Zahlreiche Metalle und insbesondere die Cr/Ni-Stähle sind korrosionsbeständig gegenüber bestimmten Medien, weil sie dichte, oxidische Deckschichten aufbauen. Man spricht von einer sog. Passivierung [4–24]. Durch eine gezielte Säureeinwirkung beim Beizen kann eine zerstörte Passivschicht wieder aufgebaut werden.

Das Beizen bzw. allgemeiner die chemische Reinigung erfolgt in der Regel durch Spülen oder Fluten der montierten Ausrüstung mit dem Reinigungsmedium. Während der Planung sind dafür notwendige Stapelbehälter, Pumpen und Rohrleitungen vorzusehen.

Bei Maschinenrohrleitungen wird meistens im Tauchbad gebeizt. Dies kann bei vielen Rohrleitungen bereits nach der Vorfertigung stattfinden. Die sog. Paßrohrleitungen dagegen sind nach der Endmontage nochmals auszubauen.

Die verwendeten Säurekonzentrationen liegen im allgemeinen bei 5–10 % Massengehalt und die Temperaturen zwischen 20–70 °C. Im einzelnen sind die Bedingungen in der Beizvorschrift vorgegeben.

Nach dem Beizen muß die Metalloberfläche umgehend intensiv gespült, getrocknet und möglichst konserviert werden. Eine metallisch blanke Oberfläche besitzt eine hohe Affinität gegenüber Sauerstoff und neigt zur schnellen, erneuten Oxidbildung. Bei Ölkreisläufen wird das gebeizte und montierte System umgehend mit der ersten Ölfüllung gespült. In anderen Fällen, wo eine derartige in situ-Konservierung nicht möglich ist, muß durch sorgfältige Trocknung bzw. Zusatz von Inhibitoren die Oxid-Neubildung minimiert werden. Generell gilt, daß nach dem Beizen möglichst zügig mit den Funktionsprüfungen begonnen werden muß, da die Standzeit der gebeizten Fläche relativ gering ist.

Eine spezielle mechanische Reinigungsmöglichkeit von großen Überlandrohrleitungen (z. B. Öl- und Gaspipelines) ist durch Anwendung der Molchtechnik gegeben. Dabei werden zylinderartige Formkörper (sog. Molche) zusammen mit dem Spülmedium mit hoher Geschwindigkeit durch die Rohrleitung gedrückt.

4.4 Inbetriebnahme der Betriebsmittelsysteme

Die Inbetriebnahme dieser Anlagenteile ist im allgemeinen Voraussetzung für die Durchführung der Reinigungs- und Abnahmehandlungen in der Anlage. Sie erfolgt deshalb inhaltlich und zeitlich eng gekoppelt mit diesen Arbeiten und unter Beachtung der notwendigen Restmontageleistungen. Da die Betriebsmittel, wie Dampf und Kondensat, Druck- und Steuerluft sowie Stickstoff, nicht brennbar und nicht toxisch sind, ist eine gleitende Inbetriebnahme dieser Systeme parallel zur fortgesetzten Anlagenmontage meistens gut möglich.

Die Rohrleitungssysteme für Betriebsmittel werden in der Regel mit dem vorgesehenen Medium gespült und anschließend gleich in Betrieb genommen. Die Vorschriften dazu, die in den meisten Punkten allgemeingültig sind, werden häufig als Beilage zur Inbetriebnahmedokumentation vorgegeben, im weiteren dazu die Inbetriebnahme-Schwerpunkte, wobei angenommen wurde, daß die Betriebsmittel an der Anlagengrenze anliegen. Die entsprechenden Zuführungsleitungen wurden zuvor von der Erzeugerstation her bis zur Steckscheibe am Anlageneingang ausgeblasen bzw. gespült.

Druck- und Steuerluftsystem

Vor Inbetriebnahme sollte die Luftqualität an der Anlagengrenze, insbesondere auf tropfbares Wasser und auf Ölanteile, überprüft werden. Ist die geforderte Qualität gegeben, so kann entsprechend den folgenden Schritten eine Übernahme in die Anlage erfolgen:

– Evtl. vorhandene Filter/Trockner sind auf Bypaß zu stellen.

– Das Rohrleitungssystem ist schrittweise, vom Eingangsschieber beginnend, ins Freie auszublasen.

– Entspannungsstellen können Öffnungen an den Luftverteilern sowie Entspannungsventile an den Pufferbehältern sein.

– Nach dem Sauberblasen sind die Filter und/oder Trockner in Betrieb zu nehmen und die Entspannungsventile zu schließen.

– Das System ist auf Dichtheit zu prüfen und die Drücke an der Anlagengrenze sowie vor Ort sind im Vergleich zu den Vorgaben lt. Technologischer Karten zu kontrollieren.

Stickstoffsystem

- Das Rohrleitungssystem ist vom Eingangsschieber beginnend über die Verteiler bzw. vor den Einbindungen in das Prozeßsystem ins Freie sauberzublasen.
- Eventuelle Pufferbehälter können über die Entleerungsstutzen ausgeblasen werden.
- Die Stickstoffqualität (vorwiegend Sauerstoffgehalt) ist am Anlageneingang sowie an den Entspannungsstellen auf Übereinstimmung mit den Vertragswerten zu prüfen.
- Bei gegebener Stickstoffqualität sind die Entspannungsventile zu schließen und die Drücke zu kontrollieren.

Kühlwassersystem

- Die Wasserqualität am Anlageneingang prüfen. Schwerpunkte sind der Salzgehalt (Härtebildner, Chloridionen), Schmutzanteile (sandige, erdige, faulige Bestandteile) und die Temperatur. Vor der Probenahme längere Zeit die Zuführungsleitungen über die Kanalisation spülen.
- Nach Möglichkeit die Kühler komplett absperren und zunächst die Sammel-/Ringleitungen vom Eingang bis zum Ausgang aus der Anlage spülen.
- Schrittweise die Kühler in folgender Weise einbinden:
  - Entlüftungs- und Entleerungsventile an den Kühlern schließen,
  - Bypass-Schieber an den Kühlern öffnen,
  - Wasserein- und -ausgangsschieber an den Kühlern öffnen und Bypass-Schieber schließen,
  - Kühler langsam wasserseitig durch Öffnen der Entlüftungsventile (-hähne) füllen,
  - Dichtheit und Parameter prüfen.

Ähnlich den Kühlwasserleitungen sind die Trinkwasser-, Löschwasser- u. a. wasserführende Rohrleitungen in Betrieb zu nehmen. Die selbständigen Be- und Entlüftungen sind auf ordnungsgemäßen Zustand und Funktion zu prüfen. Die Inbetriebnahme von Hydranten ist der zuständigen Feuerwehr zu melden.

Im Anschluß an diese Spülhandlungen, die teilweise bereits partielle Funktionsprüfungen darstellen, ist zu entscheiden, ob man gleich mit den Funktionsprüfungen fortsetzt oder zunächst unterbricht, das Spülmedium und ggf. die Ausrüstung öffnet, inspiziert und bei Bedarf reinigt. Diese Entscheidung ist notwendig, da für die folgenden Funktionsprüfungen wieder die Meßblenden, Regelventile u.a. schmutzempfindliche Teile eingebaut werden.

Dampf- und Kondensatsystem

Im weiteren sollen Dampf- und Kondensatsysteme betrachtet werden, wie sie in verfahrenstechnischen Anlagen als Hilfssysteme zur Wärmeversorgung des Prozesses üblich sind. Auf komplexe Systeme, wie sie bei der Dampferzeugung in Kraftwerken bzw. bei der Abhitzedampferzeugung aus großen Mengen Prozeßabwärme üblich sind, wird im Abschnitt 5.2.3.5 eingegangen.

Die Inbetriebnahme der Dampf- und Kondensatsysteme ist nicht nur aufwendiger und komplizierter als die der vorgenannten, sie beinhaltet auch wesentlich mehr Fehlermöglichkeiten. Zunächst werden die Dampfleitungen wie folgt in Betrieb genommen:

- Kondensatableiter wegen Verschmutzungsgefahr demontieren und Meßblenden durch Austauschringe ersetzen,
- Drainagearmaturen vollständig öffnen,
- Dampfleitungen durch wenig Öffnen des Eingangsschiebers langsam Vorwärmen und zugleich mit dem Ausblasen beginnen.
- Wie die Ausführungen im Beispiel 4–1 verdeutlichen, ist ein langsames Anwärmen nötig, um Schäden und Undichtheiten an den Flanschverbindungen zu vermeiden.

  • Richtwert für die Aufheizgeschwindigkeit kalter Rohrleitungen: max. 5 K/min,

  • die Rohrleitung muß über die Länge gleichmäßig erwärmt sein,

  • Dampfsystem schrittweise von Haupt- zu Nebenleitungen vorwärmen,

- bei Austreten von trockenem Dampf aus der Anfahrdrainage wird das Ausblasen kurz unterbrochen, und die Meßblenden werden eingebaut,
- Schließen der Anfahrdrainage und Einbinden der Kondensatableiter,
- Eingangsschieber voll öffnen und das System unter Druck setzen,
- Dichtheit prüfen; u.U. Flanschverbindungen nachziehen.

Beispiel 4–1: Kräfte- und Dehnungsverhältnisse an Flanschverbindungen beim An- und Abfahren

Am Beispiel einer Flanschverbindung in einer Dampfleitung sollen die verschiedenen Zustände bzgl. der Krafteinwirkung, der Verformung so-

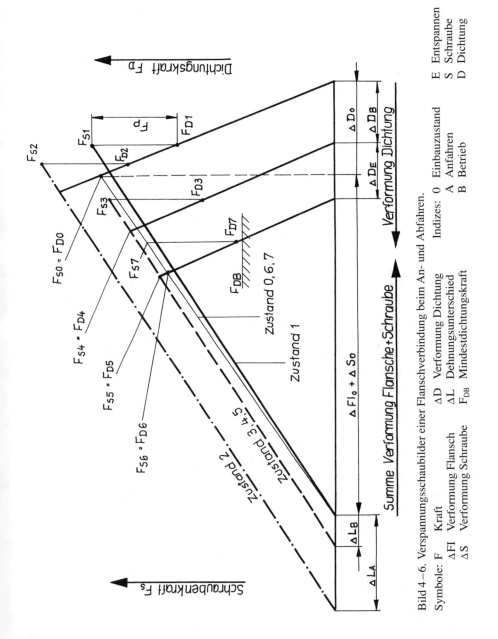

Bild 4–6. Verspannungsschaubilder einer Flanschverbindung beim An- und Abfahren.

Indizes: O Einbauzustand   E Entspannen
          A Anfahren   S Schraube
          B Betrieb   D Dichtung

Symbole: F   Kraft   ΔD Verformung Dichtung
         ΔFl Verformung Flansch   ΔL Dehnungsunterschied
         ΔS Verformung Schraube F_{DB} Mindestdichtungskraft

wie der Dichtheit betrachtet werden. Zur Veranschaulichung dienen die Verspannungsschaubilder in Bild 4–6. Das Verspannungsschaubild stellt das Kräftespiel von spannenden Teilen (Schrauben) und gespannten Teilen (Flansch, Dichtung) dar. Auf der Ordinate sind die Kräfte (von links steigend die Schraubenkraft und von rechts steigend die Dichtungskraft) und auf der Abszisse die elastische Formänderung in Richtung der Rohrachse aufgetragen. Äußere Zug- und Druckkräfte sollen auf die Rohrleitung und die Flanschverbindung nicht einwirken. Gleichfalls werden die temperaturbedingten Änderungen der Elastizitätsmodule der einzelnen Werkstoffe nicht berücksichtigt.

Folgende Zustände und Folgerungen lassen sich beim An- und Abfahren qualitativ aus Bild 4–6 ableiten:

Zustand 0: Endmontage (Geraden: G_{S0} = Flansche + Schrauben im Zustand 0)
G_{D0} = Dichtung im Zustand 0)

Die Flanschverbindung ist drucklos. Alle Bauteile haben Umgebungstemperatur.

Die aufgebrachte Schraubenkraft F_{S0} ist gleich der notwendigen Dichtungskraft F_{D0}.

Zustand 1: Innendruck aufgegeben/Temperatur nahezu unverändert
(Geraden: G_{S1}, G_{D0})

Durch den Innendruck entsteht eine Innendruckkraft F_P, die beide Flansche etwas auseinander drückt und eine verringerte Dichtungskraft F_{D1} verursacht. Gleichzeitig wird eine erhöhte Schraubenkraft F_{S1} bewirkt.

Die Steigung der Kennlinie F_{S1} ändert sich im Verhältnis der äußeren Momente beider Zustände.

Zustand 2: Schnelle Temperaturerhöhung von Flansch und Rohr, aber verzögerte der Schrauben und Dichtung
(Geraden: G_{S2}, G_{D2})

Die Temperaturunterschiede zwischen Flansch und Schrauben bewirken einen Dehnungsunterschied ΔL_A. Die Schraubenkraft steigt kurzzeitig auf F_{S2} und die Dichtungskraft auf F_{D2}.

Es besteht die Gefahr der Überdehnung der Schrauben sowie des Kriechens der Dichtung. Letzteres wird mit dem Aufheizen der Dichtung noch verstärkt.

Zustand 3: Temperaturerhöhung von Schrauben und Dichtung sowie Kriechen der Dichtung
(Geraden: G_{S3}, G_{D3})

Durch erhöhte Schraubentemperatur verringert sich der Dehnungsunterschied zwischen Flansch und Schraube. Da wegen der Wärmeverluste an die Umgebung kein völliger Temperaturangleich stattfindet, bleibt eine Dehnungsdifferenz ΔL_B erhalten.

Durch das gleichzeitige Kriechen der Dichtung um ΔD_B (entsprechend der verringerten Standkraft bei höherer Temperatur) fallen die Schraubenkräfte auf F_{S3} und die Dichtungskraft auf F_{D3}.

Der Zustand 3 entspricht dem normalen Betriebszustand der Flanschverbindung.

Zustand 4: Entspannen der Rohrleitung bei Betriebstemperatur
(Geraden: G_{S4}, G_{D4})

Da der Innendruck wegfällt, wird die Flanschverbindung stärker zusammengedrückt. Die Schraubenkraft verringert sich zwar auf F_{S4}, aber die Dichtungskraft steigt auf F_{D4}. Wegen der weiterhin hohen Temperatur der Dichtung besteht erneut die Gefahr des Kriechens.

Zustand 5: Kriechen der Dichtung bei Betriebstemperatur
(Geraden: G_{S5}, G_{D5})

Die Dichtung wird nach dem Entspannen wegen der höheren Dichtungskraft F_{D4} um ΔD_E zusammengedrückt. In der Folge reduziert sich die Schraubenkraft auf F_{S5} und die Dichtungskraft auf F_{D5}.

Zustand 6: Abkühlen der gesamten Flanschverbindung
(Geraden: G_{S6}, G_{D6})

Der Schnittpunkt wandert auf die Schrauben-Verspannungskennlinie des Einbauzustandes zurück. Die Kräfte verringern sich geringfügig auf F_{S6} bzw. F_{D6}.

Zustand 7: Erneute Druckaufgabe beim Wiederanfahren
(Gerade: G_{S7}, G_{D7})

Die Innendruckkraft F_P steigert die Schraubenkraft auf F_{S7}. Dies ist unkritisch. Gleichzeitig verringert sich aber die Dichtungskraft auf F_{D7} und kommt sehr in die Nähe der mindestens notwendigen Betriebsdichtungskraft F_{DB}. Damit besteht die Gefahr des Undichtwerdens. Ein Nachziehen der Schrauben wird u. U. erforderlich.

Zusammenfassend läßt sich aus den vorgenommenen qualitativen Überlegungen schlußfolgern:

– Während der Inbetriebnahme ist das Aufheizen von Flanschverbindungen langsam vorzunehmen, um ein Überdehnen der Schrauben sowie eine starke plastische Verformung der Dichtung auszuschließen. Dies gilt sowohl für Flanschverbindungen in Rohrleitungen als auch an Apparaten. Die Aufheizgeschwindigkeiten kalter Flansche sollten 5 K/min nicht überschreiten.

– Bei der Außerbetriebnahme sollten die Flanschverbindungen zunächst abgekühlt werden, bevor der Innendruck verringert wird. Dadurch vermindert sich die Gefahr des Undichtwerdens der Flanschverbindung, insbesondere bei der späteren Wiederinbetriebnahme.

– Trotz der vorgenannten Hinweise muß während der Inbetriebnahme und vor allem bei mehrmaligem An- und Abfahren mit Undichtheiten und einem notwendigen Nachziehen von Flanschverbindungen gerechnet werden. Der Inbetriebnehmer muß sich wartungsseitig (Personal, Rüstung, Isolierung) darauf einstellen. Kritische Flanschverbindungen sind deshalb erst zu einem späteren Zeitpunkt der Inbetriebnahme zu isolieren.

Besondere Bedeutung erlangen die angeführten Schlußfolgerungen bei der Inbetriebnahme von Rohrleitungssystemen in Kraftwerksanlagen [4–25, 4–26]. In diesen Anlagen werden spezielle Anwärm- und Wärmehalteschaltungen realisiert, um ein schonendes und zügiges Anwärmen der Heißdampfrohrleitungen zu ermöglichen. Ferner werden Rohrleitungsabschnitte, die während des Normalbetriebes nicht durchströmt werden, durch gezielte Maßnahmen warmgehalten.

Bei der Inbetriebnahme des Kondensatsystems sind die aus Beispiel 4–1 abgeleiteten Verhaltensregeln ebenfalls zu beachten. Die wichtigsten Inbetriebnahmehandlungen sind:

– Spülen mit Luft und anschließend mit Wasser, bis das Drainagewasser klar ist,
– Kondensatableiter einbauen,
– System mit Wasser gefüllt lassen und entsprechend dem Kondensatanfall über Kondensatableiter in Betrieb nehmen,
– Dichtheit prüfen; u. U. Flanschverbindungen nachziehen,
– Kondensatableiter regelmäßig inspizieren und gegebenenfalls reinigen und warten [4–27].

Heißwassersystem

Folgende Schritte werden empfohlen:

– alle Entwässerungen schließen,
– alle Entlüftungen öffnen,
– einen Schieber der Leitung um 1 bis 2 Gänge öffnen,
– Funktionstüchtigkeit der Kompensationselemente überprüfen,
– Entlüftungsventile bei Wasseraustritt schließen,

- volles Öffnen des Schiebers der Leitung,
- langsames Öffnen des zweiten Schiebers der Leitung,
- Zuschalten der Kondensatableiter, Einspeiser und Abnehmer.

Im Bereich der Wasseraustrittsstellen sind Sicherheitsposten zu stellen bzw. Absperrungen vorzunehmen.

Abwassersysteme

In Verbindung mit Reinigungs- und Abnahmehandlungen fallen die ersten zu entsorgenden Abprodukte an. Zum überwiegenden Teil handelt es sich um gering verschmutztes Wasser, welches nach Entfernen von Feststoffen einer Abwasserreinigungsanlage bzw. dem Vorfluter zugeleitet werden kann. Eine gezielte chemisch-biologische Abwasserbehandlung ist in vielen Fällen nicht erforderlich. Ausnahmen können stark öl- bzw. fetthaltige Abwässer bilden.

Empfohlen wird in jedem Fall, die Durchlaßfähigkeit des Kanalisationssystems zu prüfen. Die großen Spülmengen können durchaus zu Spülwasserrückstau und unerwünschtem Fluten führen.

Die mit Metallionen angereicherten Beizlösungen werden meistens als Abwasserkonzentrat extern entsorgt. Die notwendigen Stapelvolumina und Entsorgungsmaßnahmen sind rechtzeitig zu gewährleisten. In besonderen Fällen kann eine Regeneration zweckmäßig sein [4–28].

Auf die Inbetriebnahme der Heizgas- und Heizölsysteme wird im Abschnitt 5.2.3.5 eingegangen.

4.5 Abnahmeprüfungen

Im Zusammenhang mit der Vertragsgestaltung zur Inbetriebnahme (s. Abschnitt 3.3.1) wurde bereits die juristische Relevanz der **Abnahme** einer Leistung (juristisch: Abnahme des Werkes) angeführt. Dies trifft gleichfalls für die Abnahme der vertraglich vereinbarten Montageleistungen im Anlagenbau zu.

Der Abnahme geht dabei im allgemeinen eine Prüfung der Leistung auf sach-/vertragsgemäße Ausführung voraus. Mögliche Formen derartiger Prüfungen sind:

- gemeinsame Besichtigungen und Kontrollen von Auftraggeber und Auftragnehmer einschließlich Protokollierung der Ergebnisse,
- Abnahmeprüfungen für Druckbehälter und Rohrleitungen entsprechend der Druckbehälterverordnung, Dampfkesselverordnung u.a. Rechtsvorschriften,

– Funktionsprüfungen und Probeläufe von Anlagenkomponenten bis hin zu Abnahmeversuchen.

Für den Inbetriebnehmer sind die Abnahmeprüfungen nach der Montage, die im allgemeinen Leistungsnachweisen der Liefer- und Montagefirmen entsprechen, aus verschiedenen Gründen bedeutungsvoll.

Einerseits übernimmt er anschließend die abgenommenen Anlagenkomponenten zur Inbetriebnahme und hat somit ein ureigenes Interesse an einer vorschriftsgemäßen und gründlichen Prüfung. Andererseits sind die Abnahmeprüfungen zugleich wichtige Eckpfeiler der systematischen Inbetriebnahmevorbereitung. Mit den Abnahmeprüfungen, die sich insbesondere auf den:

– Nachweis der sicheren und beanspruchungsgerechten Konstruktion und Fertigung von drucktragenden Ausrüstungen u. a. überwachungspflichtigen Komponenten,

– Nachweis der Funktionstüchtigkeit technischer Systeme und Komponenten,

– Nachweis der Leistungsfähigkeit wichtiger Anlagenkomponenten

beziehen, soll die Betriebsbereitschaft der Anlage überprüft werden.

4.5.1 Prüfung von Druckbehältern und Rohrleitungen

Sobald Druckbehälter und Rohrleitungen in verfahrenstechnischen Anlagen der Druckbehälterverordnung (DruckbehV) [4–29] unterliegen, sind sie vor Inbetriebnahme gemäß DruckbehV zu prüfen.

Die Tabelle 4–9 zeigt eine Übersicht der notwendigen Prüfungen von Druckbehältern entsprechend ihrer Einteilung.

Vor Inbetriebnahme sind die *Erstmalige Prüfung* und die *Abnahmeprüfung* nachzuweisen. Die Erstmalige Prüfung wiederum besteht aus *Vorprüfung* [4–31], *Bauprüfung* und *Druckprüfung* [4–32]. Diese Teilprüfungen stehen im engen Zusammenhang mit der Konstruktion und Fertigung des Druckbehälters und werden in der Regel beim Hersteller durchgeführt [4–33, 4–34]. Der Inbetriebnehmer muß sich lediglich vom Vorliegen ordnungsgemäßer Bescheinigungen über die Erstmalige Prüfung überzeugen.

Anders verhält es sich mit der Abnahmeprüfung. Sie erfolgt überwiegend auf der Baustelle und sollte möglichst gezielt mit der Inbetriebnahmevorbereitung (Reinigen der Anlage, Funktionsprüfungen mit Wasser) verbunden werden. Die Abnahmeprüfung besteht aus *Ordnungsprüfung, Prüfung der Ausrüstung, Prüfung der Aufstellung* und ist für Behälter der Prüfgruppen

Tabelle 4–9. Einteilung und Prüfung von Druckbehältern nach §§ 8, 9, 10 DruckbehV [4–29, 4–30] (H – Hersteller, SV – Sachverständiger, SK – Sachkundiger).

Einteilung	Medium	Erstmalige Prüfung			Abnahmeprüfung			Wiederkehrende Prüfung		
		Vorprüfung	Bauprüfung	Druckprüfung	Ordn.prüfung	Prüfg. d. Ausrüstung	Prüfg. d. Aufstellung	Innere Prüfung	Druckprüfung	Äußere Prüfung
Gr. I — tiefkalt; 0,01 < p ≤ 0,1; p ≤ 25; pV ≤ 200; Rohranordnungen Q ≤ 100 cm²; pD ≤ 2000 bar mm	Gase und Dämpfe Ausschluß nach § 2: V ≤ 0,1 l oder pV ≤ 20 bar l			H	SK	SK	SK	SK	SK	SK
Gr. II — p > 25; pV ≤ 200; p ≤ 1; pV > 200				H	SK	SK	SK	SK	SK	SK
Gr. III — p > 1; 200 < pV ≤ 1000		SV	SV	SV	SV	SV	SV	SK	SK	SK
Gr. IV — p > 1; pV > 1000		SV	SV	SV	SV	SV	SV	SV 5 Jahre	SV 10 Jahre	SV 2 Jahre
Gr. V — p ≤ 500; p > 500; pV ≤ 1000	Flüssigkeiten Ausschluß nach § 2: p ≤ 500 bar u. pV ≤ 10000 bar l			SV						
Gr. VI — p > 500; 1000 < pV ≤ 10000		SV	SV	SV	SV	SV	SV	SK	SK	SK
Gr. VII — p > 500; pV > 10000		SV	SV	SV	SV	SV	SV	SV 5 Jahre	SV 10 Jahre	SV 2 Jahre

(Abnahmeprüfung und wiederkehrende Prüfung bei Gr. I/II:) nur bei brennbaren, giftigen oder ätzenden Gasen, Dämpfen oder Flüssigkeiten

III, IV, VI und VII durch einen Sachverständigen und für Behälter der Prüfgruppen I (für brennbare und giftige Stoffe) und II durch einen Sachkundigen vorzunehmen. Sie wird durchgeführt um festzustellen, ob der Druckbehälter den Anforderungen der Druckbehälterverordnung hinsichtlich seiner Aufstellung, seiner Ausrüstung und seiner Kennzeichnung entspricht
[4–35, 4–36].

Konkrete Hinweise zur Durchführung der Abnahmeprüfung sind im folgenden zusammengestellt.

Ordnungsprüfung

Hier wird durch den Prüfenden festgestellt, ob der Druckbehälter ordnungsgemäß gekennzeichnet ist, und ob er das nötige Prüfzeichen besitzt. Des-
weiteren prüft er, ob die mitgelieferten Prüfunterlagen (Vorprüfunterlagen,
Bescheinigung der erstmaligen Prüfung) mit dem Druckbehälter überein-
stimmen. Es wird nochmals geprüft, inwieweit der Behälter den Maßen und
der Ausführung der vorgeprüften Zeichnung entspricht, und ob alle notwendigen Genehmigungen zur Aufstellung und zum Betrieb (z. B. Eintragung in
das Druckbehälterverzeichnis) erteilt wurden.

Prüfung der Ausrüstung

Bei der Prüfung der Ausrüstung werden alle Ausrüstungsteile auf Vorhandensein und Funktion kontrolliert. Ausrüstungsteile können in vier Gruppen
eingeteilt werden.

(1) Einrichtungen zur Kennzeichnung von Druckbehältern.

(2) Öffnungen und Verschlüsse.

(3) Einrichtungen zum Erkennen, Regeln und Begrenzen von Druck und
    Temperatur.

(4) Sonstige Ausrüstungsteile: Hierzu zählen vor allem Belüftungs- und
    Abblaseeinrichtungen, Armaturen zum Erkennen, Regeln und Begren-
    zen von Füllstand und Strömung oder Beheizungseinrichtungen.

Alle erforderlichen Ausrüstungsteile werden auf Eignung, Funktion und auf
Vorhandensein der geforderten Prüfungen und Nachweise geprüft!

Außerdem kann, integriert in die Prüfung der Ausrüstung, eine zusätzliche
Druckprüfung [4–34, 4–37] durchgeführt werden. Druckprüfungen sind
notwendig und zweckmäßig, wenn

– an den Druckbehältern auf der Baustelle Änderungen vorgenommen wurden, die die Festigkeit beeinträchtigten,

– eine Lagerung des Druckbehälters über einen größeren Zeitraum erfolgte und dadurch z.B. eine erhöhte Gefahr der Korrosion durch Witterungseinflüsse besteht,

– Schweißarbeiten am Druckbehälter durchgeführt wurden.

Bei der Druckprüfung wird gepüft, ob die drucktragenden Wandungen unter Prüfdruck dicht sind, und ob keine sicherheitstechnisch bedenklichen Verformungen auftreten. Moderne Druckprobenverschlußtechniken können den Aufwand wesentlich verringern [4–38].

Eine Druckprüfung ist in der Regel als Flüssigkeitsdruckprüfung mit Wasser durchzuführen, wenn Bauart, Beschickung und Betriebsweise des Druckbehälters es zulassen.

Andere geeignete Flüssigkeiten wären z.B. Hydrauliköl oder Petroleum. Ist eine Flüssigkeitsdruckprüfung nicht möglich oder nicht zweckmäßig, kann die Druckprüfung unter Beachtung besonderer Schutzmaßnahmen auch als Gasdruckprüfung mit Luft oder Stickstoff erfolgen.

Die Druckprüfung sollte zugleich so weit wie möglich zum Reinigen der Ausrüstungen genutzt werden.

Prüfung der Aufstellung

Der Prüfer prüft die ordnungsmäßige Aufstellung des Druckbehälters. Eine ordnungsmäßige Aufstellung beinhaltet u.a. folgende Anforderungen:

– Möglichkeit allseitiger Besichtigung der Wandungen, leichte Erkennbarkeit der Kennzeichnung,

– gute Zugänglichkeit für Reinigungsarbeiten und für die Vornahme wiederkehrender Prüfungen (Besichtigungsöffnungen, Hand- oder Mannlöcher),

– gute Beobachtbarkeit und Zugänglichkeit zu Meß- und Regelgeräten, Sicherheitseinrichtungen, sonstigen Ausrüstungsteilen und Absperrventilen; zur Bedienung höher gelegener Armaturen sind ggf. feste Aufstiege oder Podeste erforderlich,

– ausreichende Fundamentierung oder Verankerung für das zusätzliche Wassergewicht bei den wiederkehrenden Druckprüfungen; es dürfen keine unzulässigen Neigungen oder Verlagerungen eintreten,

– ausreichendes Gefälle zur Abführung von Niederschlagsflüssigkeit bzw. zur Entleerung (nur bei liegenden Behältern erforderlich),

– Schutz gegen mechanische Einwirkungen von außen, z.B. Schubkräfte von angeschlossenen Rohrleitungen oder Anfahrschutz im Verkehrsbereich von Fahrzeugen,

- Schutz gegen Außenkorrosion und Witterungseinflüsse wie Regen, Schnee, Sonneneinstrahlung und Kälteeinwirkungen (z.B. Isolierung, Farbanstrich, Schutzdach oder sonstige Abdeckungen),
- besonderer Schutz der Armaturen bei Aufstellung im Freien (z.B. Schutzhauben, Regenabweiser oder Begleitheizeinrichtungen),
- Schutzvorkehrungen und Festlegung von Sicherheits- oder Schutzzonen bei besonderer Gefährdung der Umgebung (z.B. bei Lagerung von brennbaren oder giftigen Gasen in flüssigem Zustand),
- Auffangräume bei Lagerung von wassergefährdenden Flüssigkeiten (z.B. Säuren, Laugen oder Mineralölprodukten).

Eine ausführliche Checkliste zur Abnahmeprüfung eines Druckbehälters vor Inbetriebnahme ist in [4–38] enthalten.

Mit Novellierung der DruckbehV im Jahre 1989 unterliegen auch zahlreiche Rohrleitungen der Druckbehälterverordnung. Tabelle 4–10 zeigt eine Übersicht.

Vor der Inbetriebnahme muß bei relevanten Rohrleitungen analog zu den Druckbehältern eine Erstmalige Prüfung [4–39] und eine Abnahmeprüfung [4–40, 4–41] stattfinden. Diese müssen schwerpunktmäßig beinhalten:

Erstmalige Prüfung – Rohrleitungen [4–39]

- Prüfung der für die Herstellung und Errichtung der Rohrleitung erforderlichen Unterlagen in sicherheitstechnischer Hinsicht,
- Prüfung der hergestellten bzw. verlegten Rohrleitungen auf Übereinstimmung mit den Herstellerunterlagen in sicherheitstechnischer Hinsicht,
- Druckprüfung der verlegten Rohrleitung,
- Prüfung der Einflüsse durch angeschlossene Teile, soweit dadurch die Sicherheit der Rohrleitung beeinträchtigt werden kann; nicht eingeschlossen ist die Prüfung der angeschlossenen Teile selbst, z.B. Behälter und Maschinen,
- Prüfung der Auflagerung, z.B. Hänger, Schlitten, nicht aber die Stützkonstruktion wie Rohrbrücken und Fundamente,
- Ausstellen der Prüfbescheinigung über die Erstmalige Prüfung.

Die Prüfung erstreckt sich auf die drucktragenden Wandungen der Rohrleitung und der Ausrüstungsteile bis zu den rohrleitungsseitigen Flanschen oder Verschraubungen bzw. bei unlösbaren Verbindungen bis zu den ersten Fügeverbindungen, die den Übergang zu anderen Anlagenteilen bilden.

In besonderen Fällen, z.B. besondere Verlegearten, Vorhandensein von Bauteilen in der Rohrleitung, deren Funktion durch eine Druckprüfung beein-

Tabelle 4–10. Einteilung und Prüfung von Rohrleitungen nach §§ 30a, 30b, 30c, DruckbehV [4–29, 4–30] (H – Hersteller, E – Ersteller, SV – Sachverständiger, SK – Sachkundiger); (kein Flüssiggas).

Rohrleitungs-kriterium	Vor Inbetriebnahme						Wiederkehrende Prüfung	
	Erstmalige Prüfung			Abnahmeprüfung			Druckprüfung	Äußere Prüfung
	Vor-prüfung	Bau-prüfung	Druck-prüfung	Ordnungs-prüfung	Prüfg. der Ausrüstung	Prüfg. der Aufstellung		
D > 25 mm, p > 0,1 bar, pD ≤ 2000 bar mm, brennbar, giftig, ätzend	–	Hersteller-bescheinigung	H/E	SK	SK	SK	SK Fristen legt der Betreiber fest	SK
D > 25 mm, p > 0,1 bar, pD > 2000 bar mm, brennbar, giftig, ätzend	SV oder Hersteller-bescheinigung	SV	SV H/E Stichproben durch den Sachverständigen	SV SK Stichproben durch den Sachverständigen	SV SK	SV SK	SV Frist 5 Jahre oder wie angeschlossener Behälter Alternative möglich	SV Alternative möglich
D > 25 mm, p > 0,1 bar, sehr giftig	SV Bei pD ≤ 500 bar mm Hersteller-bescheinigung	SV	SV H oder E Stichproben durch den Sachverständigen	SV SK Stichproben durch den Sachverständigen	SV SK	SV SK	SV Frist 5 Jahre Alternative möglich bei pD ≤ 500 bar mm	SV

trächtigt würde, kann nach Abstimmung mit dem Sachverständigen die Druckprüfung durch andere geeignete Verfahren, z. B. zerstörungsfreie Prüfungen in Verbindung mit Dichtheitsprüfungen, ersetzt werden. Die Prüfergebnisse sind so zu protokollieren, daß sie als Basis für die wiederkehrende Prüfung dienen können.

Abnahmeprüfung – Rohrleitung [4 – 40]

– Prüfung des ordnungsgemäßen Zustandes entsprechend den Fragestellungen:
  • Ist die Rohrleitung identifizierbar?
  • Treffen die vorgelegten Unterlagen über die erstmalige Prüfung für die zu prüfende Rohrleitung zu?
  • Sind die erforderlichen Bescheinigungen vorhanden, z. B. auch über die ordnungsmäßige Einlagerung, Prüfung des Korrosionsschutzsystemes, Prüfung der elektrischen Einrichtungen im explosionsgefährdeten Bereich?
– Prüfung der sicherheitstechnisch erforderlichen Ausrüstungsteile, wie
  • Sicherheitseinrichtungen gegen Drucküberschreitung oder gegen Temperaturabweichung auf Vorhandensein, sachgemäße Auswahl und Einstellung (z. B. an Hand einer Bescheinigung eines Sachverständigen) sowie auf sachgemäße Anordnung, unter Einbeziehung der gefahrlosen Ableitung der beim Ansprechen ausströmenden Medien und, soweit erforderlich, auf Funktion,
  • Eignung, sachgemäße Anordnung und ggf. die richtige Anzeige bzw. Funktion weiterer sicherheitstechnisch erforderlicher Ausrüstungsteile (z. B. der Meßeinrichtung für Druck und Temperatur),
  • Beeinträchtigung der Sicherheit der Rohrleitung oder der Funktion der sicherheitstechnisch erforderlichen Ausrüstungsteile (z. B. im Hinblick auf abzuführende Medien und deren gefahrlose Ableitung) durch die Rohrleitungsarmaturen bzw. Meß- und Regeleinrichtungen,
  • Gewährleistung der Funktion von Ausrüstungsteilen, die durch Fremdenergie angetrieben werden, bei Energieausfall bzw. Beachtung einer evtl. Funktionsbeeinträchtigung durch Energieausfall,
  • Eignung und Einstellbarkeit von Einrichtungen zur Einhaltung der zulässigen Betriebstemperatur an beheizten Rohrleitungen.

Die Druckbehälterverordnung läßt die gemeinsame Druckprüfung ganzer Rohrleitungssysteme zu. Diese erfolgt vorrangig im montierten Zustand und z. T. in Verbindung mit der Druckprüfung angeschlossener Behälter. Man spricht im letzteren Fall auch von sog. Druckbehälter-Anlagen, in denen Druckbehälter und Rohrleitungen zeitlich und auch weitgehend praktisch zusammen geprüft werden.

4.5.2 Funktionsprüfungen

Unter **Funktionsprüfungen** (Synonym: Funktionsproben) werden Prüfungen der Anlagenkomponenten, der Teilanlagen oder der Anlage nach der Montage hinsichtlich ihrer einwandfreien technischen Funktion verstanden.

Die Funktionsprüfungen beziehen sich auf den Nachweis der einwandfreien Funktion des gelieferten und/oder montierten Gegenstandes. Sie gehören in der Regel zum Leistungsumfang des Liefer- bzw. Montagevertrages.

Die Betonung des Funktionsnachweises unterscheidet sie zugleich von den Abnahmeversuchen (s. Abschnitt 4.5.3), bei denen die Leistungsnachweise das Hauptziel sind.

Mitunter bezeichnet man die Funktionsprüfungen von Maschinen als **Probeläufe** und die von Teilanlagen als **komplexe Funktionsprüfungen.**

Durch die Funktionsprüfungen sollen Funktionsmängel und insbesondere auch Bauteil-Frühausfälle vor der eigentlichen Inbetriebnahme erkannt und behoben werden. Sie stellen eine entscheidende Maßnahme zur Verringerung der Inbetriebnahmekosten dar. Der Inbetriebnehmer sollte aus diesen Gründen stets auf umfassende Funktionsprüfungen drängen, auch wenn diese nicht in diesem Umfang im Liefer- und Montagevertrag vereinbart wurden und deshalb weitgehend vom Inbetriebnahmeteam selbst durchzuführen sind. Dies gilt auch eingedenk der Tatsache, daß die Funktionsprüfungen im allgemeinen nicht mit dem Betriebsmedium durchgeführt werden, so daß die Aussagen bezüglich einer bestimmungsgemäßen Funktion der Komponenten unter Betriebsbedingungen eingeschränkt sind.

Die Funktionsprüfungen sollten für alle Anlagenkomponenten, soweit dies ohne Betriebsmedium möglich ist, vorgenommen werden und im wesentlichen umfassen:

– Prüfung der *Betriebsbereitschaft des Maschinenaggregates.* Dieses umfaßt die maschinentechnischen, elektrotechnischen, meß- und regelungstechnischen, steuerungs- und sicherheitstechnischen sowie mitunter auch bautechnischen Teile. Schwerpunkte sind insbesondere die Antriebsmotoren [4–41], die Lager [4–42] und deren Schmierung [4–43, 4–44] sowie die Getriebe und Kupplungen.

– Prüfung der *Betriebsbereitschaft und Funktionstüchtigkeit der Prozeßleittechnik* sowie aller *Sicherheitsschaltungen und -einrichtungen* [4–45].

– Prüfung der *Zuverlässigkeit* von bewegten Maschinenteilen, Antriebsaggregaten, Regel- und Steuerorganen, Schaltern, Signalketten u.v.a. störungsrelevanten Komponenten. Dazu gehören auch die akustische und schwingungsseitige Überwachung des gesamten Maschinenaggregates [4–46].

– Prüfung der *Dichtheit* der Anlage bzw. von Einzelteilen, insbesondere der Wellenabdichtungen.

– Prüfung des *technischen und technologischen Zusammenwirkens* einzelner Anlagenkomponenten.

Verantwortlich für die Durchführung der Funktionsprüfungen sind i. a. die betreffenden Liefer- und Montageunternehmen. Das Inbetriebnahmepersonal sowie ausgewählte Kräfte des späteren Bedienungs- und Instandhaltungspersonals wirken aktiv mit.

Die Bereitstellung der erforderlichen Prüfflüssigkeiten, Gase, Energien usw. sowie die Entsorgung anfallender Abprodukte obliegen meistens dem Investitionsauftraggeber.

Zur systematischen Durchführung der Funktionsprüfungen sollen geeignete Vorschriften bzw. Programme erarbeitet werden. Dies können beispielsweise sein:

– Betriebsanleitungen der Ausrüstungshersteller, die Bestandteile der Lieferdokumentation (Technische Dokumentation) sind,

– Verfahrens- und/oder Arbeitsanweisungen der Montageunternehmen entsprechend dem betrieblichen Qualitätssicherungssystems nach DIN 9000 ff.

– Arbeitsunterlagen der Montageleitung, die operativ auf der Baustelle erarbeitet werden,

– Funktionsprüfungen-Programme als Teil der Inbetriebnahmedokumentation (s. Tab. 4–11).

Die eigenständigen Funktionsprüfungen-Programme, die abweichend von den anderen Unterlagen durch den Anlagenplaner erstellt werden, sind vor allem bei größeren und technologisch komplizierteren Anlagen zweckmäßig. Sie zielen auf komplexe Funktionsprüfungen von Teilanlagen bzw. der Gesamtanlage ab.

Über die ordnungsgemäße Durchführung jeder Funktionsprüfung ist ein Protokoll anzufertigen und von den Beauftragten des Auftragnehmers und des Auftraggebers zu unterzeichnen. Restmängel und Folgerungen sind mit zu protokollieren.

4.5.2.1 Funktionsprüfungen der Maschinen

Ziel der Funktionsprüfungen der Maschinen (Pumpen, Verdichter, Turbinen, Rührmaschinen, Zentrifugen) ist es, den Nachweis ihrer mechanischen Funktionstüchtigkeit in Verbindung mit der EMR-Technik zu erbringen.

Tabelle 4–11. Auszug aus einem Funktionsprüfungen-Programm für Kreiselpumpen (Praxisbeispiel).

1. Voraussetzungen zum Beginn der komplexen Funktionsprüfungen:
   - Montage beendet
   - Rohrleitungen des zu fahrenden Kreislaufes sind gespült
   - Voraussetzungen bzgl. Arbeits- und Brandschutz sind erfüllt
   - benötigte Medien und Energien liegen an
   - interne Funktionsprüfungen von EMR-Technik sind abgeschlossen
   - Maschinen sind entkonserviert und abgeschmiert

2. Anfahren der Pumpe:
   - mit Flüssigkeit füllen und entlüften
   - Pumpe gegen geschlossenen Schieber anfahren (Ausnahmen, die bei geöffnetem
   - Druckschieber anzufahren sind, werden angegeben)

3. Funktionsprüfungen der Pumpe:
   - Drehrichtung kontrollieren
   - Laufanzeige in Meßwarte
   - Notaus von Meßwarte aus
   - Förderdruckkontrolle vor Ort
   - Leistungskontrolle (Amperemeter)
   - Druck bei geschlossenem Schieber (nur bei Kreiselpumpen, die mit geschlossener druckseitiger Armatur angefahren werden)
   - Laufgeräusche an Pumpe und Motor
   - Erwärmung der Lager an Pumpe und Motor
   - Dichtheit der Pumpe
   - Verriegelungen und Alarme

4. Durchstellen des Kreislaufes entsprechend dem Schema für die Funktionsprüfungen der Pumpen (s. Bild 4–7):
   - Armaturen öffnen
   - Meßleitungen geschlossen
   - Kurzschluß an Differenzdrucktransmitter öffnen
   - Regelventile abblocken und Umgänge öffnen
   - langsames Öffnen des Druckschiebers, bis ca. 90 % der Nennstromaufnahme am Motor erreicht sind

5. Funktionsprüfungen der Pumpen bei Kreislauffahrweise (zusätzlich zu Punkt 3):
   - Überwachung des Saug- und Enddruckes (Versetzungsgefahr der Filter) über mindestens 3 h
   - evtl. kurz abstellen und Anfahrfilter reinigen.

6. MSR-Technik im Kreislauf in Betrieb nehmen:
   - Steuerluft für Stellantriebe einstellen
   - Meßleitungen zu Transmittern öffnen
   - Transmitter einbinden
   - Regelung von Hand in Betrieb nehmen

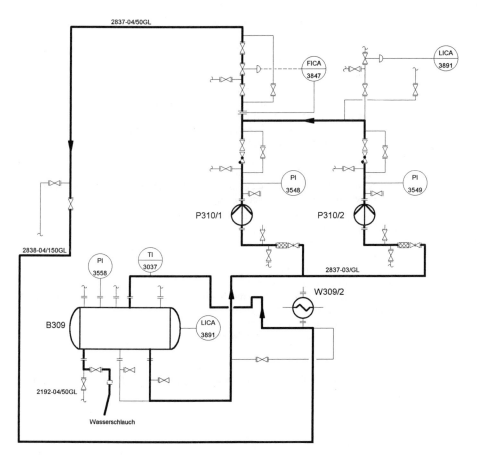

Bild 4–7. Fließbild für die Funktionsprüfungen der Pumpen P310/1 und P310/2.

Die Funktionsprüfungen werden im allgemeinen mit nichtbrennbaren Medien (Wasser, Luft, Stickstoff) sowie u. U. in Verbindung mit dem Spülprogramm durchgeführt.

In Tabelle 4–12 sind für Pumpen und Verdichter die wichtigsten Arbeitsgänge zusammengestellt.

Bei den Funktionsprüfungen (Probeläufen) der Pumpen werden diese zunächst mit Wasser gefüllt und bei geschlossenem Druckschieber (bei Kennlinie ohne Pumpgrenze) in Betrieb genommen. Nach Überprüfung wird der Druckschieber geöffnet und eine Kreislauffahrweise realisiert.

Tabelle 4–12. Hauptarbeitsgänge bei den Funktionsprüfungen von Pumpen und Verdichter (nach [2–4]).

1. Maschinen und Hilfssysteme auf Sauberkeit prüfen, Verunreinigungen entfernen

2. Anfahrsiebe mit geringer Maschenweite einbauen bzw. Schmutzfänger zusätzlich damit absichern

3. Dichtheit der Hilfssysteme prüfen, Schmiermittel in die Maschinen einfüllen

4. Stromversorgung durchschalten lassen, indem die Sicherung für das betroffene Aggregat eingeschaltet wird

5. Hilfssysteme der Maschinen in Betrieb nehmen und betreffs einwandfreier Funktion beobachten und prüfen

6. Freien Lauf von Maschinenwellen, Lager- und Kupplungsspiele, „spannungsfreien" Rohrleitungsanschluß überprüfen.

7. Einschalten und Probelauf der Maschinen für maximal 1 h; Beobachtung derselben auf ungewöhnliche Erwärmung der Lager oder Wellendichtungen, Laufruhe, Druckverlust am Anfahrsieb

8. Anfahrsiebe ausbauen und reinigen

9. Durchführung längerer Probeläufe in derselben Weise, z.B. für Verdichter mit stufenweiser Erhöhung der Laufzeit auf 8, dann 24 h

10. Absperrorgane auf Funktion prüfen, um Klemmen oder Blockieren durch Fremdkörper oder Ablagerungen zu erkennen; soweit erforderlich, Ausbauen und Reinigen derselben

11. Kreisläufe fahren mit ungefährlichen Medien

12. Funktionsprüfungen aller Meß-, Regel-, Steuer- und Sicherheitseinrichtungen

13. Justieren der Alarm- und Schaltfunktionen auf die einzustellenden Meßwerte

14. Medien in Kreisläufen aufwärmen und abkühlen lassen, um Abspringen von Schweißschlacken, Rostansätzen, Walzhäuten soweit wie möglich zu bewirken; Justieren weiterer Meß-, Regel-, Steuer-, Alarmfunktionen bei den höheren Temperaturen

15. Entleeren der Anlage von den Spülmitteln

Bei Verschmutzungsgefahr (z.B. bei Verbindung der Funktionsprüfungen mit dem Spülprogramm) werden die Durchflußmeßgeräte zunächst ausgebaut und die Regelventile umfahren bzw. durch Paßstücke ersetzt. Die Meßleitungen sind bis auf eine Standanzeige des Pumpen-Vorlagebehälters abzusperren.

Ist der Kreislauf gereinigt, so wird die MSR-Technik komplettiert und die Funktionsprüfung inklusive MSR-Technik (Feld- und zugehörige Wartentechnik) fortgesetzt. Dies betrifft auch die Überprüfung/Einstellung der Alarmwerte und Eingriffswerte für Verriegelungen. Das heißt, soweit wie möglich wird unter diesen Bedingungen der betroffene Anlagenteil angefahren und stabilisiert.

Das folgende Beispiel 4–2 veranschaulicht, wie die Vorbereitung und Durchführung der Funktionsprüfungen an Kreiselpumpen verallgemeinert und systematisiert werden kann. Die Vorgehensweise ist prinzipiell auch auf andere Ausrüstungen übertragbar und läßt die Entwicklung und Nutzung von wissensbasierten Beratungssystemen sowie von Netzplänen bei derartigen Leistungen zweckmäßig erscheinen.

Beispiel 4–2: Grundprogramm zur systematischen Inbetriebnahme Vorbereitung von Kreiselpumpen (nach [4–47])

Die Praxis belegt, daß gleichartige Ausrüstungen auch gleichartige Handlungen bei den Funktionsprüfungen erfordern. Der übergeordnete Einfluß des Verfahrens und der Gesamtanlage ist relativ gering. Damit ist die Möglichkeit zur Algorithmierung und Programmierung der Handlungsabläufe, z.B. mit Hilfe der Netzplantechnik, gegeben. Tabelle 4–13 zeigt die Vorgangsliste und Bild 4–8 einen daraus abgeleiteten Netzplan.

Tabelle 4–13. Vorgangsliste zur Inbetriebnahmevorbereitung von Kreiselpumpen.

1. Start
2. Kontrolle der Werkstoffauswahl
3. Kontrolle der Kugellager
4. Kontrolle der Welle
5. Kontrolle des Laufrades
6. Kontrolle der Stoffbuchspackung oder der Gleitringdichtung
7. Kontrolle der Ausrichtung der Pumpe
8. Kontrolle der Saug- und Druckleitung
   a) Prüfung des Durchmessers der Saugleitung
   b) Kontrolle der richtigen Verlegung der Saugleitung
   c) Dichtheitsprüfung der Rohrleitungen
   d) Kontrolle der Spannungsfreiheit der Rohrleitungsanschlüsse
   e) Kontrolle der Rückschlagklappen auf der Druckseite
9. Kontrolle der Filter oder Siebe
10. Kontrolle der Dichtungen
    a) Prüfung der Eignung der Dichtungen an den Flanschen für das Fördermedium
    b) Ordnungsgemäße Verschraubung der Flanschpaarungen
11. Kontrolle der BMSR-Anlagen
    a) Prüfung der richtigen Anordnung und Funktionstüchtigkeit aller Meßinstrumente
    b) Überprüfung der Steuerung der Pumpen

Tabelle 4–13 (Fortsetzung)

12. Armaturenkontrolle
    a) Prüfung der projektmäßigen Anordnung
    b) Kontrolle der Funktionstüchtigkeit der Armaturen
    c) Kontrolle der Stellung aller Regelorgane
    d) Kontrolle der Kennzeichnung der Armaturen

13. Schmierung der Pumpe
    a) Prüfung der Qualität des Schmieröls
    b) Prüfung des Ölstandes und der Druckmeßeinrichtung
    c) Beachtung der Schmieranweisung
    d) Schmierung der Gelenke und Lager
    e) Wenn erforderlich, Kontrolle der Öltemperaturmeßeinrichtung

14. Reinigung und Spülung der Leitung

15. Reinigung und Spülung der Pumpe

16. Trocknen

17. Kontrolle des Antriebs der Pumpe
    a) Ausrichtung des Motors
    b) Prüfung des Anschlusses der Motorklemmen
    c) Kontrolle der Schutzschaltung der elektrischen Anlagen
    d) Kontrolle der Versorgungssicherheit des Antriebs
    e) Funktionsprüfung des Getriebes (wenn vorhanden)
    f) Drehrichtungsprobe des Motors im entkuppelten Zustand

18. Kontrolle der Ersatzpumpe

19. Kontrolle des Kühl- bzw. Heizkreislaufes
    a) Kontrolle der Eigenschaften des Kreislaufmediums
    b) Kontrolle des Durchflusses
    c) Kontrolle der Dichtheit des Systems

20. Bypasskontrolle

21. Kontrolle der Sicherheitsschaltung

22. Kontrolle der Auffangräume

23. Ende

Vorgangsliste und Netzplan könnten Teil der rechnergestützten Planung und Steuerung des Gesamtprojektes sein sowie zugleich zum Qualitätssicherungssystem des Pumpenherstellers bzw. Anlagenmonteurs gehören.

Methodisch ähnlich, aber technisch komplizierter sind die Funktionsprüfungen (Probeläufe) der Verdichter [4–48] und speziell der Kreiselverdichter.

Für die Verdichter ist die Fahrweise mit Luft oder Stickstoff, bei der meistens die Drücke (Saugdruck und Druckverhältnis) sowie die Gasdichte gra-

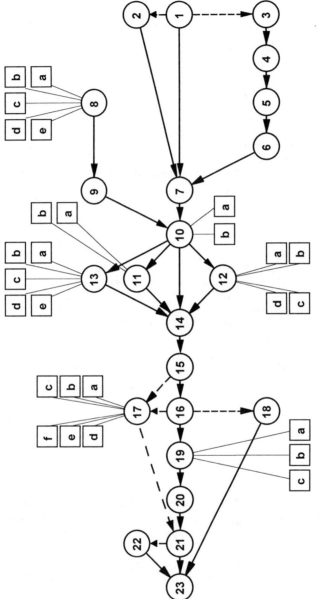

Bild 4−8. Netzplan zur Inbetriebnahmevorbereitung von Kreiselpumpen.

vierend vom Auslegungszustand abweichen, häufig eine Nebenfahrweise. Wegen einer Überlastungsgefahr für den Motor wird z.T. bei niedrigeren Drehzahlen im Vergleich zum Nennzustand gearbeitet.

Nähere Ausführungen zu den Handlungen beim Probelauf eines großen Kreiselverdichters sind Abschnitt 5.2.3.3 zu entnehmen.

Die maschinentechnischen Funktionsprüfungen an Turbinen erfordern in der Regel das vorherige Anfahren der Brenner und des Kessels zur Bereitstellung des Antriebsmediums. Es wird blockweise geprüft und angefahren. Dies wiederum setzt einen weitgehenden Montageabschluß der gesamten energietechnischen Anlage voraus, so daß die sog. „heißen Funktionsproben" in die Inbetriebnahmephase verlagert werden. Während der Montagephase werden lediglich Einzelfunktionsprüfungen, z.B. zur Ausrichtung und Einstellung der mechanischen, elektrischen, rechnerischen und leittechnischen Komponenten, vorgenommen. In Einzelfällen, wo z.B. ein Turbinen-Anfahrmotor oder Fremddampfanschluß vorhanden ist, sind auch eingeschränkte „warme Funktionsprüfungen" während der Inbetriebnahmevorbereitung möglich.

Bei den Funktionsprüfungen von Rührwerken, Zentrifugen, Extrudern, Knetern u.a. Trenn- bzw. Verarbeitungsmaschinen ist es vorteilhaft, daß sie meist erst ohne Medium angefahren und technisch erprobt werden können. Die eigentliche Funktionsprüfung findet während der Inbetriebnahmephase mit dem Betriebsmedium statt. Ist das Risiko möglicher Maschinenstörungen zu groß, kann durch Bereitstellung von Fremdprodukt eine vorherige „heiße Funktionsprüfung" vorgenommen werden.

4.5.2.2 Funktionsprüfungen der Prozeßleittechnik und Elektrotechnik

Die Leittechnik einschließlich der MSR- und Analysentechnik beeinflußt in erheblichem Maße die komplexe Inbetriebnahme einer verfahrenstechnischen Anlage. Einerseits ist sie ein erheblicher Kostenfaktor von teilweise schon 30% der Gesamtinvestition, andererseits ist ihre Endmontage und Funktionsprüfung meistens mit zeitbestimmend für den Inbetriebnahmebeginn.

In verfahrenstechnischen Anlagen werden die MSR-technischen Funktionen überwiegend durch *Prozeßleitsysteme* (PLS) realisiert, wobei zunehmend weitere Leitebenen (sog. Betriebs- und Unternehmensleitebenen) darüber angeordnet werden [4–49].

Gegenstand der folgenden Betrachtungen ist die Prozeßführungsebene, die sich in die Prozeß- und die Feldleitebene unterteilt (s. Bild 4–9).

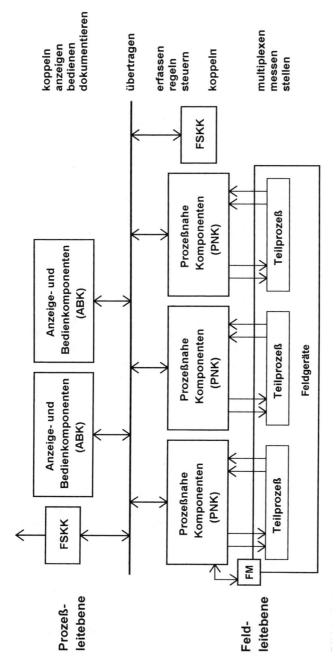

Bild 4—9. Struktur eines Prozeßleitsystems.

Zur Prozeßleitebene in der Warte gehören die Anzeige- und Bedienkomponenten, bestehend aus Bedienrechner mit Tastatur, mehreren Monitoren und Drucker. Die Feldleitebene umfaßt die prozeßnahen Komponenten (sog. Prozeßstationen) für die Automatisierungsfunktionen Regeln, Steuern und Überwachen. Die Prozeßstationen werden im allgemeinen vor Ort und im Nicht-Ex-Bereich aufgestellt und empfangen die Daten der Feldgeräte (Meßwertumformer, Meßwertaufnehmer, Kontakte u. ä.) sowie geben Rückmeldungen und Stellbefehle an den Prozeß zurück.

Die Funktionsprüfungen des Prozeßleitsystems, die der Sicht- und Verdrahtungsprüfung [4-50] folgt, umfaßt die Prüfung der aktiven Wirkungsabläufe der prozeßtechnischen Einrichtungen hinsichtlich ihrer vorgesehenen Funktionen. Die benötigten elektrischen und pneumatischen Hilfsenergien müssen zu diesem Zweck anliegen.

Folgende Vorgehensweise ist dabei üblich:

- Die Prüfung erfolgt zunächst off-line, d. h. mit geöffneter Signalkette.
- Es wird zuerst die Signalübertragung vom Prozeß zur Warte geprüft. An Hand der Planungsunterlagen werden systematisch die Signalwege, angefangen vom Meßglied über die Meßumformer u. ä. bis zur Funktionseinheit in der Prozeßstation sowie der entsprechenden Anzeige auf dem Monitor gestellt. Nach Möglichkeit werden dazu die zu erfassenden Betriebszustände (z. B. Stände, Drücke, Temperaturen) eingestellt oder, wenn dies nicht möglich ist, simuliert. Dies betrifft auch die Testung der Alarme, z. B. indem die Alarmeinstellungen an die Istwerte herangefahren werden.
- Anschließend wird umgekehrt der Signalweg von der Warte zu den Feldgeräten (Stellventilen, Motorschiebern u. a. angesteuerten Armaturen) geprüft. Zu diesem Zweck werden die verschiedensten aktiven Bedienhandlungen (z. B. Verändern der Stellgrößen, Not-Aus-Schaltungen) am Leitrechner vorgenommen und beobachtet, ob die ausgeführte Handlung auch tatsächlich vor Ort stattfindet.
- Im Anschluß an diese Off-line-Prüfungen finden so weit wie möglich die komplexen Funktionsprüfungen von Regelkreisen, von Zeit- bzw. Folgesteuerungen, von Sicherheitsschaltungen (Verriegelungsschaltungen) u. a. Automatisierungsfunktionen statt. Die Reglerparameter werden voreingestellt.
  Diese komplexen Prüfungen sollten möglichst unter prozeßnahen Bedingungen zusammen mit den komplexen Funktionsprüfungen der Maschinen durchgeführt werden. Ist dies nicht möglich, sind weitgehend Ersatzlösungen zu suchen.
  Zur inneren Überprüfung der Prozeßstationen in Verbindung mit dem Bedienrechner besteht im allgemeinen die Möglichkeit, die Ein- und Aus-

gänge kurzzuschließen bzw. die Regelstrecke zu simulieren. Diese Möglichkeit ist ebenfalls auch zur Ausbildung des Inbetriebnahme- und Bedienpersonals zu nutzen (s. auch Abschnitt 4.2).

– Prüfung der Informationsdarstellung auf dem Monitor, z.B. der freien Bilder sowie der Übersichts-, Gruppen- und Einzeldarstellungen, auf ihre planungsgerechte Ausführung. Zweckmäßige Änderungen sind im allgemeinen in dieser Phase ohne größeren Aufwand noch möglich.

Neben der funktionsgerechten kann in vielen Fällen zugleich die planungsgerechte (qualitativ und quantitativ richtige) Messung, Steuerung und Regelung geprüft werden. Da dies *alle*

– Meßgrößen einschließlich der Alarm- und Eingriffswerte,

– Regel- und Stellgrößen inklusive der Rückmeldungen sowie dem Verhalten bei Hilfsenergieausfall,

– Sicherheitsschaltungen (Verriegelungen) zusammen mit den Feldarmaturen,

– Zeit- und Folgeschaltungen in Verbindung mit speicherprogrammierbaren Steuereinheiten oder anderer Hardware,

– Funktionen der leittechnischen Hard- und Software,

betrifft, ist der Aufwand bei größeren verfahrenstechnischen Anlagen immens. Für diese Arbeiten ist ein effektives Prüfmanagement mit Prüfplan und vorgegebenen Prüfprotokollen zu gewährleisten. Parallele Prüftätigkeiten, z.B. im 2er-Team und unter Einbeziehung des späteren Operator- und Instandhaltungspersonals, sind in der Regel notwendig. Gegenüber der Projektleitung ist die Gewährung der vorgesehenen Prüfdauer (nicht selten sollen zuvor eingetretene Terminüberschreitungen durch schnellere MSR-Montage und -Prüfung kompensiert werden) durchzusetzen.

Dem Inbetriebnahmeteam gibt eine gründlich geprüfte Leittechnik enormen Rückhalt und ermöglicht ihm, sich später auf den Prozeß (Regelstrecke) zu konzentrieren.

Abschließend zur MSR-Technik einige Bemerkungen zur Funktionsprüfung analytischer Geräte.

In verfahrenstechnischen Anlagen kommen zur analytischen Überwachung zunehmend Prozeßanalysengeräte zum Einsatz. Da diese auf das Prozeßmedium und die Prozeßbedingungen geeicht sind, sind repräsentative Funktionsprüfungen vor der Anlageninbetriebnahme häufig nicht möglich. Man weicht dann z.T. auf eine Prüfung im Labor aus bzw. sieht in der ersten Phase der Inbetriebnahme zusätzlich noch Laboranalysen, auch zur Testung des Prozeßanalysators, vor.

Da die Produktqualitäten meistens wesentliche Garantiegrößen sind, kommt einer zuverlässigen Analytik eine große Bedeutung zu.

Häufig erweist sich die Probenahme (z. B. bei Gefahr von partieller Kondensation oder Verdampfung bzw. bei längeren Probenahmeleitungen) als Schwachpunkt. Bei einer Überprüfung der Reproduzierbarkeit sollte deshalb nach Möglichkeit die Probenahme mit eingeschlossen werden. Zweckmäßig ist es auch, wenn der Verfahrenstechniker im Inbetriebnahmeteam in Vorbereitung der Inbetriebnahme nochmals eine Überprüfung der Probenahmestellen auf Funktionsgerechtheit, einschließlich der weiteren Handhabung der Probe, vornimmt.

Parallel zur Leittechnik finden die Funktionsprüfungen der Elektrotechnik statt. Grundlage sind die verschiedenen elektrotechnischen Pläne, wobei folgende Prüfschwerpunkte bestehen:

- Anlaufkontrolle und Drehrichtungsprobe von Motoren,
- Prüfung aller Elemente der Hochspannungs- und Starkstromtechnik einschließlich der zugehörigen MSR-Technik,
- Prüfung der automatischen Netzumschaltung bei großen Motoren, die z.T. zur Erhöhung der Versorgungssicherheit an zwei Netzen angeschlossen sind,
- Überprüfung der Motorschutzschalter sowie weiterer, die Motoren betreffende Sicherheitseinrichtungen,
- Prüfung der Laufanzeige sowie sonstiger elektrischer Meßgrößen, die vom Prozeßleitsystem und/oder vor-Ort angezeigt werden,
- Überprüfung der Notstromversorgung.

Der Prüfumfang ist im allgemeinen und besonders in Kraftwerken mit dem Hochspannungsteil für Generatoren, Netzeinspeisestationen u.v.a. erheblich. Die Ausführung obliegt ausschließlich Fachkräften unter Beachtung der VDE-Bestimmungen u.a. strengen administrativen Maßnahmen (z.B. Freischaltverfahren).

4.5.2.3 Komplexe Funktionsprüfungen

Komplexe Funktionsprüfungen beinhalten die ganzheitliche Erprobung größerer technischer Systeme. Dies sind vorwiegend Teilanlagen (Subsysteme), die mit Wasser bzw. Luft und im Inselbetrieb autonom getestet werden können. Zum Beispiel:

- Kolonnenschaltungen mit Wärmeübertragern, Kühlern und Pumpen,
- Transport- und Lagersysteme,
- komplette Rührkesselsysteme,
- Gaskreislaufsysteme mit Verdichter und integrierten Abscheidern, Kolonnen, Wärmeübertragern u.a. Ausrüstungen,

– komplexe Prozeßsteuerungssysteme einschließlich des Betriebes integrierter Maschinen- und Apparate.

Mitunter kann auch die ganze Anlage, z.B. durch Rückführungsleitungen vom Aus- auf den Eingang, erprobt werden.

Auch wenn dies alles ohne Betriebsmedium (sog. Wasserfahrt) und bei abweichenden Betriebsbedingungen (vor allem geringen Temperaturen) stattfindet, sind die Aussagen doch außerordentlich wertvoll. Gerade die Schnittstellen, Wechselwirkungen und Rückkopplungen sind in verfahrenstechnischen Anlagen problematisch. Sie sind experimentell kaum und rechnerisch nur eingeschränkt zugänglich.

Erfolgt die komplexe Funktionsprüfung und die Fehler-/Mangelerkennung erst später während der Inbetriebnahme, ist sie um ein Vielfaches teurer [4 –51]. Sinngemäß nach [4 –52] gilt die Feststellung:

„Allgemein ist es besser, einen Teil des Geldes, das während der Inbetriebnahme durch Wartezeiten ausgegeben wird und vorher kaum kalkuliert wurde, zuvor für umfangreiche Prüfungen und Schnittstellentests auszugeben."

Die Fahrweise für die komplexen Funktionsprüfungen müssen vom Planer und Inbetriebnehmer rechtzeitig vorgedacht und in die Dokumente eingearbeitet werden. Die Montagefirma wäre damit überfordert. Ferner gehören derartige komplexe Systemprüfungen in der Regel nicht zum Leistungsumfang der Montage.

Im Einzelfall können auch zusätzliche technische Maßnahmen (separate Leitungen, Pumpen, Meßtechnik), die Systemtests vor Inbetriebnahme ermöglichen, wirtschaftlich sein.

Die komplexen Funktionsprüfungen werden zweckmäßig in der Inbetriebnahmedokumentation, eventuell als extra Beilage textlich und zeichnerisch (z.B. Fließbild-Ausschnitte) beschrieben.

Für das Inbetriebnahmepersonal sind sie eine Art Generalprobe vor der Inbetriebnahme-Premiere.

Die Prüfschwerpunkte sind analog wie bei den maschinentechnischen. Verstärkt kommen noch systemtechnische Gesichtspunkte hinzu, wie

– Rückwirkung von Stoff- und Energieströmen,
– vermaschte Regelungen und Steuerungen,
– Schwingungen in technischen Systemen [4–53, 4–54],
– Zuverlässigkeit und Redundanz technischer Systeme,
– Dichtheitsprüfung größerer Systeme.

4.5.2.4 Abnahmeversuche

Die **Abnahmeversuche** sollen nicht nur die Funktionstüchtigkeit einer Anlage, sondern auch deren Leistungsfähigkeit nachweisen. Sie unterscheiden sich somit wesentlich von den Funktionsprüfungen und entsprechen de facto den rechtsverbindlichen Leistungsnachweisen dieser Anlagen.

Abnahmeversuche werden vorrangig an speziellen maschinentechnischen und energietechnischen Anlagen durchgeführt. Für größere und komplizierte Komponenten bzw. Anlagen existieren DIN bzw. VDI/VDE-Richtlinien über die Abnahmeversuche (s. Tabelle 4–14).

Tabelle 4–14. Hinweise zu Abnahmeversuchen in DIN bzw. VDI/VDE-Richtlinien.

DIN 1941	Abnahmeversuche an Verbrennungsmotoren
DIN 1942	Abnahmeversuche an Dampferzeugern
DIN 1943	Wärmetechnische Abnahmeversuche an Dampfturbinen (VDI Dampfturbinenregeln)
DIN 1944	Abnahmeversuche an Kreiselpumpen (VDI-Kreiselpumpenregeln)
DIN 1946	Lüftungstechnische Anlagen (VDI-Lüftungsregeln)
DIN 1947	Wärmetechnische Abnahmemessung an Naßkühltürmen (VDI-Kühlturmregeln)
DIN 1952	Durchflußmessung mit genormten Düsen, Blenden und Venturidüsen (VDI-Durchflußmeßregeln)
DIN 1953	Temperaturmessungen bei Abnahmeversuchen und in der Betriebsüberwachung (VDI-Temperaturmeregeln)
DIN 8976	Leistungsprüfung von Verdichter-Kältemaschinen
DIN 8977	Leistungsprüfung von Kältemittel-Verdichtern
VDI 2042	Wärmetechnische Abnahmeversuche an Dampfturbinen – Beispiel zur DIN 1943 –
VDI 2045 Bl. 1E	Abnahme- und Leistungsversuche an Verdichtern; Versuchsdurchführung und Garantievergleich
VDI 2045 Bl. 2E	Abnahme- und Leistungsversuche an Verdichtern; Grundlagen und Beispiele
VDI 2049	Wärmetechnische Abnahme- und Leistungsversuche an Trockenkühlern
VDI 3027	Inbetriebnahme und Instandhaltung von Ölhydraulischen Anlagen
VDI/VDE 3507	Abnahme von Regelanlagen für Dampferzeuger
VDI/VDE 3523	Abnahmerichtlinien für Regel- und Steuereinrichtungen von Dampfturbinen
VDI/VDE 3690	Abnahme von Prozeßrechnersystemen

Beispielsweise wird in der DIN 1942, die die Grundlage für die Abnahmeversuche an Dampferzeugern und Wärmeübertragungsanlagen mit eigener Feuerung bildet, formuliert:

„Die Abnahmeversuche sollen nachweisen, daß die Gewährleistungen für Wirkungsgrad und Leistung oder andere technische Bedingungen erfüllt sind."

In der Praxis ist die vertragliche Bedeutung und Einbindung der Abnahmeversuche auf zwei verschiedene Art und Weisen möglich:

1. Fall: Der Abnahmeversuch bezieht sich auf die gesamte gelieferte und montierte Anlage einschließlich der Hilfseinrichtungen.

In diesem Fall ist der Begriff Abnahmeversuch nur ein Synonym für Garantieversuch oder Leistungsfahrt (s. Abschnitt 5.7). Methodisch ist er voll der Inbetriebnahme zuzuordnen. Er erfolgt im Anschluß an den Probebetrieb.

Diese Situation ist häufig bei wärme- und energietechnischen Anlagen gegeben.

2. Fall: Der Abnahmeversuch bezieht sich auf *eine* Komponente oder Teilanlage einer größeren verfahrenstechnischen Anlage.

Unter diesen Bedingungen ist der Abnahmeversuch in den Untervertrag zwischen dem Generalunternehmen und Subunternehmen eingebunden. Das letztere muß im Abnahmeversuch nachweisen, daß seine Zulieferung/Teilleistung die zugesicherten Eigenschaften aufweist. Der Garantieversuch/Leistungsfahrt der Gesamtanlage findet später statt.

Eine derartige Konstellation ist häufig bei Abnahmeversuchen an Verdichtern, Kreiselpumpen u. a. maschinentechnischen Anlagenkomponenten gegeben. Die Abnahmeversuche finden zeitlich im Anschluß an die Funktionsprüfungen statt, z. B. wenn sie mit nichtbrennbaren Medien durchgeführt werden, oder werden in den Probebetrieb der Gesamtanlage eingeordnet.

Die DIN/VDI-Richtlinien lt. Tabelle 4 –14 enthalten zahlreiche detaillierte Hinweise und Algorithmen zur Vorbereitung sowie meßtechnischen Durchführung und Auswertung der angeführten, anlagenspezifischen Abnahmeversuche.

Schwerpunkte sind dabei:

– Voraussetzungen und Gegenstand der Gewährleistungen (Garantien),
– Versuchsvoraussetzungen und Versuchsbedingungen,
– Meßgeräte und Meßverfahren,
– Bilanzierung, Wirkungsgrade,
– Mittelwertbildung, Fehlerbetrachtung, Meßspiele,
– Umrechnung auf Garantiebedingungen.

Besonderer Handlungsbedarf ist dadurch gegeben, daß in der Regel die Versuchsbedingungen (einschließlich Versuchsparameter) während des Abnahmeversuches nicht identisch sind mit den vertraglich fixierten Versuchsbedingungen (sog. Garantievoraussetzungen). Damit sind auch die gemessenen Leistungsparameter der Garantiegrößen nicht vergleichbar mit den Garantiewerten im Vertrag.

Im Rahmen der Auswertung des Abnahmeversuches muß eine Umrechnung der im Versuch ermittelten Leistungsparameter auf die Garantiebedingungen erfolgen. Dies ist, wie Beispiel 4–3 belegt, aufwendig und wird in den DIN/VDI-Regeln ausführlich angeführt.

Beispiel 4–3: Abnahmeversuch eines Turboverdichters – Erläuterung der prinzipiellen Methodik

In einer Großanlage zur adsorptiven n-Alkangewinnung dient ein ungekühlter, 4-stufiger Turboverdichter zur Förderung des vorwiegend wasserstoffhaltigen Kreislaufgases. Die technologische Beschreibung ist dem Beispiel 5–1 im Abschnitt 5.2.3.3 zu entnehmen.

Der Verdichter ist radialer Bauart und wird durch einen polumschaltbaren Drehstrom-Asynchronmotor mit maximal 5 MW Leistung angetrieben.

Im Lieferumfang zwischen Generalunternehmer und Verdichterhersteller wurde vereinbart, daß im Anschluß an die Montage ein Abnahmeversuch mit Stickstoff über 24 h durchgeführt wird. Folgende Daten waren im Vertrag fixiert:

a) Garantiegrößen

Ansaugvolumenstrom:	$\dot{V}_{1,G}$	$= 29430 \ \mathrm{m^3 \ i.N./h}$
Enddruck:	$p_{2,G}$	$= 8,7 \ \mathrm{bar}$
Kupplungsleistung:	P_{Ku}	$= 1350 \ \mathrm{kW}$

b) Garantievoraussetzungen

Ansaugdruck:	$P_{1,G}$	$= 4,0 \ \mathrm{bar}$
Ansaugtemperatur:	$t_{1,G}$	$= 42 \ \mathrm{°C}$
Drehzahl:	N_G	$= 6716 \ \mathrm{min^{-1}}$
Medium:	Stickstoff	

Die während des Abnahmeversuches eingestellten bzw. sich einstellenden Durchschnittswerte betrugen:

c) Versuchsbedingungen/-ergebnisse

Ansaugdruck:	$P_{1,V}$	$= 5,0 \ \mathrm{bar}$
Ansaugtemperatur:	$t_{1,V}$	$= 45 \ \mathrm{°C}$

| Drehzahl: | N_V = 6716 min^{-1} |
| Medium: | Stickstoff |

| Ansaugvolumenstrom: | $\dot{V}_{1,V}$ = 34500 m^3 i.N./h |
| Enddruck: | $p_{2,V}$ = 10,5 bar |

Man erkennt, daß insbesondere der Ansaugdruck deutlich über dem vertraglich fixierten Einstellwert lag und somit auch ein größerer Volumenstrom und Enddruck gemessen wurde.

Im Rahmen der rechnerischen Auswertung des Abnahmeversuches mußten die tatsächlichen Versuchswerte lt. c) auf die fiktiven Garantievoraussetzungen lt. b) umgerechnet werden. Für diese aufwendige Umrechnung, die im einzelnen in [4–55] nachzulesen ist, werden benötigt:

– die technischen und konstruktiven Daten des Verdichters,
– Stoffdaten für das Medium und
– Modellgleichungen zur Beschreibung der Zustandsänderung im Verdichter.

Bei der iterativen Rechnung wird der Wirkungsgrad näherungsweise als konstant betrachtet. Die Kupplungsleistung wird nach Umrechnung der Versuchsergebnisse auf die Garantievoraussetzungen ebenfalls rechnerisch über die innere Leistung plus den Leistungsverlusten am Verdichteraggregat ermittelt. Im Ergebnis wurden folgende fiktiven Garantiewerte, die sich bei Einstellung der Garantievoraussetzungen während des Abnahmeversuches ergeben hätten, berechnet:

d) Rechnerische Garantiebedingungen/-werte

Ansaugvolumenstrom:	$\dot{V}_{1,UM}$ = 29430 m^3 i.N./h
Ansaugdruck:	$p_{2,UM}$ = 4,0 bar
Ansaugtemperatur:	$t_{1,UM}$ = 42 °C

| Enddruck: | $p_{1,UM}$ = 8,76 bar |
| Kupplungsleistung: | $P_{Ku,UM}$ = 1309 kW |

Die nach [4–55] berechnete Ergebnisunsicherheit der Kupplungsleistung beträgt ± 32,1 kW. Somit konnten durch den Abnahmeversuch die garantierten Werte nachgewiesen werden.

4.6 Inbetriebnahmevorbereitung ausgewählter Komponenten

4.6.1 Ausheizen der feuerfesten Ausmauerungen

Feuerfeste Materialien werden zur Ausmauerung bzw. Auskleidung von Anlagenkomponenten eingesetzt, in denen Verbrennungsvorgänge, Aufheizvorgänge, Schmelzvorgänge oder chemische Reaktionen bei hohen Temperaturen ablaufen. Sie sollen die im allgemeinen dahinterliegenden und tragenden metallischen Bauteile vor thermischer und/oder chemischer Schädigung schützen.

Einsatzgebiete für Feuerfestmaterialien sind vorwiegend Aufheizer und Reaktionsöfen in der Petrolchemie, Anlagen zur Kalk- und Zementherstellung, Schacht- und Drehrohröfen, Anlagen der Kohleveredelung, Dampferzeuger sowie Abfallverbrennungsanlagen. Die Anwendungsbreite ist größer als man oftmals vermutet.

Feuerfestmaterialien sind vorwiegend keramische, nichtmetallische Werkstoffe mit einer Feuerfestigkeit von über 1500 °C. Besondere Bedeutung besitzt das Zweistoffsystem Siliciumdioxid/Aluminiumoxid, dessen Einsatzbereiche in Bild 4–10 angeführt sind. Die Materialien kommen in Form von Silikat- oder Schamottsteinen sowie als Stampfmasse zum Einsatz.

Um Schäden an den feuerfesten Ausmauerungen zu vermeiden [4–56], sind die folgenden Hinweise zur Handhabung sowie zur Inbetriebnahmevorbereitung wichtig:

a) Die vorgeschriebenen Lager- und Verarbeitungsbedingungen des Herstellers sind konsequent einzuhalten.

Verschiedene Feuerfestmaterialien (z.B. Dolomit- und Magnesiasteine) neigen zur Aufnahme von Feuchtigkeit (sog. Hydratation) und zerbröckeln dadurch. Sie sind deshalb unbedingt vor Nässe und hoher Luftfeuchte zu schützen (in Folie verschweißt und verpackt). Ferner sollte sich das Aufheizen des Mauerwerkes zügig an dessen handwerkliche Fertigstellung anschließen.

b) Das Aufheizen ist exakt nach einer Temperatur-Zeit-Kurve mit Haltepunkten durchzuführen (s. Bild 4–11).

Beim erstmaligen Aufheizen der frisch verarbeiteten Materialien finden temperaturabhängig mehrere Vorgänge statt [4–56].

150– 250 °C: Abgabe von adsorbiertem Wasser
400– 650 °C: Zerfall in $Al_2O_3 \cdot 2\,SiO_2$ und H_2O
900–1050 °C: Kristallisation von Al_2O_3

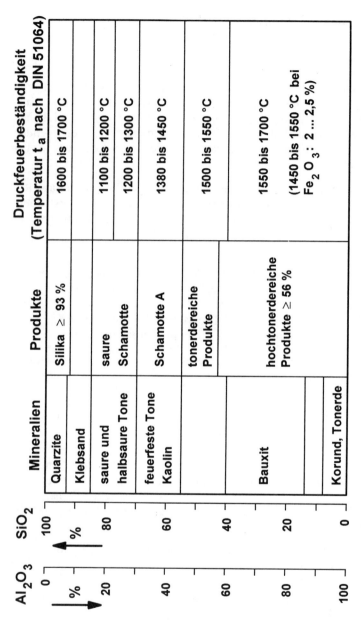

Bild 4–10. Feuerfeste Produkte und Einsatzbereiche des Zweistoffsystems SiO_2/Al_2O_3.

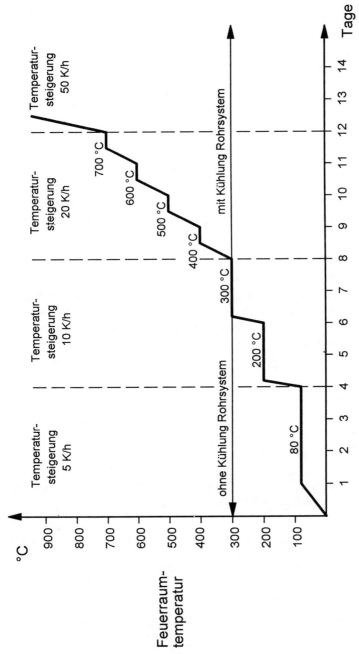

Bild 4–11. Aufheizkurve beim Trockenheizen eines Industrieofens (Praxisbeispiel).

Zunächst erfolgt eine Trocknung, d. h. die oberflächliche und später die innere Feuchtigkeit muß verdampfen. Dabei ist das Wasser überwiegend adsorptiv gebunden, teils wird es bei höheren Temperaturen durch Kristallumwandlung auch neu gebildet. Erfolgt die Temperatursteigerung zu schnell, so kann der hohe Wasserdampfdruck im Innern der Steine zu Rissen oder Absprengungen führen.

Bei höheren Temperaturen treten ferner Sintervorgänge an der Oberfläche auf, die eine unporöse Deckschicht erzeugen. Noch eingeschlossenes Wasser kann dann nicht mehr nach außen diffundieren und sprengt diese Oberflächenschichten ab. Auch aus dieser Sicht muß das Aufheizen vorsichtig und mit ausreichend Haltezeit vorgenommen werden.

Schließlich bewirken Temperaturgradienten stets auch Wärmespannungen in der Ausmauerung, die durch eine optimale Abstimmung von Aufheiz- und Durchwärmzeit minimiert werden müssen.

Das Ausheizen der Ausmauerung kann u. U. anfahrbestimmend für die Gesamtanlage sein, da:

– Voraussetzungen für dessen Beginn die abgeschlossene Montage des Industrieofens einschließlich der Nebenanlagen, aber weitgehend auch die der ganzen Anlage ist. Mit der Feuerung kommen erstmals brennbare Stoffe in die Anlage.

– Bei Öfen wird in der Regel zunächst vorsichtig mit den Pilotbrennern geheizt.

– die Zeitdauer mit 1–3 Wochen, bei nachgeschalteten Schornsteinen noch mehr, erheblich ist.

– die Industrieöfen anschließend u.U. noch zum Vorbehandeln von Katalysatoren und/oder Adsorbentien benötigt werden.

Eventuell vorhandene Ofenrohrsysteme sind im allgemeinen bei höheren Ausheiztemperaturen zu kühlen. Dies wiederum bedingt, daß zu diesem Zeitpunkt ein entsprechender Kühlweg betriebsbereit sein muß.

4.6.2 Einfüllen und Vorbehandeln von Katalysatoren und Adsorbentien

In verfahrenstechnischen Anlagen sind Katalysatoren und/oder Adsorbentien nicht selten das „Herz" des Verfahrens und der Anlage, da sie die Gesamteffizienz entscheidend beeinflussen.

Ihr Einbau erfolgt zum Schutz vor Unwägbarkeiten (z.B. Frost) erst kurz vor Montageende bzw. kurz vor Beginn der Inbetriebnahme.

Kommt man bei der Vorbehandlung mit Luft oder Stickstoff aus (z. B. bei Trockenmitteln), so ist eine zeitliche Vorverlagerung eher möglich als z. B. bei notwendigen Aktivierungen mit wasserstoffhaltigem Gas. Letzteres ist bei Katalysatoren mit metallischen Aktivkomponenten häufig der Fall.

Viele Katalysatoren/Adsorbentien sind Schüttgüter aus Strängen, Pillen, Kugeln usw. mit Abmessungen von wenigen Millimetern. Um Brüche und Absplitterungen an den Formlingen, die in nachfolgende Anlagenteile gelangen könnten, zu verhindern, ist beim Einfüllen ein Herunterfallen aus großer Höhe zu vermeiden.

Ferner ist der Schüttungsaufbau von unten nach oben sehr sorgfältig entsprechend den Vorschriften des Herstellers bzw. des Planers auszuführen, wie z. B.

– Abdeckung des Austrittsstutzens,
– Inertmaterial verschiedener Körnung (von grob zu fein),
– Katalysator- bzw. Adsorbensschüttung,
– obere Abdeckung der Schüttung mit Schmutzfänger.

Oberhalb der Schüttung ist in Abhängigkeit von den Strömungsverhältnissen in diesem Bereich (z. B. Freistrahl mit/ohne Diffusor) ein ausreichend großer Freiraum zu belassen.

Während des Einfüllens sind regelmäßig Proben des Schüttgutes nach den Vorschriften zur repräsentativen Schüttgut-Probenahme zu entnehmen. Der Einfüllvorgang, bei dem ein Vertreter des Herstellers hinzugezogen werden sollte, ist ausführlich zu protokollieren (s. Tabelle 4–15).

Nach dem Einfüllen wird der Reaktor/Adsorber im allgemeinen verschlossen und mit Stickstoff aufgepuffert. Falls der Abriebstaub nicht toxisch ist, kann durch plötzliches Öffnen einer Armatur am Bodenabgang versucht werden, einen Teil des Staubes ins Freie zu entspannen.

In vielen Fällen ist das Schüttgut vor der Inbetriebnahme einer spezifischen Vorbehandlung (Aktivierung) zu unterziehen. Typisch sind Trocknungen und/oder Reduktionsreaktionen mit Wasserstoff. Bekannt sind auch Aufschwefelungen, Aufchlorierungen u. a. Maßnahmen.

Insgesamt wird angeraten, streng nach Vorschrift (auch wenn nicht jeder Schritt immer zwingend erscheint) zu verfahren. Die Vorbehandlung vieler Katalysatoren beeinflußt häufig nicht nur deren Raum-Zeit-Ausbeute und/oder Selektivität, sondern auch ihre Standzeit bzw. Lebensdauer.

Tabelle 4–15. Befüllprotokoll (Praxisbeispiel).

Befüllprotokoll für die Reaktoren B102/1+2

Anlage: Anlage zur Reinigung eines wasserstoffreichen Raffineriegases in ...
Datum: 13. Juni 1985, 17.30–18.30 Uhr
Befüllgut: Feinentschwefelungskatalysator

1.   Vorbereitende Arbeiten
      Vor der Befüllung wurden die beiden Reaktoren B102/1+2 mit Druckluft
      durchgeblasen. Die innere Oberfläche war metallisch sauber und trocken. An
      den Ein- und Ausgängen wurden Blindscheiben gesteckt, der obere Deckel
      gelöst und geschwenkt. Danach wurden bis 10 cm unterhalb des Temperatur-
      stutzens s_4, entsprechend einer Füllhöhe von ca. 500 mm, Porzellankugeln
      von ca. 10 mm $\varnothing$ eingefüllt. Die Kugeln waren trocken und sauber.

2.   Befüllung der Behälter
      Für die Befüllung der beiden Reaktoren standen 5 Fässer Katalysator zur Ver-
      fügung. Diese wurden zu gleichen Teilen in die Reaktoren entleert. Die Fäs-
      ser waren unbeschädigt und verschlossen. Der innen befindliche Plastesack
      war unbeschädigt und verschnürt.

      a) Zeitraum:
      Die Befüllung wurde im Zeitraum von einer Stunde erledigt. Danach wurde
      der obere Deckel wieder verschraubt und am p_4-Spülstutzen ebenfalls eine
      Blindscheibe gesteckt.

      b) meteorologische Bedingungen:
      Sommerliches, trockenes und windstilles Wetter mit einer Temperatur von ca.
      25 °C.

      c) Befüllung:
      Der Katalysator wurde direkt auf die Porzellankugeln geschüttet. Das letzte
      Faß wurde so auf die Reaktoren verteilt, daß von der Unterkante des Produkt-
      teintrittsstutzens p_1 bis zur Kontaktoberfläche jeweils 420 mm vermessen
      wurden.
      Das entspricht gemäß Zeichnung Nr. 788.182–000000.0 (1) einer Füllhöhe
      von 1880 mm.
      Das Katalysatorfüllvolumen je Behälter ist somit $V = 0{,}53 \ m^3$.

      d) Art der Abdeckung:
      Der Katalysator wurde mit einem Streckmetallboden (D = 598 mm) mit einer
      maximalen Öffnungsweite von ca. 5 mm abgedeckt. Auf dem Streckmetall-
      boden wurde zur Beschwerung eine 10 cm hohe Schicht aus Porzellanfüllkör-
      pern ($\varnothing$ 30 mm $\times$ 30 mm) aufgebracht.

3.   Probenahme
      Während des Befüllens der Behälter wurden aus jedem Faß ca. 100 g Kontakt
      als Rückstellprobe entnommen und gekennzeichnet.

Verteiler: ....
                                                        Befüllverantwortlicher/Protokollant

                                                        ....
                                                        Inbetriebnahmeleiter

4.7 Verschließen und Dichtheitsprüfung der Anlage

Häufig werden nach dem Spülen sowie den Funktionsprüfungen nochmals einzelne Anlagenkomponenten geöffnet und

- abgelagerter Schmutz (z. B. in Behältern, auf Böden, in Toträumen) mechanisch entfernt,
- kontrolliert, daß sich an austenitischen Cr/Ni-Stählen kein Flugrost festgesetzt hat, der unter wäßrigen Bedingungen zur Zerstörung der Passivierung führt,
- kontrolliert, daß die Anlage, falls die Vorschrift es fordert, trocken ist,
- temporäre Filter entfernt,
- schmutzempfindliche Einbauten, wie Demister, Schlitzböden, Füllkörper u. ä. erst eingebaut sowie
- letzte Inspektionen (z. B. der Befestigung beim Ausblasen hochbeanspruchter Bauteile) durchgeführt.

Gleichfalls kann es notwendig sein, nach den Funktionsprüfungen einzelne Dichtungen und/oder Packungen zu wechseln oder einzelne Flansche nachzuziehen.

Nach Abschluß all dieser Maßnahmen ist deshalb ein Verschließen sowie eine Dichtheitsprüfung der gesamten Anlage notwendig.

Der Dichtheitsnachweis muß vom Montageunternehmen geführt werden, auch wenn dies zuvor bei Druckprüfungen an Behältern und Rohrleitungen oder bei Funktionsprüfungen an Maschinen, Regelventilen, Meßsystemen u. v. a. im Einzelfall bereits erfolgte.

Die Gesamt-Dichtheitsprüfung wird bei Druckanlagen im allgemeinen mit Luft und bei einem Druck durchgeführt, der durch den niedrigsten zulässigen Betriebsüberdruck bestimmender Ausrüstungen bzw. durch den Netzdruck begrenzt ist. Vakuumanlagen sind entsprechend zu evakuieren.

Anschließend wird der Druckabfall/-aufbau beobachtet sowie die Anlage abgegangen. Häufig kann die Leckage akustisch wahrgenommen werden. Wenn nicht, muß durch Einpinseln oder Aufsprühen von Schaumbildnern die Leckage geortet werden. In den meisten Fällen sind es undichte Flansche, die nachgezogen/-geschlagen werden können. Leitungen mit gefährlichen Medien sollten an kritischen Stellen generell abgeseift werden.

Da man in der Regel nicht mit einem absolut konstanten Druckverlauf rechnen kann, muß die Frage beantwortet werden:

„Wann gilt die Anlage als dicht?"

Zunächst wird vorausgesetzt, daß die Temperatureinflüsse erfaßt und korrigiert werden. Damit reduziert sich das Problem auf die Abschätzung und den Nachweis einer allgemein vertretbaren Leckagemenge für die Gesamtanlage. Sicherlich wäre es kaum bezahlbar, wenn jede verfahrenstechnische Anlage absolut dicht sein müßte. Maßstab muß auch in diesem Fall der Stand der Technik unter Beachtung standort- und projektspezifischer Bedingungen sowie zukünftiger Entwicklungstrends sein. Tabelle 4–16 enthält einige der wenigen veröffentlichten Daten.

Tabelle 4–16. Emissionsmassenströme nach Stand der Technik [4–57].

Dichtelemente	Emissionsmassenstrom pro m Dichtlänge bzw. Stück
Flanschverbindungen (gasförmig beaufschlagt)	0,01 g/h · m
Flanschverbindungen (flüssig beaufschlagt)	0,10 g/h · m
Ventile, Schieber, Regelventile	0,56 g/h · Stck

Angaben einer früheren Veröffentlichung [4–58] aus dem Jahre 1977, die für eine Standard-Petrolchemieanlage gemacht wurden, liegen etwa um den Faktor 30 höher. Der Stand der Technik auf dem Dichtungssektor [2–82, 4–59 bis 4–61] sowie insbesondere der Faltenbalg-Armaturen [4–62] und leckagefreien Pumpen [2–81] entwickelt sich schnell.

Entsprechend einer überschläglichen Ermittlung des Anlagenvolumens sowie der Summe aller Dichtflächen kann mit Hilfe postulierter Emissionsmassenströme der zulässige Druckgradient näherungsweise berechnet werden. Dies sollte i. a. von der Engineeringfirma in Abstimmung mit den Montageunternehmen erfolgen. Vorgaben aus dem Genehmigungsverfahren sowie andere relevante Vorschriften und Auflagen sind zu beachten. Aus der Erfahrung mit Mitteldruck-Raffinerieanlagen sind für den Druckabfall beispielsweise Grenzwerte von max. 0,1 bar/h bei einer Haltedauer von mindestens 6 h bekannt.

Bei größeren Anlagen kann es aus Gründen, wie

– schnelleres „Einkreisen und Lokalisieren" der Leckage,
– stark abweichende Betriebsparameter bzw.
– komplizierte und verschiedenartige Ausrüstungen

zweckmäßig sein, die Dichtheitsprüfungen zunächst getrennt nach Anlagenteilen vorzunehmen.

Zur schnelleren und sicheren Lokalisierung der Schadstelle sind moderne Leckageortungsverfahren [2–83, 2–84] bekannt. Dazu gehören:

- Ortung mit akustischen Geräten [4–63], die die Lautstärke des Leckgeräusches nutzen,
- Ortung mit Helium u. a. Testgasen [4–64], die durch das Leck hindurchströmende Testgas mittels Detektor nachweisen,
- Ortung mittels Korrelationsmeßverfahren, die die akustischen Signale der Leckgeräusche durch Zeitverschiebung auswertet,
- punktuell erfassende bzw. linienförmig und flächig abdeckende Sensorsysteme [4–65, 4–66], die auf Leitfähigkeitsänderungen durch austretende Flüssigkeiten ansprechen.

Die angeführten Ortungsverfahren können gleichzeitig auch zur Leckage-Überwachung während des Betriebes genutzt werden.

4.8 Inertisieren

Ist die Anlage dicht, so wird in verfahrenstechnischen Anlagen oft ein Inertisieren nötig. Dies kann im Verfahren, z. B. wenn Sauerstoff unerwünschte Nebenreaktionen auslöst, begründet sein. Meistens ist das Inertisieren jedoch sicherheitsbedingt, da ein sofortiger, direkter Austausch der Luft durch Prozeßmedium wegen „Durchfahren" des Ex-Bereiches nicht zulässig ist.

Bild 4–12 veranschaulicht dies am Dreistoffgemisch Methan-Sauerstoff-Stickstoff. Nach der Montage liegt zunächst der Prozeßzustand L (Luft) vor. Wird diese direkt durch Methan verdrängt, so bewegt sich der Prozeßzustand entlang der Konnode $\overline{LM}$ und durchquert zwischen den Punkten D und C den explosiblen Bereich. Erst wenn im Anlageninnern der Sauerstoffgehalt unterhalb des Sauerstoffgrenzgehaltes x_{O2}, Min im Punkt E abgesenkt ist, besteht die Explosionsgefahr nicht mehr. Tabelle 4–17 enthält für verschiedene brennbare Stoffe die zugehörigen minimalen Sauerstoffgrenzgehalte.

In der Praxis muß in der Anlage mit Toträumen, Kurzschlußströmungen u. a. Inhomogenitäten gerechnet werden, so daß sicherheitshalber das Inertisieren bis weit unter die angeführten Sauerstoffgrenzgehalte (beispielsweise < 1 Vol-%) erfolgen sollte.

Zum Inertisieren bei der Inbetriebnahme wird meistens Stickstoff verwendet. Bei Zwischenabstellungen wird zur schnelleren Reparaturfreimachung nicht selten mit Dampf inertisiert (sog. „Dämpfen).

Grundlage für die Inertisierung in Vorbereitung der Inbetriebnahme ist ein **Inertisierungsprogramm** (s. Tabelle 4–18), das als Teil der Inbetriebnahmedokumentation vorgegeben wird.

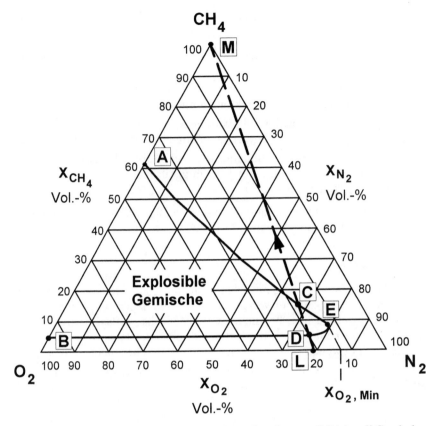

Bild 4–12. Explosionsbereich von Methan in Methan-Sauerstoff-Stickstoff-Gemischen (nach [4–67]).

Tabelle 4–17. Sauerstoffgrenzgehalte $X_{O_2, Min}$.

Brennstoff	Untere Sauerstoffgrenze in Vol.-% (Inertisierung mit Stickstoff)
Methan	12,1
Ethan	11,0
Propan	11,4
Butan	12,1
Hexan	12,0
Ethen	10,0
Propen	11,5
Butadien	10,4
Benzol	11,2
Wasserstoff	5,0
Kohlenmonoxid	5,6

Tabelle 4–18. Schwerpunkte aus dem Inertisierungsprogramm einer verfahrenstechnischen Anlage (Praxisbeispiel).

1. Voraussetzungen für das Inertisieren
   - Dichtheitsprobe
   - Charakterisierung des Ausgangszustandes (z.B. entspannte Anlage bei Normaldruck)
   - sichere Abtrennung anderer Anlagen bzw. Anlagenteile (Blindscheiben, Doppelabsperrungen, Ausbau von Paßstücken)
2. Stellen der Leitungswege für das zu inertisierende System entsprechend Skizze (s. Bild 4–13
   - Prüfung der Eingangs-/Ausgangsstutzen (E/A-1 bis E/A-4 in Bild 4–13)
   - Festlegung der Probenahmestellen (weit weg von der Einspeisung)
3. Durchführung der Inertisierung (vor Inbetriebnahme)
   - mögliche Basistechnologien sind:
     - alternierendes Evakuieren und Auffüllen
     - einfaches kontinuierliches Spülen
     - alternierendes Aufdrücken und Entspannen
   - Durchführung von Gasanalysen zur Überwachung des Sauerstoffgehaltes bei Inertisierung (im Beispiel werden Gehalte an Sauerstoff von unter 0,5 Vol-% gefordert)
     - Drücke kontrollieren (evtl. Versetzungen)
     - Rückströmungen ins Inertisierungsgas-Netz verhindern
     - Abstömen von Inertisierungsgas ins Fackelsystem unterbinden
4. Inertisierte Anlage absperren und unter leichtem Stickstoffüberdruck halten

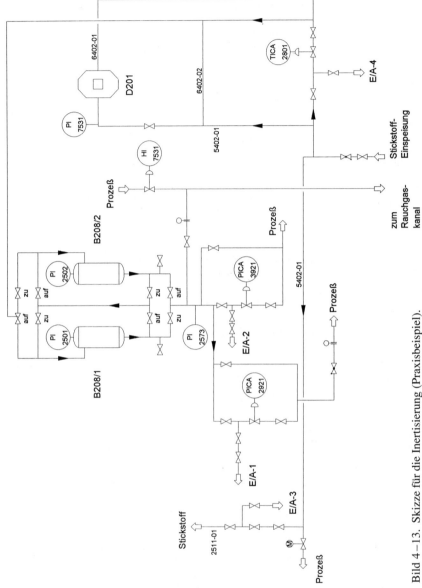

Bild 4–13. Skizze für die Inertisierung (Praxisbeispiel).

Beim Inertisieren sollte möglichst eine diskontinuierliche Austausch-Technologie, z.B. alternierendes Evakuieren und Auffüllen bzw. Aufdrücken und Entspannen angewandt werden. Im Vergleich zum kontinuerlichen Ein- und Ausspeisen kann dadurch die notwendige Stickstoffmenge auf ca. $^1/_3$ reduziert werden.

4.9 Montageende und Übergang zur Inbetriebnahme

Die Montage wird offiziell mit der Unterzeichnung des **Montageendprotokolles** (s. Tabelle 4–19) abgeschlossen.

Der Inbetriebnahmeleiter nimmt an der Endabnahme aktiv teil und unterzeichnet ebenfalls das Protokoll. Mit seiner Unterschrift übernimmt er von Rechts wegen die Verantwortung vom Montageleiter und bestätigt zugleich, daß die Anlage inbetriebnahmebereit ist. Aus diesem Grund ist es ratsam,

Tabelle 4–19. Hauptpunkte eines Montageendprotokolles (Praxisbeispiel).

1. Überschrift, beteiligte Vertragsparteien
2. Vertragliche u.a. rechtsverbindliche Grundlagen
3. Gegenstand und Ausschlüsse des Montageendprotokolles
4. Durchgeführte Abnahmehandlungen
5. Beteiligte Unternehmen und befugte Personen
6. Ergebnisse der Endabnahme
   - rechtsverbindliche Aussage, daß mit erfolgter Abnahme sowie Realisierung der protokollarisch fixierten Restpunkte die vertraglich vereinbarte Montageleistung erbracht wurde,
   - Mängel und Restpunkte bei Abnahme sowie Aussagen zur Realisierung,
   - zahlungsauslösende Wirkung der Abnahme.
7. Aussagen zur Inbetriebnahme
   - evtl. administrative und technisch-organisatorische Maßnahmen
   - Aussage zum Beginn der Inbetriebnahme

Ort:	Datum:
Verteiler:	Unterschriften:

Anhang: Beilage 1: Zusammenstellung aller Abnahmeprotokolle

             Beilage 2: Auflistung der an der Abnahme beteiligten Unternehmen und Personen

             Beilage 3: Zusammenstellung der Montagerest- und Mängelpunkte sowie Maßnahmenplan zur Realisierung

wenn zuvor vom Inbetriebnahmeteam die Anlage nochmals „gecheckt"
wird (s. Abschnitt 5.2.1).

Erfahrungsgemäß muß der Inbetriebnehmer mit gewissen Montagerestpunkten
leben (meistens zeigen sich bei den ersten Inbetriebnahmehandlungen noch
weitere), aber sie müssen untergeordnete Bedeutung und nur geringen Umfang
haben. Im Zweifelsfall muß eine vollständige Erledigung der Restleistungen
aus der Endabnahme bis zum Inbetriebnahmebeginn gefordert werden.

Die Gründe für eine schnelle Abnahme, trotz festgestellter Restpunkte, sind
meist formeller und taktischer Art. Aus Sicht der Kosten wäre es in der Regel ratsam, zunächst die Restpunkte und somit gewisse technische Risiken
zu beseitigen, und erst dann mit der Inbetriebnahme zu beginnen.

Nachdem das Montageendprotokoll rechtskräftig unterzeichnet ist, sollte
ohne Zeitverzug (z.B. innerhalb von spätestens 3 Tagen nach Unterzeichnung) mit der Inbetriebnahme begonnen werden. Im allgemeinen ist das im
Anlagenvertrag geregelt.

5 Durchführung der Inbetriebnahme

Vereinbarungsgemäß wird unter (Erst)Inbetriebnahme die Überführung der Anlage aus dem Ruhezustand (nach Montageende) in den Dauerbetriebszustand (nach Anlagenübergabe/-übernahme) verstanden (s. Abschnitt 1.1). Das heißt, die vorbeschriebenen Aufgaben gehörten nach diesem Verständnis nicht zur eigentlichen Inbetriebnahme.

Der Gesamtzeitraum der Inbetriebnahme wird nochmals in die beiden Hauptetappen **Probebetrieb** und **Garantieversuch** unterteilt.

„Der **Probebetrieb** *ist das erstmalige Betreiben einer Anlage mit Medium unter Betriebsbedingungen mit dem Ziel, die Fahrweise der Anlage so zu stabilisieren und zu optimieren, daß die vertraglich vereinbarten Leistungsparameter erreicht werden und die Nutzungsfähigkeit der Anlage im Dauerbetrieb gewährleistet ist.“*

Er beginnt zeitlich mit dem **Anfahren** und endet mit dem Übergang zum Garantieversuch. Der Probebetrieb bestimmt entscheidend den Zeit- und Kostenaufwand für die Inbetriebnahme.

Kriterien für den eigentlichen Start der Inbetriebnahme und letztlich auch des Probebetriebes können sein:

– der Zeitpunkt, zu dem erstmalig Rohstoffe (Medium) in die Anlage gelangen,
– der Zeitpunkt, zu dem die Anlage erstmals produziert, d.h. das Endprodukt (wenn auch nicht qualitätsgerecht) erzeugt wird. Dieser Fall bedeutet in vielen verfahrenstechnischen Anlagen, daß erstmals der Reaktor „aktiv" ist.
– der Zeitpunkt, zu dem erstmalig brennbare Stoffe in die Anlage gelangen.

Allen drei Kriterien ist gemeinsam, daß die Zeitpunkte relativ nahe beieinander liegen und die gewählte inhaltliche Unterteilung der gesamten Aufgaben in vorbereitende und ausführende Arbeiten bzgl. der Inbetriebnahme grundsätzlich zutrifft.

Die konkreten Festlegungen zum Beginn der Inbetriebnahme, die große inhaltliche wie rechtliche Bedeutung besitzen, sind im Anlagenvertrag sowie im Montageendprotokoll enthalten.

Im Unterschied zum Probebetrieb ist der anschließende Garantieversuch (s. auch Abschnitt 5.7) relativ kurz.

„Der **Garantieversuch** *(Synonym: Leistungsfahrt) ist ein vertraglich vereinbarter Betriebszeitraum während der Inbetriebnahme zur Erbringung des rechtsverbindlichen Leistungsnachweises."*

Der Begriff Garantieversuch ist bei verfahrenstechnischen Anlagen an Stelle des Begriffs **Abnahmeversuch** üblich.

Die Modalitäten seiner Durchführung sind wegen seiner hervorragenden rechtlichen und kaufmännischen Bedeutung im Detail vertraglich zu vereinbaren (s. Abschnitt 3.2.1).

5.1 Hauptetappen der Inbetriebnahme

Die Inbetriebnahmeabläufe verfahrenstechnischer Anlagen können außerordentlich verschieden sein. Das Bild 5–1 zeigt ein positives bzw. negatives Beispiel aus der Praxis [4–47].

Grundsätzlich stellt jede verfahrenstechnische Anlage und jede Inbetriebnahme ein Unikat bzw. eine einmalige Handlung dar. Daraus wird häufig gefolgert, daß die Durchführung der Inbetriebnahme nicht verallgemeinert und wissenschaftlich-methodisch vermittelt werden kann. Die Durchführung und Auswertung zahlreicher Inbetriebnahmen durch den Verfasser hat diese Meinung nicht bestätigt. Ähnlich wie bei der Planung verschiedener verfahrenstechnischer Anlagen gibt es auch bei deren Inbetriebnahme eine Vielzahl von Gemeinsamkeiten, die Grundlage der folgenden fachlichen Darlegung sind. Sie betreffen insbesondere

– den ähnlichen, schrittweisen Ablauf normaler Inbetriebnahmen sowie,

– die Verwendung gleichartiger Anlagenkomponenten und daraus folgende analoge Anfahr- und Bedienhandlungen.

Zunächst zum ersten. Für die Mehrzahl der verfahrenstechnischen Anlagen erscheint der in Bild 5–2 dargestellte Inbetriebnahmeablauf typisch.

Die einzelnen Etappen, auf die in späteren Abschnitten vertiefend eingegangen wird, sind kurz folgendermaßen charakterisiert:

Anfahren

– ist der „heiße" Start der Inbetriebnahme mit Produkt bis in einen stabilen Teillastbereich,

– ist zugleich der Beginn des Probebetriebes.

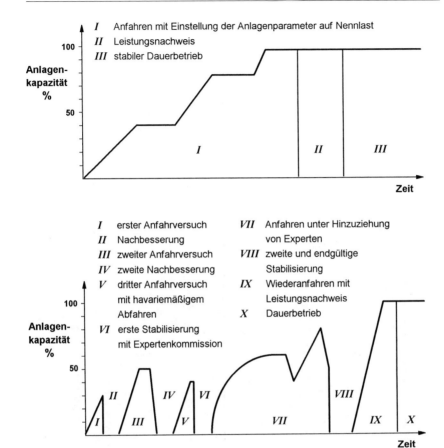

Bild 5–1. Beispiele für extreme Inbetriebnahmeabläufe.

Stabilisieren

– Funktionsprüfungen unter Betriebsbedingungen,
– kleinere technisch-technologische Mängel beheben,
– stabilen und funktionsgerechten Anlagenbetrieb herstellen.

Hochfahren

– Durchsatz auf Nennlast steigern,
– weitgehend die Parameter des Normalbetriebes einstellen,
– Anlagenzustand stabilisieren.

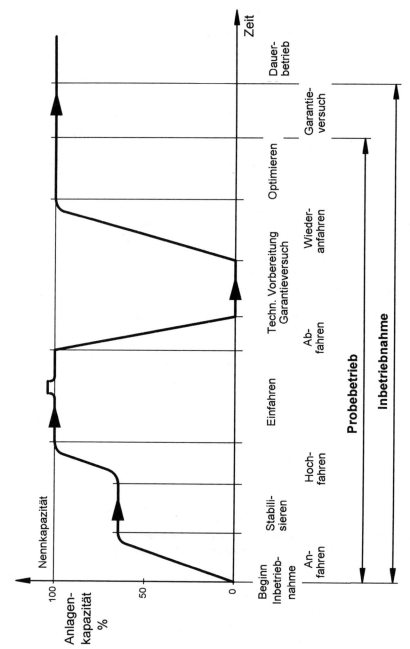

Bild 5–2. Typischer Inbetriebnahmeablauf einer verfahrenstechnischen Anlage.

Einfahren

- Anlage voll in den geplanten Nennzustand (Last, Betriebsparameter, mechanische Funktion) fahren,
- Prozeßleitsystem voll in Betrieb nehmen und auf Zweckmäßigkeit prüfen,
- Produktqualität einstellen,
- Bilanzierung und Ermittlung der spezifischen Verbräuche,
- Meßfahrten und Know-how-Gewinn,
- Überprüfung der Einhaltung von Garantiewerten,
- Testung von Kapazitätsreserven,
- Ermittlung von Mängeln sowie erste Maßnahmen zur Beseitigung,
- Einarbeiten des Käuferpersonals.

Abfahren

- Anlage zur Zwischenabstellung abfahren,
- für vorgesehene technische Maßnahmen „reparaturfrei machen".

Technische Vorbereitung des Garantieversuches

- festgestellte Mängel bzw. Einschränkungen (z.B. hydraulische Engpässe, Sitz-Kegel-Garnituren von Regelventilen, Hardwarekonfiguration zum Prozeßleitsystem, Dichtungswechsel) beheben,
- Einarbeiten des Wartungspersonals.

Wiederanfahren

- Anlage zügig in einen stabilen Nennlastbereich fahren.

Optimieren

- Wirksamkeit der während der Zwischenabstellung durchgeführten Maßnahmen prüfen,
- Anlage voll in den vertraglich vereinbarten Zustand fahren,
- interne, probeweise Testfahrt (sog. Generalprobe),
- organisatorische Vorbereitung und Anmeldung des Garantieversuches,
- ist zugleich Ende des Probebetriebes.

Garantieversuch mit Leistungsnachweis

- Durchführung des Garantieversuches und Leistungsnachweis,
- Übergabe-Übernahme-Verhandlungen,
- ist zugleich Ende der Inbetriebnahme.

Dauerbetrieb

- Normalbetrieb in Verantwortung des Käufers
- seitens des Verkäufers:
  - Restpunkte aus dem Übergabe-Übernahme-Protokoll bearbeiten,
  - Auswertung der Inbetriebnahme und Abschlußbericht.

Die angeführten Inbetriebnahmeetappen gelten im Prinzip sowohl für kontinuierliche als auch für Batch-Prozesse. Im ersten Fall korreliert die Anlagenkapazität direkt mit dem Durchsatz, während bei diskontinuierlichen Prozessen die Kapazität von mehreren Faktoren (z. B. Füllgrad, Zykluszeit) abhängt.

5.2 Anfahren der Anlage

5.2.1 Voraussetzungen zum Anfahren

Der Übergang vom Montageende zum Anfahren ist eine kritische Schnittstelle im gesamten Projektmanagement. Einerseits ändern sich die Aufgabeninhalte grundlegend und andererseits auch die Organisationsstruktur einschließlich der Verantwortlichkeiten sowie eines Großteiles der beteiligten Personen.

Zu diesem Zeitpunkt erweist sich, inwieweit die technisch-organisatorische Inbetriebnahmevorbereitung während der Montagephase umfassend und erfolgreich war.

Mit Beginn des Probebetriebes übernimmt der Inbetriebnahmeleiter den „Staffelstab". Er trägt zukünftig die Verantwortung und sein Budget wird belastet. Gleichzeitig hat er aber auch wesentliche Befugnisse und Arbeitspotentiale.

Bevor die Anlage „per Knopfdruck" angefahren wird, sollten zuvor nochmals minutiös die Voraussetzungen überprüft („abgecheckt") werden und im Inbetriebnahmeteam bestätigt werden [5–1, 5–2].

Tabelle 5–1 enthält eine Checkliste für die Startkontrolle vor Inbetriebnahme. Derartige allgemeine sowie vertiefende verfahrens- und anlagenspezifische

Tabelle 5–1. Prüfschwerpunkte in Vorbereitung der Inbetriebnahme (nach [1–5, 2–4]).

1. Instandhaltung
   – Organisation aufgebaut und Handwerker eingeteilt
   – Werkstatt gebaut und eingerichtet
   – Ersatzteile und Verbrauchsmaterialien im Magazin
   – Spezialwerkzeuge und -behandlungsvorschriften vorhanden
   – Inspektions- und Wartungsvorschriften für Ausrüstungen aufgestellt
   – Richtige Dichtungen und Schmierstoffe verfügbar
   – Vorschriften der Ausrüstungshersteller katalogisiert

2. Montagekontrollen, Inspektionen
   – Behältereinbauten
   – Behälterdichtungen
   – Rohrleitungen übereinstimmend mit R & I-Fließbild
   – Kennzeichnung der Rohrleitungen u. a. Komponenten
   – Startstellung der Armaturen
   – Ausrüstungsaufstellung in Hinblick auf Zugänglichkeit und Bedienung
   – Sauberkeit kritischer Rohrleitungen
   – Isolierung, Begleitheizung, Berührungsschutz usw.
   – Temporäre Entwässerungsanschlüsse und Steckscheiben eingebaut
   – Vorrichtungen zur Probenahme

3. Druckproben, Reinigen und Trocknen
   – Druckproben der Ausrüstungen und Rohrleitungen
   – Spülen und Reinigen von Ausrüstungen und Rohrleitungen
   – Wasser abgelassen, um Einfriergefahr vorzubeugen
   – Rohrleitungen ausgeblasen
   – Dauerdruckproben mit Luft
   – Meßblenden eingebaut sowie Öffnungsquerschnitt und Einbauort überprüft
   – Prozeßausrüstung ausgetrocknet
   – Spülen mit Inertgas
   – Vakuum-Tests
   – Freie Dehnung von Rohrleitungskompensatoren überprüft

4. Betriebsmittel
   – Elektrizität
     • Überprüfung der ständigen Verfügbarkeit
     • Abschaltwerte für Unterverteilungen
     • Isolierung und Sicherheitsvorschriften
     • Proben vom Transformatoröl entnommen und überprüft
   – Wasserbehandlung
     • Filtermassen in Filterbetten eingefüllt
     • Ionenaustauscherharze eingefüllt
     • Regeneriersystem überprüft
   – Kühlwasser
     • Vorlauf-, Anschluß- und Rücklaufleitung gespült
     • Entwässert, um Einfriergefahr zu vermeiden
     • Lüfterflügel des Kühlturms justiert

Tabelle 5–1 (Fortsetzung)

- Druckluft
  - Druckluftleitung durch Ausblasen gereinigt
  - Ausrüstungen entwässert
  - Adsorptionsmittel in Trocknungsanlage eingefüllt und Druckluftleitung ausgetrocknet
- Unterirdische Entleerungsanschlüsse
  - Sauberkeit und Dichtkeit des unterirdischen Systems überprüft
  - Dichtungen für die Anschlüsse eingebaut
- Dampf
  - Aufheizvorschriften für die Rohrleitungen liegen vor
  - Hauptleitungen ausgeblasen
  - Anschlußleitungen ausgeblasen
- Kondensat
  - Anordnung der Entleerungen überprüft
  - Funktion der Kondensatableiter überprüft
- Inertgas
  - Warnschilder festgelegt und angebracht
  - Rohrleitungen mit Luft ausgeblasen
  - Systeme von anderen isoliert und mit Inertgas gespült (falls erforderlich)
- Heizöl
  - Warnschilder festgelegt und angebracht
  - Rohrleitungen mit Luft ausgeblasen
  - Systeme von anderen isoliert und mit Inertgas gespült (falls erforderlich)
- Heizgas
  - Warnschilder festgelegt und angebracht
  - Rohrleitungen mit Luft ausgeblasen
  - Systeme von anderen isoliert und mit Inertgas gespült (falls erforderlich)

5. Betriebslabor
  - Labor eingerichtet und Laborpersonal eingeteilt
  - Probenahmeplan bekanntgegeben
  - Spezifikation für alle Produkte und Einsatzmaterialien vorhanden
  - Auswertung der Proben im Labor festgelegt

6. Ausrüstungen
  - Prozeßöfen
    - Meßinstrumente und Regeleinrichtungen überprüft
    - Feuerfeste Auskleidung an Ausrüstungen ausgetrocknet
    - Entleerungsleitung an Ausrüstungen angebracht
  - Elektrische Antriebsmotoren
    - Drehrichtungsprüfung erfolgt
    - Austrocknen beendet
    - Leerlauf-Probeläufe erfolgreich durchgeführt
  - Dampf-Turbinen-Antriebe
    - Hilfssysteme für Schmierung und Kühlung überprüft
    - Instrumentierung und Drehzahlregelung überprüft
    - Leerlauf-Probeläufe durchgeführt
    - Probeläufe mit geringer Last beendet

Tabelle 5–1 (Fortsetzung)

- Verbrennungsmotoren-Antriebe
  - Hilfssysteme für Schmierung und Kühlung überprüft
  - Instrumentierung überprüft
  - Leerlauf-Probeläufe durchgeführt
  - Probeläufe mit geringer Last beendet
- Zentrifugalverdichter
  - Schmier- und Dichtölsysteme gereinigt
  - Instrumentierung und Drehzahlregelung überprüft
  - Einlaufbetrieb der Schmieröl- und Dichtölsysteme erfolgt
  - Betrieb mit Luft durchgeführt
- Vakuumerzeugungs-Ausrüstungen
  - Ausrichtung, Einlauf-Probeläufe erfolgt
- Pumpen
  - Ausrichtung, Einlauf-Probeläufe erfolgt
- Ausrichtungen an warmen Maschinen durchgeführt
- Schwingungsmessung mit zufriedenstellendem Ergebnis durchgeführt
- Instrumentierung
  - Ausblasen mit sauberer Druckluft durchgeführt
  - Austrocknen durchgeführt
  - Kontinuität der Nullpunkte überprüft und justiert
  - Eichung gemäß Erfordernissen durchgeführt
- Chemische Reinigung abgeschlossen

7. Vorbereitung für den Betrieb
   - Formblätter für Betriebsprotokolle vorhanden
   - Hilfswerkzeuge, Schläuche und Leitern zur Hand
   - Container, Säcke, Trommeln und Eisenbahnwagen verfügbar
   - Sonstige Versorgungshilfsmittel wie Werkstatt-, Auftrags- oder Materialanforderungsformulare verfügbar

8. Sicherheit
   - Schutzkleidung, Schutzbrillen, Schutzschilde für das Gesicht, Helme, Arbeitshandschuhe, Gummi-Handschuhe, Schürzen, Decken, Gasmasken (mit Reservepatronen) und Vollatemgeräte verfügbar
   - Sicherheitsvorschriften für Stromausfall, Befahren von Behältern, Heißarbeitsgenehmigungen und Aushubarbeiten geschrieben
   - Erste Hilfe und ärztliche Versorgung sichergestellt
   - Erste-Hilfe-Kästen, Decken, Tragbahren, Medikamente und Wiederbelebungsgeräte einsatzbereit
   - Installation und Einstellung der Sicherheitsventile geprüft
   - Ex-Bereiche gekennzeichnet

9. Brandschutz
   - Brandschutzanzüge, Äxte, Leitern, Handfeuerlöscher, Feuerwehrschläuche, Kupplungsstücke einsatzbereit
   - Feuerlöschprozeduren geplant
   - Löschschaum-Chemikalien einsatzbereit
   - Feuerwehr organisiert

Schwerpunkte können dem Kontrolleur zweckmäßig über wissensbasierte Beratungssoftware zur Verfügung gestellt werden (s. auch Beispiel 2–3).

Die Voraussetzungen zum Anfahren der Anlage sollten in der Inbetriebnahmedokumentation (s. Tabelle 5–2) nachvollziehbar genannt sein. Somit können Diskussionen, ob die Inbetriebnahme beginnen kann oder nicht, wesentlich versachlicht werden. Für den Inbetriebnahmeleiter, der in der Regel zum Beginn gedrängt wird, sind die dokumentierten Voraussetzungen zugleich eine wichtige Entscheidungsgrundlage.

Das Checken der Anlage vor Inbetriebnahme ist nochmals eine gute Gelegenheit für das Inbetriebnahme-/Bedienpersonal, sich mit den örtlichen Gegeben-

Tabelle 5–2. Voraussetzungen zum Anfahren einer verfahrenstechnischen Anlage (Auszug aus der Inbetriebnahmedokumentation/Praxisbeispiel).

1. Grundsätzliche Voraussetzungen
   - Die Montage ist abgeschlossen und das Montageendprotokoll liegt unterschrieben vor.
   - Die Anlage ist beräumt und gesäubert.
   - Bereitschaft des Käufers zur kontinuierlichen Abnahme der in der Anlage erzeugten End-, Neben- und Abprodukte und zur Abnahme von während des Probebetriebes anfallender nicht qualitätsgerechter Produkte.
   - Verfügbarkeit des geschulten Anlagenpersonals des Käufers und der Spezialisten des Verkäufers.
   - Anfahrstab ist gebildet und arbeitet.
   - Protokoll zwischen Käufer und Verkäufer über die Bereitschaft der Anlage zur Durchführung der Inbetriebnahme liegt vor.

2. Spezielle Voraussetzungen
   - Die Anlage ist gespült, weitgehend getrocknet und druckdicht.
   - Alle Maschinen (Pumpen, Verdichter, Rührwerke usw.) sind durch einen Probelauf getestet worden und betriebstüchtig.
   - Die Protokolle über die Funktionsprüfungen liegen vor.
   - Die Betriebsmittelsysteme sind in Betrieb.
   - Entlüftungs- und Entleerungsstutzen sind geschlossen.
   - Die „Startstellungen" der Armaturen wurden entsprechend Checkliste ARMATURENSTELLUNG geprüft.
   - Die EMR-Einrichtungen sind geprüft und betriebsfähig. Die Armaturen an den Entnahmestellen für Stand- und Druckmeßleitungen sind geöffnet.
   - Blindscheiben und Blindlinsen sind gemäß Plan gesteckt.
   - Die Anlagenkomponenten sind vorschriftsmäßig gekennzeichnet.
   - Die Ausmauerung der Ofenanlage ist getrocknet, die Öfen sind mit je einer Pilotflamme in Betrieb, die Ofenanlage ist betriebsbereit.
   - Sicherheits- und Feuerlöscheinrichtungen sind geprüft und betriebsbereit; die Betriebsfeuerwehr ist in Bereitschaft.
   - Das Fackelsystem des Käufers ist zur Aufnahme gasförmiger Abprodukte aus der Anlage bereit.

heiten vertraut zu machen. Dies bezieht sich vor allem auf die Prüfung der Kennzeichnungen [5–3, 5–4, 5–5] und die Startstellungen der Armaturen.

Bezüglich der Armaturen wird teilweise gefordert, daß vor dem Anfahren alle Schieber, Ventile, Regelarmaturen u. ä. geschlossen sind. Die Betriebsanweisungen setzen diesen generell definierten Zustand voraus.

Eine andere Variante ist, daß die Stellung jeder Armatur individuell vorgegeben und per Checkliste überprüft wird. Tabelle 5–3 zeigt das Muster einer solchen Checkliste. Der Kontrolleur quittiert mit seiner Unterschrift die richtige Ausgangsstellung und wird somit zugleich zur gründlichen Inaugenscheinnahme vor Ort veranlaßt.

Sind die Anfahrvoraussetzungen überprüft, so beginnt das schrittweise Anfahren der Anlagenkomponenten und schließlich der Gesamtanlage.

5.2.2 Allgemeine Grundsätze

Die Anfahrstrategie für die Gesamtanlage ist stark vom Verfahren sowie von den verfahrensspezifischen Ausrüstungen abhängig. Sie muß entsprechend den Grundsätzen einer effizienten Inbetriebnahmetechnologie, wie sie im Abschnitt 2.2.1 angeführt sind, weitgehend spezifisch gestaltet werden. Einige allgemeine Grundsätze, die dabei hilfreich sein können, sind im folgenden thesenhaft angeführt.

– Nach Möglichkeit sollten zunächst einzelne „Inseln“ (Komponenten, Teilanlagen, Funktionseinheiten, anlageninterne Kreisläufe) getrennt angefahren werden (s. Abschnitt 5.2.3). Dabei können die Erfahrungen aus den Funktionsprüfungen genutzt werden.

– Sobald die einzelnen „Inseln“ stabil in Betrieb sind, können diese schrittweise miteinander gekoppelt werden. Dabei sollte möglichst mit der Vorwärtsverkettung begonnen werden. Die zu System-Instabilitäten neigenden Rückkopplungen (energetisch und stofflich) sind erst später in Betrieb zu nehmen.

– Die Anlage ist zweckmäßig bis auf 60–70% der Nennlast anzufahren. Bei dieser Teillast arbeiten einerseits die Ausrüstungen weitgehend stabil, und zum anderen sind die Mengen- und Energiekosten verringert. Ferner ist die Anlage bei eventuellen Störungen schneller abzufahren.

– Kritische Anfahrschritte sind möglichst zeitlich und inhaltlich voneinander zu entkoppeln.

– In „klassischen“ kontinuierlichen Chemieanlagen mit Synthese- und Stofftrennteil sollte zunächst der letztere angefahren werden, u. U. mit Hilfe von antransportiertem End-/Zwischenprodukt. Dadurch wird die frühzeitige Bereitstellung qualitätsgerechter Endprodukte unterstützt.

Tabelle 5–3. Startstellung ARMATUREN-Checkliste 2: B101, P101, W101.

Apparat	Einrichtung	Armatur	Medium	Ltg.-Nr.	geforderte Stellung	Bemerkungen/Unterschrift
B101	Entleerung	Kugelventil	Brüdenkondensat	100–001	zu	
	Zulauf von B100	Kugelventil	Brüdenkondensat	101–010	auf	
	Zulauf von P108	Drosselventil	Brüdenkondensat	118–004	auf	
	Zulauf von P107	Kugelventil	Brüdenkondensat	105–110	zu	
	LI 1416 Entleerung	Kugelventil	Luft		zu	
	Belüftung	Kugelventil	Brüdenkondensat		zu	
	2 × Absperrventil	Kugelventil	Brüdenkondensat		auf	
	LICA 2010 Regler				AUT	
	Meßstelle Absperrventil	Kugelventil	Brüdenkondensat		auf	
	Regelventil Entleerung	Kugelventil	Brüdenkondensat	120–004	zu	
	Absperrventil	2 × Kugelventil	Brüdenkondensat	120–004	auf	
	Bypass	Drosselventil	Brüdenkondensat	120–004	zu	
P101	Absperrventil Saugseite	Kugelventil	Brüdenkondensat	120–001	auf	
	Druckseite	Kugelventil	Brüdenkondensat	120–002	auf	
	Entleerung	Kugelventil	Brüdenkondensat	120–001	zu	
	PI 1301	Kugelventil	Brüdenkondensat	120–002	auf	
W101	Ausgang Rohrraum	Drosselventil	Brüdenkondensat	105–201	auf	
	TRC 1211 Regler				MAN	
	Meßstelle Regelventil Entleerung	Kugelventil	Brüdenkondensat	105–200	zu	
	Absperrventil	2 × Kugelventil	Brüdenkondensat	105–200	auf	
	Bypass	Drosselventil	Brüdenkondensat	105–200	zu	

– Bei diskontinuierlichen Prozessen bzw. Anlagen zur Schüttgutherstellung erfolgt die Inbetriebnahme zweckmäßig „von vorn nach hinten". Der Grund liegt in der zeitlichen Entkopplung von Produktherstellung und -aufbereitung sowie der im allgemeinen vorhandenen Puffermöglichkeiten für Zwischenprodukte.

– Bei Adsorptionsprozessen (z. T. auch bei katalytischen Gas-/Flüssig-/Dreiphasenprozessen) ist zunächst die Anlage im Bypass zur Adsorptionsstufe in Betrieb zu nehmen, und die Adsorber/Reaktoren sind erst später einzubinden.

5.2.3 Anfahren wesentlicher Anlagenkomponenten

Das Anfahren der einzelnen Anlagenkomponenten, welche z. T. bereits unter einschränkenden Bedingungen während der Funktionsprüfungen erprobt wurden, kann nur eingebettet in den Anfahrvorgang für die Gesamtanlage erfolgen.

Trotzdem laufen beim Anfahren gleichartiger Ausrüstungen, auch wenn sie in verschiedenen Anlagen montiert sind, wiederkehrende Handlungen ab, die im folgenden verallgemeinert dargestellt werden.

5.2.3.1 Antriebe

In verfahrenstechnischen Anlagen werden zum Antrieb der Maschinen überwiegend Elektromotoren eingesetzt. Verbrennungsmotoren kommen als Notstromaggregate sowie in mobilen Anlagen zur Anwendung, um von der elektrischen Versorgung unabhängig zu sein. Bei großen Turboverdichtern und Kreiselpumpen werden mitunter Dampfturbinen angewandt. Dies kann insbesondere bei Drehzahlen über 3000 U/min und direkter Kupplung ohne Getriebe bzw. gemeinsamer Anordnung von Antriebs- und Förderlaufrad auf einer Welle vorteilhaft sein.

Unter den elektrischen Antrieben dominieren mit 95 % Anteil die Drehstrommotoren [5–6] und insbesondere der Drehstrom-Asynchronmotor mit Kurzschlußläufer. Dieser Motor ist einfach aufgebaut und relativ preiswert. Beim Anfahren (Hochlaufen, Anlassen) des Motors verlaufen Drehmoment und Stromaufnahme entsprechend den Kennlinien im Bild 5–3. Wegen seiner steilen Kennlinie im Bereich der Nenndrehzahl paßt er sich an die Verbraucherleistung gut an.

Bei direkter Einschaltung des Drehstrom-Asynchronmotors mit dem Verbraucher treten Anfahrströme bis zum 6fachen Nennstrom und Anlauf-

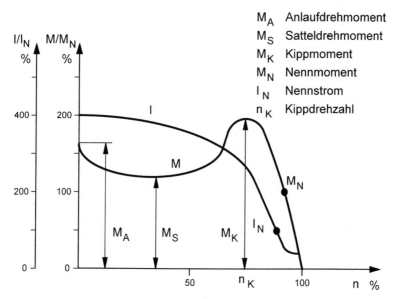

Bild 5–3. Drehzahl-Drehmoment-Kennlinie eines Drehstrom-Asynchronmotors.

momente bis zum 2,5fachen Nennmoment auf [5–7, 5–8]. Um derartige große Lastspitzen zu vermeiden, sind folgende Maßnahmen üblich:

– Auswahl eine Motors mit speziellem Läufer
   (Beispielsweise besitzt der Rundstabläufer ein wesentlich geringeres Anfahrmoment als der Doppelstabläufer entsprechend Bild 5–3.)

– Anfahren des Motors in Stern-Dreieck-Schaltung
   (Die Ständerwicklung wird zunächst in Sternschaltung mit der Netzspannung gespeist. Dadurch reduziert sich der Anlaufstrom, aber auch das Anlaufmoment auf ca. ein Drittel. Nach Erreichen des Kippmomentes erfolgt die Umschaltung der Wicklung auf Dreieck für den Dauerbetrieb. Das stark verringerte Anfahrmoment muß in Verbindung mit dem Förderaggregat (z.B. Kreisel- oder Kolbenpumpe) sowie dem Anlagenwiderstand beim Anfahren (z.B. Normal- bzw. Bypassfahrweise) beachtet werden. Für Kolbenpumpen mit hohem Gegendruck ist das Anfahren in Stern-Dreieck-Schaltung in der Regel nicht möglich.)

– Verringern des Anlagenwiderstandes beim Anfahren der Gesamtmaschine
   (Üblich ist eine Absenkung des Gegendruckes sowie die Minimierung der Strömungswiderstände anlagenseitig. Während diese Maßnahme bei Ver-

drängungspumpen voll zutrifft, ist sie bei Kreiselpumpen in Abhängigkeit von der spezifischen Drehzahl differenziert zu betrachten.)

– Drehzahlregelung des Motors
(Obwohl zur Zeit noch über 90 % der Drehstrom-Asynchronmotoren ungeregelt eingesetzt werden [5–6], sind die Zuwachsraten der drehzahlgeregelten Antriebe beträchtlich. Zu nennen ist dabei vor allem die Drehzahlveränderung mittels Frequenzumrichter (Umformer oder Umwandler). Durch das sanfte Anfahren verringert sich die thermische und mechanische Beanspruchung des Motors. Im Vergleich zur konventionellen Drosselregelung werden der Wirkungsgrad in etwa verdoppelt sowie die Laufgeräusche deutlich vermindert. Ein wiederholtes Anfahren ist problemlos möglich.)

Die optimale Lösung liegt in der Regel in der richtigen Abstimmung von Motor-Förderaggregat-Anlage. In diesem Sinne sind der Planer sowie der Inbetriebnehmer gefordert.

Ein aus der Sicht des Anfahrens und der betriebsbedingten Drehzahlregelung interessanter Antrieb ist der Hydraulikmotor (sog. Hydromotor). Bei konstantem Hydrauliköl-Verbrauch ist das Drehmoment konstant. Die Antriebsleistung und Drehzahl steigen linear mit dem Förderstrom des Hydrauliköles. Damit kann die Drehzahl stufenlos erhöht und die Maschine problemlos angefahren werden. Überhöhte Anfahrmomente sind bei diesem Antrieb vermeidbar. Ein Sicherheitsventil in der Zuführungsleitung zum Hydromotor wirkt in einfacher Weise als Überlastsicherung für den Motor.

5.2.3.2 Verdränger- und Kreiselpumpen

Die Pumpen bilden in den allermeisten Fällen das Gegendrehmoment für die im vorherigen Abschnitt beschriebenen Antriebe. Bild 5–4 zeigt typische Momentenverläufe von Verdränger- und Kreiselpumpen.

Verdrängerpumpen

– Bei Verdrängerpumpen ist das Anfahrmoment nahezu drehzahlunabhängig. Lediglich beim Start tritt bedingt durch den Übergang von der Haft- zur Gleitreibung und die Fließeigenschaften des Öles ein geringfügiger Abfall ein. Bei den Kreiselpumpen ist dieser Anfangseffekt ähnlich. Der Antrieb muß mit dem Einschalten sofort das Anfahrmoment, welches sich proportional zum Gegendruck verhält, aufbringen.

– Die Kupplungsleistung steigt bei konstantem Gegendruck linear mit der Drehzahl an. Das heißt, die Anfahrleistung (bei gegebener Spannung der Anfahrstrom) kann bei Verdrängerpumpen durch einen verringerten Gegendruck (Anfahrmoment) und/oder durch eine langsame Drehzahlerhöhung gezielt begrenzt werden.

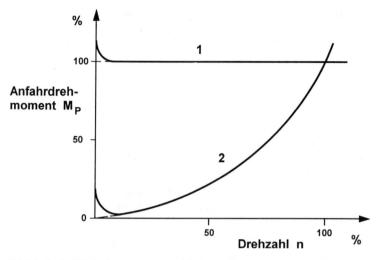

Bild 5–4. Anfahrdrehmoment verschiedener Pumpenarten in Abhängigkeit von der Drehzahl.

1: Verdrängerpumpe,
2: Kreiselpumpe.

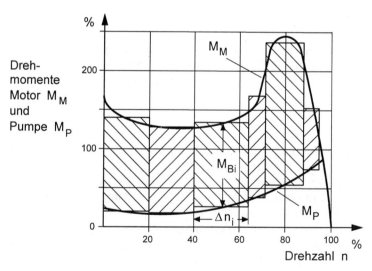

Bild 5–5. Näherungsweise Berechnung der Anfahrzeit einer Kreiselpumpe (Beschleunigungsmoment $M_B = M_M - M_P$).

– Verdrängerpumpen sind vor dem Anfahren zu füllen und zu entlüften. Ausnahmen sind bei bestimmten selbstansaugenden Pumpentypen möglich (Herstellerhinweise beachten!).

– Verdrängerpumpen sind bei geöffnetem Saug- und Druckschieber(-ventil) anzufahren.

Kreiselpumpen

– Das notwendige Anfahrmoment steigt unter sonst gleichen Bedingungen quadratisch und die Anfahrleistung in der 3. Potenz mit der Drehzahl. Die Differenz zwischen dem verfügbaren Moment des Antriebsmotors M_M und dem benötigten Anfahrmoment M_P der Pumpe einschließlich Medium wirkt beim Anfahren als Beschleunigungsmoment M_B. Das Integral dieses Beschleunigungsmomentes (s. Bild 5–5) beeinflußt entsprechend der Beziehung

$$t_A = \frac{\pi \cdot I}{30} \cdot \sum \frac{\Delta n_i}{M_{Bi}}$$

mit:

t_A Anfahrzeit der Pumpe mit Antrieb in s
I Massenträgheitsmoment aller rotierenden Teile inklusive Flüssigkeit in $kg \cdot m^2$
Δn_i Drehzahl des Inkrementes i in min^{-1}
M_{Bi} mittleres Beschleunigungsmoment des Inkrementes i

umgekehrt proportional die Anfahrzeit des Gesamtaggregates. Eine Verringerung des Anfahrmomentes M_P, indem beispielsweise bei Kreiselpumpen gegen geschlossenen Druckschieber angefahren wird, verkürzt die Anfahrzeit.

– Ausgehend von einer normalen stabilen Pumpenkennlinie entsprechend Bild 5–6 kann der Betriebspunkt B anlagentechnisch auf zwei grundsätzlich verschiedenen Wegen erreicht werden [5–9].

Variante 1: Anfahren bei sehr hohem Anlagenwiderstand.
Der klassische Fall ist das Anfahren bei geschlossenem Druckschieber (Strecke $\overline{AC}$ auf Kurve 1). Es baut sich eine maximale Förderhöhe im Punkt C auf.
Diese Fahrweise ist bei Pumpen mit niedriger spezifischer Drehzahl (s. Tabelle 5–4) zweckmäßig, da in diesem Fall das Anfahrmoment und die Leistung kleiner sind als im Betriebspunkt B.
Die wichtigsten Anfahrhandlungen enthält Tabelle 5–5.
Der Anfahrverlauf ADB auf Kurve 1a ist dem klassischen Fall ähnlich. An Stelle des Schiebers wird gegen eine geschlossene Rückschlagklappe

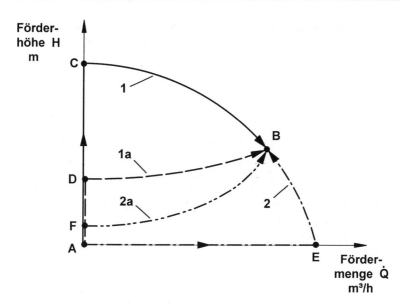

Bild 5–6. Anfahrvarianten von Kreiselpumpen im Kennlinien-Diagramm.

Tabelle 5–4. Anwendungsgebiete und spezifische Drehzahlen n_q von Laufradformen.

Laufradform	Anwendungsgebiet	Spezifische Drehzahl
a) Radialrad Langsamläufer	niedrige Drehzahl oder kleiner Förderstrom oder große Förderhöhe	$n_q = 11 \cdots 38$
b) Francis-Rad Mittelläufer	mittlere Drehzahl oder mittlerer Förderstrom oder mittlere Förderhöhe	$n_q = 38 \cdots 82$
c) Diagonalrad Schnelläufer	hohe Drehzahl oder großer Förderstrom oder kleine Förderhöhe	$n_q = 82 \cdots 164$
d) Propellerrad Schnellstläufer	höchste Drehzahl oder größter Förderstrom oder kleinste Förderhöhe	$n_q = 100 \cdots 500$

Tabelle 5–5. Anfahren einer Kreiselpumpe (Praxisbeispiel).

1. *Pumpe füllen, dazu:*
   - Druckschieber schließen,
   - Saugschieber leicht öffnen,
   - Entlüftungsventil an höchster Stelle solange öffnen, bis Medium austritt,
   - Saugschieber voll öffnen.
2. *Motor einschalten und Pumpe gegen geschlossenen Schieber anfahren; Stromaufnahme beobachten* (entspricht Verlauf AC im Bild 5–6).
3. *Druckschieber langsam öffnen und Pumpe über zuvor gestellten Leitungsweg fördern lassen* (entspricht Verlauf CB im Bild 5–6).

angefahren, die im Punkt D öffnet und den Strömungsweg entsprechend der Anlagenkennlinie 1a freigibt.

Das Anfahren gegen geschlossenen Druckschieber bzw. Rückschlagklappe gilt für Kreiselpumpen ohne „Pumpgrenze". Weist die Pumpenkennlinie einen Sattel (ähnlich dem Kreiselverdichter im Bild 5–9) auf, so muß entsprechend Variante 2 beschrieben angefahren werden. Wenn nicht, bewegt sich der Arbeitspunkt nach Öffnen des Druckschiebers unter starken oszillatorischen Mengen- und Druckschwankungen in Richtung Betriebspunkt (s. Bild 5–7). Die Größe der Schwingung hängt vom Energiespeichervermögen der Anlage ab [5–10].

- Auf zwei Gefahrenmomente ist beim Anfahren von Kreiselpumpen und speziell beim Anfahren gegen geschlossenen Schieber zu achten.

- Dies ist zum ersten die Vermeidung von Trockenlauf [5–11], um Schäden an den Gleitlagern sowie den Dichtflächen der Gleitringdichtungen zu vermeiden. Dem sorgsamen Entlüften und dem Ausschluß von Lufteinzug kommt während der Inbetriebnahme dabei besondere Bedeutung zu.

- Die zweite Gefahrenquelle besteht in der unzulässigen Erwärmung und Verdampfung des Fördermediums. Dies ist u. a. bei geschlossenem Druckschieber, beim Abreißen der Flüssigkeit in der Saugleitung oder beim Fördern siedender Medien akut. Der Inbetriebnehmer muß gegebenenfalls eine Mindestfördermenge o.a. Schutz- und Überwachungsmaßnahmen realisieren.

Beiden Gefahrenmomenten muß vor allem bei gekapselten Pumpen [5–12, 5–13] (Spaltrohrmotor-/Magnetpumpen), die zunehmend eingesetzt werden, mit großer Sorgfalt während der Inbetriebnahme begegnet werden.

Variante 2: Anfahren bei sehr geringem Anlagenwiderstand.

Den Extremfall stellt das Fördern in eine leere Rohrleitung bei geöffnetem Druckschieber dar. Dies ist beispielsweise zu Beginn von Füllvor-

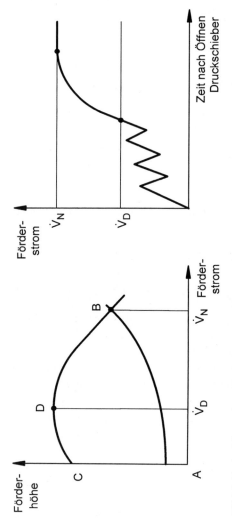

Bild 5–7. Anfahren einer Kreiselpumpe mit instabilem Kennlinienbereich gegen geschlossenen Schieber.

links: Kennlinien-Diagramm,
rechts: schwingender Verlauf der Fördermenge nach Öffnen des Druckschiebers.

gängen der Fall. Der Arbeitspunkt der Pumpe bewegt sich im Kennlinien-Diagramm (s. Kurve 2 im Bild 5–6) zunächst auf der Abszisse bei einer Förderhöhe nahe null. Vom Punkt E an baut sich schrittweise ein Anlagenwiderstand auf. Der Arbeitspunkt wandert entlang der Pumpenkennlinie in den Betriebspunkt B.

Die Kurve 2a stellt eine Untervariante mit kurzem und voll geöffnetem Strömungsweg, z.B. durch Bypass-Leitung, dar.

Die 2. Anfahrvariante ist bei Pumpen mit hoher spezifischer Drehzahl (s. Tabelle 5–4) üblich, da bei diesen Pumpen die Motorleistung bei Nullförderung häufig weit über der Nennleistung liegt.

Der geringe Förderdruck und die hohe Fördermenge erhöhen zugleich die Kavitationsgefahr [5–9, 5–14].

5.2.3.3 Kolben- und Turboverdichter

Gegenüber den Pumpen verkompliziert sich das Anfahr- und Betriebsverhalten der Verdichter dadurch, daß das Fördermedium stark kompressibel ist und während der Verdichtung eine erhebliche Wärmeentwicklung stattfindet. Die Kupplungsleistung ist in der Regel größer als bei Pumpen. Grundsätzlich gelten aber viele Aussagen zu den Pumpen auch für die Verdichter, insbesondere da als Antriebe häufig auch Drehstrom-Asynchronmotoren eingesetzt werden.

Kolbenverdichter

Bei Kolbenverdichtern ist ähnlich der Kurve 1 im Bild 5–4 das Drehmoment nahezu drehzahlunabhängig. Die Kupplungsleistung steigt näherungsweise linear mit der Drehzahl. Ein drehzahlgeregelter Antrieb ermöglicht somit ein sanftes und netzschonendes Anfahren.

Ist diese Möglichkeit nicht gegeben, so sollte eine Anfahrentlastung durch gezielte Verringerung des anfänglichen Gegendruckes angestrebt werden. Bild 5–8 zeigt die prinzipiellen Kennlinien-Verläufe eines einstufigen Hubkolbenverdichters. Die dargestellten Abhängigkeiten vom Enddruck schwächen sich bei mehrstufigen Verdichtern etwas ab, bleiben aber qualitativ erhalten.

Die Kupplungsleistung ist ferner annähernd linear vom Ansaugdruck abhängig.

Entsprechend dem Betriebsverhalten des Kolbenverdichters werden folgende Hinweise für das Anfahren gegeben:

– An gekühlten Verdichtern ist als erstes die Kühlung (Wasser oder Luft) in Betrieb zu nehmen.

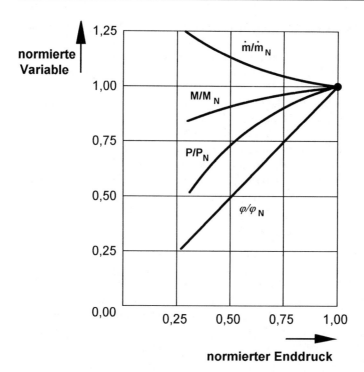

Bild 5–8. Abhängigkeiten des Massenstromes ṁ, des Drehmomentes M, der Kupplungsleistung P und des Druckverhältnisses Φ vom Enddruck eines einstufigen Hubkolbenverdichters (alle Größen normiert).

Bei Kühlmitteltemperaturen unter 10 °C besteht die Gefahr, daß bei ge-
schmierten Verdichtern der Ölfilm an der Zylinderoberfläche abreißt und
Trockenlauf eintritt.

– Der Verdichter ist möglichst ohne bzw. bei wenig Gegendruck im Druck-
kessel oder im Rohrleitungssystem anzufahren. In dem Maße, wie das
System vom Verdichter gefüllt wird, steigen der Enddruck sowie das
Drehmoment und die Kupplungsleistung stetig an.

– Müssen mittlere bzw. große Kolbenverdichter gegen Druck angefahren
werden, so erfolgt in der Regel steuerungstechnisch eine zeitweilige
Druckentlastung durch Anheben (Öffnen) der Saugventile. Dadurch wird
das Anfahrmoment reduziert. Hat der Verdichter seine Nenndrehzahl erreicht, wird das Anheben der Saugventile aufgehoben und die Förderung
gegen den Enddruck eingeleitet.

– Existiert zwischen Verdichter und Antrieb (z. B. bei Dieselmotoren) eine
  flexible Kupplung, so wird zunächst der Motor allein „hochgefahren" und
  anschließend vorsichtig der Verdichter angekuppelt.
– Zur Beurteilung/Diagnose der funktionsgerechten Arbeitsweise des an-
  gefahrenen Verdichters ist die Aufnahme und Auswertung von Indikator-
  diagrammen (p-v-Diagrammen) zweckmäßig.

Turboverdichter

Im Bild 5–9 ist das Kennlinien-Diagramm eines Turboverdichters dargestellt. Typisch für diesen Verdichtertyp ist ein ausgeprägter Sattelpunkt (sog.
Pumpgrenze PG) bei ca. 50–75 % des Nennförderstromes. Die Pumpgrenze
wandert in Abhängigkeit von der Drehzahl auf der sog. Pumpgrenzlinie.

Links von der Pumpgrenzlinie befindet sich der :stabile Arbeitsbereich.
Nähert sich der Arbeitspunkt des Verdichters der Pumpgrenzlinie, so beginnt kurz vorher die Strömung in den Kanälen abzureißen. Es sind deutlich
veränderte Laufgeräusche bemerkbar. Im Verdichter treten starke Druck-
und Mengenschwankungen auf, die sich in Form von Stößen auf den Verdichter, die Rohrleitungen und Behälter nach außen äußern. Besonders ge-
fährdet sind dabei der Läufer und die Lager. Ein Fahren im Pumpgebiet ist

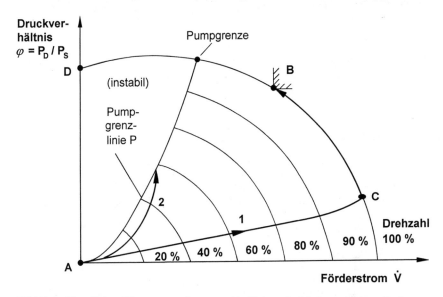

Bild 5–9. Kennlinien-Diagramm mit unterschiedlichen Anfahrkurven eines Turboverdichters.

unbedingt, auch kurzzeitig, zu vermeiden. Aus Sicherheitsgründen wird in der Regel eine sog. Pumpgrenz-Regelung (s. Beispiel 5–1) realisiert.

In Tabelle 5–6 sind wesentliche Einflußgrößen auf die Verdichtercharakteristik und die Gefahr des Pumpens zusammengestellt.

Tabelle 5–6.   Einflußfaktoren auf das Betriebsverhalten von Turboverdichtern.

---

1. Ansaugdruck

Mit zunehmendem Ansaugdruck erhöht sich bei gleichbleibender Ansaugtemperatur und Drehzahl der Verdichterdruck. Sinkt der Ansaugdruck, so kann der Druck des Arbeitspunktes A nur bei kleineren Förderströmen gefahren werden, solange bis die Höhe des Pumpgebietes erreicht wird. Sinkender Ansaugdruck vergrößert die Gefahr des Pumpens.

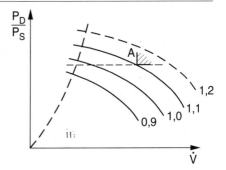

2. Ansaugtemperatur

Mit zunehmender Ansaugtemperatur nimmt das Druckverhältnis bei gleichbleibender Drehzahl ab. Wird dasselbe Druckverhältnis gefordert, so besteht die Gefahr, daß mit zunehmender Ansaugtemperatur der Verdichter ins Pumpen gerät.

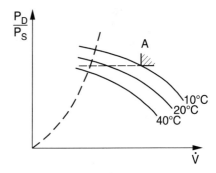

3. Gaszusammensetzung

Verändert sich die Gaszusammensetzung in dem Sinne, daß das Molekulargewicht größer bzw. die Gaskonstante kleiner wird, so steigt bei gleichbleibender Ansaugtemperatur, Drehzahl und Ansaugdruck das Druckverhältnis und gleichzeitig die Leistungsaufnahme. Sinkt das Molekulargewicht ab, (z.B. durch einen höheren Anteil leichterer Gaskomponenten), so verringert sich das Druckverhältnis – es besteht die Gefahr, daß der Verdichter ins Pumpgebiet gefahren wird, wenn der gleiche Enddruck gefordert wird.

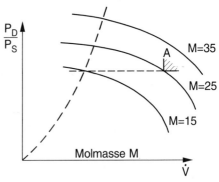

Die Anfahrschritte der gesamten Verdichteranlage müssen gewährleisten, daß der Verdichter stets im stabilen Arbeitsbereich verbleibt. Das heißt, die Anlagenkennlinie muß während des Anfahrens relativ flach verlaufen (s. Bild 5–9, Kurve 1). Praktisch bedeutet dies, kurze Gaskreisläufe bzw. Abströmwege mit geringem Druckverlust zu realisieren. Ist der Verdichter auf Nenndrehzahl, so können anschließend die normalen, prozeßbedingten Leitungswege mit höherem Druckverlust gestellt werden. Der Verdichter wandert vom Arbeitspunkt C in den angestrebten Betriebspunkt B. Im Beispiel 5–1 wird dieses technologisch beschrieben.

Ist der geringe hydraulische Anlagenwiderstand nicht gegeben, z. B. wegen eines verengten Rohrleitungsquerschnittes oder einer eingedrosselten Armatur, so kann der Verdichter beim Hochfahren ins Pumpgebiet gelangen (s. Anfahrkurve 2 im Bild 5–9).

Beispiel 5–1: Technologische Inbetriebnahme eines Turboverdichters (Praxisbeispiel)

a) Technologische Anlagenbeschreibung (s. Bild 5–10)

Die dargestellte Turboverdichteranlage ist Bestandteil des Gaskreislaufes einer großen verfahrenstechnischen Anlage. Das Fördermedium ist Ammoniak. Der Förderstrom beträgt ca. $100000\,\text{m}^3$ i. N./h und das Druckverhältnis ca. 2,5. Das Laufrad besteht aus 4 Stufen und hat eine Nenndrehzahl von ca. $10000\,\text{min}^{-1}$. Angetrieben wird der Verdichter von einem polumschaltbaren Drehstrom-Asynchronmotor (6 kV; 5 MW).

Das aus dem Prozeß kommende Kreislaufgas wird in den Wasserkühlern W2/1,2 gekühlt und anschließend dem saugseitigen Abscheider B1 zugeführt. Hier wird mitgeführte bzw. auskondensierte Flüssigkeit abgeschieden. Feinste Resttröpfchen werden zum Schutz des Verdichters im Wärmeübertrager W1 durch geringfügige Temperaturerhöhung verdampft.

Im Anschluß durchströmt das Gas einen Filter F1 und gelangt in den Turboverdichter.

Nach dem Verdichter wird das komprimierte Gas über eine Rückschlagklappe, einen Motorschieber und Absperrschieber wieder in den Prozeß eingespeist.

b) Anfahrhandlungen

Voraussetzungen für die folgenden Maßnahmen ist der stabile, projektgerechte Betrieb des Ölsystems (s. auch Beispiel 5–2).

(1) Verdichterkreislauf bis zum vorgegebenen Ausgleichsdruck auffüllen. Dies erfolgt über die Speiseleitung vom Prozeß her.

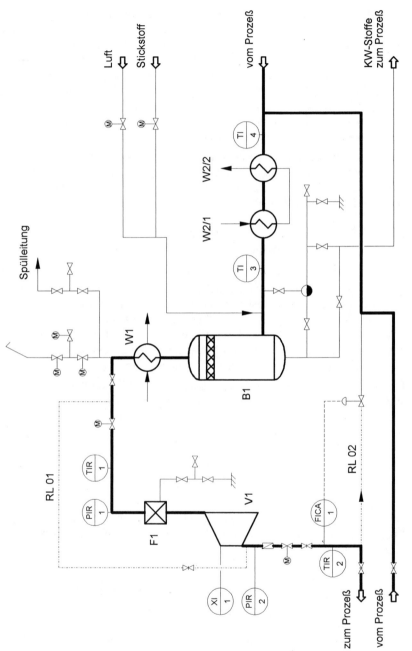

Bild 5–10. Verfahrensfließbild zur technologischen Einbindung des Turboverdichters zu Beispiel 5–1.

Es herrscht Druckausgleich im gesamten Kreislaufsystem, d. h. auch zwischen Druck- und Saugseite des Verdichters.

(2) Letztmaliges Abstreifen des Saugfilters F 1 vor Einschalten des Verdichters. Die beiden Abstreifventile schließen und das Zwischenentspannungs-Ventil öffnen.

(3) Absperrschieber vom und zum Prozeß schließen.

(4) Die Absperrarmaturen auf der Saug- und Druckseite des Verdichters öffnen.

(5) Das Pumpgrenz-Regelventil FICA 1 auf Hand stellen und öffnen.
(Die Pumpgrenz-Regelung gewährleistet einen Mindestförderstrom und verhindert bei Teillastfahrweise ein Pumpen des Verdichters [5–15]. Sobald der Mindestwert (z. B. 70 % des Nennförderstromes) unterschritten wird, öffnet das Regelventil und speist über den großen Bypass zurück auf die Saugseite.)

(6) Den Schieber in Rückführungsleitung (sog. kleiner Bypass) mit Kennzeichnung RL 01 öffnen.
Damit ist der Weg gestellt, um den Verdichter im kleinen Kreislauf anzufahren.

– Auf Grund des kleinen Gaskreislaufes werden die zu beschleunigende Gasmenge sowie der Druckverlust im Gaskreislauf und somit der Anfahrstrom minimiert.

– Der kleine Kreislauf bewirkt eine flache Anfahrkurve im stabilen Arbeitsbereich (s. Bild 5–9, Kurve 1).

– Im kleinen Gaskreislauf ist kein Kühler angebracht, so daß sich das Gas auf Grund der Temperaturerhöhung bei der Verdichtung sehr schnell erwärmt. Diese Fahrweise kann deshalb nur wenige Sekunden praktiziert werden, ohne Gefahr zu laufen, daß der Motor wegen Überschreitung der Saugseitentemperatur abschaltet. Zweckmäßig ist eine zeitprogrammierte bzw. leistungsprogrammierte Anfahrsteuerung.

(7) Luftkühlung des Motors in Betrieb nehmen und Projektwerte am Motor einstellen.

(8) Anfahrbereitschaft der Elektrozentrale melden und Schaltgenehmigung einholen.
(Bei ca. 5 MW Nennleistung benötigt der Verdichter beim Start ca. 15 bis 20 MW. Eine solche Leistung belastet jedes Werksnetz erheblich. Es muß deshalb über die Zentrale geprüft werden, ob eine solche

erhöhte Anfahrleistung momentan verfügbar ist. Eventuell muß eine zeitliche Abstimmung mit anderen Großverbrauchern erfolgen.)

(9) Motor einschalten.

(10) Verdichter im kleinen Kreislauf hochfahren und sorgfältig den zeitlichen Verlauf des Anlaufstromes beobachten.

   – Nach ca. 10 bis 15 s fällt der Anlaufstrom deutlich ab, d.h. der Verdichter ist in seinem Betriebsdrehzahl-Bereich angekommen.

   – Der erfahrene Fachmann kann das Hochfahren des Verdichters auch sehr gut hören (sog. Hochtouren!).

   – Erfahrungsgemäß ist nach dieser Anfahrzeit die Gastemperatur saugseitig noch nicht zu hoch.

(11) Den Schieber im kleinen Kreislauf (Ltg.: RL 01) schließen.
    Das Gas muß somit über die sog. Pumpgrenz-Regelung (Ltg.: RL 02) auf die Saugseite zurückströmen.

(12) Pumpgrenz-Regelung von Hand so fahren, daß sich auf der Saugseite des Verdichters (PIR 1) ein Druck von 0,3 MPa einstellt.

(13) Die Kühlwassermenge des Gaskühlers W2/1,2 sowie die Dampfmenge des Aufheizers W1 so einstellen, daß sich projektgerechte Gastemperaturen ergeben.

(14) Läuft der Verdichter normal und liegen die verschiedenen Betriebsparameter im vorgegebenen Bereich, so kann die Pumpgrenz-Regelung auf Automatik gestellt werden.

(15) Nach Erreichen eines ersten quasi-stationären Zustandes sind die Funktionstüchtigkeit des Ölsystems sowie seine Parameter auf Projektgerechtheit zu prüfen.
    Im Schmierölsystem stellen sich andere Lager- und Getriebeöltemperaturen ein. Damit verändern sich die Viskosität und der Strömungswiderstand.
    Im Sperrölkreislauf liegt ein erhöhter Gasdruck an den Gleitring-Dichtungen an. Es gelangt Gas in gelöster bzw. ungelöster Form ins Sperröl, welches im Schwimmer-Abscheider und im Ausdampfbehälter entfernt werden muß.

(16) Feineinstellung aller Betriebsparameter am Verdichter.

Der Verdichter kann über die Rückführungsleitung zur Pumpgrenz-Regelung stabil betrieben werden, z.B. um den Abnahmeversuch (s. Beispiel 4–3) durchzuführen.

Sobald prozeßseitig die Voraussetzungen geschaffen sind, erfolgt eine Einbindung des Verdichters in die Gesamtanlage durch langsames Öffnen der beiden Absperrschieber.

Wegen der häufigen Teillastfahrweise während der Inbetriebnahme sind die Regelmöglichkeiten des Turboverdichters von besonderem Interesse. Bild 5–11 zeigt den prinzipiellen Verlauf der Pumpgrenzlinien bei verschiedenen Regelmöglichkeiten. Bezüglich der Teillastfahrweise ist die Drehzahlregelung beispielsweise deutlich ungünstiger als die einfache Saugdrosselregelung.

Eine Drosselung auf der Druckseite sollte bei Verdichtern im Unterschied zu Kreiselpumpen (Hier ist in der Regel aus Kavitationsgründen die Saugdrosselregelung auszuschließen!) vermieden werden.

Die gemachten Aussagen zum Betriebs- und Regelverhalten von Turboverdichtern gelten im wesentlichen, wenn auch häufig mit weniger Brisanz, für Gebläse und Ventilatoren.

Erheblichen Aufwand erfordern bei Verdichtern und insbesondere bei Turboverdichtern die Schmierung der Lager, die Ölversorgung der Getriebe, der Betrieb (Kühlung, Ex-Schutz, Verriegelung) der Motoren sowie die zahlreichen Sicherheitsschaltungen. Die dafür notwendigen Teilsysteme sind teilweise aufwendiger und schwieriger in Betrieb zu nehmen als der eigentliche Prozeßverdichter.

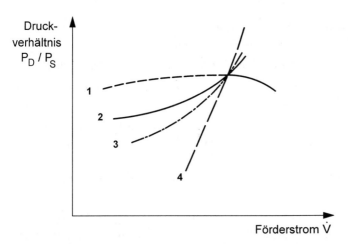

Bild 5–11. Pumpgrenzlinien bei verschiedenen Regelungen von Turboverdichtern.

1: Regeldiffusoren,	2: Vordrallregelung,
3: Saugdrosselregelung,	4: Drehzahlregelung,

Am Beispiel 5–2 wird dies sichtbar.

Beispiel 5–2: Anfahren der Schmier- und Sperrölversorgungsanlage eines Turbverdichters (Praxisbeispiel)

a) Anlagenbeschreibung (s. Bild 5–12)

Die kombinierte Schmier- und Sperrölversorgungsanlage dient zur Schmierung und Kühlung des Getriebes, der Verdichter-, Getriebe- und Motorlager sowie zur Schmierung, Abdichtung und Kühlung der Gleitringdichtungen, die ein Austreten des Fördermediums aus dem Verdichter verhindern.

Das Ölsystem besteht aus sechs Baugruppen:

– dem Ölsammelbehälter B 1,
– dem Ölfördersystem,
– den Ölkühlern X 1/1,2,
– dem Schmierölhochbehälter B 2,
– dem Sperrölhochbehälter B 3,
– dem Entgasungsbehälter B 4.

Das Ölfördersystem besteht aus:

– 2 Niederdruckölpumpen P 1/1,2,
– 2 Hochdruckpumpen P 2/1,2,
– 2 · 2 umschaltbaren Filtern.

Das Öl wird durch die Niederdruckölpumpe P 1 aus dem Ölsammelbehälter B 1 angesaugt und auf den Enddruck gefördert.

Den Ölpumpen sind absperrbare Rückschlagventile nachgeschaltet.

Nach den Niederdruckölpumpen (Zahnradpumpen) erfolgt in den Ölkühlern X 1/1,2 die Abkühlung des Öles.

Die Filterung des Öles von Feststoffen, die sowohl zu Zerstörungen der Lager als auch der Gleitringdichtungen führen können, erfolgt durch die Filter F 1/1–4.

Nach den Ölfiltern erfolgt die Verzweigung des Ölsystems in Schmieröl- und Sperrölteil.

Der überwiegende Teil des Öles wird zum Schmieren des Getriebes und der Wellenlager eingesetzt. Die überschüssige Ölmenge durchströmt den Schmierölhochbehälter B 2 und fließt über das Regelventil, welches den Vordruck in der Schmierölsammelleitung vor Abzweigung der einzelnen Schmierleitungen regelt, in den Ölsammelbehälter B 1 zurück.

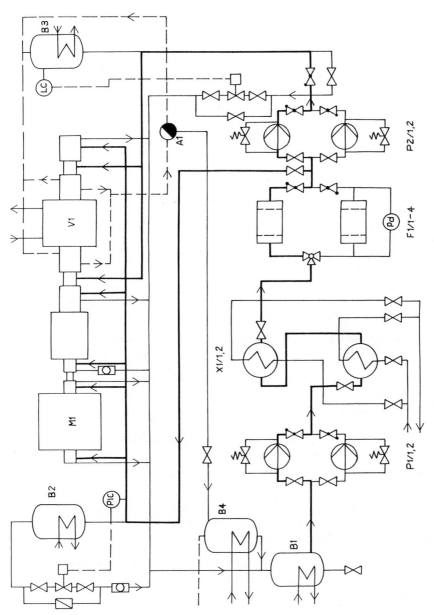

Bild 5–12. Schmier- und Sperrölversorgungssystem des Turboverdichters zu Beispiel 5–2.

Über ein zur Regelgruppe parallel angeordnetes Ventil mit Drosselkegel kann bei Ausfall der Druckregelung die überschüssige Ölmenge in die Rückflußleitung strömen.

Dieses Ventil dient gleichzeitig zur Entleerung des Schmierölhochbehälters.

Die Ölmengen zu den einzelnen Schmierstellen werden über feste Drosseln eingestellt. Das von den Schmierstellen abfließende Öl gelangt über die Schmierölrückflußleitung zurück in den Ölsammelbehälter B 1.

Bei Ausfall der Niederdruckspannung für die Pumpen garantiert die Zulaufhöhe des Öles aus dem Schmierölhochbehälter die ausreichende Ölversorgung der Schmierstellen beim Notauslauf des Kreiselverdichters.

Beim Absinken des Ölzulaufdruckes unter den statischen Druck des Behälters fließt das Öl in die Ölverteilungsleitung zurück und gelangt zu den Schmierstellen. Dabei schlägt die sich im Überlauf des Schmierölhochbehälters parallel zum Regelventil befindliche Klappe zurück und gibt den vollen Rohrquerschnitt frei. Damit kann das Öl aus den Behälter frei abfließen.

Im weiteren nun einige Erläuterungen zum Sperrölkreislauf.

Im Anschluß an die Ölfilter gelangt ein Teil des Öles auf die Saugseite der Hochdrucköpumpen P2/1,2, die das Öl zu den Gleitringdichtungen drücken.

Auch diesen Pumpen sind absperrbare Rückschlagventile nachgeschaltet.

Die überschüssige Sperrölmenge fließt über ein durch den Ölstand im Sperrölhochbehälter B 3 gesteuertes Regelventil zurück in den Ölbehälter.

Den zur Abdichtung in den Gleitringdichtungen notwendigen Ölüberdruck gewährleistet in allen Fällen, d.h. insbesondere auch bei Ausfall der Hochdruckpumpen P2/1,2, der den Pumpen parallel geschaltete und mit dem Gasdruck der äußeren Stopfbuchskammern beaufschlagte Sperrölhochbehälter B 3.

Das an den gasseitigen Gleitringen austretende Sperröl fließt durch Schwimmer-Abscheider A 1 und wird anschließend in den Ausdampfbehälter B 4 entspannt.

Der Abscheider dient dem Entfernen von Gasen, die durch die Labyrinth-Dichtungen auf der Saug- und Druckseite der Verdichterwelle bis zur Gleitringdichtung gelangen und dort mit dem Sperröl in Kontakt kommen. Im Sperröl nach den Gleitringdichtungen ist somit immer eine geringe Gasmenge gelöst bzw. auch ungelöst als Leckage der Gleitringdichtung enthalten.

Aus dem Schwimmer-Abscheider A 1 fließt das Sperröl drucklos in den beheizten Entgasungsbehälter B 4, in dem das Öl in einer Kammer mittels Heizwasser aufgeheizt wird und in einer zweiten Kammer über eingebaute Kaskaden rieselt und dabei entgast.

Nach dem Entgasungsbehälter B 4 fließt das entgaste Sperröl in die gemeinsame Ölrückflußleitung zum Ölsammelbehälter B 1.

Das an den atmosphärischen (vom Verdichter gesehen außenliegenden) Gleitringen austretende Sperröl fließt über die Lagerschmierung in die Schmierölleitung und von dort zurück zum Ölsammelbehälter.

Der Ölsammelbehälter B 1 ist in verschiedene Kammern unterteilt. Das eintretende Öl fließt zuerst über Magnetfilterplatten. Nach den Magnetfilterplatten durchströmt das Öl noch weitere Kammern (Abscheidung nichtmagnetischer Feststoffe!) sowie einen Siebfilter, bevor es in die Ansaugkammer für die Niederdruckölpumpen P 1/1,2 gelangt.

b) Anfahrhandlungen

Voraussetzungen für die folgenden Maßnahmen ist das „abchecken" der Anfahrbedingungen, wie

– Stand im Sperrölhochbehälter größer 250 mm,
– Druck Fremdluft (Motor-Luftkühlung) größer 30 mm WS,
– Druck Schmieröl größer 0,3 MPa,
– Luft strömt,
– Wasser strömt,
– Öltemperatur im Ölsammelbehälter größer 25 °C,
– Lüfter in Betrieb.

(1) Öffnen aller Absperrventile bzw. absperrbaren Rückschlagventile auf der Saug- bzw. Druckseite der Ölpumpen P 1/1,2 und P 2/1,2.

(2) Öffnen aller ölseitigen Absperrventile am Ölsammelbehälter B 1 sowie am Entgasungsbehälter B 4.

(3) Zuschalten eines Ölkühlers X 1.

(4) Das Wechselventil (3-Wegeventil) der Ölfilter muß in einer Endlage sein.

(5) Öffnen der absperrbaren Rückschlagventile nach den Ölfiltern F 1/1–4.

(6) Schließen der Bypassventile

- für das Rückschlagventil in der Sperrölzufluß-Leitung,
- für das Sperröl-Regelventil,
- für das Schmierölregelventil.

(7) Öffnen der Absperrventile in den Schmierölleitungen zum und vom Schmierölhochbehälter.

(8) Öffnen der Absperrventile (sog. Blockventile) vor und nach den Regelventilen.

(9) Öffnen aller Absperrventile am Schwimmer-Abscheider.

(10) Beide Ölkühler wasserseitig fluten und entlüften. Zu diesem Zweck werden die Entlüftungsventile an den Kühlerköpfen geöffnet, der Schieber in der Sammelleitung für den Kühlwasser-Rücklauf geschlossen und durch langsames Öffnen der Kühlwasser-Eintrittsventile nacheinander beide Kühler geflutet.

(11) Kontrolle, ob Kreislaufgas (Bezeichnung für das Fördermedium des Verdichters!) vor dem Saugschieber des Verdichters ansteht.

(12) Entriegeln einer der Niederdruckpumpen P 1/1,2 und einschalten dieser Pumpe.

(13) Einfahren der Schmieröldruck-Regelung auf einen vorgegebenen Schmieröldruck.

(14) Entriegeln beider Sperrölpumpen P 2/1,2, so daß beide Pumpen automatisch einschalten und anlaufen können.

(15) Stabilisieren der Schmieröldruck-Regelung.

(16) Einstellen des vorgegebenen Differenzdruckes an den Gleitringdichtungen. Mit Funktionieren der Wellendichtungen kann der Verdichter auch mit einem Gasdruck beaufschlagt werden.

(17) Nach dem Erreichen des Normalstandes im Sperrölhochbehälter ist zu kontrollieren, ob dieser Stand konstant bleibt. Bei Überschreiten des Normalstandes ist das Bypassventil zum Sperrölregelventil soweit zu öffnen, bis der Stand normal bleibt.

(18) Entgasen der Schwimmer-Abscheider. Kontrolle auf ordnungsgemäßen Durchfluß an Hand der Durchfluß-Schaugläser. Falls die Schwimmer-Abscheider nicht zuverlässig konstant arbeiten, zeigt sich dies an Standschwankungen im Sperrölhochbehälter B 3.

(19) Inbetriebnahme der Beheizung des Entgasungsbehälters B 4 und Einstellung einer vorgegebenen Öltemperatur.

(20) Stabilisierung des gesamten Ölsystems entsprechend den vorgegebenen Projektparametern. Gegebenenfalls den 2. Ölkühler zuschalten.

(21) Ziehen der Magnetfilterplatten, die im Ölsammelbehälter B 1 eingebaut sind und nachprüfen, daß keine Metallteile abgeschieden
wurden.

Damit ist das Ölsystem des Kreiselverdichters in Betrieb, und es kann die
technologische Inbetriebnahme des Verdichters erfolgen (s. Beispiel 5–1).

5.2.3.4 Turbinen mit Generatoren

Turbinen dienen in der Regel zum Antrieb von Turbogeneratoren [5–16]. Sie
selbst können mit Heißdampf [5–17] bzw. Gas [5–18] angetrieben werden.
Das Anfahren der Turbine erfolgt aus diesen Gründen eingebettet in die komplexe Inbetriebnahme der Gesamtanlage. Es ist durch die Kopplung von thermischen, maschinentechnischen und elektrischen Prozessen sehr kompliziert
sowie durch die verschiedenen Typen und Bauarten sehr mannigfaltig. Seine
detaillierte Behandlung würde den Rahmen dieses Buches weit übersteigen.
Im einzelnen wird auf die Spezialliteratur [5–19 bis 5–24] verwiesen. An dieser Stelle seien nur wenige grundsätzliche Ausführungen gemacht.

– In Abhängigkeit von der Gehäusetemperatur des Hochdruckteiles einer
  Turbine zu Beginn wird zwischen Kaltstart (T < 150 °C) und Warmstart
  (T > 150 °C) unterschieden. Entsprechend der Gehäusetemperatur sind
  die Frischdampf-Parameter beim „Anstoßen" der Turbine zu wählen. Die
  Bilder 5–13 bzw. 5–14 zeigen die Anfahrdiagramme beim Kaltstart bzw.
  Warmstart einer Turbine.

– Wichtige Einflußfaktoren auf die Anfahrzeit sind:
  • die Starttemperatur (Grad der Vorwärmung),
  • die Größe der Turbine, ihre Läuferlänge bzw. Lagerentfernung,
  • die Anzahl der Gehäuse sowie
  • der Frischdampfdruck und die Frischdampftemperatur.

– Anfahrtechnologie und -zeit sind so zu wählen, daß die Wärmespannungen
  wegen Temperaturgradienten (zwischen und innerhalb von Heißdampflei-
  tung – Gehäuse – Läufer) insgesamt zulässig bleiben. Der große Zeitunter-
  schied zwischen Kalt- und Warmstart (s. Bilder 5–13 und 5–14) belegt dies.

– Turbinen, die direkt Drehstromgeneratoren antreiben, müssen bei konstant 3000 min⁻¹ arbeiten. Dies bedarf einer exakten Drehzahlregelung bei
  verschiedener Lastentnahme [5–25].

– Die Drehstromgeneratoren induzieren in der Regel mit 6 kV bzw. 10 kV
  Spannung, die meistens in einer Umspannstation noch höher transfor-

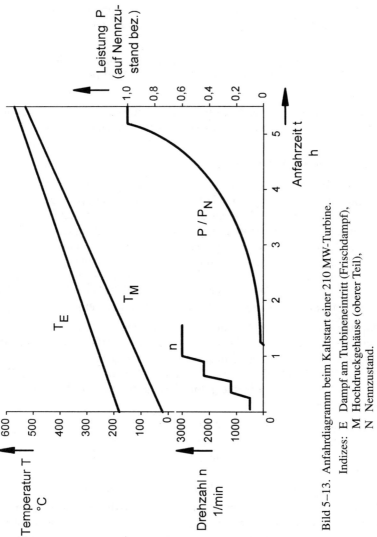

Bild 5–13. Anfahrdiagramm beim Kaltstart einer 210 MW-Turbine.

Indizes: E Dampf am Turbineneintritt (Frischdampf),
          M Hochdruckgehäuse (oberer Teil),
          N Nennzustand.

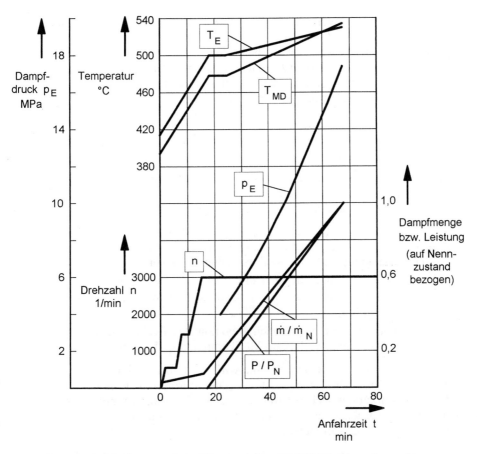

Bild 5–14. Anfahrdiagramm beim Warmstart einer 500 MW-Kondensationsturbine.

Indizes: E   Dampf am Turbineneintritt (vor Hochdruckteil),
MD Dampf vor dem Mitteldruckteil (nach der Zwischenüber-
hitzung),
N   Nennzustand.

miert (30–110 kV) wird. Dieser ausgeprägte elektrische Teil unterscheidet die Kraftwerksanlagen und ihre Inbetriebnahme in vielen von anderen
verfahrenstechnischen Anlagen.

– Der Leistungsnachweis (Abnahmeversuch) an Gas- bzw. Dampfturbinen
erfolgt im allgemeinen bei 3 Laststufen, z.B. bei 50%, 75% und 100%
Nennlast.

Ausführliche Hinweise mit Beispielen für „Wärmetechnische Abnahmeversuche an Dampfturbinen" sind in der DIN 1943 [5–26] und der VDI-
Richtlinie 2042 [5–27] angegeben. Abnahmeversuche zur Bestimmung
von Dampf- und Wärmeverbrauch sollten mindestens 30 min (normal:
60 min) und zur Bestimmung der Nennleistung mindestens 15 min nach
Erreichen des Beharrungszustandes dauern.

5.2.3.5 Industrieöfen und Dampferzeuger

Die Industrieöfen dienen dazu, die verschiedensten Materialien der unterschiedlichsten Form auf eine vorgegebene Temperatur zu erwärmen und
gegebenenfalls eine bestimmte Zeit bei dieser Temperatur zu halten. Gründe
für die Wärmebehandlung können beispielsweise sein:

– Erreichen einer bestimmten Temperatur der Materialien, um sie anschlie-
  ßend außerhalb des Ofens weiterzuverarbeiten (Schmiede- und Härte-
  öfen, Produktaufheizer vor Reaktoren und Kolonnen),
– Realisierung einer gewünschten Temperatur-Zeit-Kurve des Produktes im
  Ofen (Backen, Brennen, Emaillieren, Glühen, Schmelzen, Sintern, Trock-
  nen, Verdampfen),
– Durchführung einer chemischen Reaktion des Reaktionsgemisches im
  Ofen (Kalkbrennen, Verhütten, Müllverbrennung, Vergasung).

Die für den Prozeß benötigte Wärme wird im Industrieofen selbst erzeugt.
Sie kann in Form der Rauchgase direkt (Drehrohrofen) bzw. indirekt mittels
Wärmeübertragungsflächen (Röhrenofen) an das aufzuwärmende Produkt
übertragen werden. Die Beheizung der Industrieöfen [5–28] erfolgt vorrangig mit Erdgas oder Heizöl.

Die Dampferzeuger sind spezielle Industrieöfen in Kraftwerks- bzw. Wärme-
versorgungsanlagen. Wegen ihrer besonderen Bedeutung und Größe werden
sie im weiteren neben den Industrieöfen aus der Sicht des Anfahrens getrennt behandelt.

Industrieöfen

– Im Mittelpunkt des Anfahrens steht das Zünden der Brenner [5–29].
  Häufig sind Fehler in dieser Phase die Ursache für Verpuffungen bzw.
  Explosionen im Ofen mit erheblichen Folgeschäden. Tabelle 5–7 enthält
  Auszüge einer Inbetriebnahmedokumentation für einen Kammerofen mit
  Strahlungszonen und vertikal angeordneten Rohrsträngen.

Tabelle 5–7. Hauptpunkte der Inbetriebnahmedokumentation eines Kammerofens (Praxisbeispiel).

1. Voraussetzungen zum Anfahren des Ofens
   - das gesamte Gelände der Ofenanlage ist sauber und beräumt,
   - sämtliche Leitungen sind gespült und sauber,
   - die Erdgasleitungen sind inertisiert,
   - sämtliche Beirohrbeheizungen der Erdgasleitungen sind im Betrieb.

2. Vorbereitungen zum Anfahren
   - Vor dem Zünden sind die zugehörigen Ofenkammern mit mindestens 5fachem Luftwechsel zu belüften. Zu diesem Zweck sind:
     - die Rauchgasklappe zum Abhitzekessel zu schließen,
     - die Rauchgasklappe zum Schornstein zu öffnen,
     - an allen Brennern sind die Sekundärluftklappen zu öffnen.

   (Der Spülvorgang ist nötig, wenn nach dem Verlöschen aller Flammen einschl. Pilotbrenner der Ofen neu gezündet werden soll!)

   - Vor Spülbeginn müssen alle Brennstoffzuführungen zu allen Feuerräumen geschlossen sein (kontrollieren!).
   - Die notwendige Spülzeit wird in Abhängigkeit vom Unterdruck im Ofen festgelegt und beträgt bei einem Unterdruck von

20 mmWS:	3 Min.
15–20 mmWS:	5 Min.
10–15 mmWS:	10 Min.
5–10 mmWS:	20 Min.
5 mmWS:	30 Min.

Bei einem Unterdruck ≤ 5 mmWS ist zur Kontrolle des durchgeführten Spülprozesses eine Analyse der Luft in den Brennkammern zu nehmen. (Gehalt an Brennbarem $\leq 0{,}3$ Vol.-%).

3. Zünden der Pilotbrenner
   - Checken des Ofens betreffs
     - durchgeführte vorschriftsmäßige Spülung der Ofenkammern,
     - Anliegen der erforderlichen Betriebsmittel,
     - Unterdruck von mindestens 5 mmWS,
     - Durchstellen aller Leitungswege für das Anfahren,
     - Betriebsbereitschaft der Flammenwächter und aller Sicherheitseinrichtungen.
   - Automatisches Zünden der Pilotflamme
   - Einstellen einer stabilen Flamme des Pilotbrenners

4. Zünden der Hauptbrenner für Erdgas
   - Checken des Ofens betreffs
     - alle Pilotbrenner sind stabil in Betrieb,
     - alle Flammenwächter und MSR-Einrichtungen sind funktionstüchtig,
     - der Gasvorwärmer und Begleitheizungen sind in Betrieb,
     - alle Ventile vor den Brennern sind geschlossen.
   - Verdrängen des Inertgases mittels Erdgas in die Freientspannungen
   - Schließen der Freientspannungsventile (Erdgas liegt bis zu Magnetventilen vor Brennern an)

Tabelle 5–7 (Fortsetzung)

- Regelventil vor Brennern auf ca. 30 % eindrosseln
- Magnetventile öffnen und Brenner zünden
- Einstellen stabiler und planungsgerechter Bedingungen am gesamten Ofen

(Zünden der Pilot- und Hauptbrenner kann über Anfahrsteuerung automatisch erfolgen)

5. Hochfahren des Ofens
   - insbesondere unter Beachtung
     - einer ausreichenden Kühlung des Ofenrohrsystems,
     - der produkt- und rauchgasseitigen Temperaturen.

Einige Sicherheitsvorschriften sind in [5–30 bis 5–33] angegeben.

- Vor der Erstinbetriebnahme sowie nach längeren Abstellungen von Öfen und Schornsteinen mit Ausmauerungen sind zunächst sehr vorsichtig die Feuerfestmaterialien zu trocknen (s. Abschnitt 4.6.1).

- Beim Anfahren der Öfen ist zu jedem Zeitpunkt ein annäherndes Gleichgewicht zwischen Wärmezufuhr und -abfuhr zu gewährleisten. Das heißt, mit Steigerung der Brennerleistung muß der Ofen zugleich verbraucherseitig gekühlt werden. Dies kann beispielsweise die produktseitige Durchströmung der Ofenrohre oder die Aufgabe von feuchtem Gut bei Trocknern betreffen. Wenn nicht, können in kürzester Zeit, falls keine Sicherheitsschaltungen vorhanden bzw. aktiv sind, die Ofenrohre und -wandungen sowie andere Einbauten überhitzt und beschädigt werden.

- In Verbindung mit dem Anfahren und dem Betrieb von Öfen und Kesseln erlangen zunehmend die Rauchgasreinigungsanlagen Bedeutung [2–78, 5–34 bis 5–38]. Damit kommen verstärkt chemische Verfahren und Produkte [5–39] zum Einsatz, die den zeitlichen, technologischen und sicherheitstechnischen Verlauf der Inbetriebnahme wesentlich beeinflussen.

Dampferzeuger

Dampferzeuger werden zum Antrieb von Kraft- und Arbeitsmaschinen, zur Wärmeversorgung sowie in der Stoffwirtschaft benötigt. In Verbindung mit dem Anfahren sind folgende Schwerpunkte zu beachten:

- Wichtige Voraussetzung für das Anfahren ist eine vorausgegangene gründliche innere Reinigung des Dampferzeugers sowie der Rohrleitungen des gesamten Wasser-Dampf-Systems. Zum letzteren gehören die Dampfleitungen, die Brauchwasser- und Deionatleitungen, die Speisewassersaug- und Druckleitungen sowie die Leitungen des Ölsystems. Ein Beispiel möglicher Reinigungsschritte enthält Tabelle 5–8.

Tabelle 5–8. Vorgehensweise bei der inneren Reinigung von Dampferzeugeranlagen (nach [5–40]).

Nr.	Maßnahme	Anwendung	Hinweise
1.	Spülen mit sauberem Wasser	erste Reinigung bei allen Dampferzeugern; Entfernung grober Verunreinigungen	– Kontrolle der Sammler hinsichtlich Ablagerungen – Überprüfung ausgetragener Verunreinigungen – Schutz empfindlicher Armaturen und Meßgeräte
2.	alkalisches Auskochen z.B. mit Trinatriumphosphat	nur für Trommelkessel; Entfernung von Schmutz, Fett, Öl; billig	– Auskochen bei etwa 25% Betriebsdruck – 2- bis 3malige Wiederholung – Kontrolle wie bei 1.
3.	Säurebeizung – im Standverfahren – im Umwälzverfahren – mit anorganischen oder organischen Säuren und Inhibitorzusatz	für alle Dampferzeuger; Erreichung metallisch blanker Oberflächen; aufwendig	– Kontrolle Beizflüssigkeit – ausreichende Spülwassermengen – Neutralisation der Beizflüssigkeit – Arbeitsschutzbestimmungen einhalten
4.	Spülen mit Speisewasser und Neutralisieren	Beizflüssigkeit verdrängen; sofort füllen und spülen	– Spülen bis zur neutralen Reaktion – Entgasung und Alkalisierung des Speisewassers auf pH = 9 bis 10 mit Hydrazin
5.	Schutzschichtbildung	Umwälzung mit 250 °C Inhaltswasser	– Schutzschichtbildung nach etwa 3 Tagen
6.	Ausblasen	kombinieren mit 5. Schritt	– Kontrolle des austretenden Dampfes hinsichtlich Verunreinigungen

– In Abhängigkeit vom Anfangszustand bei Erst- bzw. Wiederinbetriebnahmen wird analog zu den Turbinen unterschieden zwischen:

Kaltstart: Starttemperatur der Anlagenkomponenten liegt unter-
                    halb von 20 % der Nenntemperatur. Bei Erstinbetriebnah-
                    men entspricht sie der Umgebungstemperatur.
Anfahrschritte: – Füllen des Kessels mit Wasser
                 – Brennkammer belüften und Brenner zünden
                 – Wasser bis Siedetemperatur erwärmen
                 – Erhöhung der Brennerleistung und Dampfbildung
                 – Einstellen der Nenn- bzw. Anstoßparameter
                 – Dampfabgabe an Turbine bzw. Sammelschiene
Warmstart: Starttemperatur beträgt 20–80 % der Nenntemperatur
Anfahrschritte: – analog zum Kaltstart.
                    (Feuerungsleistung sowie Temperatur und Druck kön-
                    nen schneller gesteigert werden. Der Überhitzer wird
                    früher eingebunden.)
Heißstart: Starttemperatur liegt über 80 % der Nenntemperatur.
Anfahrschritte: – analog zum Warmstart, aber noch zügiger.
                    (Wegen des kurzen Stillstandes war die Temperatur-
                    und Druckabsenkung nur gering.)

– Dampferzeuger können im Blockbetrieb mit nachgeschalteter Turbine
sowie im Sammelschienenbetrieb mit Einspeisung ins Dampfnetz betrieben werden.
Im ersten Fall wird der Dampferzeuger zunächst angefahren und danach
zusammen mit der Dampfturbine hochgefahren (s. Abschnitt 5.2.3.4). Im
zweiten Fall wird der Dampferzeuger allein auf Nennzustand in Betrieb
genommen und anschließend ins Dampfnetz eingebunden.

– Der Anfahrvorgang wird ähnlich wie bei Turbinen in einem sog. Anfahrdiagramm (s. Bild 5–15) veranschaulicht. Als Anfahrzeit wird in der
Regel der Zeitraum vom Vorliegen der Zündbereitschaft bis zum Beginn
der Dampfabgabe definiert.

– Die Anfahrdynamik von Dampferzeugern ist stark durch ihre große
Masse (Wärmespeicher) und Dickwandigkeit geprägt. Dies trifft auf
Dampferzeuger mit Naturumlauf [5–41] noch stärker zu als auf Durch-
laufkessel. Die Einhaltung vorgegebener Temperaturgradienten im
Werkstoff der verschiedenen Anlagenkomponenten bestimmt analog zu
den Turbinen die Aufheiz- und Anfahrgeschwindigkeit. Durch Modellierung des Anfahrvorganges kann dieser weitgehend automatisch ge-
steuert werden. Im einzelnen wird auf die Fachliteratur [2–5, 5–40 bis
5–43] verwiesen.

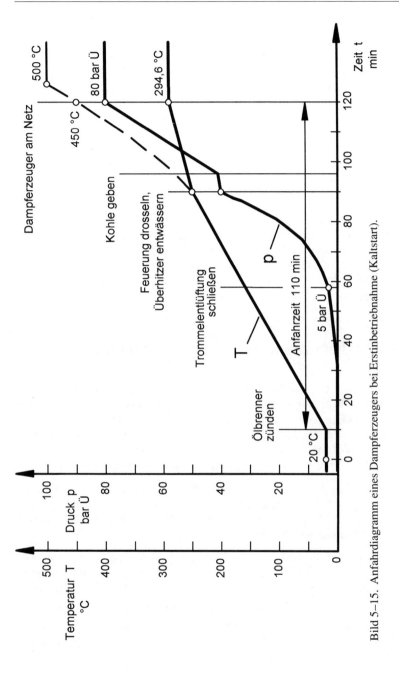

Bild 5–15. Anfahrdiagramm eines Dampferzeugers bei Erstinbetriebnahme (Kaltstart).

– Detaillierte Hinweise zur Durchführung und Auswertung von Abnahmeversuchen an Dampferzeugern sind in [5–44] angegeben. Die Versuchs-
dauer beträgt 1–6 h für jede zu prüfende Laststufe.
Die Abnahmeversuche ersetzen in der Regel nicht den 72stündigen
Garantieversuch für die gesamte Dampferzeuger- bzw. Kraftwerksanlage.

5.2.3.6 Reaktoren und Adsorber

Die Anfahrhandlungen dieser Komponenten sind sehr vom Verfahren sowie
der Bauart der Ausrüstung abhängig. Die folgenden Hinweise können deshalb nur eine Orientierung darstellen.

Reaktoren

– Die meisten chemischen Reaktionen beginnen erst bei einer bestimmten
Temperatur zu zünden (sog. Zündtemperatur). Das heißt, das Reaktionsgemisch und ggf. der Katalysator sind auf diese Temperatur aufzuheizen
(z.B. durch Anfahraufheizer bei exothermen Reaktionen oder durch
Mantelheizung bei Batch-Prozessen).

Das Beispiel 5–3 verdeutlicht die grundsätzlichen Zusammenhänge.

Beispiel 5–3: Qualitative Betrachtungen zum Einfluß der chemischen
Reaktion auf die Inbetriebnahme von Reaktoren

Bei Verfahren mit exothermen Reaktionen wir häufig die freiwerdende
Reaktionswärme zur Vorwärmung der Reaktionspartner sowie zur Dek-
kung der Wärmeverluste an die Umgebung genutzt. Dies geschieht z.B.
in einem weitgehend adiabatischen Festbettreaktor und einem nachgeschalteten Wärmeübertrager, in dem ein Großteil der Reaktionswärme
vom Reaktionsgemisch an das Einsatzprodukt übertragen wird.

Auf diese Weise können im Dauerbetrieb auch hohe Reaktionstempera-
turen mit einem relativ geringen technologischen und technischen Aufwand aufrechterhalten werden. Problematisch ist jedoch die Inbetriebnahme bei solchen Verfahren.

Bild 5–16 zeigt die typischen Verläufe der Wärmemengen $\dot{Q}_R$ bzw. $\dot{Q}_Ü$,
die bei der chemischen Reaktion freigesetzt bzw. an das Reaktionsgemisch übertragen werden, in Abhängigkeit von der Reaktionstemperatur.

Die Kurve $\dot{Q}_R(T)$ besitzt die typische S-Form entsprechend der Arrhe-
nius-Beziehung, während die Funktion $\dot{Q}_Ü(T)$ näherungsweise linear
verläuft. Die Linearität kann dabei aus verschiedenen Modellbeziehun-
gen resultieren, wie

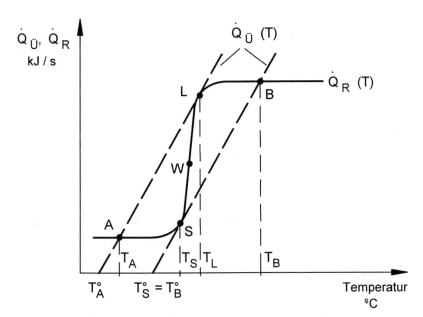

Bild 5–16. Temperaturabhängigkeit der freiwerdenden und abgeführten Wärmemengen (zu Beispiel 5–3).

– der konvektiven Wärmeabführung $\dot{Q}_{\ddot{U}} = \dot{m} \cdot c_p \cdot (T - T^0)$ im adiabaten, kontinuierlichen Rührkessel,

– der Wärmeübertragung zum Kühlmittel $\dot{Q}_{\ddot{U}} = k \cdot A \cdot (T - T^0)$ im gekühlten isothermen, diskontinuierlichen Rührkessel,

– die Wärmeübertragung von der Kornoberfläche an den Kern der Strömung $\dot{Q}_{\ddot{U}} = \alpha \cdot O \cdot (T - T^0)$ im adiabaten Strömungsrohr mit Katalysatorschüttung.

Letztlich ist die Wärmeabführung immer proportional der Differenz zwischen der Reaktionstemperatur T und einer Bezugstemperatur T^0.

Aus der Sicht der Inbetriebnahme von Reaktoren können die Kurven im Bild 5–16 wie folgt diskutiert werden:

Im stationären Betriebszustand, das Anfahren vollzieht sich im allgemeinen stufenweise über derartige quasistationäre Zwischenzustände, sind die freigesetzten und abgeführten Wärmemengen gleich. Der gesamte Reaktor (z.B. Rührkessel) bzw. die Reaktoreintrittszone (z.B. Strömungsrohr) arbeiten anfangs am Betriebspunkt A. Die Wärmetönung und der Umsatz sind gering.

Im Fall eines Festbettreaktors mit Wärmerückübertragung reicht die Temperaturerhöhung $\Delta T = T_A - T_A^0$ nicht aus, um das Einsatzprodukt auf die Eintrittstemperatur T_A^0 vorzuwärmen. Notwendig ist zunächst Fremdenergie, die z.B. in einem Anfahrofen dem Einsatzprodukt zugeführt werden muß.

In dem Maße, wie mit Hilfe des Anfahrofens die Eintrittstemperatur T^0 steigt (konstante Eintrittsgemischzusammensetzung vorausgesetzt), verschiebt sich die Gerade $\dot{Q}_{\ddot{U}}(T)$ nach rechts. Die stationäre Reaktionstemperatur T folgt dem stetig entlang der Kurve $\dot{Q}_R(T)$, wobei die Temperaturdifferenz $\Delta T = T - T^0$ nur geringfügig steigt. Der Anfahrofen bleibt in dieser Phase in Betrieb.

Sprungförmig ändert sich die Situation im Punkt S. Jede weitere Erhöhung der Eintrittstemperatur über T_S^0 hinaus führt dazu, daß erstmals die freigesetzte Wärmemenge $\dot{Q}_R$ schneller steigt als die abgeführte Wärmemenge $\dot{Q}_{\ddot{U}}$, d.h. ein Teil der Wärmemenge verbleibt im betrachteten Reaktionssystem (Rührkessel, Reaktorzone, Katalysatorkorn u.ä.) und heizt dieses auf. Der Zustand S geht relativ schnell in den stabilen Zustand B über.

Man bezeichnet dies als Starten bzw. abgeleitet von den Verbrennungsprozessen als Zünden oder Anspringen der Reaktion. T_S wird analog als Starttemperatur und T_S^0 als Starteintrittstemperatur definiert.

Verbunden mit dem Reaktionsstart verbessert sich der Umsatz gravierend, und die freigesetzte Wärmemenge $\dot{Q}_R$ sowie die treibende Kraft für die Wärmerückübertragung $\Delta T = T - T^0$ vervielfachen sich. Damit wird der Anfahrofen überflüssig und kann außer Betrieb genommen werden.

Aus Bild 5–16 ist auch ersichtlich, daß die einmal gezündete Reaktion nicht so schnell wieder erlischt. Verringert sich während des Betriebes zum Beispiel die Eintrittstemperatur von T_B^0 nach T_A^0, so wandert der Betriebspunkt B in Richtung des Punktes L. Die Reaktion findet auch dann weiterhin auf einem hohen Niveau statt.

Erst wenn eine weitere Absenkung unter die sogenannte Löschtemperatur T_L geschieht, „springt" der stationäre Betriebszustand von L nach A zurück. Die Reaktion erlischt. Diese Art von Hysterese ist vorteilhaft für eine stabile Reaktions- und Betriebsführung, da die Temperaturstörungen von außen besser „abgefedert" werden.

Andererseits weisen Reaktionen mit einer hohen Temperatursensibilität nur eine gering ausgeprägte S-förmige Kurve auf, d.h. der Anfangs- und Endteil werden steiler und der Mittelteil flacher. Dadurch nähern sich einerseits die Zünd- und Löschtemperaturen an (im Extremfall können diese Vorgänge auch verschwinden), und andererseits ist eine höhere parametrische Empfindlichkeit in der Nähe des angestrebten Betriebspunktes gegeben.

Ohne im einzelnen darauf eingehen zu können, sei gesagt, daß die Darstellung im Bild 5–16 den Schlüssel für die qualitative Deutung vieler wichtiger Vorgänge in Verbindung mit der Inbetriebnahme, aber auch des Betriebes verfahrenstechnischer Anlagen darstellt. Dies betrifft zum Beispiel die Fragen:

– Wodurch kann die Starttemperatur verringert werden, so daß der notwendige Anfahraufheizer klein wird und auf einem niedrigen Temperaturniveau, möglichst kostengünstig mit Dampf, betrieben werden kann?

– Wie kann verhindert werden, daß Strömungsreaktoren im hinteren Teil zünden und somit die große Gefahr des „Austragens" der Reaktion in die nachgeschalteten Anlagenteile gegeben ist?

– Wie kann das Erlöschen der Reaktion verhindert bzw. wie können erloschene Reaktionen zweckmäßig wieder gezündet werden (z. B. bei der oxidativen Regeneration von Katalysatoren/Adsorbentien)?

Zur Beantwortung dieser Fragen sind die Chemiker und Verfahrenstechniker schon in der Phase der Verfahrensentwicklung, insbesondere bei chemischen Prozessen, aufgefordert. Grundlage dafür sind Experimente sowie daraus abgeleitete reaktionskinetische Modelle.

– Die Anfangszusammensetzung ist so zu wählen (z. B. hohe Verdünnung), daß der Zustand des Zündens gut beherrschbar ist und möglichst bald qualitätsgerechtes Produkt gebildet wird.

– Vorteilhaft ist es, wenn die Reaktionsstufe zunächst ohne Reaktion angefahren wird und anschließend der Reaktionsbeginn gezielt eingeleitet werden kann (z. B. durch Einspritzung des Reaktionsgemisches bzw. eines notwendigen Reaktionspartners, durch Zudosierung von Initiator oder durch Schließen des Reaktor-Bypasses).

– Die beim Anfahren übliche Teillastmenge bewirkt bei kontinuierlichen Prozessen eine längere Verweilzeit im Reaktor. Dies kann u. U. unerwünschte Folge-/Nebenreaktionen begünstigen.

– Eine besondere Spezifika beinhaltet das Anfahren von Bioreaktoren [5–45, 5–46]. Sie besteht in folgendem:

  ● Die im Nennzustand benötigte Biomasse muß zunächst in situ produziert werden. Dies betrifft sowohl die Menge als auch die Adaption der speziellen Bakterienstämme. Dazu kann eine Zeitdauer von mehreren

Tagen bis Monaten nötig sein. Der Inbetriebnahmezeitraum einschließlich des Garantieversuchs verlängert sich entsprechend.

• Der Bioreaktor wird zu Beginn mit fremdem Bioschlamm geimpft. Menge und Art des Impfschlammes können die Anfahrzeit wesentlich beeinflussen. Entsprechend ist seine effiziente Beistellung rechtzeitig zu bedenken und zu planen.

• Während des Anfahrprozesses muß die Raumbelastung (Schadlast) der Abbauleistung ständig angepaßt werden. Eine zu geringe Belastung kann zum Absterben von Biomasse und eine zu hohe Belastung kann zum Durchbruch von Schadstoffen führen.

– Eine Teillastfahrweise ist wegen der Gefahr der Schlammfaulung und des Flockenzerfalls eingeschränkt.

– Die Entkopplung des Anfahrens von Bioreaktoren mit vor- und nachgeschalteten Teilanlagen ist im allgemeinen nicht möglich.

Adsorber

– Zyklische Adsorptions-Desorptionsanlagen werden zunächst im Bypass zu den Adsorbern angefahren. Somit kann der Anlagenbetrieb unter kontinuierlichen Bedingungen eingeschränkt erprobt und stabilisiert werden.

– Das Adsorbens ist vor dem Anfahren in einen definierten und funktionssicheren Ausgangszustand zu versetzen. Häufig ist dies mit einem Ausheizen (z. B. Trocknen) und einer längeren Behandlung mit Desorptionsmittel verbunden. Bei Anlagen mit Ionenaustauschern werden diese zunächst in die gewünschte Ausgangsform überführt.

– Die Start-Schaltzeiten der Adsorbersteuerung sind so zu wählen, daß möglichst sofort qualitätsgerechtes Endprodukt (z.B. Desorbat) anfällt. Der Durchsatz, die Ausbeute sowie die spezifischen Verbräuche sollten zunächst sekundär sein.

– Adsorber werden meistens zum Zeitpunkt „Ende Desorption/Beginn Adsorption" in den Prozeß eingebunden.

– Die beim Einbinden der Adsorber plötzlich auftretenden Schwankungen der Prozeßparameter (Druck, Temperatur, Stoffströme und -zusammensetzungen) können insbesondere bei Gasphasenprozessen erheblich sein. Die nachfolgende Stabilisierungs- und Einfahrphase muß vorrangig der sicheren und weitgehend optimalen Einstellung und Beherrschung des instationären Parameterverlaufes dienen.

– Erfahrungsgemäß sind mindestens 3–5 Zyklen nötig, bevor sich ein quasikontinuierlicher Betriebszustand eingestellt hat.

5.2.3.7 Kolonnen

– Kolonnen sind möglichst im Inselbetrieb, z. B. im totalen Rücklauf anzufahren. Die Gefahr der Spalt- und Nebenproduktbildung ist zu beachten. Typische Anfahrhandlungen einer Kolonne mit einfacher Kopf-Sumpf-Trennung sind im Beispiel 5–4 angegeben.

Beispiel 5–4: Anfahren einer Rektifikationsanlage

a) Technologische Anlagenbeschreibung (s. Bild 5–17)

Die Kolonne K1 dient zur Auftrennung des Einsatzproduktes in die Komponenten A (Destillat) und B (Sumpfprodukt). Die Produkte sind brennbar und bilden mit Luft explosible Gemische.

Die Kondensation der Brüden erfolgt im Wasserkühler W2. Das kondensierte Kopfprodukt wird im Rücklaufbehälter B1 abgeschieden und mit der Pumpe P1 als Rücklauf (FIC4) zurückgeführt bzw. als Destillat (FIS2) aus der Anlage abgeführt. Am Behälter B1 ist eine Gasauskreisung nötig, die zugleich zur Druckregelung (PICA1) genutzt wird.

Die Kolonne wird über einen Naturumlauf-Verdampfer mit Dampf beheizt.

Das Sumpfprodukt wird standgeregelt (LICA1) mit der Pumpe P2 und über den Luftkühler W3 aus der Anlage gefördert.

b) Anfahrhandlungen

Voraussetzung für die folgenden Maßnahmen ist eine abgenommene, dichte und inertisierte Anlage.

(1) Über die Anfahrfülleitung (strichpunktierte Leitung) die Kolonne K1 mit Einsatzprodukt bis zu 60–70% der Sumpfstandanzeige (LICA1) füllen. (Motorschieber M in Einsatzproduktleitung schließen; Doppelabsperrung mit Zwischenentspannung auf Durchgang stellen; nach dem Füllen schließen).

(2) Kopfkühler W2 und Umlaufverdampfer W1 in Betrieb nehmen. Sumpfprodukt auf Siedetemperatur (TI3) aufheizen und langsam mit Verdampfung beginnen.

(3) Kopftemperatur (TI2) und Produktanfall im Rücklaufbehälter B1 (LICA2) beobachten und bei 30–40% Füllstand die Rücklaufpumpe P1 anfahren.

(4) Druckregelung (PICA1) am Kolonnenkopf zunächst von Hand in Betrieb nehmen.

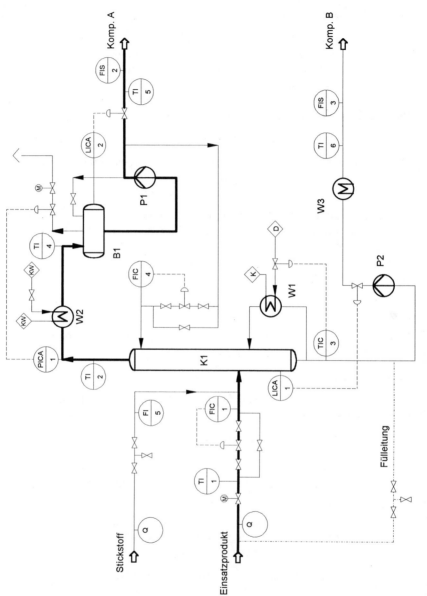

Bild 5–17. Verfahrensfließbild einer Rektifikationsanlage (zu Beispiel 5–4).

(5) In Abhängigkeit vom Abfall des Sumpfstandes (LICA 1) Einsatz-produkt über Fülleitung nachspeisen.

(6) Kolonne bei totalem Rücklauf betreiben und stabile Betriebsbedin-gungen einstellen und beobachten.

(7) Luftkühler W3 anfahren.

(8) Einsatzproduktzuführung über Einlauf (FIC 1) beginnen.

(9) Entsprechend den Ständen im Rücklaufbehälter (LICA 2) und Sumpf (LICA 1) die beiden Zielprodukte aus der Anlage fördern. Zu diesem Zweck zuvor die Pumpe P2 anfahren.

(10) Betriebsparameter in den geplanten thermischen und hydraulischen Nennbereich fahren.

(11) Regler schrittweise auf „Automatik" nehmen und Reglerparameter einstellen.

(12) Produktqualitäten kontrollieren und „einfahren".

– Wegen der Verschmutzungsgefahr sollten Kolonnen über separate Füll-leitungen, die am Sumpfboden einbinden, gefüllt werden. Über diese Lei-tung kann zugleich Spülprodukt zum Reinigen der Kolonne zugeführt werden.

– Der Sumpfstand sollte beim Füllen stets im Anzeigebereich sein (bei größerem Hold-up öfter nachfüllen), da sonst die Gefahr besteht, daß Rückführstutzen vom Umlaufverdampfer oder der Sumpfboden ge-flutet werden und durch Dampfschläge mechanische Zerstörungen auf-treten.

– In Vorbereitung und Durchführung des Anfahrens muß die Kolonne stets im hydraulisch stabilen Arbeitsbereich betrieben werden. Bild 5–18 zeigt schematisch das Arbeitsdiagramm eines Kolonnenbodens.

– Bei verringertem Kolonnendruck ergeben sich, trotz gleichem Norm-Gasdurchsatz, größere effektive Gasvolumenströme, so daß eher die Mit-reiß- bzw. Überflutungsgrenze erreicht werden kann. Umgekehrt kann u.U. durch Druckerhöhung ein Mitreißen bzw. Fluten beseitigt werden [4–21].

– Bei der Rektifikation von Erdöl u.ä. Produkten, die deutlich höher als Wasser sieden, besteht die Gefahr von „Wasserschlägen", z.B. wenn beim Anfahren plötzlich Wasser, das aus vorhandenen „Rohrleitungs-säcken", Toträumen von Ventilen o.ä. stammt, in die heiße Kolonne ge-langt.

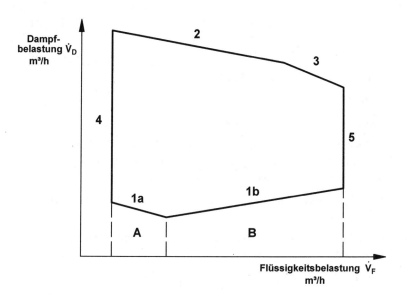

Bild 5–18. Arbeitsdiagramm eines Kolonnenbodens (Praxisbeispiel).

Kurve 1: Durchregnungsgrenze gegen Minimallast.
Kurve 2: Mitreißgrenze gegen Maximallast.
Kurve 3: Überflutungsgrenze gegen Maximallast.
Kurve 4: Minimal zulässige Flüssigkeitsbelastung gegen Minimallast.
Kurve 5: Maximal zulässige Flüssigkeitsbelastung gegen Maximallast.

5.2.3.8 Prozeßleittechnik

Moderne Prozeßleitsysteme lassen sich hardwareseitig unterteilen in:

– die unmittelbar vor Ort realisierte Gerätetechnik, wie Meßfühler, Stell-
  ventile einschließlich Stellantrieb, Prozeßanalysengeräte, örtliche Anzei-
  gegeräte u. a.

– die sog. Prozeßstationen (prozeßnahe Komponenten) mit dem Prozeß-
  interface und den Funktionsbausteinen zum Regeln, Steuern, Überwachen, die im allgemeinen in der Anlage in Schaltschränken außerhalb des
  Ex-Bereiches aufgestellt sind und über einen sog. seriellen Systembus
  untereinander sowie mit dem Bedienstand in der Warte verbunden sind.

– die Bedienrechner mit Monitoren, peripheren Geräten sowie einer evtl.
  Anbindung an übergeordnete Leitrechner.

Alle drei Systemteile sind, trotz vorheriger umfassender Funktionsprüfungen, unter den tatsächlichen Betriebsbedingungen in Betrieb zunehmen.

Schwerpunkte sind dabei für

Vor-Ort-Gerätetechnik

– Öffnen der Meßleitungen zu den örtlichen Anzeigegeräten sowie den Meßumformern und Analysengeräten.
– Inbetriebnahme dieser Geräte nach Vorschriften der Hersteller.
– Stellantriebe (Steuerluftversorgung) von Regelventilen in Betrieb nehmen.

Prozeßstationen in Verbindung mit Bedienrechner

– Regelungen zunächst „auf Hand" in Betrieb nehmen.
– Steuerungen in Betrieb nehmen; Funktionstüchtigkeit der Rückmeldungen, z.B. über Endlagenschalter, prüfen.
– Überwachungsfunktionen in Betrieb nehmen (Das Überbrücken von Sicherheitsschaltungen, sog. Verriegelungen, ist beim Anfahren z.T. nötig, sollte aber streng limitiert werden.)
– Prozeßspezifische Programmierungen schrittweise in Betrieb nehmen.

Bedienrecher/Wartentechnik

– Überprüfung der prozeßgetreuen Informationswidergabe.
– Überprüfung der Informationsdarstellung auf dem Monitor bzgl. Funktion und Zweckmäßigkeit; Vornehmen von Änderungen.
– Schrittweise Protokollierung und Informationsverarbeitung.

Hinweise zur Abnahme von Prozeßleitsystemen sind in [5–48] enthalten.

Auf die Aufgaben beim Einfahren der Regelkreise wird im Abschnitt 5.4 eingegangen. In der Phase des ersten Anfahrens der Anlage erfolgt zunächst eine überwiegende „Handfahrweise" der Regler.

Eine besondere Bedeutung kommt eventuell vorhandenen Anfahrsteuerungen zu. Insbesondere in Anlagen, die häufig an- und abgefahren werden müssen (z.B. Blockheizkraftwerke für Spitzenlastbetrieb, Mehrproduktanlagen mit Batchprozessen, Notstromversorgungsanlagen), ist eine automatisierte Inbetriebnahme üblich. Dies trifft im allgemeinen aber nicht auf die Erstinbetriebnahme zu. Selbst bei einer vorangegangenen, umfassenden Funktionsprüfung der komplexen Anfahrsteuerung wäre die Erstinbetriebnahme im On-line-Betrieb zu riskant. Der Mensch ist in der Regel am ehesten in der Lage, Unwägbarkeiten und Unvorhersehbares frühzeitig zu erkennen und sachgerecht zu reagieren. Natürlich können Teilfunktionen der Anfahrsteuerungen (z.B. Alarmierungen und Sicherheitsschaltungen) ihn unterstützen. Der Normalfall wird in solchen Fällen sein, daß das Erstanfahren von Hand erfolgt und im Verlauf des späteren Probebetriebes dann die automatische Anfahrsteuerung getestet und aktiviert wird [5–49].

5.2.4 Anfahrbeispiel einer Gesamtanlage

Die detaillierten Anfahrschritte einer konkreten verfahrenstechnischen Anlage sind in starkem Maße objektspezifisch. Sie sind entsprechend den allgemeinen Grundsätzen (s. Abschnitt 5.2.2), den Betriebsanleitungen und Anfahrhinweisen zu den Einzelkomponenten (s. Abschnitt 5.2.3) sowie den sonstigen vertraglichen, personellen, betriebswirtschaftlichen u.a. Projektbedingungen zu gestalten. Im einzelnen sind sie in der Inbetriebnahmedokumentation und dem Betriebshandbuch aufzuschreiben.

Das folgende Beispiel soll im Einzelfall die Vorgehensweise beim Anfahren einer verfahrenstechnischen Anlage, die für die chemische und erdölverarbeitende Industrie typisch erscheint, kurz demonstrieren.

Beispiel 5–5: Anfahren einer Anlage zur Reinigung eines wasserstoffhaltigen Raffineriegases

Im weiteren werden die wesentlichen Anfahrhandlungen einer Beispielanlage zur Wasserstoffreinigung (s. auch Beispiele 2–1 und 3–2) auf Grundlage des vereinfachten R & I-Fließbildes im Bild 5–19 angeführt.

1   Füllen der Kolonne K 101 mit Kohlenwasserstofffraktion

1.1 Schließen von:
– Blockarmaturen des Regelventils LICA 1302 in der Sumpfleitung K 101.
– Motorschieber M in der Leitung Sumpf K 101 zum Einlauf K 102.

1.2 Öffnen von:
– Armatur in Fülleitung von Saugseite P 101/1,2 zur Sumpfleitung K 101 (Zwischenentspannungsventil geschlossen!).
– Umgang zum Regelventil LICA 1302 in der Sumpfleitung K 101.

1.3 Durch Öffnen der 2. Armatur in der Fülleitung langsam Kohlenwasserstofffraktion in K 101 bis zu 60 % Sumpfstand (Anzeige: LICA 1302) füllen.
Danach Umgang des Regelventils LICA 1302 und Doppelarmatur in Füllleitung schließen sowie Zwischenentspannungsventil öffnen.

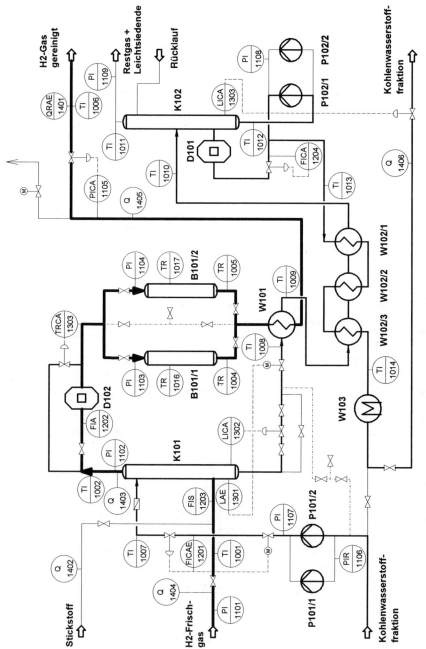

Bild 5–19. Vereinfachtes R & I-Fließbild einer Anlage zur Reinigung eines wasserstoffreichen Raffineriegases.

2   Füllen der Kolonne K 102 mit Kohlenwasserstofffraktion

2.1 Schließen von:
    – Umgang und Blockarmatur des Regelventils LICA 1302 in der
      Sumpfleitung K 101.

2.2 Öffnen von:
    – Motorschieber M in der Leitung Sumpf K 101 zum Einlauf
      K 102.
    – Armatur in Fülleitung von Saugseite P 102/1,2 zur Sumpfleitung
      K 101 (Zwischenentspannungsventil schließen!)

2.3 Durch Öffnen der 2. Armatur in Fülleitung langsam Kohlenwasser-
    stofffraktion bis zu einem Stand von 75 % (Anzeige: LICA 1303) in
    K 102 füllen.

2.4 Füllen der K 102 beenden und Doppelarmatur in Fülleitung
    schließen sowie Zwischenentspannungsventil öffnen.

3   Füllen des Sumpfkreislaufes der Kolonne K 102

3.1 Pumpe P 102/1 oder 2 in Betrieb nehmen (Kreiselpumpe mit ge-
    schlossenem Ventil in Druckleitung anfahren!).

3.2 Absperrarmaturen im Sumpfkreislauf

    K 102 → P 102/1,2 → D 101 → K 102

    öffnen.

3.3 Durch langsames Öffnen des Absperrventils in Druckleitung
    P 102/1 oder 2 das Sumpfprodukt der K 102 im Kreislauf fahren
    und somit den Sumpfkreislauf mit Kohlenwasserstofffraktion fül-
    len.

4   Nachfüllen der Kolonne K 102 mit Kohlenwasserstofffraktion

4.1 In Fülleitung von Saugseite P 102/1,2 zur Sumpfleitung K 101 das
    Zwischenentspannungsventil öffnen sowie eine Absperrarmatur
    öffnen.

4.2 Durch Öffnen der 2. Absperrarmatur in Fülleitung langsam Kohlen-
    wasserstofffraktion in die K 102 bis zu einem Stand von 75 % (An-
    zeige: LICA 1303) nachfahren.

4.3 Nachfüllen der K 102 beenden und Doppelarmatur in Fülleitung
    schließen sowie Zwischenentspannungsventil öffnen.

4.4 Motorschieber M in der Leitung Sumpf K 101 zum Einlauf K 102
    schließen.

5   Anfahren des Ofens D 101
    (entsprechend Betriebsanleitung SUMPFAUFHEIZER D 101)

6   Aufheizen des Inhaltes der Kolonne K 102

6.1 Ofen D 101 langsam entsprechend einer Aufheizgeschwindigkeit der Sumpftemperatur TI 1012 von maximal 20 °C/h hochfahren.

6.2 Nach Erreichen der projektgerechten Sumpftemperatur TI 1012 den Ofen D 101 zurückfahren und Sumpftemperatur konstant halten.

7   Inertisieren des Katalysators in Reaktoren B 101/1,2
     (Trotz erfolgter Inertisierung des Katalysators nach dem Einfüllen des Katalysators wird dieser Vorgang bei Normaltemperatur sicherheitshalber nochmals wiederholt (Gefahr eines evtl. erfolgten Drucklufteintrittes während der Inbetriebnahmevorbereitung!).

7.1 Absperrventile am Ein- und Austritt der Reaktoren B 101/1 und 2 schließen.

7.2 Stickstoff-Weg stellen:
     Anlagengrenze → K 101 → Bypass D 102 → Bypass B 101/1,2 → W 101 → Motorschieber M → ins Freie

7.3 Probenahme Stickstoff am Anlageneingang und Einhaltung des Sauerstoffgehaltes von kleiner 0,5 Vol.-% prüfen.

7.4 Durch Öffnen des Absperrventils am Austritt und anschließend des Absperrventils am Eintritt langsam den Reaktor B 101/1 in den Stickstoffstrom einbinden.

7.5 Absperrventil in Bypass-Leitung zu den Reaktoren B 101/1,2 schließen und Stickstoff-Durchsatz (Anzeige: FIS 1203) von ca. 800 m^3 i. N./h einstellen.

7.6 Durch Öffnen des Absperrventils am Austritt und anschließend des Absperrventils am Eintritt langsam den Reaktor B 102/2 in den Stickstoffstrom einbinden.

7.7 Reaktor B 101/1 am Ein- und Austritt absperren.

7.8 Reaktor B 102/2 2 h lang inertisieren.

8   Anfahren des Ofens D 102
     (entsprechend Betriebsanleitung GASAUFHEIZER D 102)

9   Trocknen des Katalysators im Reaktor B 101/2

9.1 Mittels 80 °C heißem Stickstoff (Anzeige: TRCA 1003), einer Gasmenge von ca. 800 m^3 i. N./h (FIA 1202) und einer Aufheizgeschwindigkeit von maximal 20 °C/h die Katalysatorschüttung im Reaktor B 101/2 auf annähernd konstant 80 °C aufheizen (Anzeige: TR 1017).

9.2 Katalysatorschüttung im Reaktor B 101/2 15 h lang bei 80 °C trocknen.

10   Trocknen des Katalysators im Reaktor B 101/1

10.1 Durch Öffnen des Absperrventils am Austritt und anschließend des Absperventils am Eintritt langsam den Reaktor B 101/1 in den 80 °C heißen Stickstoffstrom einbinden.

10.2 Reaktor B 101/2 am Ein- und Austritt absperren.

10.3 Katalysatorschüttung im Reaktor B 101/1 mit einer Stickstoff-Gasmenge von ca. 800 m³ i.N./h und maximal 20 °C/h Aufheizgeschwindigkeit auf annähernd konstant 80 °C aufheizen (Anzeige: TR 1016).

10.4 Katalysatorschüttung im Reaktor B 101/1 15 h lang bei 80 °C trocknen.

10.5 Motorschieber M (Entspannung ins Freie) schließen.

11   Füllen des Gasweges mit Wasserstoff

11.1 Öffnen des Absperrventils im Bypass zu den Reaktoren B 101/1,2 und Absperren des Reaktors B 101/1 am Ein- und Austritt.

11.2 Schließen der Armatur in Stickstoff-Einspeiseleitung.

11.3 Langsames Öffnen der Armatur in der Wasserstoff-Frischgas-Einspeiseleitung. Den Wasserstoff-Frischgas-Weg:
Anlagengrenze → K 101 → D 102 → Bypass B 101/1,2 → W 101 → Druckventil PICA 1105
auf einen Druck von 2,8 MPa (Anzeige: PICA 1105) auffüllen

11.4 Wasserstoff-Frischgasdurchsatz von 800 m³ i.N./h (Anzeige: FIS 1203) und mittels PICA 1105 den Gasdruck in der Anlage auf 2,8 MPa konstant regeln.

12   Anfahren des Waschmittelkreislaufes

12.1 Luftkühler W 103 in Betrieb nehmen.

12.2 Leitungsweg vom Sumpf K 101 zum Einlauf K 102 durchstellen (Motorschieber M u. a. Absperrarmaturen öffnen!).

12.3 Durch Öffnen des Bypaßventils zum Regelventil LICA 1302 (Sumpf K 101) eine Teilmenge Kohlenwasserstofffraktion aus K 101 in K 102 fahren (Sumpfstände K 101 und K 102 beachten!).

12.4 Leitungsweg von Druckseite P 102/1 oder 2 über W 102/1–3 und W 103 durchstellen, so daß auf der Saugseite der P 101/1,2 Kohlenwasserstofffraktion anliegt (Anzeige: PIR 1106).
Leitungsweg bleibt eingedrosselt.

Die Produkttempratur am Austritt Luftkühler W103 muß unter 60 °C liegen.

12.5 Pumpe P101/1 oder 2 mit geschlossener Armatur in Druckleitung in Betrieb nehmen.

12.6 Motorschieber M in Leitung von Pumpe P101/1,2 zum Einlauf K101 öffnen.

12.7 Mittels Öffnen des Mengenregelventils FICAE1201 den Waschmittelkreislauf in Betrieb nehmen.

12.8 Sumpfstandregelung K101 (Anzeige LICA1302) in Betrieb nehmen. Bypass zum Regelventil schließen.

12.9 Einstellen der projektgerechten Waschmittelmenge (Anzeige: FICAE1201) mittels der Einspritzmengenregelung (noch gedrosselte Handarmaturen im Waschmittelkreislauf sind gegebenenfalls zu öffnen!).

12.10 Einstellen der projektgerechten Temperatur im Waschmittelkreislauf, insbesondere der Gastemperatur am Kopf der Kolonne K101 (Anzeige: TI1002) und der Sumpftemperatur der Kolonne K102 (Anzeige: TI1012) mittels des Ofens D101 und des Luftkühlers X101.
Temperatur auf Saugseite der Pumpe P101/1,2 von kleiner 60 °C einhalten!

13 Aktivieren des Katalysators im Reaktor B101/1

13.1 Gasprobe am Kopf der Kolonne K101 entnehmen und auf Einhaltung des maximal zulässigen H_2S-Gehaltes überprüfen. (Katalysator in den Reaktoren B101/1,2 ist schwefelempfindlich.)

13.2 Falls zulässiger H_2S-Grenzwert unterschritten, dann durch Öffnen des Absperrventils am Austritt und anschließend am Eintritt den Reaktor B101/1,2 in den Wasserstoff-Gasstrom einhängen.

13.3 Absperrarmatur im Bypaß zu den Reaktoren B101/1,2 schließen.

13.4 Durch Hochfahren des Ofens D102 und gleichzeitig Bypass-Temperaturregelung auf eine Gasaustrittstemperatur von maximal 200 °C (Anzeige: TRCA1003) die Katalysatorschüttung im Reaktor B101/1 mit Wasserstoff-Frischgasdurchsatz von 800 m^3 i.N./h (Anzeige: FIS1203) und maximal 20 °C/h Aufheizgeschwindigkeit auf annähernd konstant 170 °C (Anzeige: TR 1016) aufheizen.

13.5 Katalysatorschüttung im Reaktor B101/2 20 h lang bei 170 °C aktivieren (Temperaturerhöhung in Schüttung beachten!).

14   Aktivieren des Katalysators im Reaktor B 101/2

14.1 Durch Öffnen des Absperrventils am Eintritt und anschließend des
     Absperrventils am Austritt langsam den Reaktor B 101/2 in den
     200 °C heizen Wasserstoff-Gasstrom einhängen. (Zwecks Einhal-
     tung einer maximal zulässigen Aufheizgeschwindigkeit von
     20 °C/h eventuell den Ofen D 102 und die Gastemperatur TRCA
     1003 herunterfahren!)

14.2 Absperrarmatur am Ein- und Austritt des Reaktors B 101/1 unter
     Beachtung der Katalysatortemperatur im Behälter B 101/2 (An-
     zeige: TR 1017) langsam schließen.

14.3 Mit einer maximalen Wasserstoff-Gastemperatur am Eintritt des
     Reaktors B 101/2 (Anzeige: TRCA 1003) von 200 °C Katalysator-
     schüttung im Reaktor B 101/2 mit Wasserstoff-Frischgasdurchsatz
     von 800 m^3 i. N./h (Anzeige: FIS 1203) und maximal 20 °C Auf-
     heizgeschwindigkeit auf annähernd konstant 170 °C (Anzeige: TR
     1017) aufheizen.

14.4 Katalysatorschüttung im Reaktor B 101/2 20 h lang bei 170 °C ak-
     tivieren (Temperaturerhöhung in Schüttung beachten!).

15   Einstellung der Betriebsparameter des Dauerbetriebes

15.1 Einstellen des Sollwertes für den Druckregler PICA 1105 entspre-
     chend einem Druck am Kopf der Kolonne K 101 (Anzeige: PI
     1102) von 2,8 MPa.

15.2 Einstellen eines Wasserstoff-Frischgasdurchsatzes von 600 m^3
     i. N./h (Anzeige: FIS 1203) mittels des Drosselventils in der Was-
     serstoff-Frischgasleitung.

15.3 Einstellen einer Katalysatortemperatur von 180 °C im Reaktor
     B101/2 (B 101/1 ist als Wechselreaktor nicht in Betrieb!) mittels
     der regelbaren Gaseintrittstemperatur (Anzeige: TRCA 1003).

16   Qualitätskontrolle des Wasserstoff-Gases (gereinigt)

16.1 Entnahme einer Gasprobe vom Wasserstoff-Gas (gereinigt) und
     Bestimmung der Kennwerte.

16.2 Prüfung der ermittelten Kennwerte auf Einhaltung der vertraglich
     zu garantierenden Kennwerte.

Auf Bild 5–20 ist vereinfacht der Netzplan für das Anfahren dieser
Anlage dargestellt. Man erkennt, daß viele Einzelvorgänge auf dem
kritischen Weg liegen. Das heißt, ihre Pufferzeit ist null, und Verzögerungen wirken direkt auf den Endtermin und die Inbetriebnahmekosten.
Eine derartige Situation ist typisch während der Inbetriebnahmedurchführung verfahrenstechnischer Anlagen.

5.2.5 Besonderheiten bei Winterbedingungen

Bei Anlagen in Freibauweise müssen zahlreiche Ausrüstungen unter Umgebungsbedingungen angefahren werden. Je nach der geographischen Lage und Jahreszeit kann dies Frost bis zu $-40\,°C$ bedeuten.

Die Auswirkungen der Winterbedingungen sind erheblich und umfassen schwerpunktmäßig folgende Maßnahmen:

– Das Dampf- und Kondensatsystem muß vor seiner Inbetriebnahme mit Luft oder Stickstoff auf Temperaturen größer $0\,°C$ vorgewärmt werden. (Die Verbindungsleitungen zwischen beiden Systemen und Bypassarmaturen sind beim Vorwärmen zu öffnen.
  Evtl. kann die Heißluft mittels eines Prozeßverdichters erzeugt werden.)
– Analoges gilt für die Beheizungen von Apparaten und Rohrleitungen, die nach ihrer Vorwärmung zügig in Betrieb zu nehmen sind.
– Intensive Überwachung der Heizsysteme einschließlich Zu- und Abführung sowie Gewährleistung ihrer Funktion. Dazu gehören beispielsweise:

  • Sofortiges Entleeren und Ausblasen von Systemen der Beheizung, die außer Betrieb gegangen sind.
  • Die Entleerungsleitungen an den Endpunkten von Wasser-, Heizwasser- und Kondensatleitungen sind bei Außentemperaturen von gleich oder kleiner als $0\,°C$ soweit zu öffnen, daß in den betreffenden Rohrleitungsabschnitten eine Strömung erzeugt wird.
  • Die Kondensatableitung aus den Dampfsystemen an Endpunkten oder vor Anstiegen ist notfalls durch Öffnen der Bypassarmaturen der Kondensatableiter zu gewährleisten.
  • Bei Außerbetriebnahme oder Produktionsunterbrechung sind die von Kühlwasser durchströmten Kühler wasserseitig auf Strömung zu halten. Das gleiche gilt für das gesamte Dampf- und Kondensatsystem (einschließlich für die mit Dampf beaufschlagten Apparate und Begleitheizungssysteme).
  • Die Arbeitsluft- und Stickstoffsysteme sind mehrmals pro Schicht über die vorhandenen Entwässerungseinrichtungen zu entleeren.
  • Bei Ausfall der Zufuhr von Rückkühl- oder Frischwasser sind die damit durchströmten Kühler sofort zu entleeren; mit Arbeitsluft auszublasen und die Entleerungsstutzen bis zur Wiederinbetriebnahme offenzuhalten.
  • Bei Ausfall von Dampf ist das gesamte Dampf- und Kondensatsystem (einschließlich der Begleitheizungen und mit Dampf beaufschlagten Apparate) sofort zu entleeren mit Arbeitsluft auszublasen und die Entleerungsstutzen bis zur Wiederinbetriebnahme offenzuhalten.

NETZPLANDIAGRAMM (PERT)

Projekt 2: Anfahren der Anlage zur Wasserstoffreinigung
Gesamtübersicht

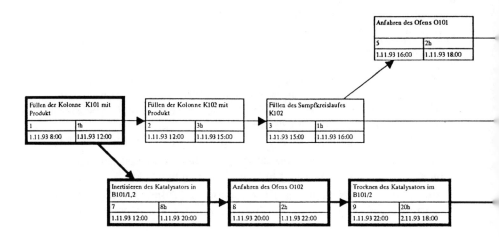

Projekt: 2
Datum: 26.11.93

Name		
Nr.		**Dauer**
Berechneter Anfang		Berechnetes Ende

Bild 5–20. Netzplan zum Anfahren einer Anlage zur Reinigung eines wasserstoffreichen Raffineriegases (zu Beispiel 5–5).

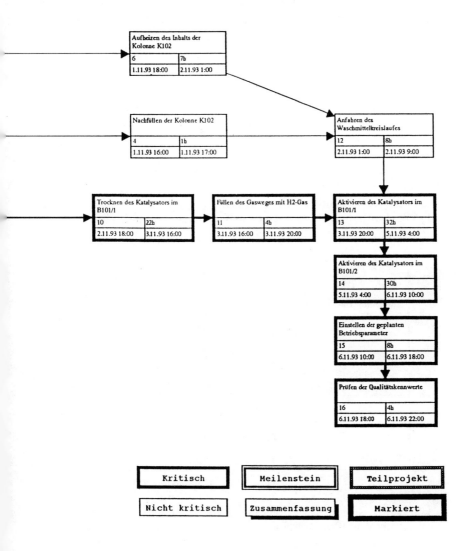

- Reserve-Kreiselpumpen, die nicht entleert werden können, sind mindestens einmal pro Schicht für 20 min zu fahren (über Umgang bzw. gegen geschlossenen Druckschieber).
- Der Glysantinkreislauf für die Stopfbuchsenkühlung der Pumpen ist auch bei Betriebsunterbrechungen oder bei Außerbetriebnahme der Anlage weiterzubetreiben.

– Beachtung der Temperaturabhängigkeit der Stoffeigenschaften (Tau- und Kondensationstemperatur, Stockpunkt, Gefrierpunkt, Fließfähigkeit) bei Inbetriebnahme der Prozeßanlage.

– Beachtung der Herstellerbedingungen für Lagerung und Handling der Katalysatoren, Adsorbentien u. ä. spezieller Betriebsmittel.
(Die meisten Schüttgüter neigen zur Aufnahme von Feuchtigkeit und dürfen deswegen nicht unterhalb 0 °C abgekühlt werden.)

– Beachtung der Temperaturabhängigkeit des zulässigen Anfahrdruckes bei Apparaten.
Bild 5–21 veranschaulicht die Absenkung des zulässigen Anfahrdruckes auf p_2 bei Lufttemperaturen kleiner als T_1. Andere Stufungen bzw. Druck-Temperatur-Funktionen sind möglich.

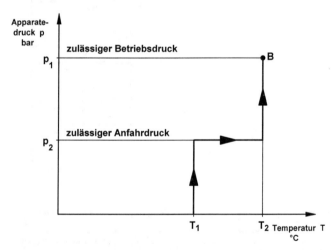

Bild 5–21. Verringerter zulässiger Anfahrdruck von Apparaten bei einer Winterinbetriebnahme (Praxisbeispiel).

T_1 Minimale Lufttemperatur, bei der der Apparat (Grundwerkstoff und Schweißverbindung) beim Betriebsdruck P_1 einsetzbar ist.

T_2 Minimale Lufttemperatur, bei der das Anfahren unter dem Druck P_2 zulässig ist.

Die Größen T_1, p_1 sowie T_2, p_2 sind für die relevanten Apparate und Werkstoffe durch den Hersteller vorzugeben. Erfahrungsgemäß sind bei zähen Werkstoffen (z. B. hochlegierte austenitische Stähle) tiefere Grenztemperaturen T_1 zulässig als bei weniger zähen (z. B. niedriglegierte CrMo-Stähle). Für den Inbetriebnehmer kann die Absenkung des zulässigen Anfahrdruckes u. U. sehr problematisch sein. Er muß zunächst den Prozeß bei geringem Druck anfahren und kann erst später, sobald sich die Ausrüstung erwärmt hat, den normalen Betriebsdruck einstellen.

Bei Stillegung des Apparates im Winter muß entsprechend der Abkühlung des Apparates (unter T_1) ebenfalls die Druckabsenkung (auf p_2) erfolgen.

– Temperatur- und Druckänderungen an Ausrüstungen dürfen nicht schlagartig erfolgen. Vom Hersteller sind zulässige stündliche Temperatur- und Druckänderungen bei Winterbetrieb vorzugeben.

5.3 Stabilisieren und Hochfahren der Anlage

Nach dem Anfahren werden sich meistens eine Reihe von technisch-technologischen Schwachstellen zeigen, die möglichst bei laufendem Anlagenbetrieb zu beheben sind. Eine Abstellung sollte nur dann erfolgen, wenn sie nach kollektiver Beratung, einschließlich der Führungs- und Sicherheitskräfte des Betreibers, unvermeidbar ist. Jede Abstellung belastet nicht nur das Zeit- und Kostenbudget, sondern verkürzt auch die Lebensdauer der Ausrüstungen.

Beim Stabilisieren des Anlagenbetriebes, das meistens bei 60–70 % der Nennlast erfolgt, ist das Betriebsverhalten der Ausrüstungen im Teillastbereich zu beachten. Spezifische Maßnahmen sind in diesem Zusammenhang

– die Einstellung der Pumpgrenz-Regelung bei Turboverdichtern,
– die Saugdrossel-Regelung bei Gebläsen und Turboverdichtern,
– die teilweise Brennerabschaltung an Öfen und Kesseln,
– die Handeindrosselung vor Regelventilen,
– die Einstellung eines hydraulisch stabilen Arbeitspunktes bei Kolonnen,
– die Beobachtung und Steuerung einer eventuell überhöhten Anfangsaktivität bei reaktiven Prozessen,
– die Vermeidung von unerwünschter Nebenproduktbildung, die insbesondere bei stark verweilzeitabhängigen Prozessen gegeben ist.

Die Bypass-Leitungen um Prozeßstufen bzw. Ausrüstungen sind alle zu schließen.

Die einzelnen Verfahrensparameter sollen im Anzeigebereich der Feldtechnik sowie möglichst im Zielbereich liegen. Unerwünschte Prozeßschwankungen sind zu unterbinden. Die automatische Prozeßführung ist noch eingeschränkt.

Technisch ist die Anlage durch Inspektionen vor Ort ständig auf Leckagen zu kontrollieren. Undichten sind durch das zuständige Montage- bzw. Instandhaltungspersonal umgehend zu beseitigen. Kritische Flansche sind, sobald sie Betriebstemperatur haben, nachzuziehen.

An Maschinen ist akustisch sowie durch Schwingungsmessungen [5–50] die Laufruhe zu überwachen. Analoges gilt auch für Rohrleitungen [5–51]. Eine Übersicht über die Richtlinien und Normen zur Schwingungsproblematik an Maschinen enthält Tabelle 5–9.

Tabelle 5–9. Richtlinien und Normen zu Schwingungen an Maschinen.

VDI 2056	Beurteilungsmaßstäbe für mechanische Schwingungen von Maschinen von 10/64
VDI 2059 Blatt 1	Wellenschwingungen von Turbosätzen – Grundlagen der Messung und Beurteilung von 11/81
VDI 2059 Blatt 2	Wellenschwingungen von Dampfturbosätzen für Kraftwerke – Messung und Beurteilung von 03/83
VDI 2059 Blatt 3	Wellenschwingungen von Industrieturbosätzen – Messung und Beurteilung von 10/85
VDI 2059 Blatt 4	Wellenschwingungen von Gasturbosätzen – Messung und Beurteilung von 11/81
VDI 2063	Messung und Beurteilung mechanischer Schwingungen von Hubkolbenmotoren und -kompressoren von 09/85
DIN 45670	Wellenschwingungs-Meßeinrichtung – Anforderungen an eine Meßeinrichtung zur Überwachung der relativen Wellenschwingung von 10/84
ISO 2372–1974	Mechanical vibration of machines with operation speeds from 10 to 200 rev/s – Basis for specifying evaluation standards
DIN ISO 2373	Mechanical vibration of certain rotating electrical machinery with shaft heights between 80 and 400 mm – Measurement and evaluation of the vibration severity von 06/80
ISO 2954–1975	Mechanical vibration of rotating and reciprocating machinery – Requirements for instruments for measuring vibration severity
DIN ISO 3945	Mechanische Schwingungen großer rotierender Maschinen mit Drehzahlen zwischen $10 \, s^{-1}$ und $200 \, s^{-1}$ – Messung und Beurteilung der Schwingungsstärke am Aufstellungsort von 02/82
ISO/DIS 7919/1 1984	Mechanical vibration of non-reciprocating machines – Measurements on rotating shafts and evaluation – Part 1: General guidelines

Das Hochfahren der Anlage auf Nennlast geschieht in der Regel stufenweise, zum Beispiel in 10%-Schritten mit Haltepunkten, um einen quasistationären Anlagenzustand abwarten und prüfen zu können. Auch hier gilt sinngemäß der Grundsatz: „In der Ruhe liegt die Kraft!". Insbesondere muß die zum Teil erhebliche Zeitverzögerung im Übertragungsverhalten großtechnischer Anlagen, einschließlich der zu Instabilitäten neigenden Stoff- und Energierückkopplungen, beachtet werden.

Die Durchsatzerhöhung kann Kapazitätsengpässe in der Anlage deutlich machen. Die vermuteten „Nadelöhre" sowie Prozeßparameter, die im Nennfall nahe ihrer zulässigen Grenzwerte liegen, sind sorgfältig zu beobachten. Dies können z.B. Temperaturen von Ofenrohrsystemen, Katalysatoren, Lagern, Motorwicklungen oder Drücke an Einspritzdüsen, Maschinen, Schüttschichten u.v.a. sein. Die Leistungsaufnahme der Motoren ist ständig zu überprüfen.

Das Hochfahren erfolgt noch überwiegend „von Hand".

5.4 Einfahren der Anlage

Dieser Etappe kommt im Sinne des Wortes **Probebetrieb** eine besondere Bedeutung zu, indem erstmals der bestimmungsgemäße Nennzustand der Anlage eingestellt und erprobt wird. Gleichzeitig werden in dieser Etappe zahlreiche andere Aufgaben und Zielstellungen der Inbetriebnahme (s. Bild 1–1) realisiert.

Konkrete Schwerpunkte sind im allgemeinen:

Anlage voll in den geplanten Nennzustand fahren

– Dies betrifft insbesondere die mechanische Funktion, die Anlagenkapazität sowie alle Betriebsparameter einschließlich der Produktqualitäten.
– Die Vorgabe der Nennbereiche aller Parameter erfolgt in den sog. **Technologischen Karten,** die Teil der Inbetriebnahmedokumentation sind.
– Zeitbestimmend ist meistens die Einstellung der vorgegebenen Mengen und Qualitäten an End-, Neben- und Abprodukten. Dieser Vorgang dauert nicht selten mehrere Tage bis Wochen, da selbst bei konstanten Eingangs- und Prozeßparametern der Einschwingvorgang langsam verläuft.
   In manchen Fällen, wo geringe Spuren an Schmutz die Produkteigenschaften signifikant verschlechtern, muß die Anlage erst mit dem Produkt „saubergefahren" werden.
   In anderen Fällen findet ein sog. Einschwingvorgang (z.B. der Katalysatoraktivität; der Wärmeübergangszahlen) statt, der stabile Produktqualitäten erschwert.

Schließlich sind zunehmend biotechnologische Verfahren bekannt, bei denen die Einstellung stationärer Bedingungen mehrere Monate dauern kann. Ungeduld ist deshalb völlig fehl am Platze. Ein Qualitätseinbruch ist schnell herbeigeführt, während das „Sauberfahren" Tage dauern kann.

Einstellung der Regel- und Steuerungsparameter sowie Übernahme der Regelungen und Steuerungen auf On-line-Betrieb

– Die Reglereinstellung erfolgt vorwiegend durch MSR-Ingenieure mit langjähriger Berufserfahrung, insbesondere auch mit Regelstrecken. Dem Nichtspezialisten mutet dies teilweise geheimnisvoll an.
Unterstützung kann gegebenenfalls eine Methode nach Ziegler-Nichols [5–52] geben, bei der im Regler nur der P-Anteil belassen und dieser langsam bis in die Nähe der Stabilitätsgrenze erhöht wird. Aus dem P-Anteil und der Schwingungsdauer an der Stabilitätsgrenze lassen sich erfahrungsgemäß die anderen Reglerparameter ableiten (s. Tabelle 5–10).
In vielen verfahrenstechnischen Anlagen ist jedoch die Annäherung an die Stabilitätsgrenze problematisch und nicht erwünscht, so daß die o. g. Methodik nicht möglich ist.
Moderne Werkzeuge zur Ermittlung der Reglerparameter stellen sog. Regleradaptionssysteme [5–54 bis 5–56] dar. Diese Systeme werden on-line oder off-line an den Prozeß angekoppelt und identifizieren die Regelstrecke. Davon ausgehend ermitteln sie weitgehend optimale Reglerparameter.

– Bei Prozeßsteuerungen sind ausgehend von den gewählten Startparametern die günstigsten Schaltzeiten (Zeitsteuerung) bzw. Schaltparameter (Folgesteuerungen) zu bestimmen. Zielstellung ist meistens eine bestmögliche Gewährleistung von hoher Kapazität und Qualität bei gleichzeitig geringen Material- und Energiekosten. Grundlage für die Prozeß-

Tabelle 5–10. Erfahrungswerte zur Reglereinstellung (nach [5–53]).

P-Regler	PD-Regler	PI-Regler	PID-Regler
$K_P \approx 0,5 \cdot K_S$	$K_P \approx 0,55 \cdot K_S$	$K_P \approx 0,45 \cdot K_S$	$K_P \approx 0,6 \cdot K_S$
	$T_v \approx 0,15 \cdot T_S$	$T_n \approx 0,85 \cdot T_S$	$T_n \approx 0,5 \cdot T_S$
	$T_v \approx 0,12 \cdot T_S$		

K_P P-Anteil des Reglers.
K_S P-Bereich an der Stabilitätsgrenze.
T_n Nachstellzeit.
T_S Schwingungsdauer an der Stabilitätsgrenze.
T_v Vorhaltezeit.

optimierung sind das Verfahrens-Know-how einschließlich vorhandener mathematischer Modelle sowie Untersuchungsergebnisse aus der groß-technischen Anlage.

Bilanzierung der Massen- und Energieströme und Berechnung
der spezifischen Verbräuche

Nach Überprüfung der Gesamtmengenbilanz sind die Produktausbeute so-wie die spezifischen Energie- und Hilfsstoffverbräuche zu ermitteln und den Garantiewerten gegenüberzustellen.

Überprüfung der Einhaltung von Garantiewerten

– Sobald die Anlage stabil im Nennbereich arbeitet, kann probeweise eine inoffizielle Test-/Meßfahrt zur Bestimmung der Werte aller zu garantie-renden Größen erfolgen.
Da sich in der Regel nicht alle Werte gleich wunschgemäß einstellen, be-ginnt im allgemeinen eine Phase der Verfahrens- und Anlagenoptimierung. Hier ist insbesondere der Verfahrensgeber bzw. sein Beauftragter gefordert. Letztlich geht es um das Auffinden günstiger Temperaturen, Drücke u. a. variierbarer Einflußgrößen bezüglich der zu garantierenden Größen.

– Wie die Einstellung der Garantiewerte durch Nutzung eines Experten-systems rechnergestützt erfolgen kann, sollen die Angaben in Ta-belle 5–11 veranschaulichen.
Das Expertensystem COGAR (**C**onsultant **GAR**antiewerte) unterstützt die Realisierung der gewünschten Garantiewerte in PAREX-Anlagen zur

Tabelle 5–11. Kurzcharakteristik des Expertensystems COGAR zur technologischen und technischen Diagnose in PAREX-Anlagen.

Ziele:	1. Unterstützung des Verfahrensgebers bei der Einstellung wesentlicher Ga-rantieparameter während des Probebetriebes von PAREX-Anlagen.
	2. Unterstützung des Verfahrensgebers und Projektanten bei der technischen Diagnose undichter Absperrarmaturen am Adsorberblock.
Nutzen:	– Umfassende Anwendung des Firmen-Know-how bei der Anlageninbetrieb-nahme und dem Nachweis der Leistungsgarantien, insbesondere auf Aus-landsbaustellen,
	– schnellere Diagnose und Behebung technologischer und technischer Störungen,
	– Anwendung als Schulungsinstrument bei der Qualifizierung neuer Mit-arbeiter.
Umfang:	– das Wissen ist in ca. 350 Wenn-Dann-Regeln abgebildet,
	– die Wissensbasis ist in 11 Wissensmodule strukturiert,
	– die Wissensverarbeitung erfolgt mit Hilfe einer Shell.

adsorptiven n-Alkangewinnung aus Dieselkraftstofffraktionen [5–57, 5–58]. Es diagnostiziert Abweichungen zwischen den Istwerten (Meßwerten während der Inbetriebnahme) und den Sollwerten (Vertragswerten) und schlägt Empfehlungen zu ihrer Beseitigung vor. COGAR wurde für 9 wesentliche Garantiegrößen dieser komplizierten Anlagen erarbeitet.

– Neben eventuellen Schwachstellen und Engpässen sollten zugleich Reserven der Anlage, deren Kenntnis für den späteren Garantieversuch wichtig sein könnte, getestet werden. In der Regel werden für den Leistungsnachweis die Mittelwerte über 72 h Garantiezeitraum genutzt, so daß zeitweilig Unterschreitungen durch Überschreitungen (z. B. in der Kapazität) ausgeglichen werden können.

Testen des Prozeßleitsystems

– Bei der Nutzung der Übersichts-, Gruppen- und Einzeldarstellungen sowie der technologischen Bilder werden sich häufig noch vorteilhaftere Konfigurationsvorschläge bzw. Änderungswünsche des Betreibers ergeben, die möglichst schnell einzuarbeiten bzw. für die Abstellung vorzubereiten sind.

Testung der mechanischen Funktion der Gesamtanlage

– In Fortsetzung der Funktionsprüfungen gilt es die komplexe Funktionstüchtigkeit der gesamten Anlage im Nennzustand nachzuweisen.

– Frühausfälle sowie technisch-technologische Mängel bzw. Verbesserungsmöglichkeiten sind mit Hilfe moderner Prüf- und Diagnosemethoden [5–50, 5–59, 5–60] gezielt aufzufinden und Reparaturmaßnahmen durchzuführen bzw. für die Abstellung vorzubereiten.

Befähigung des Bedienungs- und Instandhaltungspersonals für den Anlagendauerbetrieb

– Schwerpunkte sind das detaillierte Kennenlernen des Verfahrens und der Anlage, die Bewahrung des Nennzustandes bei Störungen, die Handhabung der Prozeßleittechnik einschließlich Analysentechnik sowie die Schaffung effizienter Arbeits- und Betriebsabläufe.

– Das Einfahren ist zugleich die Generalprobe des Betreibers für den Dauerbetrieb.

Durchführung von Meßfahrten zum Know-how-Gewinn

– In Verbindung mit diesen Aufgaben wird auf Abschnitt 6.1 verwiesen.

Abschließend zum Einfahren der Anlage sei noch angefügt:

Der Verkäufer muß speziell die Einfahrphase nutzen, um dem Käufer die Leistungsfähigkeit der Anlage umfassend zu demonstrieren und somit den späteren Garantieversuch inhaltlich und psychologisch vorzubereiten. Eine überzeugende Einfahrphase schafft beim Käufer Vertrauen und kann unter Umständen auch über Schwierigkeiten während des Garantieversuches hinweghelfen.

5.5 Abfahren bzw. Außerbetriebnahme der Anlage

Unter **Abfahren** wird die Überführung der Anlage aus dem Dauerbetriebszustand/Nennzustand in einen zeitweiligen, nichtproduzierenden Zwischenzustand (sog. Aussetzbetrieb) verstanden. Das heißt, das Abfahren bedingt einerseits eine Unterbrechung der Produktion, ist andererseits aber nur temporär. Typische Abfahrvorgänge finden bei Spitzenlast-Kraftwerken statt. Bei Stillstandszeiten von nur wenigen Stunden bleiben Kessel und Turbine warm und können zügig wieder in Betrieb genommen werden (sog. Warmstart, s. Bild 5–14).

Das Abfahren kann planmäßig stattfinden, beispielsweise um begrenzte Instandsetzungs- bzw. Ertüchtigungsmaßnahmen durchzuführen. Es kann bei Störungen oder Havarien auch durch eine NOT-AUS-Schaltung erfolgen, welche automatisch bzw. per Hand ausgelöst wird. Im letzteren Fall gilt es die Anlage automatisch in einen gefahrlosen Zustand zu steuern.

Im Unterschied zum Abfahren wird die **Außerbetriebnahme** als die Überführung der Anlage aus dem Dauerbetriebszustand/Nennzustand in einen längerfristigen Stillstand/Endzustand definiert. Die Anlage wird in der Regel kalt gefahren, drucklos gemacht und entleert. Dies kann beispielsweise zur Vorbereitung einer Großreparatur oder des Rückbaues notwendig sein. Die Wiederinbetriebnahme erfolgt aus diesem völligen Stillstand heraus und ist der Erstinbetriebnahme mit Dichtheitsprüfung, Inertisierung usw. ähnlich. Zeitlich betrachtet, beginnt die Außerbetriebnahme mit dem Abfahren.

In Verbindung mit der Erstinbetriebnahme wird häufig nach dem An- bzw. Einfahren der Anlage ein Abfahren und mitunter auch eine Außerbetriebnahme erforderlich sein.

Im allgemeinen zeigen sich bei Erstinbetriebnahmen von verfahrenstechnischen Anlagen, insbesondere nach neuen Verfahren und/oder mit neuen Ausrüstungen, Mängel aber auch Verbesserungsmöglichkeiten, die nur bei „stehender" Anlage erledigt werden können. Dabei ist im Normalfall nicht an grundlegende Probleme und Maßnahmen, sondern an die „1000 kleinen Dinge" gedacht. Solche können sein:

– das Auswechseln defekter Dichtungen, Meßfühler u. a. Bauteile,

– das Auswechseln der Sitz-Kegel-Garnituren von Regelventilen zur besseren Anpassung an die Regelstrecke,

– das Abdrehen von Pumpenlaufrädern zur Leistungsanpassung (Vorsicht! Gefahr des Pumpens sowie der Kavitation nimmt zu.),

– Veränderungen an den Probenahmestutzen vorzunehmen bzw. neue Stutzen anzubringen,

– die Programmierung und/oder Konfiguration des Prozeßleitsystems zu modifizieren, soweit es zum Vertragsumfang gehört.

Häufig werden Einzelausrüstungen nochmals kurz geöffnet und bezüglich Verschmutzung bzw. mechanischer Schäden an bekannt kritischen Stellen inspiziert. Erfahrungsgemäß löst das Fahren mit Produkt und Gas bei höheren Temperaturen und Strömungsgeschwindigkeiten nochmals Schmutz ab bzw. kann der Abrieb von Schüttgütern ausgetragen werden. Dabei ist es günstig, wenn durch eine inbetriebnahmegerechte Planung der Schmutz gezielt in eine „Ecke" gefahren wurde.

Der Inbetriebnahmeleiter wird aus Zeit- und Kostengründen bemüht sein, nur die unbedingt notwendigen Anlagenteile abzufahren. Andere Komponenten werden im Inselbetrieb weitergefahren bzw. bleiben abgeblockt/abgeblindet in einem gefahrlosen Wartezustand. Primat muß in allen Fällen eine sichere Reparaturfreimachung der abgefahrenen Teilanlage haben.

Die konkreten Maßnahmen sind weitgehend anlagenspezifisch bzw. situationsbedingt und nicht zu verallgemeinern. Beispielsweise kann es im Einzelfall wirtschaftlicher sein, eine Kolonne abzufahren, statt sie über mehrere Stunden bzw. Tage mit totalem Rücklauf weiter zu betreiben. Andererseits wird man in der Regel versuchen, einen Festbettreaktor auch über mehrere Tage bis Wochen warm zu halten (z.B. abgeblockt unter Stickstoff und mantelbeheizt), um somit eine erneute Katalysatoraktivierung zu vermeiden. Bei biologischen Prozessen ist ein partieller Weiterbetrieb noch wichtiger.

Die Vorschriften zum Abfahren/Außerbetriebnahme der Anlage sind in der Inbetriebnahmedokumentation und im Betriebshandbuch enthalten. Grundlegende Gesichtspunkte, auch im Vergleich zur Inbetriebnahme, sind dabei:

– Abfahren bzw. Außerbetriebnahme gehören zum bestimmungsgemäßen Betrieb einer Anlage. Entsprechende Vorschriften und Vorgaben (Sicherheit, Genehmigung, Umweltschutz) treffen auf diese Phasen ebenfalls zu.

– Abfahren bzw. Außerbetriebnahme sind instationäre Übergangsprozesse mit den damit verbundenen Spezifika und Schwierigkeiten. Trotzdem weisen sie gegenüber der Inbetriebnahme wesentliche Unterschiede auf, die überwiegend vereinfachend auf die Problemlösung und die Handlungsabläufe wirken. Dies sind z. B.:

● Das Abfahren steht, auch wenn es erstmalig erfolgt, nicht am Beginn des Anlagenbetriebes.
Es liegen inzwischen im Inbetriebnahmeteam zahlreiche Erfahrungen vor, die genutzt werden können. Die Unwägbarkeiten sind beim Abfahren deutlich geringer als beim Anfahren.

● Abfahren bzw. Außerbetriebnahme sind mit Betriebsunterbrechungen verbunden und münden in einen gefahrlosen Zustand. Das heißt, das Gefährdungspotential verringert sich bei diesen Vorgängen im Vergleich zum Anfahr- und Nennzustand.

● Maschinen können beim Abfahren/Außerbetriebnahme auslaufen bzw. werden gebremst. Eine Überlastungsgefahr des Antriebes, die bei Maschinen oftmals anfahrbestimmend wirkt, ist nicht gegeben.

– An- und Abfahrprozesse sind häufig reversibel, so daß technologie- bzw. ausrüstungsspezifische Maßnahmen in beiden Fällen gültig sind. Beispielsweise gilt das Kennlinien-Diagramm eines Turboverdichters im Bild 5–9 auch für das Abfahren. Analog zum Anfahren ist der Verdichter mit flacher Kennlinie (geringem Anlagenwiderstand bzw. geöffneter Pumpgrenzregelung) abzufahren, um bei Teillast nicht in den instabilen Arbeitsbereich zu gelangen.

– Hauptziel des Abfahrens/Außerbetriebnahme ist die Herstellung eines gefahrlosen Zustandes für Mensch, Umwelt und Anlage. Insbesondere muß die Anlage sicherheitstechnisch sowie technisch-technologisch für den Beginn der Instandsetzungs- bzw. Rückbauarbeiten umfassend vorbereitet werden. In diesem Punkt unterscheidet sich die Außerbetriebnahme grundlegend von der Inbetriebnahme.

Insgesamt wirken An- und Abfahrvorgänge, insbesondere Druck-/Temperaturwechsel, ermüdend auf die Bauteile und verkürzen deren Lebensdauer. Im Beispiel 4–1 wurde dies an Hand einer Flanschverbindung verdeutlicht.

Auf speziellere Handlungen zum Abfahren/Außerbetriebnahme von verfahrenstechnischen Anlagen einschließlich ihrer Komponenten wird im vorliegenden Buch nicht eingegangen.

5.6 Instandsetzen und Wiederanfahren der Anlage

Nach dem Abfahren bzw. der Außerbetriebnahme der Anlage, sofern gravierende Probleme dies erfordern, müssen sachgerecht und schnell die entsprechenden Maßnahmen ausgeführt werden. Dies werden in der Regel geplante bzw. vorbeugende Instandsetzungsarbeiten unterschiedlicher Art zur Erhöhung der Verfügbarkeit sein.

Darüber hinaus werden im allgemeinen technische Maßnahmen zur Erhöhung der Funktionstüchtigkeit und Stabilität der Anlage ergriffen. Letztere sind z. B. der Austausch von Sitz-Kegel-Garnituren an Regelventilen bzw. das Abdrehen von Kreiselpumpen-Laufrädern zur Leistungsanpassung.

Müssen technologische Mängel, z. B. hydraulische Engpässe oder Auslegungsfehler an Ausrüstungen, behoben werden, so erfordert dies häufig einen längeren Stillstand und ist in der Regel mit den Möglichkeiten der Baustelle allein nicht zu bewältigen. In diesen Fällen erweist sich eine durchgeführte systematische Prozeßanalyse während der Einfahrphase als außerordentlich wichtig, um rechtzeitig (noch während des Einfahrens) und fundiert Vorbereitungsarbeiten für technische Änderungen veranlassen zu können.

Für das Instandhaltungspersonal des Käufers, welches in Zusammenarbeit mit dem technischen bzw. Montagepersonal des Verkäufers die Arbeiten ausführt, ist die zügige und sachgerechte Instandsetzung eine echte Bewährungsprobe.

Der Inbetriebnahmeleiter muß diese Arbeiten, auch wenn sie noch aus der Montage herrühren, zusammen mit seinem Team koordinieren und kontrollieren. Ihm obliegt die Erteilung der Schweiß- und Befahrerlaubnis sowie die verantwortliche Unterweisung der Fachkräfte.

Das Wiederanfahren der Anlage erfolgt nach Möglichkeit in „einem Ritt" auf Nennlast. Besonderes Augenmerk gilt den Auswirkungen der durchgeführten Maßnahmen. Unterschiede können sich beim Wiederanfahren im Vergleich zum Erststart dadurch ergeben, daß

- die durchgeführten technischen Maßnahmen neuartige bzw. modifizierte Anfahrhandlungen erfordern,
- nach dem Abfahren und Instandsetzen ein anderer Anlagenzustand (z. B. spezieller Kreislauf- bzw. Inselbetrieb) als beim Erststart vorliegt,
- Tanklager für Zwischen- bzw. Endprodukte noch gefüllt sind und sich somit zusätzliche logistische und/oder technologische Zwänge ergeben.

Trotz dieser Besonderheiten verläuft das Wiederanfahren in der Regel reibungsloser als der Erststart. Die „Kinderkrankheiten" wurden beseitigt, und für alle Beteiligten ist es in vielem eine Wiederholung. Aber auch hier gilt das Sprichwort: „Hochmut kommt vor dem Fall!"

5.7 Garantieversuch

Der **Garantieversuch** (Synonym: Leistungsfahrt) ist im Normalfall die letzte Etappe und Betriebsphase während der Inbetriebnahme verfahrenstechnischer Anlagen. Sein Ziel ist der rechtsverbindliche Leistungsnachweis des Auftragnehmers gegenüber dem Auftraggeber.

Der **Leistungsnachweis** wiederum stellt de jure eine Abnahmeprüfung der gesamten Anlage dar und ist der rechtsverbindliche Nachweis der Leistungsgarantien des Auftragnehmers gegenüber dem Auftraggeber.

In verfahrenstechnischen Anlagen betreffen die Leistungsgarantien in der Regel die folgenden Garantiegrößen:

- Menge des erzeugten Endproduktes (meistens bei vorgegebener Rohstoffmenge),
- Qualität des Endproduktes,
- spezifische Energie- und Hilfsstoffverbräuche,
- Menge und Zusammensetzung von Neben- und Abprodukten.

Der erfolgreiche Leistungsnachweis ist eine wesentliche Voraussetzung für die Endabnahme der Anlage durch den Auftraggeber und die Vertragserfüllung seitens des Auftragnehmers.

Die Modalitäten zum Garantieversuch und Leistungsnachweis sind im einzelnen vertraglich zu regeln (s. Abschnitt 3.2.1).

5.7.1 Vorbereitung des Garantieversuches

Natürlich dient im weiteren Sinne der gesamte Probebetrieb zur Vorbereitung des Garantieversuches. Dies wurde bereits ausführlich abgehandelt.

An dieser Stelle sollen speziell die allerletzten Vorbereitungsmaßnahmen nach erfolgreichem Wiederanfahren und Erreichen eines stabilen Nennzustandes der Anlage betrachtet werden. Im einzelnen sind dies:

- Letztmalige Überprüfung aller Signalketten zur Messung, Übertragung und Dokumentation *aller* Werte der Garantiegrößen und zugehöriger Parameter.

Zu den letzteren gehören vorrangig alle Parameter, die für die Meßwert-korrektur bzw. -umrechnung (z. B. bei Meßblenden) benötigt werden.

- Endeinstellung *aller* Werte der Garantiegrößen.
  Dies betrifft sowohl die unmittelbar einstellbaren (z.B. Kapazität und Produktqualitäten) als auch die rechnerisch aus mehreren Messungen zu ermittelnden Garantiewerte (z.B. Rohstoffausbeute und spezifische Ver-bräuche). Meistens ist eine Konzentration auf wenige Kennziffern mög-lich, deren Garantienachweis besonders schwierig und sensibel ist.

- Abstimmung und Unterzeichnung eines „Protokolls zur Durchführung des Garantieversuches einer Anlage zur ..." zwischen Käufer und Verkäufer, welches detaillierte Festlegungen zur Vorgehensweise sowie zu den Aufga-ben und Befugnissen der beteiligten Partner und Personen enthält.
  In der Berufspraxis des Verfassers war im allgemeinen ein „Programm des Leistungsnachweises" (s. Tabelle 5–12) schon als Teil des Vertrages bzw. der Inbetriebnahmedokumentation vorgegeben.
  Im o.g. Protokoll zur Durchführung des Garantieversuches waren dann nur Präzisierungen und Ergänzungen vorzunehmen.

Tabelle 5–12. Schwerpunkte aus einem Programm des Leistungsnachweises (Praxis-beispiel).

1. Allgemeines
   - vertragliche Grundlagen,
   - sonstige relevante Vereinbarungen zwischen Käufer und Verkäufer.

2. Meßwerterfassung
   - Angabe der zu erfassenden Meßwerte,
   - Angaben zur Meßwertdokumentation (Tabellen, Protokolle) einschließlich der Formblätter,
   - Rhythmus der Meßwerterfassung unterteilt nach
     • Bilanzierungsmeßstellen,
     • Analysenwerte,
     • Garantieparameter des Verkäufers,
     • vom Käufer zu gewährleistende Parameter.

3. Meßstellen und Vertragswerte für Bilanzen und Garantieparameter
   - Garantiewerte des Verkäufers,
   - vom Käufer zu gewährleistende Parameter.

4. Ermittlung der Kennwerte
   - Angaben zur Mittlung der Meßwerte, sowohl täglich wie insgesamt.
   - Namen, Aufgaben und Befugnisse der beteiligten Führungs- und Fachkräfte des Käufers und Verkäufers.

Anhang: Entwurf „Protokoll der Anlagenübergabe/-übernahme".

– Prüfung, daß alle Bedingungen, die vertraglich als Voraussetzungen für den Beginn des Garantieversuches vereinbart wurden, erfüllt sind.
Im Abschnitt 3.2.1 wurde bereits ausgeführt, daß jede Seite bei den Vertragsverhandlungen bemüht sein wird, Entscheidungseinfluß auf den Beginn des Garantieversuches zu erlangen. Im weiteren wird diesbezüglich von den Vertragsformulierungen entsprechend dem Praxisbeispiel in Tabelle 3–8 ausgegangen. In diesem Fall hat der Verkäufer das alleinige Recht, den Garantieversuch anzumelden. Die vorherige Abstimmung eines Programmes/Protokolls zu deren Durchführung ist separat vertraglich vereinbart.

Wenn die Anlage bei Nennlast stabil arbeitet, die dem Käufer gegenüber zugesicherten Garantiewerte eingehalten werden und auch sonstige vertraglich bzw. außervertraglich fixierten Bedingungen und Voraussetzungen gegeben sind, wird der Inbetriebnahmeleiter gegenüber dem Käufer den Garantieversuch mit dem Ziel des Leistungsnachweises anmelden.

5.7.2 Durchführung und Auswertung des Garantieversuches

Die vertraglichen Konditionen zum Garantieversuch können im Einzelfall sehr unterschiedlich sein. Bekannt sind Zeiträume von 24 h, insbesondere bei sog. Abnahmeversuchen an maschinen- bzw. energietechnischen Anlagen sowie bis zu 144 h (7 d) bei größeren Chemieanlagen. In der Praxis des Verfassers war die Dauer eines Garantieversuches meistens 94 h (4 d), wobei in der Regel durch den Auftragnehmer 72 zusammenhängende Stunden (3 d) kontinuierlichen Betreibens der Anlage für den Leistungsnachweis ausgewählt werden konnten. Mitunter wurden auch Garantieversuch und Leistungsnachweis auf einheitlich 72 Stunden festgelegt.

Das heißt, die Verkäufer verfahrenstechnischer Anlagen garantieren die wesentlichen Leistungsparameter im allgemeinen nur für 72 Stunden, längerfristige mechanische und Standzeit-/Lebensdauergarantien (z. B. von 12 Monaten) ausgenommen.

Als Nachweis der Funktiontüchtigkeit und Zuverlässigkeit der Anlage wird in der Regel ein *72-stündiger Anlagenbetrieb ohne Unterbrechungen* gefordert. Aber auch hier sind andere Regelungen, die eine kurzzeitige Unterbrechung (Stillstandszeit) von zum Beispiel nicht mehr als 2 Stunden zulassen, bekannt.

In verfahrenstechnischen Anlagen der Chemie- und Mineralölindustrie wird im allgemeinen nur ein Garantieversuch bei 100 % Nennlast durchgeführt. In Kraftwerksanlagen werden häufig mehrere Laststufen (50 %, 75 %, 100 % Nennlast) in mehreren Versuchen (z. B. jeweils über 24 Stunden) gefahren und garantiert.

Der Garantieversuch ist eine Zeit höchster Nervenanspannungen für alle Beteiligten. Die Anlage muß jetzt zeigen, was sie kann und der Inbetriebnehmer auf seine Leistung und auf das Glück des Tüchtigen vertrauen.

Im Mittelpunkt der Arbeiten während des Garantieversuches stehen vorrangig:

- die Gewährleistung eines stabilen Anlagenbetriebes im Garantiebereich,
- die exakte Erfassung der primären Meßwerte sowie die Ermittlung der korrigierten, wahren Werte,
- die Berechnung der Werte von nicht-primär meßbaren Garantiegrößen,
- die regelmäßige (z.B. stündliche) Protokollierung der Werte der zu garantierenden Größen/Kennziffern,
- die Paraphierung der Werte-Protokolle durch befugte Personen der Vertragsparteien,
- die Verdichtung der Einzelwerte (stündlich) der zu garantierenden Größen auf Durchschnittswerte für 24 h und deren Paraphierung,
- die Verdichtung der täglichen Durchschnittswerte auf die Durchschnittswerte für den 72-stündigen Garantiezeitraum und deren Paraphierung durch den Inbetriebnahmeleiter und den Verantwortlichen des Käufers.
- Vergleich der gemittelten Werte über den Garantiezeitraum mit den garantierten Werten. Abweichungen innerhalb der Fehler der vertraglich vereinbarten Meß- und Analysenmethoden wirken im allgemeinen nicht leistungsschädigend.

Ein Großteil der Aufgaben wird vom Prozeßleitsystem unterstützt, wobei unabhängige Überprüfungen zusätzliche Gewißheit geben.

Die paraphierten Stunden-, Tages- und Gesamtprotokolle zu den Werten der einzelnen Garantiegrößen sind wichtige, vertragsrelevante Belege und werden in der Regel dem „Abschlußprotokoll zum Garantieversuch" bzw. dem „Übergabe-/Übernahme-Protokoll" als Beilagen zugefügt.

Falls der Leistungsnachweis im ersten Versuch nicht erfolgreich war, so lassen die Verträge im allgemeinen eine Wiederholung zu. Ist auch dieser neue Leistungsversuch nicht erfolgreich, so setzen in den meisten Fällen die Forderungen des Käufers bei Nichterfüllung des Vertrages ein. Dies können u.a. sein:

- Nachbesserung der Leistung,
- Preisminderung,
- Schadensersatz,
- Sanktionen.

Dazu sollten im Vertrag entsprechende Regelungen getroffen sein. Das folgende Beispiel 5–6 zeigt eine mögliche Vertragsformulierung.

Beispiel 5–6: Mögliche Vereinbarungspunkte bei nicht erfolgreichem Leistungsnachweis (Praxisbeispiel)

(1) Falls während des Leistungsnachweises aus Gründen, die der Verkäufer zu vertreten hat, die Garantiekennziffern nicht erreicht werden, so wird dem Verkäufer das Recht gewährt, den Leistungsnachweis innerhalb des Inbetriebnahmezeitraumes zu wiederholen. Erforderliche Nachbesserungsarbeiten gehen zu Lasten des Verkäufers.
(Bem.: Nicht selten sind auch mehrere Wiederholungen zulässig, solange sie im vereinbarten Inbetriebnahmezeitraum stattfinden.)

(2) Falls während des Leistungsnachweises auf Verschulden des Käufers die Garantiekennziffern nicht erreicht werden, verpflichtet sich der Verkäufer, den Leistungsnachweis innerhalb des Inbetriebnahmezeitraumes zu wiederholen.
(Bem.: Unter Umständen analog (1) auch mehrmals.)

(3) Werden bei den wiederholten Leistungsnachweisen aus Gründen, die der Verkäufer zu vertreten hat, die Garantiekennziffern nicht erreicht, dann gewährt der Verkäufer dem Käufer unter Ausschluß weitergehender Rechte und Ansprüche folgende Preisminderung (Preisbasis: …):
(Bem.: In Sonderfällen sind auch Nachbesserungen und ein erneuter Garantieversuch nach Ablauf des Inbetriebnahmezeitraumes vertraglich vereinbart.) Angaben zur Preisminderung in Abhängigkeit von den Abweichungen der erreichten und garantierten Werte für die einzelnen Garantiegrößen sind enthalten. Umgekehrt zu (3) wird teilweise auch vereinbart, daß bei Überbietung der Garantiekennziffern der Käufer dem Verkäufer eine einmalige Prämie (Aufpreis) zahlt.

(4) Mit der Einigung über eine Preisminderung gelten die Verpflichtungen des Verkäufers bezüglich des Erreichens der Garantiekennziffern als erfüllt sowie die Anlage als vom Verkäufer übergeben und vom Käufer übernommen.

(5) Die Gesamtsumme der Preisminderung für das Nichterreichen der Garantiekennziffern darf … % nicht überschreiten.

(Bem.: Teils wird noch vermerkt, daß diese Summe unabhängig von den Sanktionen bei Lieferverzug der Ausrüstungen zu zahlen ist.)

(6) Der Käufer kann das Rücktrittsrecht ausüben, wenn das Schiedsgericht anerkennt, daß der Verkäufer die Mängel durch Nachbesserung oder Ersatzlieferung nicht beseitigen kann und der Käufer die Anlage mit der vom Verkäufer vorgeschlagenen Preisminderung nicht bestimmungsgemäß nutzen kann.

(7) Sollte der Leistungsnachweis auf Verschulden des Käufers, trotz Wiederholung, nicht erbracht werden, so gelten die Verpflichtungen des Verkäufers bezüglich des Erreichens der Garantiekennziffern als erfüllt.

(Bem.: Es besteht für den Verkäufer keine Verpflichtung für einen Leistungsnachweis mehr.

In Sonderfällen ist auch ein nochmaliger Garantieversuch nach Ablauf des Inbetriebnahmezeitraumes vereinbart, wobei die zusätzlichen Kosten des Verkäufers vom Käufer zu tragen sind.)

(8) Sollte der Leistungsnachweis auf Verschulden des Käufers nicht bis spätestens 24 Monate nach Lieferabschluß durchgeführt sein, so besteht für den Verkäufer keine Verpflichtung mehr, einen Garantienachweis durchzuführen. In diesem Falle gelten die Garantien als erfüllt und die Anlage gilt als vom Käufer abgenommen.

(Bem.: Durch diesen Vertragspunkt wird vermieden, daß vom Käufer bewirkte gravierende Verzögerungen (z.B. wegen fehlender Genehmigungen oder nicht rechtzeitigen Begleitinvestitionen außerhalb des Generalvertrages) zu Lasten des Verkäufers gehen.

Analog zu Punkt (8) sind auch vertragliche Vereinbarungen üblich, daß bei Verzögerungen des Inbetriebnahmebeginns (z.B. mehr als 3 Monate nach Unterzeichnung des Montageendprotokolls) die vertraglichen Verpflichtungen des Verkäufers hinsichtlich Probebetrieb und Leistungsnachweis erfüllt sind.)

Die Fakten zum durchgeführten Garantieversuch werden sachlich und ergebnisorientiert im „Abschlußprotokoll zum Garantieversuch" niedergelegt. Dieses wird von den Verantwortlichen der Vertragsseiten unterschrieben und ist eine wichtige Grundlage für die Verhandlungen zur Abnahme der Anlage durch den Käufer.

5.8 Anlagenübergabe/-übernahme

In der Mehrzahl der Verträge, insbesondere wenn sie auf deutschem Recht basieren, ist der Käufer nach erfolgreichem Leistungsnachweis verpflichtet, die Anlage abzunehmen (s. auch Abschnitt 3.2.1). Dabei wird ferner vorausgesetzt, daß sie vertragsgemäß errichtet wurde und mit keinen Mängeln behaftet ist, die ihre weitere bestimmungsgemäße Nutzung verhindern [3–19, § 633].

Die Abnahmeverhandlungen folgen in der Regel unmittelbar auf den Garantieversuch mit Leistungsnachweis und enden mit der Unterzeichnung des Abnahmeprotokolls; im Anlagenbau häufig als Übergabe-/Übernahmeprotokoll (s. Tabelle 5–13) bezeichnet.

Streitpunkte bei den Übergabe/Übernahmeverhandlungen sind neben eventuellen vertraglich und juristisch relevanten Fragen mitunter auch

– die Erarbeitung revidierter Anlagendokumente (As-built-Dokumentation) durch den Verkäufer,

Tabelle 5–13. Gliederungsvorschlag für ein Übergabe-/Übernahmeprotokoll (Praxisbeispiel).

Übergabe-/Übernahmeprotokoll der Anlage zur Herstellung von ....

0. Deckblatt mit Vertragsnummer, -gegenstand, -partner, -wert u. ä.
1. Vertragliche und protokollarische Grundlagen der Übergabe/Übernahme
2. Terminlicher Ablauf der Inbetriebnahme
3. Einschätzung der Funktions- und Leistungsfähigkeit der Anlage
4. Wichtige realisierte Änderungen während der Inbetriebnahme
5. Wichtige Vereinbarungen zwischen Käufer und Verkäufer während der Inbetriebnahme
6. Erklärung zur Abnahme (Übernahme) der Anlage durch den Käufer sowie zur Zahlung der entsprechenden Vergütung
7. Anzahl und Verteiler der Protokollausfertigungen

Beilagen:
Beilage 1: Tabelle mit Werten zum Leistungsnachweis bzw. Abschlußprotokoll zum Garantieversuch
Beilage 2: Verzeichnis von Restleistungen und sonstiger noch zu klärender Probleme/Aufgaben

Unterschriften: ....
               Käufer   Verkäufer

– die Dokumentationspflicht der Betriebsdaten durch den Käufer sowie

– ein fortbestehendes Recht zu Anlageninspektionen durch den Verkäufer.

Zum Zeitpunkt der Abnahme sollte zumindest eine revidierte (u. U. hand-revidierte) Anlagendokumentation vorliegen.

Die beiden letzten Punkte hängen eng mit dem Fortbestehen von Langzeit-garantien des Verkäufers nach Übergabe/Übernahme der Anlage zusam-men. Sie betreffen in der Regel die *mechanischen Garantien* (Gewährlei-stung der Funktionstüchtigkeit) sowie *Sondergarantien* zur Standzeit bzw. Lebensdauer von Katalysatoren, Adsorbentien u. ä. Der Verkäufer muß sich in diesem Zusammenhang gegen Versäumnisse und Fehler des Käufers, die ihn unberechtigt in die Garantie bringen können, protokollarisch absichern (falls dies nicht im Vertrag erfolgte).

6 Know-how-Gewinn während der Inbetriebnahme

Im Mittelpunkt jeder Inbetriebnahme steht selbstverständlich die Erreichung der technischen und technologischen Funktionstüchtigkeit der Anlage unter Einhaltung der vertraglich vereinbarten Parameter.

Die Gewinnung neuer Erkenntnisse über Anlage und Verfahren ordnet sich dem letztlich immer unter.

Dieser Tatsache muß fachlich und administrativ Rechnung getragen werden.

Allerdings bringt die Inbetriebnahme quasi im „Selbstlauf" neues Knowhow hervor. Es stellt im gewissen Sinne ein natürliches Nebenprodukt der Inbetriebnahme dar. Das ist einerseits dem Prozeßcharakter der Anlagenrealisierung geschuldet, wo praktisch jede neue Phase im Realisierungsablauf mit neuen Erkenntnissen verbunden ist. Zum anderen ist es mit der besonderen Stellung der Inbetriebnahme innerhalb des Gesamtprozesses der Anlagenrealisierung zu erklären:

- Die Inbetriebnahme stellt die letzte Phase der Anlagenrealisierung vor dem Dauerbetrieb dar.
- Die Anlage liegt erstmals vergegenständlicht vor.
- Die Inbetriebnahme bietet erstmalig die Möglichkeit, das gesamte in die Anlagenrealisierung hineingelegte theoretische Wissen in der Praxis zu überprüfen.

Die logische Folge daraus sind zwangsläufig neue Erkenntnisse.

Ziel und Aufgaben einer systematischen Inbetriebnahmevorbereitung, -durchführung und -auswertung muß es sein, dieses anfallende Wissen bewußt zu erfassen, zu speichern und aufzuarbeiten sowie zu technisch-technologischen Verbesserung von Ausrüstungen und Verfahren gezielt anzuwenden.

Zusätzlich zu diesem a priori gegebenen „natürlichen" Know-how-Zuwachs muß in Form wissenschaftlicher Prozeßanalysen während der Inbetriebnahme ein weiterer, ziel- und problemorientierter Know-how-Gewinn angestrebt werden. Der folgende Abschnitt soll die beträchtlichen Potentiale aufzeigen.

6.1 Prozeß- und Anlagenanalyse während der Inbetriebnahme

Unter **Prozeßanalyse** bzw. **Anlagenanalyse** wird eine systematisch-technisch-technologische und/oder organisatorisch-betriebswirtschaftliche Untersuchung eines bestehenden [6–1] oder konzipierten [1–2] Prozesses bzw. Anlage hinsichtlich seiner/ihrer Verbesserungsfähigkeit verstanden.

In der Fachliteratur wird die Durchführung von Prozeßanalysen [1–2, 6–1 bis 6–3] und Anlagenanalysen [2–16, 6–4] während des Dauerbetriebes ausführlich behandelt.

Demgegenüber findet man zu Analysen während der Inbetriebnahme kaum Aussagen. Im Mittelpunkt der Veröffentlichungen zur Anlageninbetriebnahme stehen konkrete Inbetriebnahmeergebnisse spezieller Anlagen sowie organisatorische und sicherheitstechnische Fragen. Bei vielen Inbetriebnahmeingenieuren dominieren häufig Gesichtspunkte eines schnellen und sicheren An- und Hochfahrens der Anlage.

Gezielte wissenschaftlich-technische Untersuchungen während der Inbetriebnahme werden teils mit Argumenten wie

– die größere Ausfallhäufigkeit während der Inbetriebnahme erschwert bzw. verhindert gezielte Untersuchungen,

– das Betreiberpersonal (einschließlich des Laborpersonals) hat zu geringe Erfahrungen,

– einzelne Ausrüstungen (z. B. Meßgeräte) arbeiten teils noch nicht bzw. nicht zuverlässig,

– Untersuchungsprogamme könnten beim Käufer Zweifel an der Leistungsfähigkeit des Verfahrens/der Anlage hervorrufen,

skeptisch betrachtet.

Obwohl dies häufig der Wahrheit entspricht, wäre es falsch, deshalb die Durchführung wissenschaftlich-technischer Untersuchungen während der Inbetriebnahme generell zu negieren.

Zwei Hauptgründe sprechen u. a. dagegen:

– Die Ergebnisse aus wissenschaftlich-technischen Untersuchungen dienen dem Risikoabbau. Ihre praktische Nutzung während der Inbetriebnahme macht letztlich den Leistungsnachweis sicherer.

– Der gezielte Know-how-Gewinn während der Inbetriebnahme kann die Effizienz und damit Wettbewerbsfähigkeit zukünftiger Anlagen wesentlich erhöhen.

Bild 6–1. Know-how-Gewinn während der Inbetriebnahme – Möglichkeiten und Vorteile.

Einige Vorzüge und spezielle Möglichkeiten von Prozeßanalysen während der Inbetriebnahme sind im Bild 6–1 dargestellt.

Dazu gehören zum Beispiel:

a) Analyse des Prozesses/der Anlage im Anfangszustand ist möglich

Verfahrenstechnische Anlagen unterliegen einer natürlichen Alterung. Neben dem moralischen Verschleiß von Verfahren und Ausrüstungen resultiert das zum Beispiel aus technischem Verschleiß an Ausrüstungen, technologisch bedingten Verschmutzungen und einem allmählichen Kapazitätsverfall bestimmter Materialien wie Katalysatoren und Adsorbentien.

Für prognostische Aussagen zur Lebensdauer und zur Einleitung geeigneter Maßnahmen zur Dämpfung der Alterung ist in der Regel eine genaue Kenntnis des Anfangszustandes nützlich.

b) Analyse des Prozesses/der Anlage außerhalb der Projektparameter ist möglich.

Extreme Teillastfahrweisen von Ausrüstungen bzw. der Anlage sowie parametrische Empfindlichkeiten von Verfahrensstufen können mit vertretbarem Risiko untersucht werden.

c) Analysen einzelner Stufen des Prozesses/der Anlage sind gezielt möglich.

Während des Probebetriebes ist u.U. eine Konzentration der analytischen und meßtechnischen Kapazität auf einzelne Stufen oder Ausrüstungen machbar.

Gezielte Untersuchungen bei Kreislauffahrweise („Inselbetrieb") sind möglich.

d) Untersuchungen instationärer Übergangszustände sind möglich.

e) Die Produktziele sind, z.B. bezüglich Menge und Qualität, eingeschränkt.

Mit dem Anfall nichtqualitätsgerechter Produkte während des Probebetriebes wird eben gerechnet. Im Dauerbetrieb stellt er ein vergleichsweise großes Produktrisiko dar.

f) Günstigere Rahmenbedingungen, z.B. bezüglich Genehmigungsverfahren, Zugriffsmöglichkeiten zu Arbeitskräften und Material oder zur Umsetzung gewonnener Erkenntnisse.

g) Zeit- und Kostenersparnis im Vergleich zu Forschungsarbeiten im Labor- bzw. Technikumsmaßstab

Die Besonderheiten der Inbetriebnahme stellen auch spezielle Anforderungen an die Vorbereitung und Durchführung von Prozeßanalysen während dieses Zeitraumes, wie beispielsweise:

– die straffe zeitliche Limitierung der Prozeßanalyse, eingebettet in die Inbetriebnahme,

– die häufig fehlende Möglichkeit der Wiederholungsmessung (Unikat-Charakter der Messungen),

– eine höhere Anzahl variabler Parameter im Vergleich zum Dauerbetrieb,

– die erhöhte Notwendigkeit einer Dekompensation des Problems,

– eine hohe Flexibilität wegen der insgesamt dynamischen Situation,

– die Notwendigkeit einer Sofortauswertung des Datenmaterials, um Erkenntnisse zur Risikominimierung nutzen zu können.

In der Berufspraxis des Verfassers wurden für zusätzliche prozeßanalytische Untersuchungen während der Inbetriebnahme spezielle firmeninterne Meßprogramme erarbeitet und in die ganzheitliche Projektplanung und -abwicklung integriert. Dies betraf sowohl die Termine und Kosten als auch die technischen Maßnahmen und die Verantwortlichkeiten. Eine Abstimmung mit dem Betreiber ist im allgemeinen erforderlich bzw. zweckmäßig.

Zusammenfassend läßt sich betreffs wissenschaftlich-technischer Untersuchungen während des Probebetriebes schlußfolgern:

Natürlich ist der Probebetrieb von verfahrenstechnischen Anlagen ein komplizierter Vorgang, der erhöhte Gefährdungen in sich birgt. Deshalb muß völlig klar sein, daß die Anlagensicherheit und die vertragsgerechte Inbetriebnahme oberstes Primat haben und alle wissenschaftlich-technischen Untersuchungen sich dem unterordnen; aber, und dies ist entscheidend, beides schließt sich nicht aus.

Die Prozeß- und Anlagenanalysen sollten primär auf die erfolgreiche Durchführung des Leistungsnachweises ausgerichtet sein und sekundär zum Knowhow-Zuwachs im Unternehmen dienen. Sie sind planmäßig vorzubereiten.

Verantwortlich für die Art und den Umfang der Prozeß- und Anlagenanalysen muß der Inbetriebnahmeleiter sein. Das gilt auch dann, wenn die Analysen nicht unmittelbar vom eigentlichen Inbetriebnahmeteam durchgeführt werden.

6.2 Inbetriebnahmeabschlußbericht

Im Interesse der Qualitätssicherung und -steigerung sowie einer höheren Effizienz der zukünftigen Arbeit gilt es für alle Beteiligten, die Ergebnisse und Erkenntnisse aus der Inbetriebnahme gründlich firmenintern auszuwerten und nutzbar zu machen. Die Betrachtungen zur Inbetriebnahme sollten dabei eingebettet sein in die Analysen, Dokumentationen und Folgerungen zum gesamten Projektablauf.

Ungeachtet dieser notwendigen Komplexität bei der Auswertung hat es sich in der Praxis als zweckmäßig erwiesen, wenn vom Generalunternehmer bzw. den Subunternehmern die Ergebnisse und Erfahrungen der Inbetriebnahme gezielt im **Inbetriebnahmeabschlußbericht** (Synonym: Resümeebericht) dokumentiert werden. Derartige Dokumente basieren im allgemeinen nicht auf vertraglichen Regelungen. Sie beinhalten wesentliches Firmen-Know-how und sind nicht öffentlich.

Die Auswertung der Inbetriebnahme ist zugleich als eine notwendige Maßnahme in den Qualitätssicherungssystemen (QSS) [6–5] bzw. Qualitätsmanagement-

Handbüchern [4–5] der Lieferanten von technischen bzw. verfahrenstechnischen Produkten [6–6, 6–7] und von Dienstleistungen [6–8] angeführt.

Im Leitfaden zur Qualitätssicherung bei Dienstleistungen [6–8] werden unter Punkt 6.3 (Prozeß des Erbringens der Dienstleistungen) folgende Maßnahmen empfohlen:

6.3.2 Beurteilung der Dienstleistungsqualität durch den Lieferanten

6.3.3 Beurteilung der Dienstleistungsqualität durch den Kunden
    „Die Beurteilung durch den Kunden ist das endgültige Maß für die Qualität einer Dienstleistung" [6–8].

6.3.4 Dienstleistungs-Status

6.3.5 Korrekturmaßnahmen für fehlerhafte Dienstleistungen

In diesem Abschnitt wird u. a. formuliert,

„Häufig werden zwei Phasen von Korrekturmaßnahmen vorkommen: zuerst erfolgt eine sofortige positive Maßnahme, um die Kundenbedürfnisse zu erfüllen; zweitens werden eine Bewertung der eigentlichen Fehlersuche durchgeführt und alle nötigen längerfristigen Korrekturmaßnahmen eingeleitet, um ein erneutes Auftreten des Problems zu verhindern."

Derartige allgemeine Empfehlungen sind für die Belange des Anlagenbaues und der Inbetriebnahme spezifisch umzusetzen. Beispielsweise kommt die Qualitätseinschätzung durch den Kunden insbesondere im Übergabe/Übernahmeprotokoll zum Ausdruck, während die sog. längerfristigen Korrekturmaßnahmen im Inbetriebnahmeabschlußbericht dokumentiert werden sollten.

Wie ein derartiger Abschlußbericht gegliedert sein könnte, ist in Tabelle 6–1 dargestellt.

Tabelle 6–1. Inhaltsverzeichnis eines Inbetriebnahmeabschlußberichtes (Praxisbeispiel).

1. Zustand zu Beginn der Inbetriebnahme (Kurzcharakteristik)
2. Zeitlicher Ablauf der Inbetriebnahme (z. B. als Balkendiagramm/Netzplan)
3. Ergebnisse des Probebetriebes und Leistungsnachweises (streng ergebnisorientiert und vertragsbezogen)
4. Schwierigkeiten bei der Inbetriebnahme und Maßnahmen zur Problemlösung
5. Untersuchungen und Ergebnisse zur Erweiterung des technologisch-technischen Know-how
6. Hinweise, Empfehlungen, Vorschläge u. ä. zur Qualitätsverbesserung (bezogen auf alle Phasen der Auftragsvorbereitung und -abwicklung sowie ggf. zeitlich und inhaltlich gewichtet)
Anlagen: Montageendprotokoll
         Übernahme-/Übergabeprotokoll

Der Bericht sollte vorrangig ziel- und ergebnisorientiert abgefaßt werden. Umfangreiche Darstellungen und Erläuterungen zum Ablauf der Inbetriebnahme, die häufig derartige Abschlußberichte „aufblähen", sind zu vermeiden.

Die Erarbeitung des Inbetriebnahmeabschlußberichtes ist nach Möglichkeit unter Verantwortung und Mitarbeit des Inbetriebnahmeleiters sowie ihm zugeordneter Inbetriebnahmeingenieure durchzuführen.

Dies ist zum Teil problematisch, da auf den Inbetriebnahmeleiter und die anderen Fachleute häufig schon neue Aufgaben warten. Trotzdem muß die fundierte Auswertung, gegebenenfalls unter Hinzuziehung von Spezialisten für die Auswertung der gezielten Meßfahrten, abgesichert werden. Zweckmäßig sollte dies parallel bzw. konform mit Restarbeit für die As-built-Dokumentation erfolgen.

Innerhalb der ausführenden Unternehmen sind die Ergebnisse und Folgerungen firmenintern bis in die jeweiligen Fachabteilungen umzusetzen.

Glossar

Abfahren:
Überführung der Anlage aus dem Dauerbetriebszustand/Nennzustand in einen zeitweiligen, nichtproduzierenden Zwischenzustand.

Abnahme:
rechtsverbindliche Bestätigung einer erbrachten Leistung auf deren Vertraggemäßheit.

Abnahmeversuch:
vertraglich vereinbarter Betriebszeitraum zur Erbringung des rechtsverbindlichen Leistungsnachweises für eine Anlagenkomponente oder Teilanlage.

Abnahmeprüfung:
rechtsverbindliche Prüfung einer erbrachten Leistung auf deren sach- und vertragsgemäße Ausführung.

Anfahren:
Überführung der Anlage aus dem Ruhezustand nach Montageende in einen stationären Betriebszustand, bei dem alle Anlagenteile/Verfahrensstufen funktionsgerecht arbeiten.

Anlage:
Menge von Ausrüstungen und Kopplungen zur Durchführung eines Prozesses (Verfahrens).

Anlagenanalyse:
systematische technisch-gestalterische und organisatorisch-betriebswirtschaftliche Untersuchung einer bestehenden oder geplanten Anlage hinsichtlich ihrer Verbesserungsfähigkeit.

Anlagendokumentation:
Gesamtheit aller Dokumente, die zur technologischen, baulichen, technischen und genehmigungsrechtlichen Beschreibung der Anlage dienen.

Anlagenübergabe/-übernahme:
rechtsverbindliche Handlungen zur Abnahme der Anlage einschließlich der Unterzeichnung des Abnahmeprotokolls (im Anlagenbau häufig: Übergabe-/Übernahmeprotokoll).

Ausblasen:	Reinigungsmöglichkeit mit Hilfe hochturbulenter Gas- bzw. Dampfströmungen.
Ausbildung:	umfassende, anforderungsgerechte Vorbereitung der betreffenden Personen auf die zukünftigen Aufgaben.
Außerbetriebnahme:	Überführung der Anlage aus dem Dauerbetriebszustand/Nennzustand in einen längerfristigen Stillstand bzw. Endzustand.
Basic Design:	Erarbeitung projektspezifischer, insbesondere kapazitäts- und standortbezogener Verfahrensunterlagen.
Basic Engineering:	Gesamtentwurf der Anlage (Es basiert auf dem Basic Design und liefert die Aufgabenstellungen/Vorgaben für die Fachplanungen), (Synonym: Vorplanung).
Beizen:	Entfernung anorganischer Verunreinigungen von der metallischen Oberfläche mittels einer chemisch wirkenden Flüssigkeit
Bestimmungsgemäßer Betrieb:	Betrieb, für den eine Anlage nach ihrem technischen Zweck bestimmt, ausgelegt und geeignet ist; Betriebszustände, die der erteilten Genehmigung oder nachträglichen Anordnungen nicht entsprechen, gehören nicht zum bestimmungsgemäßen Betrieb. Der bestimmungsgemäße Betrieb umfaßt: – den Normalbetrieb, – den An- und Abfahrbetrieb, – den Probebetrieb sowie – Inspektions-, Wartungs- und Instandsetzungsvorgänge, (nach 2. StörfallVwV [2–21]).
Betriebsanleitung:	produktbegleitende Hinweise des Herstellers oder Lieferanten mit dem Ziel, dem Benutzer den Gebrauch zu erleichtern und ihn vor Unbill beim Umgang mit dem Produkt zu bewahren.
Betriebsanweisung:	arbeitsplatz- und tätigkeitsbezogene, verbindliche *schriftliche* Anordnungen und Verhaltensregeln

	des Arbeitgebers an weisungsgebundene Arbeitnehmer zum Schutz vor Unfall- und Gesundheitsgefahren sowie zum Schutz der Umwelt beim Umgang mit Gefahrstoffen.
Betriebsdokumentation:	Gesamtheit aller Dokumente, die für – den bestimmungsgemäßen Betrieb sowie – den gestörten, nicht-bestimmungsgemäßen Betrieb und – die Instandhaltung der Anlage nötig sind.
Betriebshandbuch:	Zusammenstellung betriebsrelevanter technischer Informationen sowie aller betriebs- und sicherheitstechnischen Anweisungen an das Betriebspersonal.
Detail Engineering:	Erledigung aller ingenieurtechnischen Fachplanungsfunktionen mit Ausnahme der verfahrenstechnischen Planung. (Es liefert die Grundlage für die Anlagenrealisierung) (Synonym: Ausführungsplanung).
Dichtheitsprüfung:	Nachweis, daß die Anlage bzw. Anlagenkomponente innerhalb der zulässigen Grenzen (Leckage) dicht ist.
Dokument:	schriftliche Unterlage/Beleg mit Aufzeichnungen über ein Projekt.
Dokumentation:	Gesamtheit aller Dokumente für ein Projekt.
Einfahren:	Anlage voll in den geplanten Nennzustand (Last, Betriebsparameter, mechanische Funktion, Stabilität u. ä.) fahren.
Emissionen:	von einer Anlage ausgehende Luftverunreinigungen, Geräusche, Erschütterungen, Licht, Wärme, Strahlen u. ä. Erscheinungen.
Engineeringvertrag:	Vertrag über das Erbringen von Planungsleistungen und i. a. zur Wahrnehmung des Projektmanagements einschließlich des Inbetriebnahmemanagements (engl.: engineering contract).
Entwicklung:	Erarbeitung von Verfahrensunterlagen, die als Grundlage für die Planung einer großtechnischen Anlage nach diesem Verfahren geeignet sind.

Erstinbetriebnahme:	Überführung der Anlage aus dem Ruhezustand nach Montageende in den Dauerbetriebszustand nach Anlagenübergabe/-übernahme.
Expertensystem:	Softwareprodukt, das das Problemlösungsverhalten eines Experten zumindest teilweise nachbildet.
Forschung:	prinzipielle Lösungssuche und Problemlösung im Labormaßstab sowie unter Modellbedingungen.
Funktionsprüfung:	Erprobung und Prüfung der Anlagenkomponente nach der Montage hinsichtlich ihrer einwandfreien technischen Funktion (Synonym: Funktionsprobe).
Funktionsprüfungen-Programm:	Zusammenstellung aller technologisch-technischen und administrativ-organisatorischen Maßnahmen zur Durchführung der Funktionsprüfungen (z. T. auf Abnahmeprüfungen erweitert).
Garantieversuch:	vertraglich vereinbarter Betriebszeitraum während der Inbetriebnahme zur Erbringung des rechtsverbindlichen Leistungsnachweises für die Gesamtanlage (Synonym: Leistungsfahrt).
Gasspülprogramm:	Zusammenstellung technologisch-technischer Maßnahmen zum Reinigen (Ausblasen) der Anlage mit Luft, Dampf bzw. Stickstoff.
Gebrauchsanleitung:	produktbegleitende Warnungen und Hinweise des Herstellers oder Lieferanten zur Verhütung von Gefahren bei der Verwendung, Ergänzung oder Instandhaltung eines technischen Arbeitsmittels.
Gebrauchsanweisung:	Verhaltensanweisung des Herstellers, Einführers oder Lieferers eines technischen Erzeugnisses für den Benutzer.
Generalvertrag:	Vertrag über die Errichtung einer funktionstüchtigen (schlüsselfertigen) Industrieanlage gegen Zahlung eines Pauschal- bzw. Festpreises (engl.: turnkey contract).
Haftpflicht:	Verpflichtung, den Schaden zu ersetzen, den man einem Dritten zugefügt hat.

Hochfahren:	Anlage auf Nennlast sowie weitgehend in die geplanten Parameterbereiche des Normalbetriebes fahren.
Immissionen:	auf Menschen sowie Tiere, Pflanzen oder andere Sachen einwirkende Luftverunreinigungen, Geräusche, Erschütterungen, Licht, Wärme, Strahlen und ähnliche Umwelteinwirkungen.
Inbetriebnahme:	Überführung der Anlage aus dem Ruhezustand in den Dauerbetriebszustand.
Inbetriebnahme-abschlußbericht:	ziel- und ergebnisorientierter Bericht über Ablauf, Ergebnisse und Folgerungen der Inbetriebnahme.
Inbetriebnahme-controlling:	Gesamtheit der Führungsaufgaben zur Überwachung und zielorientierten Steuerung der Inbetriebnahme.
Inbetriebnahme-dokumentation:	Teildokument der Anlagendokumentation, in dem das notwendige Wissen (Leitlinien) für eine vertragsgemäße Inbetriebnahme zusammengefaßt ist.
Inbetriebnahme-konzeption:	Teil des Process Design bzw. Basic Design, der kurzgefaßt die technologisch-technischen Hauptschritte der Inbetriebnahme enthält.
Inbetriebnahme-management:	Gesamtheit der Führungsaufgaben, -organisation, -techniken und -mittel für die Durchführung der Inbetriebnahme. (Führungskräfte der Inbetriebnahme werden als Inbetriebnahmeleitung bezeichnet).
Inbetriebnahme-planung:	Ermittlung des Soll-Verlaufes (Aufgaben, Termine, Kosten, Kapazitäten) für die Inbetriebnahme.
Inbetriebnahme-technologie:	grundlegende inhaltliche und chronologische Vorgehensweise bei der Inbetriebnahme.
Inertisierungs-programm:	Zusammenstellung von Maßnahmen zur Inertisierung der Anlage in Vorbereitung der Inbetriebnahme.
Inspektion:	Überprüfung und Überwachung von Leistungen zur Fertigung, Lieferung und Montage von Ausrüstungen.

Instandhaltungshandbuch:	Instandhaltungs-Zusammenfassung aller relevanten technisch-organisatorischen Informationen, Regeln, Anweisungen u. ä. für die Anlageninstandhaltung.
Komplexe Funktionsprüfung:	ganzheitliche Erprobung und Prüfung von Teilanlagen oder der Anlage nach der Montage hinsichtlich ihrer einwandfreien technischen Funktion.
Lebenszyklus:	Zeitraum von der Auftragserteilung zur Planung und Errichtung einer Anlage bis zum Ende ihrer Demontage und Entsorgung.
Leistungsfahrt:	s. Garantieversuch.
Leistungsnachweis:	rechtsverbindlicher Nachweis der Leistungsgarantien des Verkäufers gegenüber dem Käufer.
Montage:	Gesamtheit aller Arbeiten, die zur Errichtung der Anlage auf der Baustelle zu erledigen sind.
Montageendprotokoll:	rechtsverbindliches Protokoll über die erfolgte Abnahme der Montage (i. a. mit Festlegungen zum Beginn der Inbetriebnahme).
Montagekontrolle:	Überprüfung und Überwachung der Montage bezüglich deren vorgabe- und qualitätsgerechter Ausführung.
Planung:	Erstellung von technologisch-technischen sowie organisatorisch-administrativen Unterlagen, die für die Errichtung und den betimmungsgemäßen Betrieb von Anlagen benötigt werden.
Probebetrieb:	erstmaliges Betreiben der Anlage mit Medium unter Betriebsbedingungen mit dem Ziel, die Fahrweise der Anlage so zu stabilisieren und zu optimieren, daß die vertraglich vereinbarten Leistungsparameter erreicht werden und die Nutzungsfähigkeit der Anlage im Dauerbetrieb gewährleistet ist.
Probelauf:	im engeren Sinne Funktionsprüfung einer Maschine.
Process Design:	Erarbeitung projektunabhängiger Verfahrensunterlagen.

Produktspülprogramm:	Zusammenstellung technologisch-technischer Maßnahmen zum Reinigen der Anlage mit Produkt (vorwiegend Einsatz- bzw. Endprodukt).
Projekt:	einmaliges und zeitlich begrenztes Vorhaben.
Projektdokumentation:	Gesamtheit aller Dokumente, die für die organisatorisch-administrative Abwicklung/Management eines Projektes nötig sind.
Projektmanagement:	Gesamtheit der Führungsaufgaben, -organisation, -techniken und -mittel für die Abwicklung eines Projektes.
Prozeß:	s. Verfahren.
Prozeßanalyse:	systematische technisch-technologische und betriebswirtschaftliche Untersuchung eines bestehenden oder konzipierten Prozesses hinsichtlich seiner Verbesserungsfähigkeit.
Qualität:	Gesamtheit von Merkmalen und Merkmalswerten einer Einheit bezüglich ihrer Eignung, festgelegte und vorausgesetzte Erfordernisse zu erfüllen (nach ISO 8402).
Qualitätsmanagement:	Alle Tätigkeiten des Gesamtmanagements, die im Rahmen des Qualitätsmanagement-Systems die Qualitätspolitik, die Ziele und Verantwortungen festlegen sowie diese durch Mittel wie Qualitätsplanung, -lenkung, -sicherung, -darlegung und -verbesserung verwirklichen. (nach ISO 8402).
Schaden:	Veränderung an einem Bauteil, die seine vorgesehene Funktion beeinträchtigt oder unmöglich macht oder eine Beeinträchtigung erwarten läßt.
Schulung:	Vermittlung der theoretischen Grundlagen und Zusammenhänge an die betreffenden Personen.
Sicherheit:	Fähigkeit eines Systems, innerhalb der vorgegebenen Grenzen und während einer gegebenen Zeitspanne keine Gefährdungen für Personen, Sachen und Umwelt zu verursachen bzw. eintreten zu lassen.

Sicherheitsanalyse:	gesetzlich vorgeschriebene Darstellung und Schriftform der Sicherheitsbetrachtung bestimmter genehmigungsbedürftiger Anlagen.
Spülen:	Reinigung mit Hilfe von Flüssigkeit.
Stand der Technik:	Entwicklungsstand fortschrittlicher Verfahren, Einrichtungen oder Betriebsweisen, der die praktische Eignung einer Maßnahme zur Begrenzung von Emissionen gesichert erscheinen läßt. Bei der Bestimmung des Standes der Technik sind insbesondere vergleichbare Verfahren, Einrichtungen oder Betriebsweisen heranzuziehen, die mit Erfolg im Betrieb erprobt worden sind (nach BImSchG § 3 [2–44]).
Störfall:	Störung des bestimmungsgemäßen Betriebes, durch die ein Stoff nach Anhang II zur Störfall-Verordnung frei wird, entsteht, in Brand gerät oder explodiert und eine Gemeingefahr hervorgerufen wird (nach 12. BImSchV [2–18]).
System:	Menge von Elementen sowie von Beziehungen zwischen den Elementen und mit der Umgebung.
Technologische Karten:	Zusammenstellung der Zielbereiche (Nennbereiche) aller Betriebsparameter bei der Inbetriebnahme.
Training:	Übung und Aneignung eines anforderungsgerechten Handeln seitens der betreffenden Personen.
Umweltverträglichkeitsprüfung:	Ermittlung, Beschreibung und Bewertung der Auswirkungen eines Vorhabens auf: 1. Menschen, Tiere und Pflanzen, Boden, Wasser, Luft, Klima und Landschaft, einschließlich der jeweiligen Wechselwirkungen, 2. Kultur- und sonstige Sachgüter, (nach UVPG[2–65]).
Unterweisungen:	Arbeitsplatz- und tätigkeitsbezogene *mündliche* Informationen über Gefahrstoffe, Unterrichtungen über Schutzmaßnahmen sowie Belehrungen über das richtige Verhalten und den sicheren Umgang mit Gefahrstoffen.

Literaturverzeichnis

[1-1]   Inbetriebnahme komplexer Maschinen und Anlagen: Strategien und Praxisbeispiele zur Rationalisierung in der Einzel- und Kleinserienproduktion/Hrsg.: Eversheim, W. Düsseldorf: VDI-Verlag 1990.

[1-2]   *Blaß, E.:* Entwicklung verfahrenstechnischer Prozesse: Methode – Zielsuche – Lösungssuche – Lösungsauswahl. 1. Aufl. Frankfurt am Main: Salle Verlag; Salzburg: Verlag Sauerländer 1989.

[1-3]   *Gruhn, G.; Fratscher, W.; Heidenreich, E.:* ABC-Verfahrenstechnik. 1. Aufl. Leipzig: Deutscher Verlag für Grundstoffindustrie 1979.

[1-4]   Auftragsabwicklung im Maschinen- und Anlagenbau/Hrsg VDI-Gesellschaft Entwicklung, Konstruktion, Vertrieb. Düsseldorf: VDI-Verlag; Stuttgart: Schäfer, Verlag für Wirtschaft und Steuern 1991.

[1-5]   *Matley, J.:* Keys to Successful Plant Startups. Chem. Engng. 8 (1969) Sept, S. 110/130.

[1-6]   *Bussenius, S.:* Verbesserung der Zuverlässigkeit von Chemieanlagen in der Inbetriebnahmephase durch sorgfältige Inbetriebnahmevorbereitung. Die Technik. Berlin 32 (1977) 5, S. 288/303.

[1-7]   *Backhauß, L.:* Systematische Betriebsvorbereitung zur Verkürzung der Einlaufkurven von Chemieanlagen. Dissertation A, TH Magdeburg 1982.

[2-1]   Grundregeln für die sachgemäße Herstellung pharmazeutischer Produkte von Juni 1983 (PIC-Dokument PH 3/83). Pharm. Ind. 47 (1985) 7.

[2-2]   Revidierte GMP-Richtlinie – Grundregeln der Weltgesundheitsorganisation für die Herstellung von Arzneimitteln und die Sicherung ihrer Qualität neu gefaßt. Deutsche Apotheker Zeitung 118. Jahrg. Nr. 2 v. 12.1.1978.

[2-3]   DIN 28004, T 1–3: Fließbilder verfahrenstechnischer Anlagen. v. Mai 1988.

[2–4]   *Bernecker, G.:* Planung und Bau verfahrenstechnischer Anlagen: Projektmanagement und Fachplanungsfunktionen. 3., neubearb. Aufl. Düsseldorf: VDI-Verlag 1984.

[2–5]   *Dolezal, R.:* Vorgänge beim Anfahren eines Dampferzeugers. Essen: Vulkan-Verlag 1977.

[2–6]   *Schilg, G.:* Turbomaschinen im Kraftwerk: Konstruktion und Betrieb. Berlin: Verlag Technik 1978.

[2–7]   *Kurpjuhn, H.-A.; Reiche, A.:* Zulässige Druck- und Temperaturänderungsgeschwindigkeiten für Dampferzeuger- und Rohrleitungsbauteile und deren grafische Darstellung im Echtzeitbetrieb. VGB Kraftwerkstechnik 71 (1991) 6, S. 544/546.

[2–8]   *Müller, H.:* Das Anfahren von Blockanlagen im Gleitdruck-Gleittemperatur-Verfahren. Elektrizitätswirtschaft 63 (1964) 23, S. 797/807.

[2–9]   *Meissner, R.E.; Shelton, D.D.:* Plant Layout – Part 1: Minimizing problems in plant layout. Chemical Engineering April 1992, S. 81/85.

[2–10] *Brandt, D. u.a.:* Plant Layout – Part 2: The impact of codes, standards and regulations. Chemical Engineering April 1992, S. 89/94.

[2–11] *Kaess, D.:* Guide to trouble – free Plant Layout. Chemical Engineering June 1, 1970, S. 122/134.

[2–12] *Kling, U.; Ottenburger, U.; Thiel, W.:* Wartengestaltung – Einflüsse und Trends bei modernen Warten. VGB Kraftwerkstechnik 72 (1992) 12, S. 1084/1086.

[2–13] Ratgeber – Anlagensicherheit. Hrsg.: BG Chemie und VDI. Verlag Kluge.

[2–14] *Danzer, W.F.:* Systems Engineering. 2. Aufl. Köln: P. Hanstein Verlag 1978/79.

[2–15] *Tröster, E.:* Sicherheitsbetrachtungen bei der Planung von Chemieanlagen. Chem.-Ing.-Tech. 57 (1985) 1, S. 15/19.

[2–16] *Pilz, V.:* Sicherheitsanalysen zur systematischen Überprüfung von Verfahren und Anlagen – Methoden, Nutzen und Grenzen. Chem.-Ing.-Tech. 57 (1985) 4, S. 289/307.

[2–17] *Ruppert, K.A.:* Sicherheitsanalytische Vorgehensweise für Alt- und Neuanlagen. Chem.-Ing.-Tech. 62 (1990) 11, S. 916/927.

[2–18]　Zwölfte Verordnung zur Durchführung des Bundes-Immissions-schutzgesetzes (Störfall-Verordnung). 12. BImSchV. BGBl. S. 625 v. 15.5.1988, zuletzt geändert BGBl. S. 1883 v. 28.8.1991.

[2–19]　Gesetz über die Umwelthaftung (UmweltHG) v. 10.12.1990. BGBl. I (67/1990, S. 2634/2643).

[2–20]　VDI/VDE-Richtlinien 2180: Sicherung von Anlagen der Verfah-renstechnik mit Mitteln der Meß-, Steuerungs- und Regelungs-technik.
Blatt 1: Einführung, Begriffe, Erklärungen v. April 1986.
Blatt 2: Berechnungsmethoden für Zuverlässigkeitskenngrößen von Sicherheitseinrichtungen v. April 1986.
Blatt 3: Klassifizierung von Meß-, Steuerungs- und Regelungs-einrichtungen v. Dez. 1984.
Blatt 4: Ausführung und Prüfung von Sicherheitseinrichtungen v. Juli 1988.
Blatt 5: Bauliche und installationstechnische Maßnahmen zur Funktionssicherung von Meß-, Steuerungs- und Regelungsein-richtungen in Ausnahmezuständen v. Dez. 1984.

[2–21]　Zweite Allgemeine Verwaltungsvorschrift zur Störfallverordnung – 2. StörfallVwV. GMBl. S. 205 v. 27.4.1982.

[2–22]　NAMUR-Empfehlungen 31: Anlagensicherung mit Mitteln der Prozeßleittechnik.

[2–23]　*Greiner, B.; Weidlich, S.:* Anlagensicherung mit Mitteln der MSR-Technik. Automatisierungstechnische Praxis 33 (1991) 1, S. 5/12.

[2–24]　DIN VDE 31000, T2: Allgemeine Leitsätze für das sicherheitsge-rechte Gestalten technischer Erzeugnisse. Begriffe der Sicherheits-technik. Grundbegriffe v. Dez. 1987.

[2–25]　DIN V 19250: Messen – Steuern – Regeln. Grundlegende Sicher-heitsbetrachtungen für MSR-Schutzeinrichtungen v. Jan. 1989.

[2–26]　DIN V 801: Grundsätze für Rechner in Systemen mit Sicherheits-aufgaben v. Jan. 1990.

[2–27]　PAAG-Verfahren (HAZOP): Der Störfall im chemischen Betrieb. J.V.S.S. 1977/Hrsg.: BG Chemie. Postfach 101480, D-6900 Hei-delberg.

[2–28]　DIN 25424, T1: Fehlerbaumanalyse v. Sept. 1991.

[2–29]　DIN 25419: Ereignisablaufanalyse v. Nov. 1985.

[2–30] DIN 25488: Ausfalleffektanalyse v. Mai 1990.

[2–31] *Skiba, R.:* Taschenbuch Arbeitssicherheit. Bielefeld: E. Schmidt Verlag 1991.

[2–32] Arbeitssicherheit: Handbuch für Unternehmensleitung, Betriebsrat und Führungskräfte. Freiburg i. Br.: Haufe-Verlag 1991 ff. Losebl.-Ausg.

[2–33] Arbeitsschutzgesetze. München: Beck-Verlag 1990.

[2–34] Gewerbeordnung v. 1.1.1987. BGBl. I S. 425, zuletzt geändert am 9.7.1990. BGBl. I S. 1354.

[2–35] Drittes Buch der Reichsversicherungsordnung (RVO) v. 19.7.1911. RGBl. S. 509 und Gesetz zur Neuregelung des Rechts der gesetzlichen Unfallversicherung (Unfallversicherungs-Neuregelungsgesetz – UVNG) vom 30.4.1963. BGBl. I S. 241.

[2–36] Gesetz über technische Arbeitsmittel (Gerätesicherheitsgesetz) v. 24.6.1968 (BGBl. I S. 717) in der Fassung des Zweiten Gesetzes zur Änderung des Gerätesicherheitsgesetzes v. 26.8.1992 (BGBl. I S. 1564).

[2–37] Gesetz über Betriebsärzte, Sicherheitsingenieure und andere Fachkräfte für Arbeitssicherheit (Arbeitsicherheitsgesetz – ASiG) v. 12.12.1973 (BGBl. I S. 1885).

[2–38] Betriebsverfassungsgesetz: Basiskommentar/Hrsg.: Gnade, A. 3. Aufl. Köln: Bund-Verlag 1989.

[2–39] Strafgesetzbuch und Nebentexte/Schwarz, O. 45. Aufl. München: Beck-Verlag 1991.

[2–40] Gesetz über Ordnungswidrigkeiten (OWiG): mit Auszügen aus … 9. Aufl. München: Dt. Taschenbuch-Verlag 1991.

[2–41] Ausgewählte Unfallverhütungsvorschriften, Sicherheitsregeln und Vordrucke. Hrsg.: Gesetzliche Unfallversicherung-Verwaltungs-Berufsgenossenschaft. Glückstadt: C. L. Rautengerg-Druck. 1994.

[2–42] Gesetz zum Schutz vor gefährlichen Stoffen (Chemikaliengesetz – ChemG). Neufassung v. 25.7.1994 (BGBl. I S. 1703).

[2–43] Verordnung zum Schutz vor gefährlichen Stoffen (Gefahrstoffverordnung – GefStoffV). Neufassung v. 26.10.1993 (BGBl. I S. 1782) mit Änderung v. 10.11.1993 (BGBl. I S 1870), v. 24.6.1994 (BGBl. I S. 1422), v. 25.7.1994 (BGBl. I S 1701) und v. 19.9.1994 (BGBl. I S 1557).

[2–44] Gesetz zum Schutz vor schädlichen Umwelteinwirkungen durch Luftverunreinigungen, Geräusche, Erschütterungen und ähnliche Vorgänge (Bundes-Immissionsschutzgesetz – BImSchG). BGBl. I S. 880 v. 14.5.1990; zuletzt geändert BGBl. I S. 2634 v. 10.12.1990.

[2–45] Gesetz über die Haftung für fehlerhafte Produkte (Produkthaftungsgesetz – ProdHaftG). BGBl. I S. 2198 v. 15.12.1989.

[2–46] Neunte Verordnung zum Gerätesicherheitsgesetz (Verordnung über das Inverkehrbringen von Maschinen 9. GSGV v. 12.5.1993) Bem.: Umsetzung der EG-Richtlinien 89/392/EWG (ABl., EG Nr. L. 183 S. 9) und 91/368 EWG (Abl., EG Nr. L 198 S. 16).

[2–47] DIN EN 292: Sicherheit von Maschinen, Geräten und Anlagen. Teil 1: Grundsätzliche Terminologie, Methodik v. Nov. 1991. Teil 2: Technische Leitsätze und Spezifikationen v. Nov. 1991.

[2–48] EN 60204: Sicherheit von Maschinen, Elektrische Ausrüstungen von Maschinen; untersetzt als: VDE 0113 Teil 1 „Allgemeine Anforderungen" v. Juni 1993.

[2–49] *Harmon, P.; King, D.:* Expertensysteme in der Praxis. München, Wien: R. Oldenburg Verlag 1987.

[2–50] *Harmon, P.; Maus, R.; Morrissey, W.:* Expertensysteme: Werkzeuge und Anwendungen. München, Wien: R. Oldenburg Verlag, 1989.

[2–51] *Grabowski, H.; Rude, S.:* Grundlagen der Konstruktionsmethodik für wissensbasierte CAD-Systeme. VDI-Berichte 903. – S. 1 ff. Düsseldorf: VDI-Verlag 1991.

[2–52] *Martens, P. u.a.:* Betriebliche Expertensystem-Anwendungen. Berlin: Springer-Verlag 1991.

[2–53] *Krause, F.-L.; Schlingheider, J.:* Entwickeln und Konstruieren mit wissensbasierten Software-Werkzeugen – Ein Überblick. VDI-Berichte 903, S. 205 ff. Düsseldorf: VDI-Verlag 1991.

[2–54] *Weber, K.:* Nutzung von Wissensbasierten Systemen durch den Verfahrensgeber in der Stoffwirtschaft. Dissertation B, TU Magdeburg 1990.

[2–55] Xi Plus Release 3 Version 3.50 v. März 1991. Experteam GmbH, Niederlassung München.

[2–56] *Seeger, O.W.:* Betriebsanleitungen, Betriebsanweisungen (Teil 1 und 2). 5. Aufl. Köln: Arbeitgeberverband der Metall- und Elektroindustrie 1993.

[2–57] TRGS 555 „Betriebsanweisung und Unterweisung nach § 20 GefStoffV. Ausgabe März 1989 (BArbBl. 3/1989, S. 84) geändert BArbBl. 10/1989 S. 62.

[2–58] *Brendl, E.; Brendl, M.:* Sichere Gebrauchsanleitungen erstellen und erkennen. 1. Aufl. R. Freiburg i. Br.: Haufe Verlag GmbH & CoKG 1991.

[2–59] *Ullrich, H.:* Anlagenbau: Kommunikation, Planung, Management. Stuttgart; New York: Thieme Verlag 1983.

[2–60] Handbuch Instandhaltung. 2. Aufl. Köln: Verlag TÜV Rheinland 1991.

[2–61] Arbeitsgemeinschaft der Eisen- und Metall-Berufsgenossenschaften: Sicherheit durch Betriebsanweisungen, Ausgabe 1989, Bestell-Nr. ZH 1/172.

[2–62] *Stahl, H.; Betz, M.:* Genehmigungsverfahren für Chemieanlagen im europäischen Vergleich. Chem.-Ing.-Tech.: 65 (1993) 1, S. 31/36.

[2–63] Verordnung über genehmigungsbedürftige Anlagen – 4. BImSchV. BGBl. I S. 1586 v. 24.7. 1985; geändert BGBl. I S. 1059 v. 14.7.1988.

[2–64] Gesetz zur Ordnung des Wasserhaushalts (Wasserhaushaltsgesetz – WHG) v. 23.9.1986. BGBl. I S. 1529; berichtigt BGBl. I 1986, S. 1654; geändert am 12.2.1990 mit Artikel 5 UVPG BGBl. I 1990, S. 205.

[2–65] Gesetz über die Umweltverträglichkeitsprüfung (UVPG v. 12.2.1990. BGBl. I S. 205, zuletzt geändert durch Gesetz v. 20.6.1990, BGBl. I S. 1080.

[2–66] Gesetz über die Vermeidung und Entsorgung von Abfällen (Abfallgesetz – AbfG) v. 27.8.1986. BGBl. I S. 1410, berichtigt S. 1501, zuletzt geändert durch Einigungsvertrag v. 31.8.1990, BGBl. II S. 889.

[2–67] Baugesetzbuch (BauGB) v. 8.12.1986. BGBl. I S. 2253, zuletzt geändert durch Einigungsvertrag v. 31.8.1990, BGBl. II S. 889, 1122.

[2–68] *Wipfelder, H.J.; Schwenck, H.G.:* Wehrrecht in der Bundesrepublik Deutschland. Regensburg: Walhalla u. Praetoria Verlag 1991.

[2–69] Die neue Störfall-Verordnung, Teil 4/4.4.1 (Loseblattsammlung). WEKA Fachverlag GmbH, Römerstraße 4, D-8901 Kissing.

[2–70] Verordnung über Genehmigungsverfahren – 9. BImSchV. BGBl. S. 274 v. 18.2.1977; zuletzt geändert BGBl. I S. 10001 v. 29.5.1992 (Neufassung).

[2–71] *Betz, M.:* Auswirkungen behördlicher Genehmigungsverfahren auf die Projektabwicklung. Chem.-Ing.-Tech. 64 (1992) 7, S. 621/622.

[2–72] *Pütz, M.; Buchholz, K.-H.:* Die Genehmigung nach dem Bundes-Immissionsschutzgesetz: Handbuch für Antragsteller und Genehmigungsbehörden mit Erläuterungen, Abwicklungshilfen und Beispielen. 5., neubearb. und erw. Aufl. Berlin: E. Schmidt Verlag 1994.

[2–73] Erste Allgemeine Verwaltungsvorschrift zur Störfall-Verordnung (1. StörfallVwV) v. 26.8.1988 (GMBl. S. 398).

[2–74] *Grünewald, B.:* Das Zusammenspiel von Umweltverträglichkeitsprüfung und Zulassungsverfahren. Kraftwerk und Umwelt 1991. S. 225/259.

[2–75] Handbuch der Umweltverträglichkeitsprüfung (HdUVP). Hrsg.: Storm, P.-C.; Bunge, T. Berlin: E. Schmidt Verlag, 1988, Losebl.-Ausg.

[2–76] *Schwabl, A. u.a.:* Rechnerunterstützung für die Umweltverträglichkeitsprüfung. Berlin: E. Schmidt Verlag 1991.

[2–77] *Kalmbach, S.; Schölling, J.:* Technische Anleitung zur Reinhaltung der Luft: TA Luft mit Erläuterungen. 3., aktual. u. erw. Aufl. Berlin: Schmidt 1990.

[2–78] Verordnung über Großfeuerungsanlagen – 13. BImSchV. BGBl. I S. 719 v. 22.6.1983.

[2–79] *Bauschulte, W.; Hardthausen a.K.:* Kohlenwasserstoff-Emissionen von Ölbrennern (Entstehung, Ursachen, Vermeidung). BWK/TÜ/Umwelt- Spezial. März (1992), S. 4/17.

[2–80] *Berglund, R.L.; Snyder, G.E.:* Minimize waste during design. Hydrocarbon Processing. Houston 69 (1990) 4, S. 39/42.

[2–81] Leckfreie Pumpen und Verdichter/Hrsg.: G. Vetter. 2. Aufl. Essen: Vulkan-Verlag 1992.

[2–82] *Stickler, V.:* Innere und äußere Abdichtung bei Armaturen. Leckagen/Zusammenstellung und Bearbeitung: B. Thier. 1. Ausg. Essen: Vulkan-Verlag 1993.

[2–83] *Margane, B.:* Lecksuche – Erfahrungen aus der Praxis. Leckagen/
Zusammenstellung und Bearbeitung: B. Thier. 1. Ausg. Essen:
Vulkan-Verlag 1993

[2–84] *Weimer, D.:* Lecksuche – Einsatzbereiche und Grenzen. Leckagen/
Zusammenstellung und Bearbeitung: B. Thier. 1. Ausg. Essen:
Vulkan-Verlag 1993.

[2–85] Leckage – Detektion bei wassergefährdenden Flüssigkeiten. Lecka-
gen/Zusammenstellung und Bearbeitung: B. Thier. 1. Ausg. Essen: Vulkan-Verlag 1993.

[2–86] *Sturm, A.:* Maschinen- und Anlagendiagnostik für die zustandsbe-
zogene Instandhaltung. Stuttgart: Verlag B.G.Teubner 1990

[2–87] *Mexis, N.D.:* Handbuch Schwachstellen-Analyse. Köln: Verlag
TÜV Rheinland 1990.

[2–88] *Prößdorf, T.:* Einflüsse von Bränden auf die Umwelt. Der Maschinenschaden 65 (1992) 3, S. 94/100.

[2–89] Handbuch des Umweltmanagements/Hrsg.: Steger, U. München:
Verlag C.H. Beck 1992.

[2–90] *Mantz, M.:* Das Umweltschutz-Handbuch. chemie-anlagen + verfahren (1992) 8, S. 16/18.

[3–1]   *Wischnewski, E.:* Modernes Projektmanagement: eine Anleitung
zur effektiven Unterstützung der Planung, Durchführung und
Steuerung von Projekten. 4. Aufl. Braunschweig; Wiesbaden: Verlag Vieweg 1993.

[3–2]   Handbuch Qualitätsmanagement/Hrsg.: Masing, W. 3. Aufl. München; Wien: Hanser Verlag 1994.

[3–3]   *Henkel, J.:* Sicherheitsmanagement für Kraftwerke – Brennstoff –
Wärme – Kraft 45 (1993) 6, S. 293/295.

[3–4]   *Schottelius, D.:* Neuer Schwerpunkt: Umweltmanagement. Chemische Industrie 9/1993, S. 37/38.

[3–5]   *Aggteleky, B.:* Projektplanung: ein Handbuch für Führungskräfte.
München; Wien: Hanser Verlag 1992.

[3–6]   Handbuch Projektmanagement, Band 1 und 2/Hrsg.: Reschke, H.;
Schelle, H. Schnapp, R. Gesellschaft für Projektmanagement,
Köln: Verlag TÜV Rheinland 1989.

[3–7]   *Mosberger, E.:* Projektmanagement im Anlagenbau. Chem.-Ing.-
Tech. 63 (1991) 9, S. 921/925.

[3–8]   *Madauss, B.-J.:* Projektmanagement: ein Handbuch für Industrie-betriebe, Unternehmensberater und Behörden. 3. Aufl. Stuttgart: Poeschel-Verlag 1990.

[3–9]   *Schmitz, H.:* Projektplanung und Projektcontrolling: Planung und Überwachung von besonderen Vorhaben. 3. Aufl. Düsseldorf: VDI-Verlag 1986.

[3–10]   *Ullrich, H.:* Wirtschaftliche Planung und Abwicklung verfahrens-technischer Anlagen. Essen: Vulkan-Verlag 1992.

[3–11]   *Mexis, N.D.:* Schwachstellenanalyse bei Anlagen in der chemi-schen Industrie. Chemie-Technik 12 (1983) 9, S. 26/31.

[3–12]   *Broichhausen, J.:* Schadenskunde: Analyse und Vermeidung von Schäden in Konstruktion, Fertigung und Betrieb. München; Wien: Hanser Verlag 1985.

[3–13]   Allianz – Handbuch der Schadenverhütung/Hrsg.: Allianz Versi-cherungs AG. 3. Aufl. Berlin, München: Allianz; Düsseldorf: VDI-Verlag 1984.

[3–14]   Bauteilschäden: Erfahrungen aus der Sachverständigentätigkeit/ Gerling-Inst. für Schadensforschung und Schadensverhütung. Techn. Überwachungs-Verein Rheinland. Köln: Verlag TÜV Rheinland 1986 (Grundwerk).

[3–15]   *Rehfeldt, K.:* Schadensschwerpunkte bei Montage und Erprobung von Großanlagen der Verfahrenstechnik. Der Maschinenschaden 61 (1988) 6, S. 225/230.

[3–16]   *San Giovanni, J.P.; Romans, H.C.:* Expert Systems In Industry: A. Survey. Chem. Engng. Progr. 83 (1987) 9, S. 52/59.

[3–17]   INBERA-Version 1.0 v. Juni 1995. itap-GmbH, Teichstr. 2, 06231 Bad Dürrenberg.

[3–18]   *Domin, G.:* Erfahrungen aus Errichtung und Inbetriebnahme der Konvoi-Anlagen. VGB Kraftwerkstechnik 69 (1989) 6, S. 569/ 573.

[3–19]   Das Bürgerliche Gesetzbuch für jedermann – in Erläuterungen und Beispielen. München: Mosaik Verlag; Sonderausgabe 1991 Orbis Verlag für Publizistik.

[3–20]   Bundesgerichtshof: Neue Juristische Wochenschrift 70, S. 34 f., Zi.: 4 und 72, S. 444 f., Zi.: 8.

[3–21]   *Martinek, M.:* Moderne Vertragstypen - Bd. 3.: Computerverträge, Kreditkartenverträge sowie sonstige moderne Vertragstypen. München: C. H. Beck'sche Verlagsbuchhandlung 1993.

[3–22]   *Dünnweber, I.:* Vertrag zur Erstellung einer schlüsselfertigen Industrieanlage im internationalen Wirtschaftsverkehr. Berlin: Verlag W. de Gruyter 1984.

[3–23]   UNIDO Modell Form of Turnkey Lumpsum Contract for the Construction of a Fertilizer Plant, UNIDO-Dokument Nr. PC. 25/ Rev. 1, Art. 14 vom 1. Juni 1983.

[3–24]   *Terpoorten, M.:* Die Partner in der Auftragsabwicklung – vertragliche Einbindung. VDI-Berichte 597. Düsseldorf: VDI-Verlag 1986.

[3–25]   *Brand, G.:* Die Abnahme von Industrieanlagen beim Export. AW Dok. Außenwirtschaft. Berlin 15 (1987) 29, S. VIII/XVI.

[3–26]   Honorarordnung für Architekten und Ingenieure (HOAI) v. 17.9.1976. BGBl. I S. 2805, ber. S 3616, zuletzt geändert durch 4. ÄndVO v. 13.12.1990, BGBl. I S. 2707.

[3–27]   *Schaub, R.P.:* Der Engineeringvertrag: Rechtsnatur und Haftung/ Hrsg.: Forstmoser, P. Zürich: Schulthess Polygraphischer Verlag 1979.

[3–28]   *Martinek, M.:* Moderne Vertragstypen – Bd. 2: Franchising, Know-how-, Management- und Consultingverträge. München: C. H. Beck'sche Verlagsbuchhandlung 1992.

[3–29]   Handbuch der Unternehmensberatung/Hrsg.: v. Ibielski u. a. Berlin: E. Schmidt Verlag 1994 ff. Losebl. Ausg.

[3–30]   *Schlüter, A.:* Management- und Consulting-Verträge/Hrsg.: v. Horn u. a. Berlin: Verlag W. de Gruyter 1987.

[3–31]   *Stallworthy, E.A.:* Teamarbeit – richtig geführt. The Chemical Engineer. London (1990) 471, S. 52.

[3–32]   DIN 69900, Teil 1: Netzplantechnik – Begriffe v. Aug. 1987. Teil 2: Netzplantechnik – Darstellungstechnik v. Aug. 1987.

[3–33]   *Schwarze, J.:* Netzplantechnik: Eine Einführung in das Projektmanagement. 6. Aufl. Herne, Berlin: Verlag Neue Wirtschafts-Briefe 1990.

[3–34]   Organisationslehre für Wirtschaftsinformatiker/Hrsg.: Lehner, F. u. a. München, Wien, Hannover: Hanser Verlag 1991.

[3–35]   MS PROJECT 3.0 a – Benutzerhandbücher, Microsoft Corporation, 1991/92.

[3–36]   Der Controllingberater/Hrsg.: Mayer, E. Freiburg i. Br.: Haufe-Verlag 1983 ff. Losebl. Ausg.

[3–37]   *Findorff, U.:* Neue Techniken – Risiken für den Unternehmer oder den Versicherer? Der Maschinenschaden 64 (1991) 2, S. 49/55.

[3–38]   Produkt- und Produzentenhaftung/Hrsg.: Brendl, E. Freiburg i. Br.: Haufe-Verlag 1980 ff., Losebl. Ausg.

[3–39]   *Bartl, H.:* Produkthaftung nach neuem EG-Recht: Kommentar zum deutschen Produkthaftungsgesetz. Landsberg, Lech: Verlag Moderne Industrie 1989.

[3–40]   *Mikosch, C.:* Industrie-Versicherungen: ein Leitfaden für nationale und multinationale Unternehmen. Wiesbaden: Gabler Verlag 1991.

[3–41]   *Möller, H.-H.:* Risikominderung durch Versicherungen. VDI-Berichte 669, S. 213/220. Düsseldorf: VDI-Verlag 1988.

[3–42]   *Scheuermeyer, R.M.:* Die Maschinenversicherung in der Praxis. Karlsruhe: Verlag Versicherungswirtschaft e. V. 1993.

[3–43]   *Dornbusch, M.:* Montageversicherung, Versicherungswirtschaftliches Studienwerk/Hrsg.: Müller-Lutz, H.L.; Schmidt, R. Wiesbaden: Gabler Verlag 1970/75, BVL. 215/223.

[3–44]   *Seitz, H.W.; Bühler, R.:* Die Elektronikversicherung. Karlsruhe: Verlag Versicherungswirtschaft e. V. 1995.

[3–45]   *Gröner, R.:* Die Maschinen-Betriebsunterbrechungs-Versicherung. Karlsruhe: Verlag Versicherungswirtschaft e. V. 1995.

[3–46]   *Schimikowski, P.:* Umwelthaftungsrecht und Umwelthaftpflichtversicherung. Schriftenreihe Versicherungs-Forum, Heft 16/ Hrsg.: Bach, P. Karlsruhe: Verlag Versicherungswirtschaft e. V. 1994.

[3–47]   *Schmidt-Salzer, J.; Schramm, S.:* Kommentar zur Umwelthaftpflichtversicherung: das Umwelthaftpflicht-Modell '92 des HUK-Verbandes. Heidelberg: Verlag Recht und Wirtschaft 1993.

[3–48]   *Platen, D.:* Handbuch der Versicherung von Bauleistungen. Karlsruhe: Verlag Versicherungswirtschaft e. V. 1982.

[3–49]   *Lauferbach, H.; Watermann, F.:* Unfallversicherung. Stuttgart: Kohlhammer-Verlag 1993. Losebl. Ausg.

[3–50] UVV – Allgemeine Vorschriften v. 1.4.1977 in der Fassung v. 1.10.1991.

[3–51] *Koch, F. A.:* Ratgeber zur Produkthaftung. Planegg, München: WRS Verlag Wirtschaft, Recht und Steuern 1989.

[4–1]   *Eisenächer, K.; Meurer, P.; Stork, W.:* Qualitätssicherung im Anlagenbau. Chem.-Ing.-Tech. 65 (1993) 7, S. 797/801.

[4–2]   *Adams, H. W.:* Erhöhung der Sicherheit durch Qualitätssicherung bei Planung, Bau und Betrieb von chemischen Produktionsanlagen. Forschungsbericht 10409221, UBA-FB 93-052.

[4–3]   DIN ISO 9000, T 1–4: Normen zum Qualitätsmanagement und zur Qualitätssicherung/QM-Darlegung v. 1991/94.
DIN ISO 9001: Qualitätsmanagementsysteme – Modell zur Qualitätssicherung/QM-Darlegung in Design, Entwicklung, Produktion, Montage und Wartung v. 1994.
DIN ISO 9002: Qualitätsmanagementsysteme – Modell zur Qualitätssicherung/QM-Darlegung in Produktion, Montage und Wartung v. 1994.
DIN ISO 9003: Qualitätsmanagementsysteme – Modell zur Qualitätssicherung, QM-Darlegung bei der Endprüfung v. 1994.
DIN ISO 9004, T 1–4: Qualitätsmanagement und Elemente eines Qualitätsmanagementsystems v. 1991/94

[4–4]   DIN ISO 10011,T 1–3: Leitfaden für das Audit von Qualitätssicherungssystemen 1990/91.
DIN ISO 10013: Leitfaden für die Entwicklung von Qualitätsmanagement – Handbüchern 1994.

[4–5]   Qualitätsmanagement/Hrsg.: Leist, R., Augsburg: WEKA Fachverlag, 1993 ff. Losebl. Ausg.

[4–6]   *Hebel, G.:* Sichere Inbetriebnahme energietechnischer Anlagen. VDI-Berichte 669, S. 139/157. Düsseldorf: VDI-Verlag 1988.

[4–7]   *Wenske, G.:* Sicherheit und Schadensverhütung in der chemischen Industrie als Managementaufgabe – Ein komplettes Trainingsprogramm in didaktisch aufbereiteter Form. Der Maschinenschaden 65 (1992) 3, S. 114.

[4–8]   *Bloos, L.:* Simulatoren machen Kernkraftwerke sicherer. VDI-Nachrichten Nr. 6 v. 2.7.1993.

[4–9]   *Musset, G.:* Erfahrungen bei der Simulatorausbildung der Betriebsmannschaft für ein Kohlekraftwerk. VGB Kraftwerkstechnik 68 (1988) 6, S. 608/610.

[4–10]   *Pathe, D.C.:* Simulator a key to successful plant startup. Oil & Gas Journal 84 (1986) 4, S. 49/53.

[4–11]   *Weber, R.* u.a.: Prozeß- und Anlagensimulator Pastor. Chem.-Ing.-Tech. 64 (1992) 4, S. 366/367.

[4–12]   *Holl, P.; Schuler, H.:* Simulatoren zur Unterstützung der Prozeß- und Betriebsführung. Chem.-Ing.-Tech. 64 (1992) 8, S. 679/692.

[4–13]   *Wozny, G.; Jeromin, L.:* Dynamische Prozeßsimulation in der industriellen Praxis. Chem.-Ing.-Tech. 63 (1991) 4, S. 313/326.

[4–14]   *Gilles, E.D.* u.a.: Ein Trainingssimulator zur Ausbildung von Betriebspersonal in der Chemischen Industrie. Sonderdruck „Automatisierungstechnische Praxis – atp". München: R. Oldenbourg Verlag 1990. S. 261/268.

[4–15]   *Schuler H.; Molter, M.; Schremser, W.:* Schulungs-Simulator für Chargenprozesse. Chem.-Ing.-Tech. 62 (1990) 7, S. 559/562.

[4–16]   *Lojek, R.; Leins, R.; Eul, J.:* Dynamische Simulation: Operator Schulungssystem für Olefin-Anlagen. Chem.-Ing.-Tech. 61 (1989) 1, S. 80/81.

[4–17]   *Altfelder, R.; Göttmann, O.; Meurer, P.:* Ein Trainingssimulator für NH_3-Anlagen. Dokumentation der UHDE GmbH, Frankfurt a.M. 1992.

[4–18]   *Dean, S.:* Simulation: Stop dem Störfall. chemische Produktion 9/93. S. 36/38.

[4–19]   *Kosar, R.P.; Blahut, N.W.:* Expert Systems for Operator Training. Advances in Instruments 40 (1985) Pt. 1, Okt. S. 133/139.

[4–20]   *Effenberg, H.:* Dampferzeugerbetriebe und Außenanlagen. 1. Aufl. Leipzig: Dt. Verlag für Grundstoffindustrie 1988.

[4–21]   *Kister, H.Z.:* How to prepare and test columns befor startup. Chem. Engng. 6 (1981), S. 97/100.

[4–22]   *Schaffnit, J.:* Siebe im Rohrleitungsbau. Chemie-Technik 21 (1992) 12, S. 39/41.

[4–23]   *Rituper, R.:* Beizen von Metallen. Saulgau: Eugen G. Leuze Verlag 1992.

[4–24]   *Kaesche, H.:* Die Korrosion der Metalle. Berlin, Heidelberg, New York: Springer-Verlag 1966.

[4–25]   *Billotet, T.; Grams, J.:* Anwärm- und Warmhaltekonzept für Heiß-
         dampfrohrleitungen eines älteren 163-MW-Kraftwerksblockes.
         VGB Kraftwerkstechnik 69 (1989) 6, S. 579/584.

[4–26]   *Rost, M.:* Betriebserfahrungen mit Rohrleitungen und Armaturen
         im 750-MW-Kraftwerksblock Bexbach. Sammelband VGB-Kon-
         ferenz „Kraftwerkskomponenten 1986", S. 97/144.

[4–27]   *Föller, W.:* Kondensatableiter und Entwässerung im Kraftwerk.
         Verfahrenstechnik 27 (1993) 7/8, S. 22/29.

[4–28]   *Rituper, R.F.:* Verfahren zur Regeneration und Aufbereitung von
         Beizlösungen. Chem.-Ing.-Tech. 64 (1992) 10, S. 956/957.

[4–29]   Verordnung über Druckbehälter, Druckgase und Füllanlagen
         (Druckbehälterverordnung-DruckbehV) v. 27.2.1980 (BGBL. I,
         S. 173, geändert durch die erste Verordnung zur Änderung der
         Druckbehälterverordnung v. 21.4.1989 (BGBL. I, S. 830).

[4–30]   *Fath, R.J.:* Druckbehälter und Rohrleitungen. 2., aktual. und erw.
         Aufl. Enningen bei Böblingen: expert-Verlag 1991.

[4–31]   TRB 511: Prüfung durch Sachverständige – Erstmalige Prüfung –
         Vorprüfung (Stand: 05/1993).

[4–32]   TRB 512: Prüfung durch Sachverständige – Erstmalige Prüfung –
         Bauprüfung und Druckprüfung (Stand: 02/1989).

[4–33]   TRB 521: Bescheinigung der ordnungsgemäßen Herstellung (Stand:
         02/1989).

[4–34]   TRB 522: Prüfung durch den Hersteller – Druckprüfung (Stand:
         05/1993).

[4–35]   TRB 513: Prüfung durch Sachverständige – Abnahmeprüfung
         (Stand: 02/1989).

[4–36]   TRB 531: Prüfung durch Sachkundige – Abnahmeprüfung (Stand:
         05/1993).

[4–37]   AD-Merkblatt HP 30: Durchführung von Druckprüfungen (Ausg.
         07/1989).

[4–38]   *Büker, E.:* Druckprobenvorbereitung an Dampferzeugern und An-
         lagenkomponenten. 3R International 32 (1993) 8, S. 446/449.

[4–39]   TRR 512: Prüfung durch Sachverständige – Erstmalige Prüfung
         (Entwurf 08/1991).

[4–40] TRR 513: Prüfung durch Sachverständige – Abnahmeprüfung (Entwurf 08/1991).
TRR 531: Prüfung durch Sachkundige – Abnahmeprüfung (Entwurf 12/1991).

[4–41] *von Streitberg, A.; Arlt, H.:* Erfahrungen aus Schäden an Hochspannungsmotoren. Der Maschinenschaden 65 (1992) 5, S. 77/85.

[4–42] *Kreutzer, R.:* Schäden an Gleitanlagern. Berlin, München: Verlag Allianz Versicherungs-AG 1990.

[4–43] *Stegemann, B.:* Tribologische Fehler. Tribologie + Schmierungstechnik 36 (1989) 2, S. 89/91.

[4–44] VDI-Richtlinien: Schäden durch tribologische Beanspruchung/ Schadensanalyse (Entwurf 10/89).

[4–45] *Stolte, J.:* Einbau und Prüfung von federbelasteten Sicherheitsventilen. VGB Kraftwerkstechnik 73 (1993) 1, S. 54/59.

[4–46] Schwingungsüberwachung von Turbosätzen – ein Weg zur Erkennung von Wellenrissen. Allianz-Bericht Nr. 24, München: Verlag Allianz Versicherung-AG 1987.

[4–47] *Bussenius, S.; Backhaus, L.:* Grundprogramme der Inbetriebnahmevorbereitung von ausgewählten Hauptausrüstungen. Chem. Techn. 30 (1978) 5, S. 228/230.

[4–48] *Bresler, S.A.; Smith, J.H.:* Guide to trouble-free Compressors. Chemical Engineering. June 1, 1970. S. 161/170.

[4–49] Prozeßleittechnik/Hrsg.: Polke, M. München, Wien: R. Oldenbourg Verlag 1992.

[4–50] Messen, Steuern und Regeln in der Chemischen Technik. Bd. V: Projektieren und Betreiben von Meß-, Steuer- und Regelsystemen. Hrsg.: Hengstenberg, J. u. a.. Berlin u. a.: Springer-Verlag 1985.

[4–51] *Armbruster, R.:* Schwachstellen bei der Inbetriebnahme aus der Sicht des Betreibers. VDI-Berichte 433, S. 65/73. VDI-Verlag 1981.

[4–52] *Ostermann, H.H.:* Schwachstellen bei der Inbetriebnahme aus der Sicht des Herstellers. VDI-Berichte 433, S. 75/81. VDI-Verlag 1981.

[4–53] *Gaube, E.:* Schwingungserscheinungen in Chemieanlagen. Chem.-Ing.-Tech. 56 (1984) 5, S. 343/350.

[4–54]   *Fritsch, H.:* Dämpfung von Druckschwingungen in Rohrleitungs-
         systemen. Chemie-Technik 21 (1992) 11, S. 83/90.

[4–55]   VDI 2045: Abnahme- und Leistungsversuche an Verdichtern v.
         08/93
         Blatt 1: Versuchsdurchführung und Garantieabgleich.
         Blatt 2: Grundlagen und Beispiele.

[4–56]   *Rehfelt, K.; Volkmer, P.; Wollmann H.-J.:* Typische Schäden an
         Feuerfestmaterialien in Kraftwerken und in der verfahrenstech-
         nischen Industrie. Der Maschinenschaden 64 (1991) 6, S. 217/225.

[4–57]   Handbuch zur Erstellung von Emissionserklärungen. Umweltbun-
         desamt 1983.

[4–58]   *Biert, A.* u.a.: Leckraten von Dichtelementen. Chem.-Ing.-Tech.
         49 (1977) 2, S. 89/95.

[4–59]   *Rehmann, H.:* Dichtungstechnik im Umweltbereich – Armaturen-
         dichtungen gemäß TA-Luft. Leckagen/Zusammenstellung und
         Bearbeitung: B. Thier. Essen: Vulkan-Verlag 1993.

[4–60]   *Abt, W.:* Dichtungen nach TA-Luft? chemie-anlagen + verfahren
         (1993) 10, S. 106/107.

[4–61]   Leckrate gemäß TA-Luft. chemie-anlagen + verfahren (1992) 11,
         S. 36.

[4–62]   *Osterloh, G.:* Absperrschieber mit Faltenbalg und nachgeschalte-
         ter Sicherheitsstopfbuchse. Leckagen/Zusammenstellung und Be-
         arbeitung: B. Thier. Essen: Vulkan-Verlag 1993.

[4–63]   *Jax, P.; Leuker, W.:* Neue Leck-Detektions- und Ortungsverfahren
         für Rohrleitungen und Behälter. VGB Kraftwerkstechnik 72
         (1992) 6, S. 514/517.

[4–64]   *Ekrut, H.-D.:* Lecksuche und Dichtheitsprüfung mit Helium.
         Leckagen/Zusammenstellung und Bearbeitung: B. Thier. Essen:
         Vulkan-Verlag 1993.

[4–65]   *Mattil, V.:* Rohrleitungs-Leckageüberwachung hochaggressiver
         Medien. chemie-anlagen + verfahren (1989) 12, S. 83/86.

[4–66)   *Roesnick, M.:* Leckageerkennung und -ortung begrenzt Schäden
         und Kosten. Chemie – Technik 21 (1992) 12, S. 45/47.

[4–67]   *Metzner, H.; Menge, R.:* Sicherheitstechnik für Verfahrenstech-
         niker. Leipzig: Deutscher Verlag für Grundstoffindustrie 1979.

[5–1]   *Gans, M.:* The A to Z of plant startup. Chemical Engineering 3 (1976) 15, S. 72/82.

[5–2]   *Meier, F.A.:* Is your control system ready to start-up? Chemical Engineering 2 (1982) 22, S. 76/82.

[5–3]   Kennzeichnungen nicht vergessen. Chemie – Technik 22 (1993) 2, S. 58/61.

[5–4]   DIN 6779, T2: Kennzeichnungssystematik für technische Produkte und technische Produktdokumentationen v. Sept. 1992.

[5–5]   DIN 2403: Kennzeichnung von Rohrleitungen nach dem Durchflußstoff v. März 1984.

[5–6]   *Björkmann, J.E.M.:* Elektrische Antriebe in der Chemischen Industrie. NAMUR-Statusbericht 93. S. 216/224. München: R. Oldenbourg Verlag 1993.

[5–7]   *Nailen, R.L.:* Guide to trouble Electric-Motor Drives. Chemical Engineering. June 1, 1970. S. 181/186.

[5–8]   Bauteile für Pumpen/Hrsg.: Pohlenz, W. Berlin: Verlag Technik 1983.

[5–9]   Sulzer-Kreiselpumpenhandbuch/Hrsg.: Sulzer AG. 3. Aufl. Essen: Vulkan-Verlag 1993.

[5–10] *Weber, F.J.:* Arbeitsmaschinen – Bd. II: Kreiselpumpen und Kreiselverdichter. 3. Aufl. Berlin: Verlag Technik 1962.

[5–11] *Merges, A.:* Sichere Betriebsweise von Kreiselpumpen. Chemische Produktion 1/2 – 1993. S. 36/38.

[5–12] Betriebsanleitung für Hermetic-Pumpen. Hermetic-Pumpen GmbH, Postfach 1220, 7803 Gundelfingen.

[5–13] *Wessel, M.:* Magnetpumpen – Umweltschutz groß geschrieben. Chemie – Technik 21 (1992) 11, S. 39/40.

[5–14] *Nitsche, M.:* Kavitation und Pumpensaughöhen. Sonderdruck aus chemie-anlagen + verfahren (1983) 9, S. 81/84.

[5–15] *Breckner, K.:* Zusatzschaltungen zur Pumpgrenzregelung bei Turboverdichtern. Chemie – Technik 20 (1991) 1, S. 34/39.

[5–16] *Kalide, W.:* Energieumwandlung in Kraft- und Arbeitsmaschinen. 7. Aufl. München u.a.: Hanser-Verlag 1989.

[5–17] *Traupel, W.:* Thermische Turbomaschinen Bd. 1 und 2. 3. Aufl. Berlin u.a.: Springer-Verlag 1982.

[5–18] Gas- und Dampfturbinen in Industrie und Kommunen. Düsseldorf: VDI-Verlag 1993.

[5–19] *Martens, H.:* Betriebserfahrungen mit dem vollautomatischen 150 MW-Schnellstart- und -Spitzendampfblock des HEW-Kraftwerks Hafen. VGB Kraftwerkstechnik 53 (1973) 5, S. 283/296.

[5–20] *Mäule, R.:* Erfahrungen und Ergebnisse beim täglichen Start eines 160 MW Blockes. Energie 22 (1970) 7/8, S. 215/227.

[5–21] *Benesch, W.; Kottnik, W.:* Auslegung und Erfahrungen bei der Inbetriebsetzung des Heizkraftwerkes Walsum. VGB Kraftwerkstechnik 70 (1990) 7, S. 545/549.

[5–22] *Billotet, T.; Grams, J.:* Anwärm- und Warmhaltekonzept für Heißdampfrohrleitungen eines älteren 163 MW-Kraftwerkblockes. VGB Kraftwerkstechnik 69 (1989) 6, S. 579/584.

[5–23] *Bohnstedt, H.J.; Metzner, B.:* Sind Turbosätze eine Gefahrenquelle? Der Maschinenschaden 65 (1992) 3, S. 101/110.

[5–24] *Tiilikka, M.; Pyykkönen, A.:* Inbetriebnahme und Betrieb der ZWSF-Anlagen im Kraftwerk Seinäjoki/Finnland. VGB Kraftwerkstechnik 73 (1993) 5, S. 442/445.

[5–25] *Renze, H.:* Regelung des Dampfdruckes von Dampferzeugern bei Kraftwerksblöcken. VGB Kraftwerkstechnik 72 (1992) 2, S. 101/109.

[5–26] DIN 1943: Wärmetechnische Abnahmeversuche an Dampfturbinen v. Febr. 75 (VDI-Dampfturbinenregeln).

[5–27] VDI Richtlinie 2042: Wärmetechnische Abnahmeversuche an Dampfturbinen – Beispiele (zur DIN 1943) – Auswertung v. Dez. 1976.

[5–28] *Brunklaus, J.H.; Stepanek, F.J.:* Industrieöfen: Bau und Betrieb. 6. Aufl. Essen: Vulkan-Verlag 1994.

[5–29] *Schmillen, K.; Pischinger, F.:* Das Anfahrverhalten von Brennern. gas wärme international 22 (1973) 12, S. 492/497.

[5–30] DIN 4755: Ölfeuerungsanlagen – Ölfeuerungen in Heizungsanlagen, Sicherheitstechnische Anforderungen; Prüfung u. a. (T 1 v. 9/ 81; T 2 v. 2/8).

[5–31] DIN 4756: Gasfeuerungsanlagen – Gasfeuerungen in Heizungsanlagen, Sicherheitstechnische Anforderungen v. 2/86.

[5–32] DIN 4787, T1: Ölzerstäubungsbrenner – Begriffe, Anforderungen, Prüfung, Kennzeichnung v. 5/94.

[5–33] DIN 4788, T1: Gasbrenner – Gasbrenner ohne Gebläse v. 6/77. T2: Gasbrenner – Gasbrenner mit Gebläse v. 2/90.

[5–34] *Chwieralski, J.; Schwab, E.:* Auslegung, Bau und erste Inbetriebnahmeerfahrungen mit den Rauchgaskanälen für die REA-Nachrüstung in den Braunkohle-Kraftwerken des RWE. VGB Kraftwerkstechnik 69 (1989) 5, S. 496/503.

[5–35] *Voje, H.-H.; Fischer, B.; Mittelbach, G.:* Inbetriebnahme- und Betriebserfahrungen mit SNCR-Anlagen an Schmelzfeuerungskesseln. Kraftwerk und Umwelt 1991. S. 101/105.

[5–36] *Muffert, K.-H.:* Schäden an Rauchgasentschwefelungsanlagen. Der Maschinenschaden 64 (1991) 4, S. 141/144.

[5–37] *Damm, U.:* Erste Betriebserfahrungen mit dem Gegenstromadsorber zur Rauchgasreinigung in der Müllverbrennungsanlage Düsseldorf-Flingern. VGB Kraftwerkstechnik 73 (1993) 9, S. 807/815.

[5–38] Die Industriefeuerung Heft 38 – Primärmaßnahmen zur Minderung von Schadstoffen in Feuerungsanlgen. Essen: Vulkan-Verlag 1986.

[5–39] *Six, J.D.:* Erfahrungen mit dem Einsatz von Ammoniakwasser in den DENOX-Anlagen im Kraftwerk Elverlingsen. Kraftwerk und Umwelt 1991. S. 70/73.

[5–40] *Effenberger, H.:* Dampferzeugerbetrieb und Außenanlagen. Leipzig: Deutscher Verlag für Grundstoffindustrie 1988.

[5–41] *Dolezal, R.:* Anfahrdynamik eines Naturumlaufkessels beim Kaltstart. VGB Kraftwerkstechnik 53 (1973) 5, S. 306/314.

[5–42] Steinmüller Taschenbuch Dampferzeugertechnik. 25. Aufl. Essen: Vulkan-Verlag 1992.

[5–43] *Dolezal, R.:* Hochdruck-Heißdampf-Erzeugung, Regelung und Anforderungen an die Werkstoffe. Essen: Vulkan-Verlag.

[5–44] DIN 1942: Abnahmeversuche an Dampferzeugern (VDI-Dampferzeugerregeln) v. Juni/1979.

[5–45] *Bischof, W.:* Abwassertechnik. 10. Aufl. Stuttgart: Verlag B.G. Teubner1993.

[5–46] Anaerobtechnik – Handbuch der anaeroben Behandlung von Abwasser und Schlamm/Hrsg.: Böhnke, B.; Bischhofsberger, W.; Seyfried, C.F. Berlin, Heidelberg: Springer-Verlag 1993.

[5–47] *McLaren, D.B.; Upchurch, J.C.:* Guide to trouble – free Destillation. Chemical Engineering. Juni 1, 1970. S. 139/152.

[5–48] VDI/VDE 3690: Abnahme von Prozeßrechnersystemen v. 12/1981.

[5–49] *Milberg, J.; Amann, W.; Raith, P.:* Beschleunigte Inbetriebnahme von Produktionsanlagen durch getestete Ablaufvorschriften. VDI-Zeitschrift 134 (1992) 2, S. 32/37.

[5–50] *Bohnstedt, H.-J.; Walter, G.:* Aus der Schadensforschung: Schwingungsüberwachung von Maschinen und ihre Umsetzung auf Praxisfälle. Der Maschinenschaden 60 (1987) 4, S. 179/185.

[5–51] *Hagn, L.; Heinz, A.:* Schäden in Rohrleitungen durch Schwingungen. Der Maschinenschaden 63 (1993) 1, S. 23/30.

[5–52] *Ziegler, J.G.; Nichols, N.B.:* Optimum settings for automatic controller. Trans. ASME 64 (1942), S. 759 ff.

[5–53] *Oppelt, W.:* Kleines Handbuch technischer Regelvorgänge. 5., neub. u. erw. Aufl. Weinheim: Verlag Chemie 1972.

[5–54] VDI/VDE 3685 Bl. 1: Adaptive Regler-Begriffe und Eigenschaften v. 10/88. Bl. 2: Adaptive Regler-Erläuterungen und Beispiele v. 7/90.

[5–55] *Gries, P.; Linzenkirchner, E.:* Erfahrungen mit einem Inbetriebsetzungsgerät an einer Chemieanlage. atp – Automatisierungstechnische Praxis 31 (1989) 2, S. 53/57.

[5–56] *Schreiber, R.; Rode, M.; Legat, H.:* Regleradaptionssysteme zur Inbetriebnahme und Optimierung von Regelkreisen. atp – Automatisierungstechnische Praxis 34 (1992) 8, S. 4614/466.

[5–57] *Seidel, G.; Welker, J.; Ermischer, W.; Wehner, K.:* Zum Entwicklungsstand der Gewinnung von n-Paraffinen mittlerer Kettenlänge nach dem Parex-Verfahren. Chem. Techn. 31 (1979), S. 405/410.

[5–58] *Weber, K.; Drechsel, B.:* Nutzung von Wissensbasierten Systemen durch den Verfahrensgeber. Chem. Techn. 43 (1991) 11/12, S. 397/401.

[5–59] *Boving, K.G.:* Methoden zur Überwachung des Anlagenzustandes. Der Maschinenschaden 62 (1989) 1, S. 6/8.

[5–60] *Wutsdorff, P.:* Ein Expertensystem zur Zustandsdiagnose an Dampfturbinen. VGB Kraftwerkstechnik 71 (1991) 5, S. 426/430.

[6–1] Komplexe Prozeßanalyse/Hrsg.: Budde, K. Leipzig: Deutscher Verlag für Grundstoffindustrie 1982.

[6–2] *Hartmann, K. u.a.:* Probleme der Gegenstandsbestimmung und Abgrenzung von Prozeßanalysen. Chem. Techn. 30 (1978) 12, S. 609/613.

[6–3] *Hacker, I.* u. a.: Erfahrungen bei der Duchrführung von Prozeßanalysen. Chem. Techn. 30 (1978) 3, S. 117/121.

[6–4] *Mexis, N.D.:* Schwachstellenanalyse bei Anlagen in der chemischen Industrie. Chemie – Technik 12 (1983) 9, S. 26/31.

[6–5] DIN ISO 9004-1: Qualitätsmanagement und Elemente eines Qualitätsmanagementsystems – Teil 1: Leitfaden v. 08/84.

[6–6] DIN ISO 9002: Qualitätsmanagementsysteme – Modelle zur Qualitätssicherung/QM-Darstellung in Produktion, Montage und Wartung v. 08/94.

[6–7] DIN ISO 9004-3: Qualitätsmanagement und Elemente eines Qualitätsmanagmentsystems – Teil 3: Leitfaden für verfahrenstechnische Produkte v. 07/92.

[6–8] DIN ISO 9004-2: Qualitätsmanagement und Elemente eines Qualitätsmanagementsystems – Teil 2: Leitfaden für Dienstleistungen v. 06/92.

Sachwortverzeichnis

(* an der Seitenangabe verweist auf Begriffsdefinition im Glossar)

Druck: Saladruck, Berlin
Verarbeitung: Buchbinderei Lüderitz & Bauer, Berlin

Springer und Umwelt

Als internationaler wissenschaftlicher Verlag sind wir uns unserer besonderen Verpflichtung der Umwelt gegenüber bewußt und beziehen umweltorientierte Grundsätze in Unternehmensentscheidungen mit ein. Von unseren Geschäftspartnern (Druckereien, Papierfabriken, Verpackungsherstellern usw.) verlangen wir, daß sie sowohl beim Herstellungsprozess selbst als auch beim Einsatz der zur Verwendung kommenden Materialien ökologische Gesichtspunkte berücksichtigen.
Das für dieses Buch verwendete Papier ist aus chlorfrei bzw. chlorarm hergestelltem Zellstoff gefertigt und im pH-Wert neutral.

Springer